新編
鑄造技術

康基柱 著

북스힐

머 리 말

주조 기술(鑄造技術, Foundry Technology)은 인류가 금속을 알게 되면서 사용하기 시작한 가장 오래된 역사를 가진 금속 성형 가공 기술이다. 우리 나라는 불교의 전래와 더불어 주조 기술이 크게 발전하였다. 초기에는 가마, 쟁기 등 일상 생활과 농기구에 사용되었으며, 범종, 거울 등 공예품을 제조하면서 문화 향상에 크게 공헌하였다.

주조 기술에 의해 복잡하거나 대형인 제품을 비교적 쉽게 만들 수 있으므로, 가정 용구와 장식품 등 일반 용품을 비롯하여 방적 기계, 광산 기계, 자동차 엔진블록과 부품, 산업 설비 등 모든 산업 분야에 걸쳐 널리 이용되고 있다. 주물은 몇 그램 정도의 작은 것에서 수백 톤에 이르기까지 제품의 모양, 정밀도, 수량 등 목적에 따라 여러 가지 주조법이 개발되어 사용되고 있다.

또한 주조에 쓰이는 금속도 주철을 비롯하여 주강, 알루미늄 합금, 동 합금 등 종류가 다양하다.

현재, 우리 나라의 주조 기술은 그 동안 중점적으로 육성하여 온 중화학 공업의 급성장과 자동차, 조선 공업 등 유관 산업의 고도 성장에 따라 규모와 기술면에서 선진국 수준에 달하고 있다.

이 책은 주조 공학을 현장 기술자와 현장 중심의 학습 교재로 적합하도록 내용을 원형 제작, 주형 제작, 용해 작업, 특수 주조법, 불량 주물과 후처리 그리고 주조 설비의 기계화 사례 등을 통합 구성하였다. 또한 이해와 학습에 도움이 되도록 삽화를 많이 넣었으며, 관련 사진도 최신의 것을 제시하였다. 특히 용해 작업에서는 주조용 금속의 현미경 조직 사진을 많이 제시하여 특성을 이해하는 데 도움이 되도록 하였다. 학문적으로나 내용면에서 미비한 점은 앞으로 보완할 기회가 있기를 기대하면서 관계자 여러분의 아낌없는 지도가 있으시길 기대한다. 이 책은 깊은 이론보다는 실제 현장 기술 내용을 평이하게 제시 설명하였으므로, 공과대학과 기능대학, 사내기술대학에서 주조 기술을 전공하는 학생을 위한 교재 및 참고서로 사용할 수 있도록 하였다. 또한 현장 기술자와 국가 기술 자격시험을 준비하는 수험생에게 도움이 되는 자습용 교재 또는 참고도서로 활용되기를 기대한다.

이 책을 집필함에 있어, 국 · 내외의 연구 논문, 저서, 산업체의 브로슈어를 인용 참고하였으며, 해당 참고문헌의 연구 저자와 산업체에 사의를 드립니다. 끝으로 이 책의 출간을 위하여 협조 지원을 아끼지 않으신 북스힐의 조승식 사장님과 편집부 여러분께 깊이 감사드립니다.

2011년 1월

佛光洞 一愚書室에서 著者 씀

차 례

3장 용해 작업

4장 기타 주조법과 주물의 후처리

5장 주조 공장의 기계화와 자동화

1 장

주조 기술의 개요

1.1 주조 기술의 기초

1. 주조 기술의 역사와 분류
2. 주물의 특징과 주조 공정
3. 주조용 금속의 특성

1.2 주물용 금속 재료와 그 조직 및 특성

1. 주철과 주강
2. 비철 합금 주물

1.1 주조 기술의 기초

특정한 금속을 용융점 이상으로 가열하여 유동성을 가진 용융 금속을 만든 다음, 이것을 필요한 제품과 같은 모양의 빈 자리가 있는 주형(鑄型, mould)에 주입하고, 주형 속에서 냉각, 응고시켜 원하는 모양으로 만드는 금속 제품의 제법을 주조(鑄造, casting), 그 기술을 주조 기술(鑄造技術, foundry technology)이라 하며, 주조에 의해 제조된 제품을 주물(鑄物, casting) 또는 주조품(鑄造品, castings)이라 한다.

주물은 가정 용구와 실내 장식품 등 일반 용품을 비롯하여 자동차 기관과 부품, 농기구, 방적 기계 · 기구, 광산 기계, 공작 기계 등 모든 산업 분야에 걸쳐 널리 이용되고 있다.

1. 주조 기술의 역사와 분류

1) 주조 기술의 발달

주물은 인류가 금속을 알게 되면서 사용하기 시작한 그 역사가 매우 오래 된 것으로, 초기에는 천연 그대로의 금속을 수집, 용해하여 진흙이나 돌로 만든 주형에 주입, 주조하였으나, 연금술의 발달에 따라 금속의 개량, 새로운 합금의 발명, 용해법, 조형 기술의 개선 등이 이루어짐으로써 오늘날과 같은 우수한 주물을 생산하게 되었다.

인류는 석기 시대부터 금속을 생활에 이용하였는데, 인류가 사용한 최초의 금속은 자연에 의해 생성된 것으로 믿어지는 단체 금속인 금, 은, 구리 등이었다.

인류가 불을 이용할 수 있게 되고 나서, 기원전 약 4000년에 처음으로 숯불을 이용하여 구리와 주석을 함유하고 있는 광석을 녹여서 용융 상태의 금속을 얻을 수 있었고, 이렇게 얻은 용융 금속을 진흙이나 돌에 원하는 모양을 만드는 주형에 주입, 주조하는 방법을 이용하기 시작하였다.

그 후, 목재로 만든 원형을 사용하여 모래로 주형을 만드는 방법이 개발되어 현재까지 사용되고 있다.

금형에 용융 금속을 압입하는 다이 캐스팅(die casting)법을 1850년경부터 사용하기 시작하였고, 산업의 대형화와 고도화에 따라 인베스트먼트(investment)법, 셀(shell)법 등의 정밀 주조법이 산업 현장에서 이용되었다.

주물용 재료로 대표적인 주철(cast iron)은 15세기 초부터 사용되었으며, 이때부터 주조 기술이 급속하게 발전하였다.

유럽에서의 란츠(Lanz), 에멜(Emmel) 등에 의한 펄라이트(pearlite) 주철, 그 후로 모로(Morrogh, H.)에 의해 발명된 구상 흑연 주철(spheroidal graphite cast iron) 등이 유명하며, 산업용 기계 및 설비용 소재로 많이 활용되고 있다.

우리 나라는 불교의 전래와 더불어 주조 기술이 크게 발전되었다. 초기에는 가마, 쟁기 등 일상 생활 및 농기구로 사용되었으며 불상, 범종, 거울 등 공예품의 제조로 문화 향상에 크게 공헌하였다.

우리 선조들은 이미 2300여 년 전에 훌륭한 청동 제품을 제작하였고, 2000여 년 전에는 오늘날과 같은 정밀 주조법이 발달하였다. 예를 들면, 고려 성종 때에는 주전이 사용되었고, 고종 때에는 금속 활자가 사용되기도 하였다. 그리고 성덕 대왕 신종과 같은 대형 주물이 이미 1200여 년 전에 우리 선조들의 손에 의해 만들어졌다.

현재, 우리 나라의 주물 공업은 그동안 중점적으로 육성하여 온 중화학 공업의 급성장과 유관 산업의 발달, 특히 자동차와 조선 공업의 급성장에 따라 규모와 기술면에서 선진국 수준에 달하고 있다.

2) 주물의 분류

주물은 분류 방법에 따라 여러 가지로 나눌 수 있지만, 일반적으로 다음과 같이 분류하고 있다.

(1) 재질 및 주형에 따른 분류

① 재질에 따른 분류

- 철 주물
  - 주철
    - 보통 주철
    - 고급 주철(강인 주철)
    - 가단 주철
    - 구상 흑연 주철
    - 합금 주철
    - 칠드 주철
  - 주강
    - 보통 주강
    - 합금 주강
- 비철 주물
  - 구리 합금 — 황동, 청동, 알루미늄 청동
  - 경 합금
    - 알루미늄 합금
    - 마그네슘 합금
  - 기타 — 납, 아연, 주석, 카드뮴 합금

② 주형 및 원형에 따른 분류

- 모래형
  - 생형
  - 반건조형(표면 건조형)
  - 건조형
- 금형
  - 다이 캐스팅
  - 칠 주형
  - 그 밖의 금형
- 특수형
  - CO_2형
  - 셸 주형
  - 자경성 주형
  - 시멘트형
  - 인베스트먼트형
  - 풀 몰드 주형

(2) 용도에 따른 분류

① 기계 주물

치수, 모양, 무게 등이 정확하고, 재질이나 기계적 강도가 우수하다.

② 일회용 주물

얇은 주물이 대부분으로 솥, 난로 등은 치수나 재질에 비하여 외관이 중요하다.

③ 미술 공예 주물

일종의 예술품이므로 재질, 강도보다는 미적 요소가 중요하다.

(3) 그 밖의 주물의 분류

이 밖에 주형의 종류, 주조 방법, 주물의 크기, 무게, 두께 등에 따라 분류하기도 한다.

예를 들면, 무게에 의한 분류는 주물 1개의 무게가 1 t 이상인 것을 대형 주물이라 하고, 10 kg 이하인 것을 소형 주물이라 하며, 그 중간에 속하는 것을 중형 주물이라 한다.

두께에 의한 분류는 두께 25 mm 이상의 것을 두꺼운 주물이라 하고, 그 이하의 것을 얇은 주물이라 한다.

또 주조 방법에 따라 원심 주조 주물, 고압 주조 주물, 진공 주조 주물 등으로 분류한다.

2. 주물의 특징과 주조 공정

1) 주물의 특징과 주조 방안

주조법에 의해 제조되는 주물은 크거나 작은 것, 두껍거나 얇은 것, 단순하거나 복잡한 것 등 어떤 모양의 것이라도 비교적 간단하게 제조할 수 있고, 제조 수량에 관계 없이 제조할 수 있는 특징이 있으며, 기계 및 구조물의 주구성물의 제조에 널리 사용되고 있다.

그러나 주물은 압연, 단조, 판금 등의 소성 가공 제품에 비하여 조직이 불균일하여 기계적 성질이 떨어지고 제품의 신뢰도가 낮은 결점이 있다.

주물은 몇 그램 정도의 작은 것에서 수백 톤에 이르기까지 제품의 모양, 정밀도, 수량 등 목적에 따라 여러 가지 주조법이 개발되어 사용되고 있다.

또한 주조에 쓰이는 금속도 주철, 주강을 비롯하여 비철 금속인 알루미늄 합금, 동 합금, 아연 합금 등 종류가 다양하다.

이와 같은 특징을 가지고 있는 주물을 만드는 데에는 원형과 주형 제작, 원료 금속의 용해, 용융 금속의 주입 등의 주요 공정을 거치게 되는데, 여기서 어느 한 공정이라도 소홀하면, 불량 주물의 원인이 되므로 주의해야 한다.

특히 주조용 금속 및 합금은 용융 상태에서 한정된 시간에 복잡한 주형 안에 채워져야 하고, 주형 안에서 응고가 이루어지게 된다.

이러한 과정은 주물의 종류, 모양, 크기 쇳물의 조건 등에 따라 다르므로, 주물을 제작할 때에는 이와 같은 여러 가지 조건을 고려하여 주조 방법을 결정하는 것이 중요하다.

2) 주조 공정

주조 공정은 원형을 만드는 원형 제작 공정, 코어와 주형을 만드는 주형 제작 공정 및 주조용 금속을 용해하는 용해 공정, 그리고 용융된 쇳물을 주형에 주입하는 주입 공정으로 크게 나눌 수 있다.

주입 공정이 끝나면, 주형 속에서 응고된 주물을 주형에서 꺼낸 다음 모래떨기, 탕구계 제거, 표면의 청정, 결함의 검사와 보수, 열처리 등의 후처리 작업을 거쳐 주물을 완성한다.

그림 1-1은 설계 후 주물의 제조 공정을 원형 제작 → 조형 → 용해 → 주입 → 주물 꺼내기 → 청정 → 검사의 순서를 도식화한 보기다.

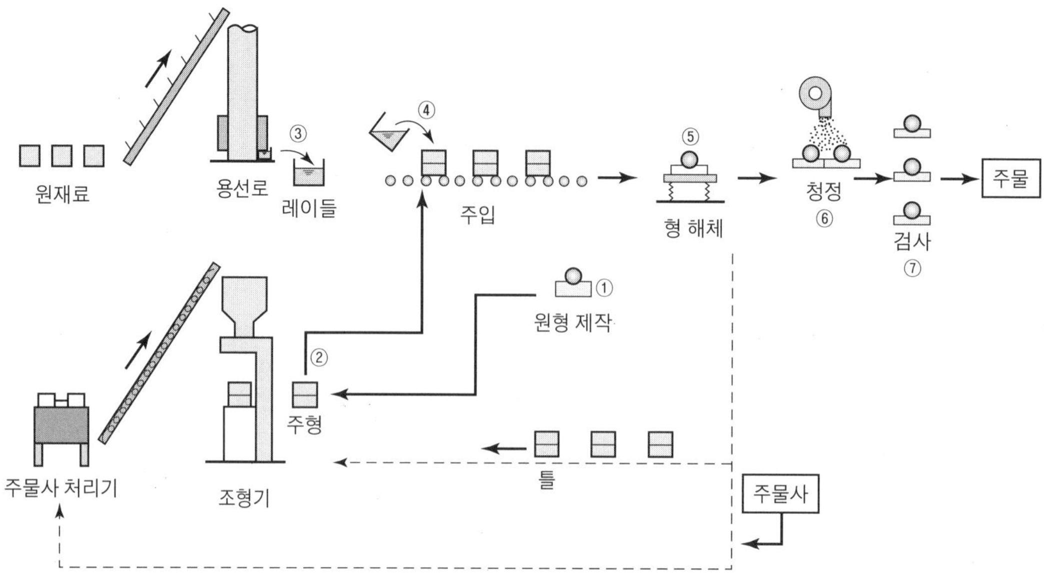

그림 1-1 ‖ 주물의 제조 공정

3. 주조용 금속의 특성

주조용 금속 및 합금은 용융 상태에서 주형 안에 채워진 다음, 주형으로부터 열을 빼앗김에 따라 냉각하여 응고된다. 여기서 일어나는 여러 현상, 즉 주조용 금속 또는 합금이 주형 안으로 흘러 채워지는 현상, 용융 상태로부터 응고되는 과정과 응고할 때 일어나는 현상 및 응고 후의 냉각 과정 등 주조용 금속의 특성은 매우 복잡하며, 주조품에 많은 영향을 끼친다.

1) 수력학적 성질

(1) 쇳물의 성질

완전한 용융 상태인 쇳물이 탕구나 주형 안으로 흘러들어갈 때의 성질은, 많은 실험 결과 수력학의 여러 법칙을 적용할 수 있음이 밝혀졌다.

그러나 주입시 쇳물의 흐름은 정상류가 아닌 난류인 경우가 대부분이며, 탕구나 탕도는 모양이나 단면에 급격한 변화가 있으면 쇳물이 흘러들어갈 때 탕도 안의 기압이 대기압보다 낮아진다. 이때 모래 주형의 통기성 때문에 주형 안의 공기가 쇳물 중에 말려들어가 주물 결함의 원인이 된다. 보통 수력 기계의 경우에는 유체의 마찰 손실을 적게 하는 데 힘쓰지만, 주조에서는 주입 속도가 중요하므로, 마찰 손실이 크더라도 주입 속도를 조절하는 경우가 많다.

(2) 쇳물의 유동성

주조에 있어서 주입된 쇳물은 복잡하거나 좁은 주형의 구석구석까지도 완전히 충만되어야 한다. 대부분의 경우에는 주입이 끝날 때까지 쇳물이 응고하지 않으므로 문제가 되지 않으나, 두께가 얇거나 복잡한 주물은 쇳물이 주형 속을 흐르고 있을 때 일부가 굳기 시작하는 경우가 있으므로 문제가 된다. 이와 같이 쇳물이 흐르는 성질을 유동성(fluidity)이라 한다. 지금까지 많은 유동성에 관한 시험 결과에 따르면, 일반적으로 주입 온도가 용융 온도보다 높을수록 유동성이 좋아진다. 물론 너무 높게 되면, 산화물이나 가스 등의 영향으로 나빠질 수도 있는데, 특히 합금일 때에는 응고 범위가 클수록 유동성이 나빠진다. 따라서 순 금속 및 공정 조성의 합금이 유동성이 좋다. 또 주형의 온도가 높을수록 유동성이 좋아진다. 열전도가 좋아서 흡열량이 큰 주형은 주입시 유동성을 나쁘게 한다. 따라서 생형보다 건조형이 유동성을 좋게 한다. 이와 같이, 여러 가지의 요인으로 유동성이 달라지지만, 화학 조성이 비슷할 때에는 주형의 성질 및 주입 조건, 특히 주입 속도에 따라 유동성이 달라진다.

2) 금속의 응고

(1) 순 금속의 응고

불순물이 없는 용융 상태의 순 금속[1]을 서서히 냉각하면, 어떤 특정 온도에서 응고가 시작되고, 그 온도에서 끝난다. 이 온도를 응고점(凝固粘)이라 하며, 금속 특유의 성질이다. 예를 들면, 구리는 1083 ℃, 은은 961 ℃, 알루미늄은 660 ℃, 주석은 232 ℃에서 응고한다.

용융 금속이 응고할 때에는, 먼저 결정의 핵이 발생하고, 다음으로 이 핵을 중심으로 결정이 성장하며, 동시에 다른 새로운 핵이 발생하고, 이 핵으로부터도 결정이 성장한다. 경우에 따라서는 전체가 결정립으로 둘러싸여 액상 부분이 없어진다. 그 결과 금속은 결정립의 집합체가 되고, 그림 1-2 (e)와 같이 결정립 사이에 결정립계(結晶粒界)가 나타난다.

---

1) 순 금속 : 실용되는 순 금속은 순도가 높은 것이 99.99 % 정도로 불순물이 약 0.01 % 존재한다.

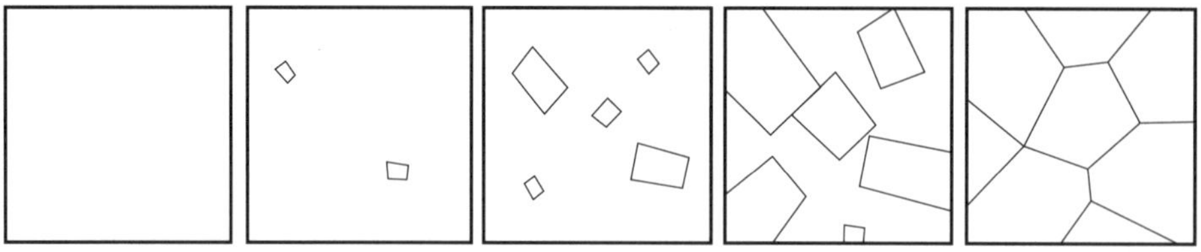

(a) 용융 상태 (b) 핵의 발생 (c) 핵을 중심으로 성장하면서 동시에 새 핵이 발생 (d) 결정이 접촉되는 부분은 성장이 중지 (e) 응고가 완료되어 다결정

그림 1-2 ▮ 금속의 응고 과정 모식도

(2) 합금의 응고

2개 이상의 성분으로 조성되는 금속을 용융 상태에서 냉각하면, 순 금속의 경우와 다른 결정립이 나타난다. A와 B의 2성분의 합금을 응고시키면, A와 B가 각기 별도로 결정립을 만들어, 그 집합체가 되는 사례는 적으며, A에 B가 혼합된 상태의 결정립이 된다. 이것을 자세히 살펴보면, A에 B가 녹아들어가거나 B에 A가 녹아들어간 상태의 것과, A와 B가 일정 비율로 결합된 상태의 것이 있다. 앞엣것을 고용체(固熔體, solid solution)라 하며, 뒤엣것을 화합물(化合物, compound)이라 한다.

합금은 고용체, 화합물, 순 금속이 혼합되어 나타나며, 합금 성분의 수가 늘어나면 결정의 종류도 증가하여 복잡한 조직이 된다.

3) 주조 금속의 특징

(1) 주물의 응고

순 금속이나 저탄소강과 같은 용융 금속은 주형 속에서 응고할 때 주형 벽면에 응고층이 형성되며, 응고층은 점차 안쪽으로 진행되어 주물 전체가 고체로 된다.

주물 내부는 냉각이 지연되므로 결정은 핵을 중심으로 내부를 향해 성장하고, 결정립은 주상(柱狀)이 된다. 이 조직을 주상 조직(柱狀組織)이라 하며, 그림 1-3과 같이 수지상(樹枝狀)으로 발달한다. 최종적으로는 수지상 조직이 채워지면서 응고가 완료된다.

그림 1-4 (a)는 고체의 응고층이 형성될 때 용융 금속의 수축 과정을 나타낸 것이고, 그림 (b)는 응고가 끝난 주물의 모양을 나타낸 것이다.

만일 잉곳의 응고가 측면과 평행하게 진행된다면, 수축 파이프는 잉곳 밑 부분까지 확대되

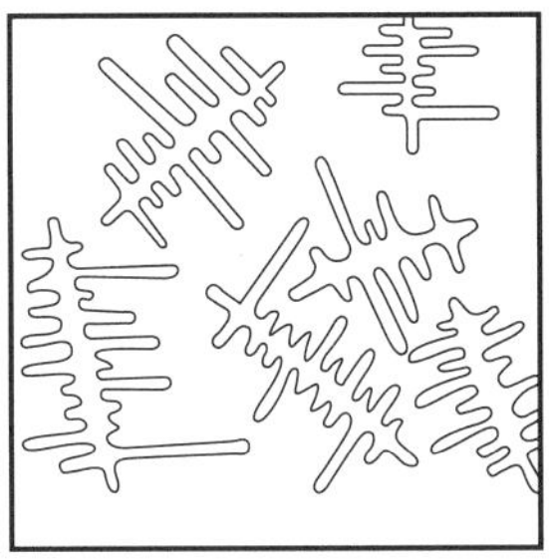

그림 1-3 ‖ 수지상 조직

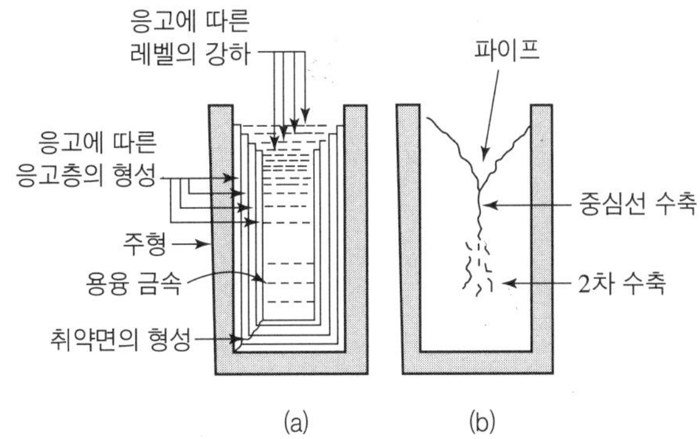

그림 1-4 ‖ 중심선 수축의 발달

는데, 이러한 수축 파이프를 중심선 수축(center line shrinkage)이라 한다.

(2) 응고 속도

주물은 주형에 접한 외주로부터 응고가 진행되어 중심부에 달하여 응고가 완료된다.

중심부까지의 응고 시간은 주물의 체적 V와 방열이 이루어지는 표면적 S와의 비 V/S에 비례한다. 따라서 4각주, 3각주, 원주 모두 V/S의 값이 같으면 응고 완료 시간은 같다.

주물살의 교차부(交差部)는 단면이 커지므로, 방열 면적이 작아지고, 여기에 주형이 가열되어 열의 흡수 속도가 떨어지므로, 응고 시간은 길어진다.

그림 1-5는 강인 주철의 경우로, 형상에 따라 교차부의 응고 시간이 달라지는 것을 보여주고 있다.

주물의 응고층의 발달은 외주는 빠르고 내부로 갈수록 느리다. 그러나 중자가 있을 때에는 중자의 크기, 모양 등에 따라 달라진다. 즉 중자가 작은 것은 중자가 가열되어 열흡수가 나빠지므로 응고가 진행되지 않는다. 중자가 커지면 이런 경향은 줄어들고, 중자의 면에서도 응고가 진행된다.

용융 금속의 냉각 속도는 주물이 응고할 때 생기는 수축과 밀접한 관계가 있을 뿐만 아니라, 편석 및 결정 입도와 같은 금속 조직학적 면에서도 중요한 관계가 있다. 또 주물의 응고 속도는 주로 주물로부터 열을 빼앗아 가는 주형의 성질에 따라 결정된다.

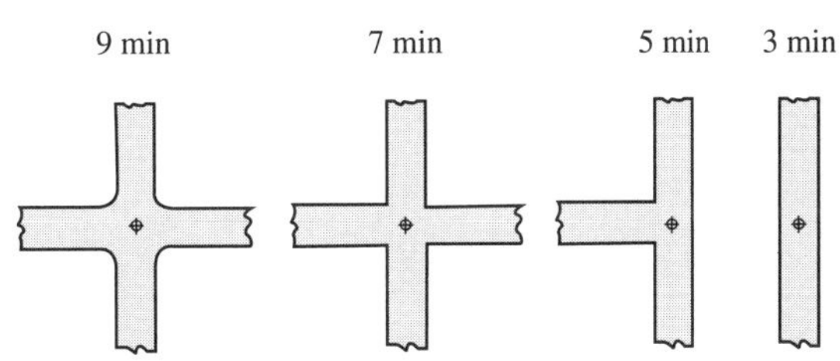

그림 1-5 ‖ 각종 단면의 응고 시간

(3) 주물의 수축

용융 금속을 주형에 주입하면, 응고 초기에서 끝날 때까지의 시간(응고 구간)에 따라 수축되는 상태가 매우 다르다. 응고 구간이 긴 합금은 용융 금속이 충분히 보충되지 않을 수 있으므로, 미세한 수축물이 남게 되어 표면이 약간 들어갈 정도에 그치지만, 응고 구간이 짧은 합금은 용융 금속의 보충량이 부족하면 표면의 일부에 오목한 곳이 생기므로 주의해야 한다.

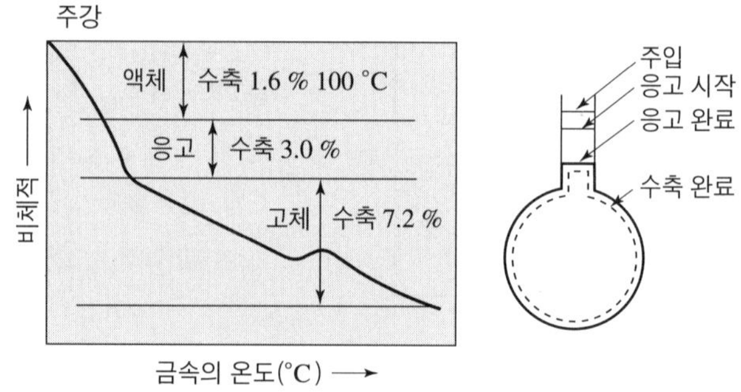

그림 1-6 ▮ 주강의 주입에서 냉각 완료까지의 수축

그림 1-6은 주강의 수축 곡선을 나타낸 것이다.

그림에서 곡선을 보면 용융 상태에서 냉각에 따른 수축량을 이해할 수 있다. 비스무트(Bi)와 안티모니(Sb)는 반대로 팽창하므로 활자 합금으로 이용된다.

① 응고 수축과 수축공(shrinkage cavity)

Bi를 제외한 대부분의 합금은 응고됨에 따라 체적가 줄어든다. 그림 1-7에서 간단한 모양의 주물이 응고할 때 쇳물의 응고 과정과 압탕 효과를 살펴보면, 그림 1-7 (a)와 같이 처음 주형에 충만한 쇳물은 응고 초기에 탕면이 조금씩 내려가다가 점차 내부가 응고함에 따라 탕면은 오목해진다. 이때는 윗면의 쇳물 응고가 지연되지만, 어느 시기에 가서는 탕면에도 응고가 일어나서 주물 내부에 빈 부분이 생긴다. 이와 같이 응고 수축에 따른 주물 표면의 오목 부분이나 내부의 빈 부분을 수축부 또는 수축공이라 하며, 주물 결함의 원인이 된다.

② 수축과 주조 응력

금속이나 합금은 응고된 다음에도 냉각되기 때문에, 또다시 수축이 진행되며, 주물의 모양과 필릿 두께에 따라 냉각 속도가 고르지 못한 부분에 주조 응력(casting stress)이 생긴다. 일정한 온도에서의 주조 응력이 그 온도의 재료 강도보다 커지면 균열이 생기거나 주조 후 약간의 충격으로도 균열된다. 또 주조 후의 기계 가공으로 필릿의 두께가 달라지면 주조 응력은 균형을 잃게 되어 변형이 일어나기도 한다.

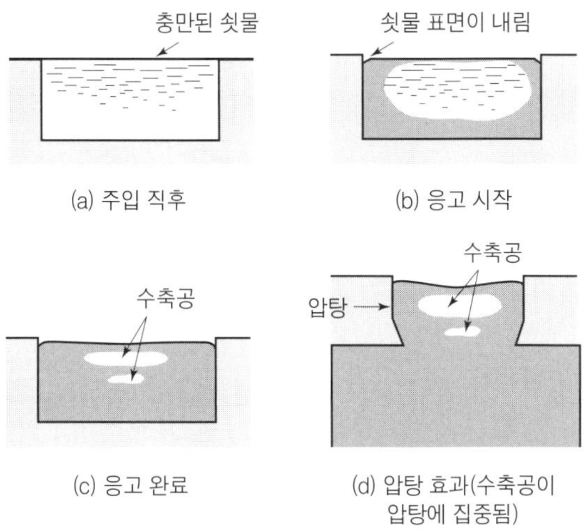

그림 1-7 ▮ 쇳물의 응고 과정과 압탕 효과

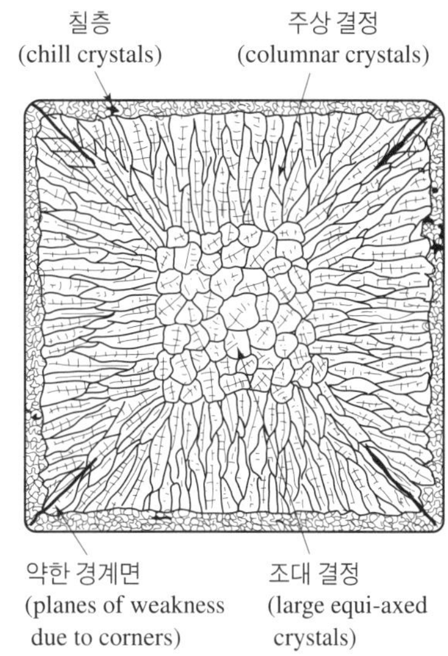

그림 1-8 ▮ 단면의 응고 결정

(4) 응고 조직

쇳물이 주형에 주입되면 주형 벽에 접한 액상의 온도가 결정(crystal)의 핵생성에 충분할 만큼 과냉될 때까지 급속히 냉각되면, 이때 생성된 핵은 그림 1-8과 같이 주형 벽의 수직 방향에서 주물 내부의 액상 속으로 진행하며 성장한다. 그 결과 순 금속의 경우 응고가 조용히 진행되면 주상 결정(columnar crystals)이 되며, 고용체 합금 주물의 경우 응고가 진행되면 조대 결정(large equi-axed crystals)인 등축정(等軸晶)이 정출된다. 특히 응고가 급속히 진행될 때에는 바깥쪽에 미세한 등축정층(等軸晶層)이 나타난다.

4) 주물과 가스

가스가 응고 중에 미처 빠져 나가지 못하면 주물 내부에 가스 구멍이 생기게 되는데, 이것은 주물 결함에서 큰 비중을 차지하고 있다.

가스가 용융 금속 또는 고체 금속 속에 존재하는 경우는 일반적으로 다음과 같은 두 가지가 있다.

① 가스로서 용융 금속에 용해되어 있거나, 고체 금속 속에 고용되어 있는 경우
② 가스나 용융 금속과 반응하여 화합물을 만들어 결정체 또는 유리 모양의 물질(슬래그)로서 존재하는 경우

(1) 용융 금속에 대한 가스의 용해도

가스가 용융 금속 속에 용해되어 있는 양은 온도와 관계되는데, 용융 또는 응고할 때 진공 상태일 경우에는 외부로부터의 가스 흡수는 없다. 진공 용해법이 이용되고 있는 것도 가스의 영향을 제거하기 위한 방법의 하나다.

그림 1-9는 온도에 따른 금속의 수소 용해도를 나타낸 것으로, 수소의 흡수량은 쇳물의 온도가 높아짐에 따라 증가하는 액상과 고상 사이, 즉 용융점 부근에서 크게 변하고 있음을 알 수 있다.

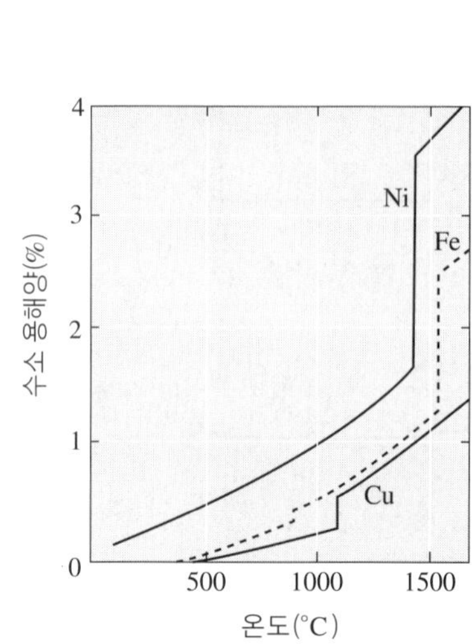

그림 1-9 ▮ 수소 용해도 곡선

가스 구멍이 생기는 근본 원인은 주물 두께에 따라 냉각 속도가 다르고, 부분적으로 가스의 용해도가 다르기 때문이다. 특히 주물에서는 쇳물이 응고할 때 가스가 발생되어 밖으로 방출되는데, 외곽부의 응고로 방출되지 못한 가스가 주물 속에 남게 되면 가스 구멍이나 핀 홀(pin hole) 등이 생기는 원인이 된다.

(2) 용융 금속과 화합물 생성

유리 모양의 물질이 주물 속에 혼합되어 있는 것을 슬래그 개재물이라 하는데, 이것이 주물 결함의 원인이 된다. 즉 이것은 가스가 용융 금속에 용해되어 있지 않고 용융 금속의 주성분 또는 다른 성분과 반응하여 화합물을 만들거나, 유리 모양 물질로서 용융 금속에서 분리 또는 금속 내부에 혼합되어 있는 경우가 있다.

(3) 쇳물과 가스

1 쇳물 속의 가스

용융 금속 또는 고체 금속에 존재하는 가스는 온도 및 상(phase)의 변화에 따라 양이 변한다. 특히 주물에서는 쇳물이 응고할 때 가스가 발생되어 밖으로 방출되는데, 외각부의 응고로 방출되지 못한 가스가 주물 속에 남으면 작은 가스 구멍과 핀 홀 등이 생기는 원인이 된다.

금속이 응고할 때 방출되는 가스는 거의 일산화 탄소, 수소 및 질소이다. 대다수의 금속은 융해할 때 수소를 흡수하게 되는데, 가스가 용융 금속 속에 용해되어 있는 양은 온도와 관계되며, 응고할 때와 진공 상태일 경우에는 외부로부터의 가스 흡수는 없다. 진공 용해법이 이

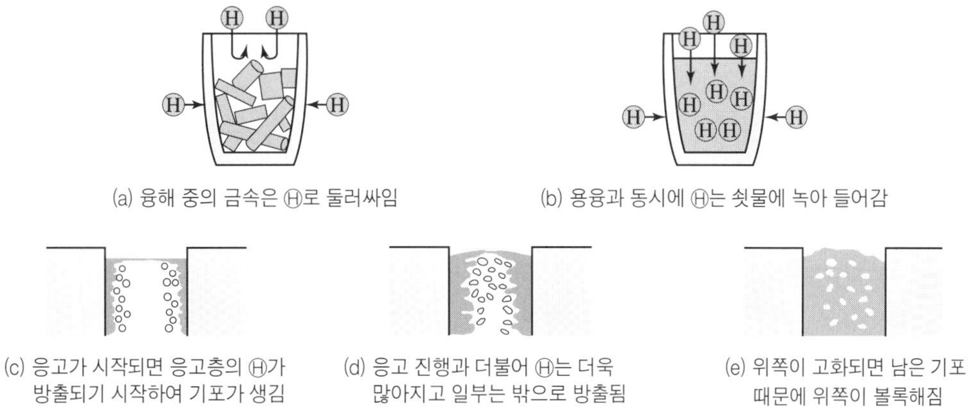

(a) 용해 중의 금속은 Ⓗ로 둘러싸임

(b) 용융과 동시에 Ⓗ는 쇳물에 녹아 들어감

(c) 응고가 시작되면 응고층의 Ⓗ가 방출되기 시작하여 기포가 생김

(d) 응고 진행과 더불어 Ⓗ는 더욱 많아지고 일부는 밖으로 방출됨

(e) 위쪽이 고화되면 남은 기포 때문에 위쪽이 볼록해짐

그림 1-10 ▌ 수소에 의한 기포의 발생 과정

용되고 있는 것도 가스의 영향을 피하기 위한 방법의 하나다.

그림 1-10은 용해 과정에서 수소에 의한 가스의 발생과 기포가 생기는 과정을 보여 주고 있다.

② 쇳물 속의 가스 제거

용해 후 쇳물 속에서 기포의 원인이 되는 가스의 제거는 쉬운 일이 아니므로, 그 침입을 방지하는 것이 더 효과적이다. 특히 용해용 금속 재료 및 고체 연료로부터의 가스 침입을 막는 데 힘써야 한다. 대기 중의 습기나 연료 가스 중의 수분으로부터 쇳물에 수소가 흡수되기도 한다.

수소를 제거하는 방법에는 산소와 같은 산화성 가스를 강제로 쇳물 속에 불어넣어 수소를 몰아 내는 방법이 있다. 산소는 다른 원소와 친화력이 강하므로, 강철일 때에는 철보다 친화력이 강한 Mn 및 Si 등을 가하여 산소를 흡수시켜 안전한 산화물로 만든다. 이렇게 하는 것을 탈산(deoxidation)이라 하며, 이러한 목적에 사용되는 원소, 화합물 및 합금 등을 탈산제(deoxidizer)라 한다. 또 쇳물의 가스량은 주위의 압력이 낮아지면 감소한다. 따라서 진공 중에서는 이론적으로 가스를 쇳물 밖으로 배출시킬 수가 있다. 그러나 대형 진공 장치는 일반적인 방법이 될 수 없으며, 한정량의 특수강이나 비철계 합금에만 적용되고 있다.

그 밖에 불활성 가스를 용융 금속에 불어넣는 방법, 용융된 쇳물을 일단 서냉, 응고시킨 다음 급속하게 다시 용해, 주입하는 방법 등도 이용된다.

1.2 주물용 금속 재료와 그 조직 및 특성

1. 주철과 주강

1) 주철 조직의 특성과 성질

(1) 주철 조직의 특성

주철은 Fe-C계 평형 상태도 상에서는 탄소를 2.0~6.67 % 함유하는 Fe-C계 합금으로 규정하고 있으나 실제 사용되고 있는 주철의 탄소 함유량은 2.0~4.0 %의 범위로 한정되어 있다. 그리고 주철 중에 함유되는 탄소량의 일부분은 유리 상태로 존재하는 유리 탄소(遊離炭素, free carbon) 또는 흑연(黑鉛, graphite)이며, 다른 일부분은 펄라이트 또는 시멘타이트(Fe_3C)로서 존재하는 화합 탄소(化合炭素, combined carbon)로 되어 있다. 주철에 함유된 탄소량은 보통 이 두 가지의 탄소를 합한 탄소의 전량, 즉 전탄소량(全炭素量, total carbon)으로 나타낸다.

편상 흑연의 전자현미경 사진(×2000×80 %)

이와 같이 주철은 용융 상태에서는 함유된 탄소가 전부 철 중에 균일하게 용융되어 있으나 이 용융액이 빠르게 응고될 때 탄소는 시멘타이트로, 서냉시는 흑연이 되어 석출된다. 따라서 그림 1-11의 Fe-C계 복평형 상태에서 실선(實線)의 $Fe-Fe_3C$계 평형 상태도와 파선(破線)의 Fe-C(흑연)에 평형 상태도를 동시에 생각할 필요가 있다. 즉 흑연이 석출될 때를 안정 평형 상태(파선)라 하고, 시멘타이트가 석출될 때를 준안정 상태(실선)라 한다. 또 주철은 같은 탄소 함유량이라 하더라도 그 밖의 원소의 성분과 용해 방법, 그리고 주입 및 냉각 조건 등에 따라 흑연과 화합 탄소의 비율이 뚜렷하게 달라지며, 주철의 성질에도 큰 영향을 끼치게 된다.

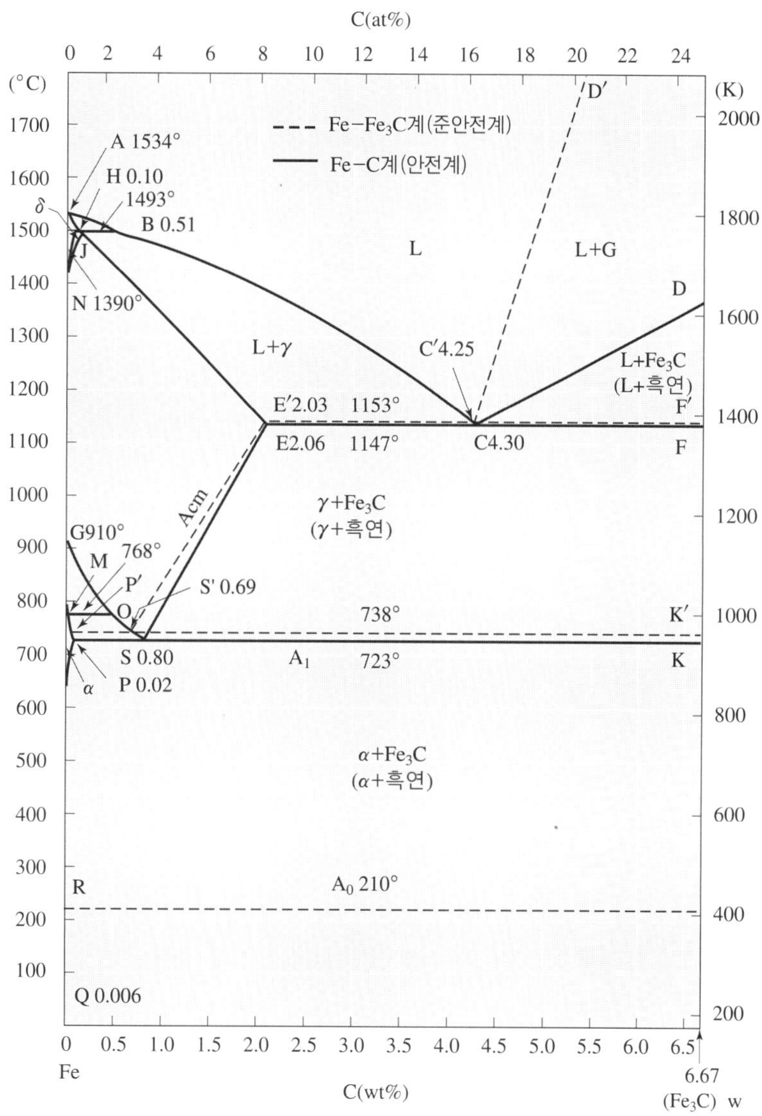

그림 1-11 ‖ Fe−Cr계 복평형 상태도[2)]

(2) 주철 조직의 상과 성질

주철에는 철 이외에도 다섯 가지의 원소가 포함되어 있어, 그 조직이 매우 복잡하다. 주철에 나타나는 상에는 흑연을 비롯하여 Fe_3C, MnS, FeS, Fe_3P 등이 있으나 주철 조직을 크게 지배하는 상은 Fe 주체의 고용체와 흑연 및 Fe_3C 등이다.

---

2) Fe−C계 복평형 상태도 : 小原著 金屬材料概論(1995. 6), P. 240

① 흑연

쇳물 중의 탄소는 냉각할 때에 흑연(graphite) 또는 시멘타이트로 석출하는데, 이들 중 어떤 상이 어떤 비율로 나타나는지에 따라 주철의 성질을 크게 좌우한다. 즉 주철 중에 흑연은 응고함에 따라 분리된 것과, 일단 시멘타이트로 정출한 뒤에 생긴 것이 있다. 전자는 보통 편상(片狀, flake)이 되고, 후자는 괴상(塊狀, lump)으로 나타나나, 쇳물의 처리 방법에 따라 응고와 동시에 구상(球狀, spheroidal) 흑연을 정출시킬 수도 있다. 흑연은 연하고 메짐성이 있어 인장 강도를 약하게 하나 흑연의 양, 크기, 모양 및 분포 상태는 주물의 특징인 주조성, 내마멸성, 절삭성 및 인성 등을 개량하는 데 크게 영향을 끼친다. 또 흑연을 구상화하면 흑연이 철 중에 미세한 알갱이 상태로 존재하게 되어, 주철을 탄소강과 유사한 강인한 성질로 개량할 수 있다.

② 시멘타이트

시멘타이트(cementite, Fe_3C)는 주철의 상 중에서 가장 단단하며, 경도(HV)가 1100 정도이다. 따라서 주철 중에 시멘타이트가 많이 존재하여, Fe_3C가 주체가 되는 백 주철이 되면 매우 단단하여 절삭성이 현저히 저하된다.

주철에 Si가 많으면 C의 흑연화가 촉진되어 시멘타이트가 적어진다. 따라서 규소 함유량이 많은 주철을 서냉하면 시멘타이트는 거의 나타나지 않는다. 이에 반해 급랭한 것이나 Si와 C가 적은 조성의 주철에는 시멘타이트가 많이 나타난다.

③ 페라이트와 펄라이트

페라이트(ferrite)는 철을 주체로 한 고용체로, 주철에 있어서는 Si의 전부, Mn의 일부 및 극히 소량의 C를 포함하고 있다. 페라이트는 펄라이트의 상과 같이 존재할 때도 있는데 이러한 현상은 냉각 조건이나 규소의 함유량에 따라 조직의 전부 또는 일부분을 점유하게 된다.

펄라이트(pearlite)는 단단한 시멘타이트와 연한 페라이트가 혼합된 상이므로, 그 성질은 양자의 중간 정도가 된다. 그러나 여러 가지 조건에 따라 조직의 조밀 상태가 다르게 되고, 또 그 성질도 달라진다. 회 주철에는 대체적으로 그림 1-12와 같이 펄라이트와 페라이트 및 흑연이 조합을 이룸에 따라 여러 가지 조직으로 나타난다.

(3) 주철의 조직도

일반적으로 냉각 조건이 같은 경우에는 주철의 조직은 주로 C와 Si의 양에 의해 결정되고, 동일한 성분의 주철에서는 응고시의 냉각 속도에 따라 흑연화의 정도가 변한다.

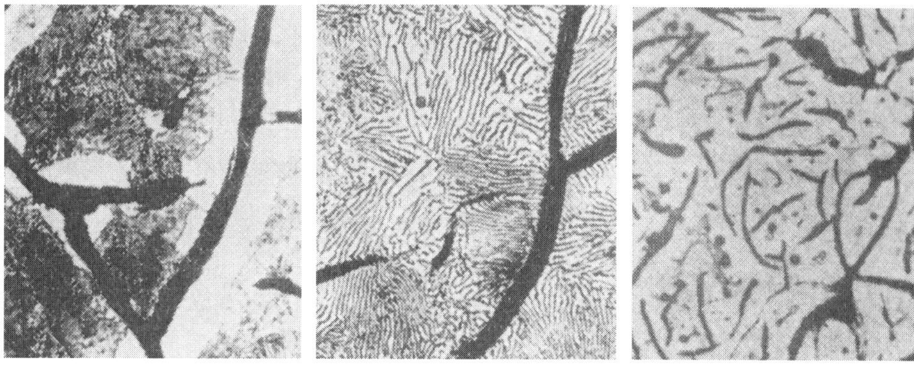

(×300×120 %) 백 : 페라이트, 흑 : 흑연 층상 : 펄라이트

(×600×120 %) 흑 : 흑연 층상 : 펄라이트

(×50×120 %) 백 : 페라이트+소량의 펄라이트 흑 : 흑연

그림 1-12 ▮ 회 주철의 현미경 조직

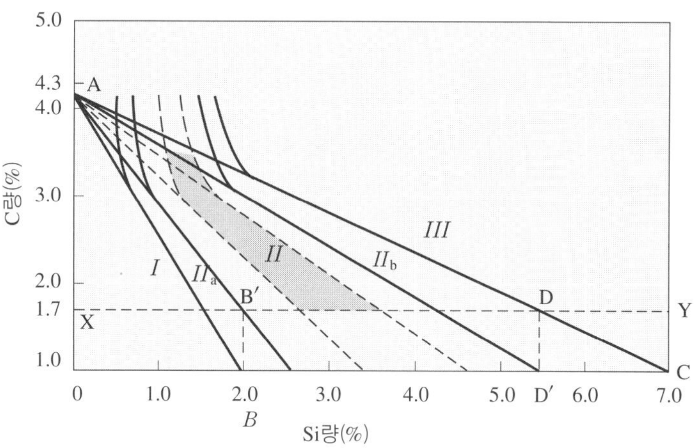

그림 1-13 ▮ 마우러의 조직도

그림 1-13은 탄소 함유량을 세로축, 규소 함유량을 가로축으로 하고, 두 성분 관계에 따라 주철의 조직이 어떻게 변화하는지를 나타낸 실용적인 선도로서, 이것을 마우러의 조직도(Maurer's structural diagram)라 한다. 마우러의 조직도에서 점 A는 Fe-C계의 공정점 4.3 %에 해당하며, 점 B는 1 %C에 있어서의 백 주철과 회 주철의 경계로서 2 %Si의 점에 해당한다.

따라서 AB선은 백 주철과 흑연을 함유하는 주철의 경계선이 된다. 점 C는 1 %C의, 7 %Si에 해당하고, AC선은 펄라이트를 함유하는 주철과 페라이트와 흑연만의 주철과의 경계선이 된다.

또 1.7%C가 강과 주철의 경계점이라 생각하여 XY를 긋고, 이것에 B에서 수선을 세워 점 B′를 구하여 AB′선을 긋는다. 그리고 D에서 수선을 내려 점 D′를 구하여 AD′선을 그으면, 그림 1-12와 같이 전체가 Ⅰ, $Ⅱ_a$, Ⅱ, $Ⅱ_b$, Ⅲ의 5개 구역으로 구분하게 되며 각각 다음과 같은 다른 조직이 된다.

Ⅰ : 백 주철(시멘타이트+펄라이트)
$Ⅱ_a$: 반 주철(시멘타이트+펄라이트+흑연)
Ⅱ : 펄라이트 주철(펄라이트+흑연)
$Ⅱ_b$: 회 주철(펄라이트+흑연+페라이트)
Ⅲ : 페라이트 주철(흑연+페라이트)

그림에서 각 구역의 경계는 모두 직선으로 되어 있으나, 3%C 이상에서는 점 A에 모아지지 않고 상부로 굽어진다. 이 조직도는 1400 ℃로 용해한 주철을 1250 ℃에서 ϕ75 mm의 건조 모래형에 주입한 경우의 조직으로 최근 주조 표준과는 다소 차이가 있다.

(4) 흑연의 형상과 분포

주철 중의 흑연은 응고하면서 분리된 것과 일단 시멘타이트로 정출한 다음 분해하여 생긴 것이 있다. 전자는 보통 편상이 되고, 후자는 괴상이 된다. 그러나 구상 흑연의 경우는 쇳물을 주입 전에 특수 처리하여 응고와 동시에 구상 흑연을 정출시킨 것이다. 흑연은 연하고 메

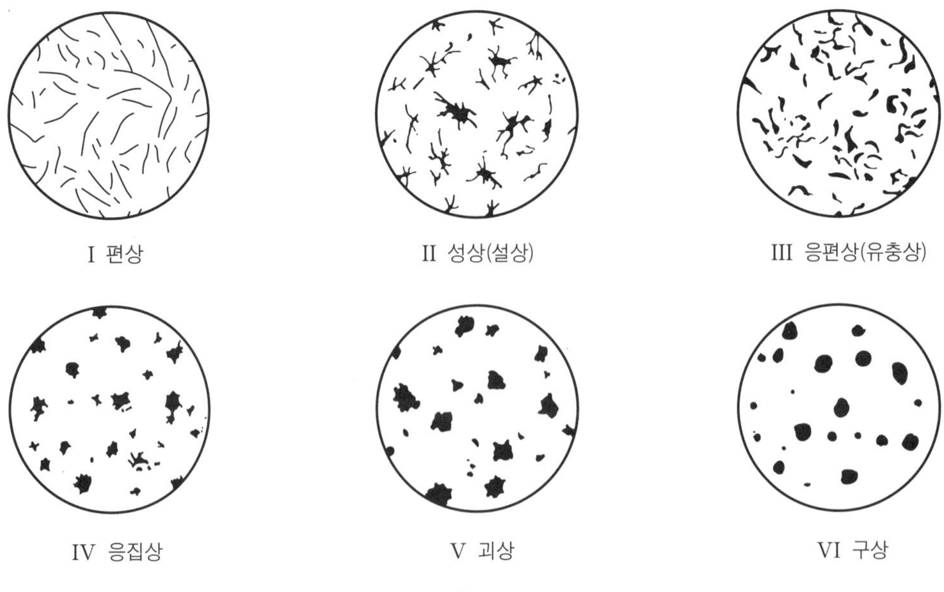

그림 1-14 ▮ 흑연 모양의 분류

짐성이 있어 철 속에 들어가면 전체적으로 메지게 된다. 흑연의 양, 크기, 모양 및 분포 상태는 주물의 성질에 크게 영향을 끼친다. 편상 흑연이라도 크기와 모양 및 분포 상태가 용융 조성과 응고 조건 등에 의해 여러 형태로 변한다. 주철에 나타나는 흑연의 형상은 그림 1-14와 같이 I~Ⅵ로 분류하고 있는데, 이들 중 편상(片狀, flake), 괴상(塊狀, lump) 그리고 구상(球狀, spheroidal) 모양이 흑연의 주를 이루고 있다. 주조 상태의 주물 조직에서 볼 수 있는 일반적인 흑연의 형상은 I, Ⅱ, Ⅲ 및 Ⅳ로 I의 편상 흑연은 주철에서 가장 많이 나타나는 흑연이다.

그러나 이 흑연은 내부 절결(內部切缺) 작용이 커서 주물의 기계적 성질을 저하시키는 요인이 된다. 이밖에도 편상 흑연과 구상 흑연의 중간형인 Ⅱ의 성상 흑연(星狀黑鉛) 또는 설상 흑연(雪狀黑鉛), 그리고 Ⅲ의 응편상 흑연(凝片狀黑鉛) 또는 유충상 흑연(幼蟲狀黑鉛)이 나타난다. Ⅳ의 응집상 흑연(凝集狀黑鉛) 및 V의 괴상 흑연(塊狀黑鉛)은 흑심 가단 주철에 나타나는 불규칙한 형상의 흑연이다. Ⅵ의 구상 흑연은 특별한 구상화 처리에 의한 구상 흑연 주철에 나타나는 구상 흑연의 모양이다.

그림 1-15는 미국의 재료시험협회(ASTM)에서 채용한 형식으로 편상 흑연의 크기, 모양, 분포의 형식을 A~E형의 5종으로 구분하여 규정하고 있다.

A형 : 보통 회 주철을 대표하는 흑연의 형태인 「표준형 흑연」

B형 : 장미형 흑연으로 기계적 성질이 떨어지고, 불순물, 가스가 많을 때 나타난다. 중심부는 공정상에 가깝고 주변에는 편상 흑연인 「장미형 흑연」

C형 : 과공정 주물에 나타나는 초정 흑연(初晶黑鉛, kish graphite)으로 편상 흑연이 직선적으로 크게 발달한 조직으로 기계적 성질이 떨어지는 「키슈 흑연」

D형 : Si가 많은 주철로, 비교적 냉각 속도가 빠른 경우에 많이 나타난다. 절삭성은 좋으나 기계적 성질은 떨어지는 「공정상 흑연」

E형 : 초정 오스테나이트의 수지상 조직과 유사한 흑연이 약간의 방향성을 갖고 있는 작은 소편상의 「수지상 분포 흑연」

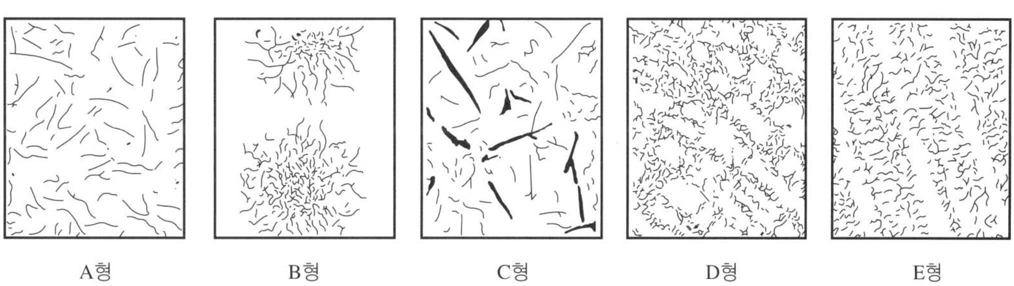

그림 1-15 ‖ 편상 흑연의 분포 형식

2) 주철의 특성

(1) 주철의 물리 · 화학적 특성

① 물리적 성질

주철의 물리적 성질은 화학 조성과 조직에 따라 크게 달라진다. 비중은 C와 Si 등이 많을수록 작아지며 용융점도 낮아진다. 또한 흑연편이 클수록 자기 감응도가 나빠지며 투자율을 크게 하기 위해서는 화합 탄소를 적게 하고 유리 탄소(free carbon)를 균일하게 분포시키는 것이 좋다.

표 1-1은 회 주철의 물리적 성질을 나타낸 것으로, 열전도율과 전기 비저항과 같이 흑연량에 따라 영향을 받는 것과 받지 않는 것이 있다. 또한 주철의 비중은 조직에 따라 페라이트는 7.85 %, 시멘타이트는 7.66 %, 흑연은 2.55 %로 각기 다르다.

② 화학적 성질

회 주철의 내식성은 조성과 조직에 따라 달라지는데 보통 편상 흑연이 분산되어 있는 것이 내식성이 우수하고, 바탕 조직에 펄라이트가 증가할수록, 흑연이 공정상으로 존재할수록 내식성이 저하된다.

또 주철은 염산, 질산 등의 산에는 약하지만 알칼리에는 강하다. 주철관이 상수도용 관으로 많이 사용되는 것은 물과 토양에 대한 내식성이 좋기 때문이다. 그러나 금속염이나 산을 함유한 광산 폐수, 공장 폐수는 내식성을 나쁘게 하고, 물의 마찰 저항이 심한 곳에서는 쉽게 침식된다.

(2) 주철의 기계적 특성

주철은 강에 비해 일반적으로 강인성이 약하며, 구상 흑연을 갖는 주철과 가단 주철 이외는 연성은 거의 없다. 주철에서의 흑연은 여러 가지 형태로 조직 중에 분산되어 있는데, 편상 흑연은 강인성이나 연성과는 무관하면서 내부 절결(內部切缺) 역할을 하기 때문에, 편상 흑연이 많을수록, 또 조대할수록 주철 전체의 강도, 연성 및 인성을 나쁘게 한다.

표 1-1 ▮ 회 주철의 물리적 성질

비중	융해점(℃)	수축률(%)	전기 전도도 (m/Wmm^2)	열전도도 (cal/cm · s · ℃)	열팽창 계수 (0~100 ℃)
7.1~7.3	1110~1250	0.5~1.0	0.5~2.0	0.07~0.11	0.000010~0.000011

회 주철은 일반적으로 바탕 조직이 펄라이트가 많을수록 강해지며, 조성 범위로는 C 및 Si량이 적을수록 강도가 증가하고, Mn은 조직을 치밀하게 하므로 강도에 좋은 영향을 준다.

1 인장 강도

주철의 기계적 성질은 다른 재료와 같이 화학 조성만으로 규정할 수가 없기 때문에 KS 규격에서는 인장 강도(tensile strength)를 기준으로 정하고 있다.

그림 1-16은 주철의 인장 강도를 조직도상에 나타낸 것으로 파선은 조직의 경계를, 실선은 인장 강도의 경계를 나타낸 것이다. 주철의 인장 강도는 그림과 같이 일반적으로 강에 비하여 현저히 낮고, 항장력과 충격값은 편상 흑연의 존재에 따라 현저히 떨어지고, 항장력은 인장 강도의 약 1/2 정도이다. 이와 같이 주철은 인장 강도가 낮으면서 취약하다.

	(N/mm^2)
①	210 이하
②	210~250
③	250~280
④	280~320
⑤	180~210
⑥	140~180

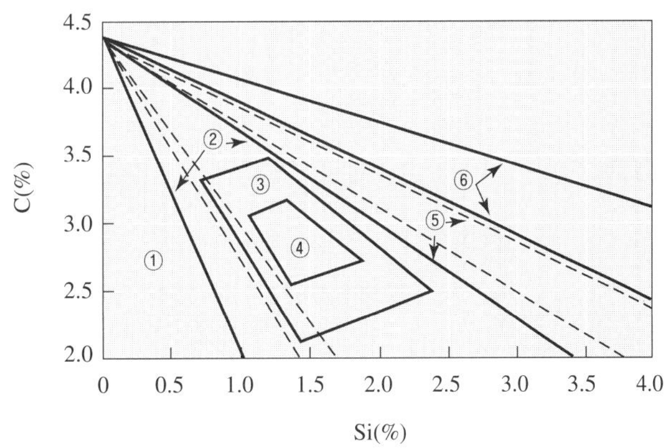

그림 1-16 ‖ 주철의 조직과 인장 강도의 관계

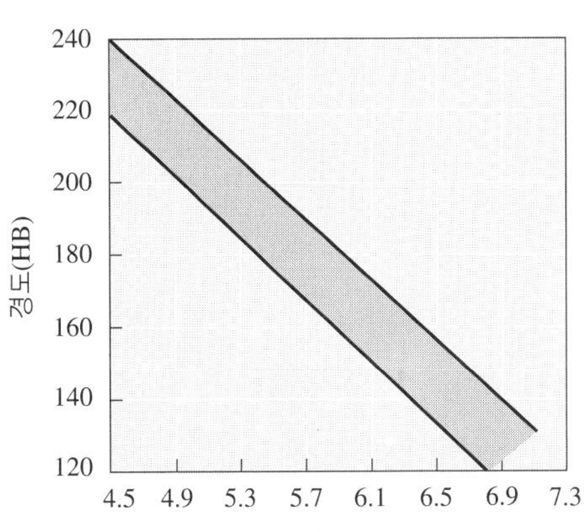

그림 1-17 ‖ C+Si량과 주철의 경도

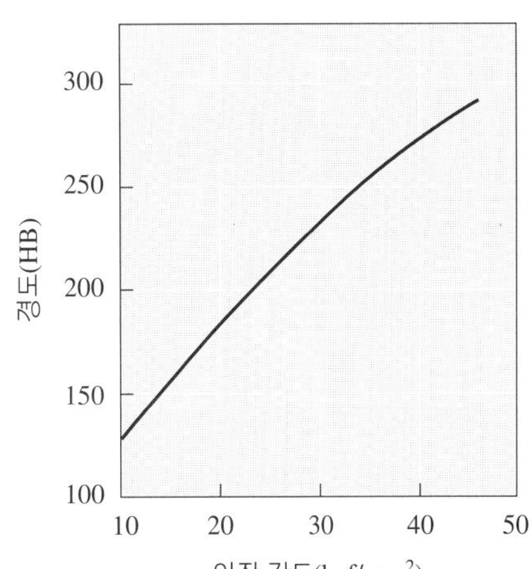

그림 1-18 ‖ 경도와 인장 강도

② 경도

주철은 경도값에 따라 간단하게 그 재질을 판정할 수도 있어, 경도 시험을 하는 경우가 많다. 주철의 경도는 보통 브리넬 경도(Brinell hardness : HB)로 나타내며, 그림 1-17과 같이 (C+Si)량이 많을수록 작아지는데, 페라이트가 많은 것은 HB 80~120, 백 주철의 경우에는 HB 420 정도이다.

경도값은 그림 1-18과 같이 일반적으로 인장 강도와 비례한다. 그러나 기계 가공을 위해서는 같은 인장 강도에 대해 경도가 낮은 쪽이 좋은 재료가 될 수 있다.

③ 압축 강도

주철의 특징은 압축 강도(compression strength)가 크다는 점이다. 인장 강도와 압축 강도와의 관계는 압축 강도가 인장 강도의 3~4배 정도이며, 보통 주철에서 4배 정도, 고급 주철일수록 그 배율은 작아진다. 주철은 인장력보다는 압축력을 받는 부분이 있는 기계류의 몸체나 베드(bed) 등에 많이 사용된다.

④ 충격값

주철은 보통 충격에 약하고 깨지기 쉽다는 것이 큰 결점이나 고급 주철은 어느 정도 충격에 견딜 수 있다. 저탄소, 저규소로 흑연 함유량이 적고 유리 시멘타이트가 없는 주철은 다른 주철에 비하여 충격값(impact value)이 크다. 그러나 반대로 고탄소, 고규소이고 조대한 편상 흑연을 함유하는 주철일수록 노치(notch) 감성(感性) 때문에 충격값이 작다.

그림 1-19는 (C+Si)의 함유량과 충격값의 관계를 나타낸 것이다.

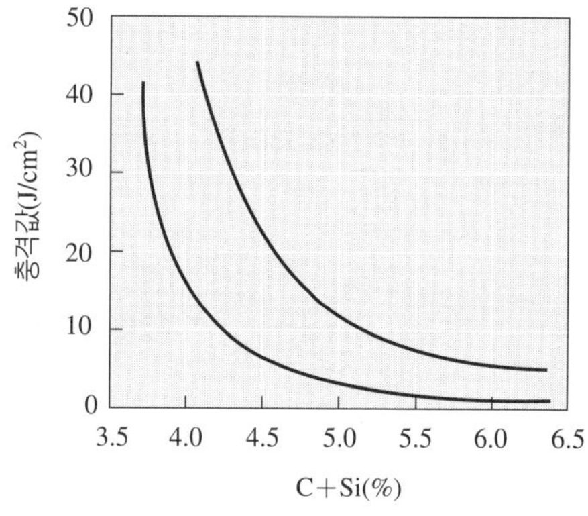

그림 1-19 ‖ C+Si %와 충격값의 관계

(3) 주철의 내마멸성과 감쇄능

① 내마멸성

주철은 자체의 흑연이 윤활제 역할을 하며, 윤활유를 주었을 때에는 흑연 자신이 기름을 흡수하여 양호한 유막을 형성하므로 강에 비해 내마멸성이 커진다. 흑연이 조대해진 주철은 약할 것 같으나, 기어에 사용하면 흑연의 윤활 작용에 의해 오랜 기간 사용할 수 있다. 보통

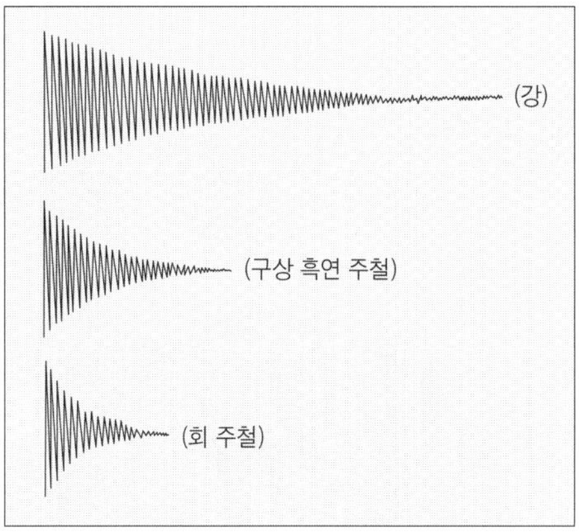

그림 1-20 ▮ 주철과 강 진동의 감쇄능 비교

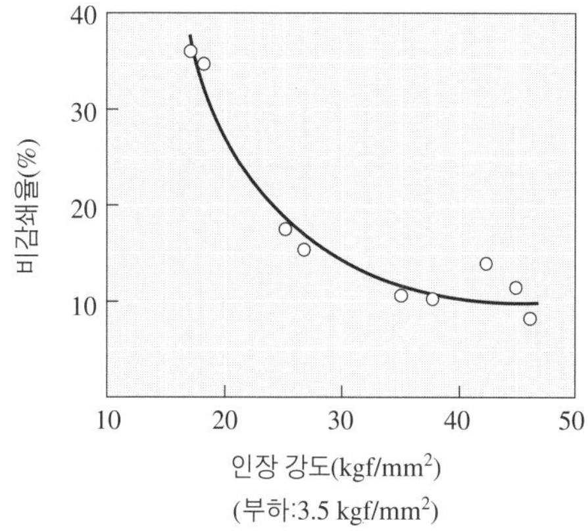

그림 1-21 ▮ 주철의 인장 강도와 비감쇄율의 관계

주철에서도 펄라이트 부분이 많을수록 마멸은 작다.

② 감쇄능

일반적으로 어떠한 물체에 진동을 주게 되면, 진동(振動) 에너지는 그 물체에 흡수하게 되므로, 진동은 점차 약화되어 끝내는 정지하게 된다. 이와 같이 물체가 진동을 흡수하여 점차 작아지는 현상을 진동의 감쇄능(減衰能)이라 한다.

그림 1-20는 강과 구상 흑연 주철 및 회 주철에 진동을 주었을 때 감쇄 상황을 비교한 것으로, 회 주철의 감쇄능이 가장 빠른 것을 알 수 있다. 주어진 변형률(strain)이 1회의 진동마다 감소되는 비율을 전 진동에 걸쳐 일정하다고 했을 때, 그 비율을 비감쇄율이라 하는데, 강의 비감쇄율(比減衰率)이 2~3 %인 것에 비하여 주철은 10~35 %에 달한다. 또 비감쇄율은 흑연이 조대화된 주철일수록 크다.

그림 1-21은 주철의 인장 강도와 비감쇄율의 관계를 나타낸 것이다. 주철은 비감쇄율이 우수하여, 진동이 많은 방직기의 부품이나 기어 박스 및 기계 몸체 등에 이용된다.

(4) 주철의 고온성과 절삭성

① 고온에서의 성질

◎ 고온에서의 주철의 성장

주철 조직에 함유되어 있는 Fe_3C(펄라이트 중의 시멘타이트 포함)는 고온에서는 불안정한 상태로 존재하고 있다. 즉 주철이 고온 상태가 되어 450~600 ℃에 이르면 철과 흑연으로 분해하기 시작하여 750~800 ℃에서 $Fe_3C \rightarrow 3Fe + C$로 완전히 분해하게 되는데, 이것을 시멘타

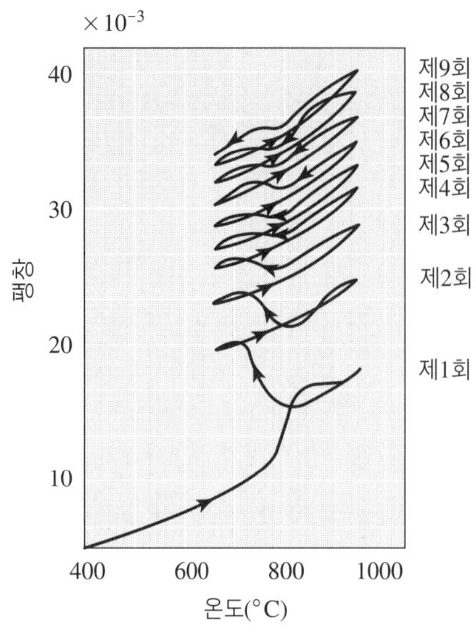

(a) 반복 가열에 의한 팽창

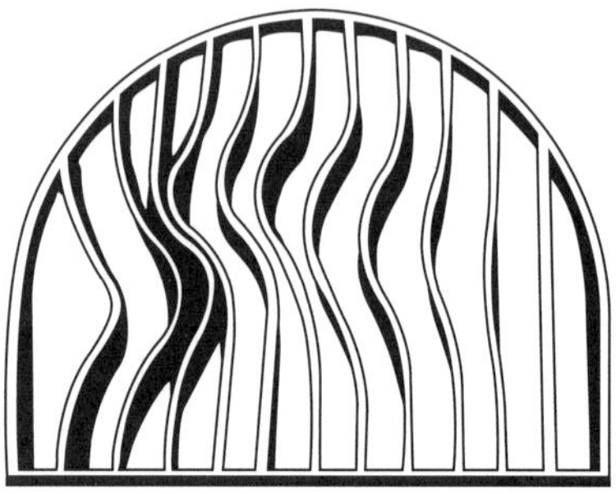

(b) 성장의 보기

그림 1-22 ‖ 주철의 성장에 의한 변형의 보기

이트의 흑연화(graphitizing)라 한다.

주철은 A_1변태점 이상의 온도에서 장시간 방치하거나 다시 되풀이하여 가열하면 점차 그 체적가 증가되는 성질, 즉 부풀게 되어 원래의 길이로 되돌아가지 않고 결국 균열이 일어나 파괴되기도 하는데 이러한 현상을 주철의 성장(growth of cast iron)이라 한다.

주철 성장의 주된 원인으로는

① 주철 중의 시멘타이트(Fe_3C)가 흑연화됨에 따른 팽창
② 주철 중에 함유되어 있는 Si가 산화됨에 따른 팽창
③ 주철 중에 함유되어 있는 가스의 팽창
④ A_1 변태 부근에서의 가열냉각에 따른 체적 변화로 미세한 균열의 발생 등이다.

그림 1-22 (a)는 주철을 반복하여 가열하였을 때의 팽창 형태를, 그림 1-22 (b)는 회 주철의 성장에 의한 변형된 보기다.

◎ 고온에서의 기계적 성질

그림 1-23은 보통 주철의 고온에서의 강도와 경도 등의 변화를 나타낸 것이다. 인장 강도와 경도는 약 450 ℃까지는 상온의 경우와 같으나, 450 ℃ 이상이 되면 주철의 성장 현상이 일어나 강도가 급속히 저하된다. 즉 크리프 강도도 450 ℃를 기점으로 급격하게 저하됨을 알 수 있다. 그러나 피로 한도는 고온에서도 급격한 저하 현상은 나타나지 않는다.

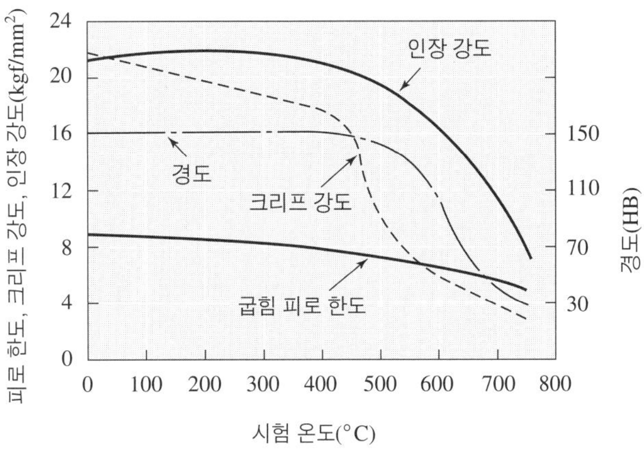

그림 1-23 ‖ 보통 주철의 고온에서의 성질

일반적으로 주철은 Cr을 소량 첨가하면 내열성이 어느 정도 개선된다. 이와 같이 합금한 주철의 내마멸성은 고온에서도 우수하므로, 자동차와 내연 기관 등의 실린더, 실린더 라이너, 피스톤 및 링 재료로 많이 사용되고 있다.

② 절삭성

주철의 절삭성은 일반적으로는 경도와 강도가 커지면 저하된다. 절삭성은 HB 200 정도가 경제적 생산의 최고 경도이며, HB 250 이상이 되면 절삭성은 상당히 나빠지고 반 주철이나 백 주철은 절삭이 매우 어렵다. 회 주철은 조직 중의 흑연 자체가 윤활제가 되며, 절삭 가공에서 흑연의 윤활 작용과 절삭 칩이 쉽게 파쇄되는 효과가 있어 주철의 절삭성은 매우 좋은 편이다. 이러한 점으로도 주철은 공업용 재료로서의 장점을 가지고 있다. 그러나 경도와 강도가 높아지면 절삭성은 떨어진다.

3) 주철의 종류와 특성

일반적으로 주철이라 함은 회 주철을 말한다. 넓은 의미의 회 주철이란 합금 주철이나 구상 흑연 주철을 포함하고 있으나, 이들의 제법과 기계적 성질은 좁은 의미의 회 주철과 다르므로 각각 별도로 취급하고 있다.

회 주철은 주조성이 좋고 값이 싸므로 일반 기계용 구조물과 기계 부품 그리고 가정용 기기 및 건설 설비용 재료 등으로 많이 사용되고 있다. 주철을 분류하는 방법은 여러 가지가 있으나 일반적으로 보통 주철, 고급 주철, 합금 주철, 특수 주철 등으로 분류하고 있다.

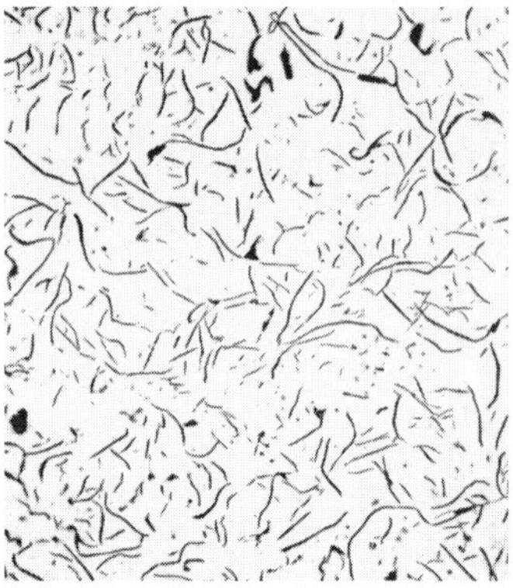
(×50×2/3)

(a) 페라이트

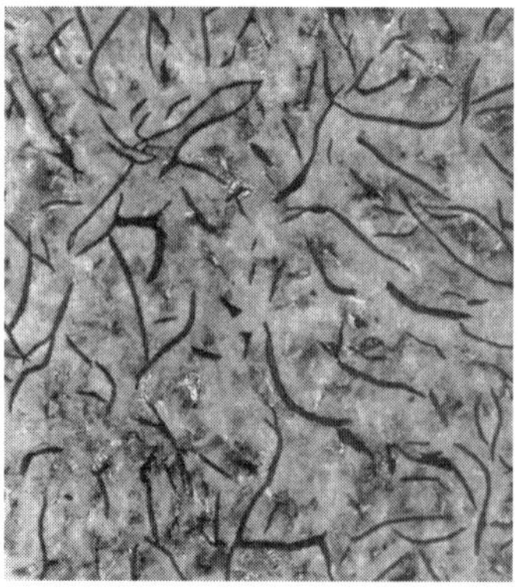
(×100×2/3)

(b) 펄라이트

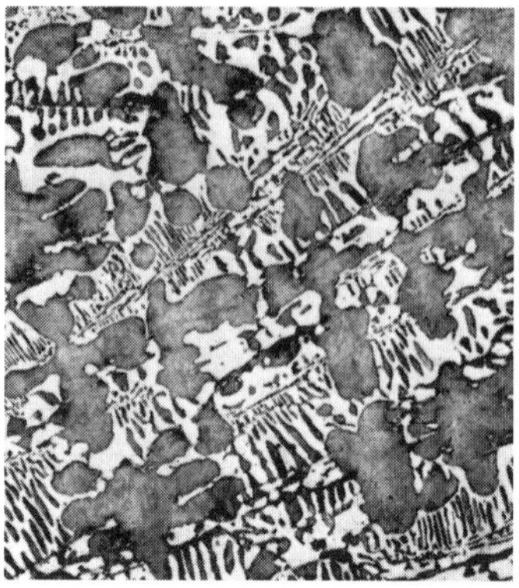
(×100×2/3)

(c) 시멘타이트

그림 1-24 ‖ 보통 주철의 현미경 조직

표 1-2 ‖ 회 주철의 기계적 성질

종류	기호 (구기호)	공시재의 주조된 상태의 지름 (mm)	인장 시험	경도 시험
			인장 강도 $N/mm^2(kgf/mm^2)$	HB
1종	GC 100 (GC 10)	30	100 이상 (10 이상)	201 이하
2종	GC 150 (GC 15)	30	150 이상 (15 이상)	212 이하
3종	GC 200 (GC 20)	30	200 이상 (20 이상)	223 이하
4종	GC 250 (GC 25)	30	250 이상 (25 이상)	241 이하
5종	GC 300 (GC 30)	30	300 이상 (30 이상)	262 이하
6종	GC 350 (GC 35)	30	350 이상 (35 이상)	277 이하

* 1종에 대하여는 기계 시험을 생략할 수 있다.

표 1-3 ‖ 보통 주철의 조성

성분명	C	Si	Mn	P	S
%	3.0~3.6	1.0~2.0	0.5~1.0	0.3~1.0	0.06~0.1

(1) 보통 주철

현미경 조직은 그림 1-24 (a), (b)와 같이 바탕 조직이 페라이트 또는 펄라이트 중에 흑연이 편상으로 석출되어 있다. 주철은 조성 중의 탄소와 규소의 양이 조직에 크게 영향을 끼치는데, 그 양의 비율에 따라 흑연의 크기, 모양 그리고 바탕 조직의 상태가 달라진다. 또한 주물의 살 두께와 냉각 속도에 따라 조직이 변하게 된다. 그림 1-24 (C)는 시멘타이트 조직의 보기다.

인장 강도는 100~300 MPa 정도이다. 비교적 메지고 연성이 없으나 압축 강도는 매우 크다. 보통 주철은 주조성이 좋아 대량 생산이 가능하며, 값이 싸서 주물용 재료 중 가장 많이 사용되고 있다.

표 1-2는 회 주철의 종류와 기계적 성질을 나타낸 것으로 인장 강도, 최대 하중 및 경도는 표에 따른다. KS규격에서는 1~6종을 규정하고 있으나, 이 중에서 보통 주철은 1~3종에 해당된다. 화학 성분은 규정이 없으며 특별히 필요한 경우에는 주조품의 조성을 분석하여 제시한다. 일반적으로 회 주철의 조성은 표 1-3과 같다.

(2) 고급 주철

강인 주철이라고도 하며, 보통 주철의 강도를 높이기 위하여 탄소와 규소의 양을 줄인 것으로, 흑연의 크기가 작고 고르며 인장 강도를 250 MPa 이상으로 높인 주철로, 란츠법(Lanz process), 에멜법(Emmel process), 미하나이트(Meehanite) 주철 등이 대표적이다.

조직은 흑연이 미세하고 활 모양으로 구부러져 고르게 분포되어 있고, 바탕이 펄라이트 조직이므로 이를 펄라이트 주철이라고 하며, 표 1-2의 4~6종이 고급 주철에 해당된다. 표 1-4는 특수 제조법으로 주조되는 고급 주철의 조성을, 그림 1-25는 고급 주철 주물의 현미경

(×100)

그림 1-25 ▮ 고급 주철의 현미경 조직

그림 1-26 ▮ 고급 주철 주물(자동차용)

표 1-4 ▮ 고급 주철의 조성과 인장 강도

종류	화학 성분(%)					인장 강도	
	C	Si	Mn	P	S	MPa	kgf/mm²
란츠 주철*	3.0~3.4	0.6~1.0	0.5~1.0	0.1~0.2	0.1~0.2	295	30
에멜 주철**	2.5~3.0	1.8~2.5	0.8~1.1	0.1~0.2	0.1~0.15	340	35
피보바르스키 주철***	2.7~3.2	1.8~2.0	0.9~1.0	–	0.08~0.09	340	35
미하나이트 주철****	2.7~3.2	1.3~1.8	0.5~1.0	0.1~0.2	0.04	340	35

* 란츠 주철(Lanz cast iron) : 3.2%C, 1.2%Si, 3.5~4.0%(C+Si)의 성분을 가진 쇳물을 시멘타이트의 정출을 막기 위해 가열된 주형에 주입, 냉각 속도를 느리게 함으로써 흑연화를 촉진시킨 주철

** 에멜 주철(Emmel cast iron) : 2.8~3.2%C, 1.25~2.25%Si(C+Si≒5 %) 성분을 가진 것을 1500 ℃ 이상의 고온으로 용해하여 흑연을 미세하고 균일하게 정출시키고 펄라이트의 바탕 조직을 갖도록 한 주철

*** 피보바르스키 주철(Piwowarsky cast iron) : 큐폴라에서 얻은 쇳물을 전기로에 옮겨 1500~1600 ℃ 의 고온으로 재가열하고 적당한 온도까지 냉각시킨 다음 주입하여, 흑연 핵이 소실되어 미세한 흑연이 정출됨과 동시에 펄라이트 조직으로 한 주철

**** 미하나이트 주철(Meehanite cast iron) : 1926년 미한(G.H. Meehan)과 스멀리(O. Smalley)에 의해 개발한 주철로, 저탄소, 저규소의 주철 쇳물에 칼슘 실리게이트를 접종하여 흑연을 균일하게 분포시켜, 기계적 성질을 개선한 신뢰성 있는 강인한 고급 주철

조직을, 그림 1-26은 고급 주철 주물의 보기다.

(3) 합금 주철

합금 원소를 첨가하여 흑연을 미세화하고 조직 바탕을 안전화하여 기계적 성질을 개선한 주철이다. 합금 원소는 Cr, Ni, Cu, Mo, V, Ti 등이며 합금의 첨가로 내열성, 내마멸성, 내식성 및 기계 가공성을 향상시킨 주철이다.

합금 주철은 첨가 원소의 함유량에 따라 저합금 주철, 고합금 주철로 분류한다. 금속 조직에 따라서는 페라이트계, 펄라이트계, 마텐자이트계, 오스테나이트계 및 레데부라이트계 등으로 분류한다. 용도에 따라 기계 구조용으로 강인성과 내마멸성 등을 향상시킨 고력 합금 주철과 내식성과 내열성을 향상시킨 특수 목적용 주철 등으로 분류하기도 한다.

표 1-5는 합금 주철의 화학 성분과 기계적 성질을, 그림 1-27은 합금 주철 주물의 보기다.

그림 1-28은 합금 주철의 현미경 조직이다.

표 1-5 ▮ 합금 주철의 화학 성분과 기계적 성질

종류	화학 성분(%)								비고
	C	Si	Mn	P	S	Ni	Cr	Mo	
자동차용 주철	3.00~3.40	2.00~3.30	0.60~0.80	<0.20	<0.10	<0.50	0.30~0.50	<0.50	
공작 기계용 주철	3.00~3.25	1.00~2.00	0.50~0.90	<0.3	<0.10	1.00~1.50	<0.60	-	

종류	인장 강도 MPa(kgf/mm^2)	휨 (mm)	경도 (HB)
자동차용 주철	235~295	392~500	(40~51)
공작 기계용 주철	245~343	450~540	(46~55)

그림 1-27 ▮ 합금 주철 주물(선반 베드, 5800 kg)

(4) 특수 주철

① 오스테나이트 주철

내산성, 내알칼리성, 내열성이 크고 비자성이며, 전기 저항이 크고 강인성이 있는 주철로서, 표 1-6과 같이 Ni을 다량 함유한다. 오스테나이트 주철은 화학 공업용 내식성 재료로 널리 쓰인다.

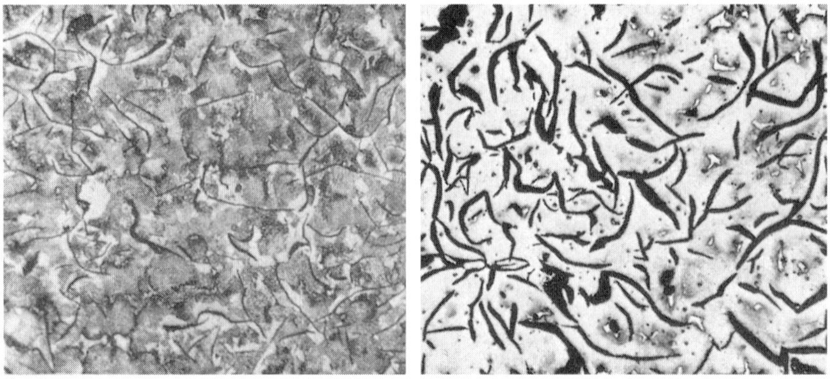

(×100) (×100)

(a) Ni–Mo 주철 (b) Ni–Cr 주철

그림 1-28 ▌합금 주철의 현미경 조직

표 1-6 ▌오스테나이트 주철

명칭	화학 성분(%)								인장 강도 (kg/mm^2)	연신율 (%)	경도 (HB)
	C	Si	Mn	P	S	Ni	Cu	Cr			
니-레지스트 (Ni-resist)	3.0	1.5	1.0	0.20	0.10	14.0	7.0	2.0	17~21	–	130~160
니크로실랄 (Nicrosilal)	2.0	5.0	1.0	0.10	0.10	18.0	–	2.0	12~31	1~4.5	110~170

표 1-7 ▌듀리론의 화학 성분

명칭	C	Si	Mn	P	S
듀리론	0.20~0.80	14.0~14.5	0.25~0.35	0.16~0.25	0.05 이하

② 고규소 주철

규소를 14 % 정도 함유한 고규소 주철인 내산 주철로서, 농도가 진한 황산, 황산구리 용액, 황산과 질산은 혼합 용액 등에 잘 견딘다. 염산에 대해서도 어느 정도까지는 견디지만 진한 염산에는 약한 편이다. 오스테나이트 주철보다 가격은 싸지만 절삭할 수 없는 점과 메짐성이 있는 것이 결점이다.

표 1-7은 듀리론(duriron) 고규소 주철의 화학 성분을 나타낸다.

③ 고크로뮴 주철

Cr을 12~35 % 함유한 고크로뮴 주철은 오스테나이트 주철과 같이 내식성, 내열성, 내마멸성이 큰 주철이다.

④ 애시큘러 주철

보통 주철 성분에 1~1.5 % Mo, 0.5~4.0 % Ni을 첨가하고 별도로 Cu, Cr을 소량 첨가한 애시큘러 주철(acicular cast iron)이라 불리는 합금 주철은 흑연이 보통 주철과 같은 편상 흑연이나 조직의 바탕이 그림 1-29와 같이 침상(acicular) 조직으로, 인장 강도가 440~640 MPa(45~65 kgf/mm²), 경도가 HB 300으로, 강인하며 내마멸성도 우수하여, 소형 엔진의 크랭크 축, 캠 축, 실린더 압연용 롤 등의 재료로 쓰인다.

표 1-8은 고력 합금 주철의 규격을 나타낸 것이다.

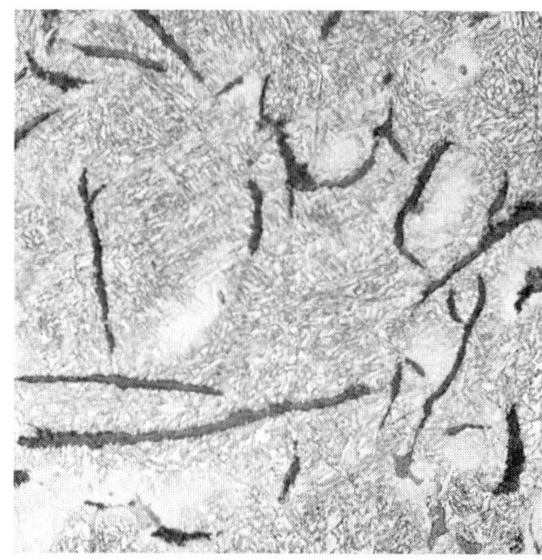

(as Cast ×250)

그림 1-29 ▮ 애시큘러 주철의 현미경 조직

표 1-8 ▮ 고력 합금 주철의 화학 성분과 기계적 성질

종류	화학 성분(%)								비고
	C	Si	Mn	P	S	Ni	Cr	Mo	
자동차용 주철	3.00~3.40	2.00~2.30	0.60~0.80	<0.20	<0.10	<0.50	0.30~0.50	<0.50	
공작 기계용 주철	3.00~3.25	1.00~2.00	0.50~0.90	<0.30	<0.10	1.00~1.50	<0.60	-	

종류	인장 강도 MPa(kgf/mm²)	휨 (mm)	경도 (HB)
자동차용 주철	235~295 (24~30)	10~15	200~220
공작 기계용 주철	245~343 (25~35)	12~14	200~250

5 고력 합금 주철

일반 공작 기계 및 자동차 주물에 사용하는 고력 합금 주철은 보통 주물에 0.5~2.0 %Ni을 첨가하거나 여기에 약간의 Cr, Mo을 배합하여 강도를 높인 것이다. 보통 주철에 Ni을 첨가하면 흑연화를 돕고 칠(chill)을 방지하며, 절삭성을 좋게 하고 펄라이트와 흑연을 미세화한다. 또 Ni과 같이 Cr, Mo을 배합하면 기계적 성질을 더욱 향상시킬 수 있다. Ni-Cr계 주철은 기계 구조용으로 가장 많이 사용되고 있는 고력 합금 주철로, 강인하고 내마멸성과 내식성이 있으며 절삭성도 좋다.

(5) 칠드 주철

표면이 금형인 주형에 용융된 주철을 주입하여 냉각 속도를 빠르게 하면 주물 표면의 탄소는 철과 화합하여 화합 탄소가 되어 경하고 취성을 갖는 파면이 백색인 백 주철이 된다. 이와 같이 쇳물을 급랭하여 백 주철로 되는 현상을 칠드(chilled)라 하며, 칠드된 주철 주물을 칠드 주물(chilled casting)이라 한다. 그림 1-30은 주조된 칠드롤의 현미경 조직의 보기다.

칠드된 부분은 경도가 HB 350~450, 칠드의 깊이는 판용롤은 15~30 mm, 흠이 있는 롤은 30~50 mm 정도이다. 칠드 주물은 경도가 높고 내마멸성이 크며, 내열성이 좋아 고온에서 오랜 시간 사용하여도 경도가 크게 떨어지지 않는다.

칠드 주물의 표면 경도는 보통 쇼어로 표시하는데 일반적으로 HS 55~70 정도이다.

일반적으로 칠드의 깊이는 Si량에 의해 결정되는데, 이 밖의 원소로는 Mn, Mo, Cr, Sn, V 등이 칠드 깊이를 증가시킨다. 반대로 칠드 깊이를 저하시키는 원소에는 C, Cu, Co, Ni, Ti, Al 등이 있다. 칠드 주물은 각종 압연용 칠드롤, 분쇄기용 해머, 공기 해머, 차륜 등 내마멸성이 요구되는 기계 부품에 사용된다. 그림 1-31은 칠드 주물에 알맞은 C, Si의 범위를 나타내고 있다.

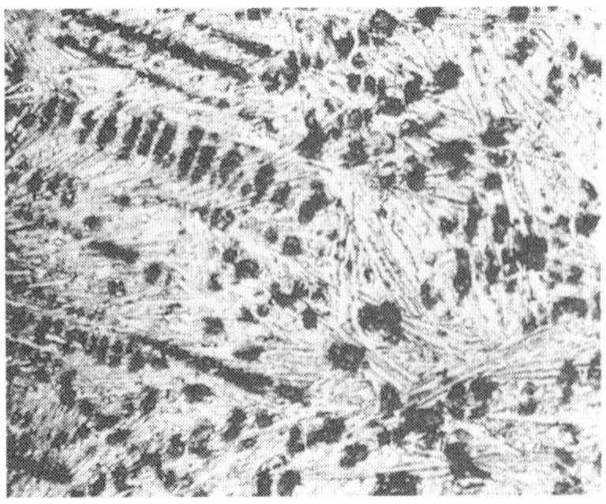

그림 1-30 ▮ 칠드롤 주물의 현미경 조직

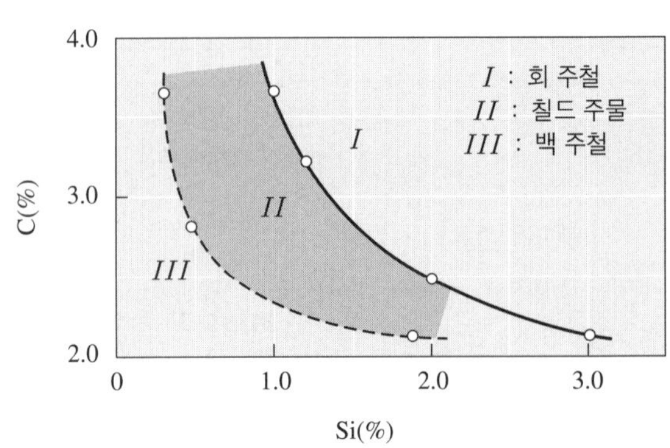

그림 1-31 ▮ 칠드 주물에 알맞은 C, Si의 범위

(6) 가단 주철

가단 주철(可鍛鑄鐵, malleable cast iron)은 백 주철을 고온에서 장시간 열처리하여 시멘타이트 조직을 분해하거나 소실시켜 인성 또는 연성을 개선한 주철이다. 가단 주철의 흑연은 템퍼 탄소(temper carbon)라고 하는 불규칙한 괴상으로 강도, 연성 및 내식성 등을 우수하게 한다. 가단 주철은 열처리 방법에 따라 표면은 탈탄되어 있으나, 내부는 시멘타이트가 흑연화되어 파단면이 검게 보이는 흑심 가단 주철(黑心可鍛鑄鐵, black-heart malleable cast iron : BMC)과, 파단면이 흰색을 나타내는 백심 가단 주철(白心可鍛鑄鐵, white-heart malleable cast iron : WMC), 바탕 일부의 탄소를 Fe_3C로 잔류시킨 입상 흑연과 입상 펄라이트 조직으로 된 펄라이트 가단 주철(pearlite malleable cast iron : PMC) 등 세 종류가 있다. 가단 주철은 탄소강과 유사한 정도의 강도를 가지며, 주조성과 피삭성이 좋고 대량 생산에 적합하므로 자동차 부품, 파이프 이음쇠, 방직기 부품 등의 재료로 많이 쓰인다. 가단 주철의 표준적인 화학 조성은 표 1-9와 같다.

표 1-9 ‖ 가단 주철의 화학 조성

가단 주철	화학 조성(%)					
	C	Si	Mn	P	S	Cr
백심 가단 주철	2.80~3.20	1.11~0.60	<0.5	<0.2	<0.3	-
흑심 가단 주철	2.00~2.90	1.50~0.80	<0.4	<0.2	<0.2	<0.06
펄라이트 가단 주철	2.00~2.60	1.50~1.00	0.2~1.10	<0.2	<0.2	-

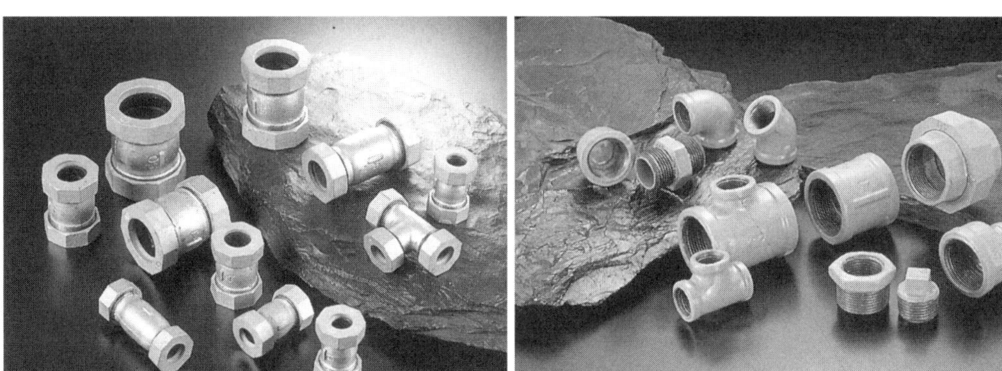

(a) 유니언 (b) T 및 엘보

그림 1-32 ‖ 가단 주철 주물(이음쇠)

1 흑심 가단 주철

흑심 가단 주철은 자동차 부품, 철도 차량용 부품, 방직기 부품, 관 이음쇠, 송전선 가설 부품 등 비교적 작으면서 강도가 요구되는 주물품에 이용되며, 대량 생산에 알맞다.

현재 가단 주철로는 흑심 가단 주철이 주로 이용되고 있다.

그림 1-32는 가단주철 주물(이음쇠)의 보기다.

그림 1-33은 흑심 가단 주철의 현미경 조직을, 표 1-10는 흑심 가단 주철의 기계적 성질

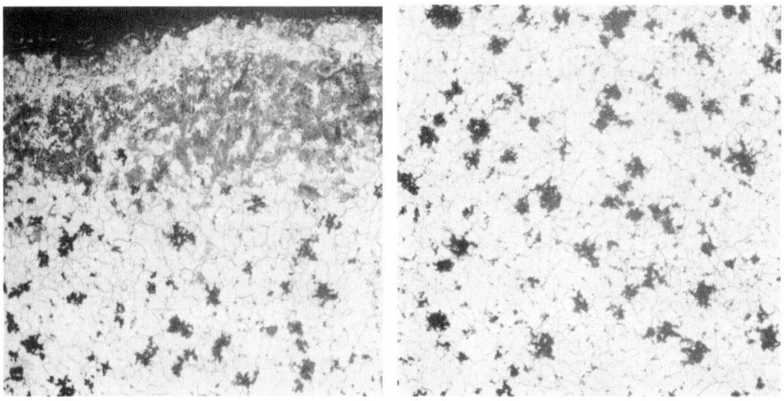

(×50×73 %) (×100×73 %)

(a) 표면 (b) 중심

3.05 % C, 0.82 % Si, 0.57 % Mn, 0.150 % S, 0.06 % P

그림 1-33 ▮ 흑심 가단 주철의 현미경 조직

표 1-10 ▮ 흑심 가단 주철의 기계적 성질 [KS D 4303-1996]

<table>
<tr><th rowspan="2">종류</th><th rowspan="2">기호(구기호)</th><th colspan="3">인장 시험</th><th rowspan="2">용도</th></tr>
<tr><th>인장 강도 N/mm²(kgf/mm²)</th><th>내력 N/mm²(kgf/mm²)</th><th>신장률 (%)</th></tr>
<tr><td>1종</td><td>BMC 270 (BMC 28)</td><td>270(28) 이상</td><td>165(17) 이상</td><td>5 이상</td><td rowspan="4">파이프 이음쇠 자동차, 산업 기계 · 기구 부품</td></tr>
<tr><td>2종</td><td>BMC 310 (BMC 32)</td><td>310(32) 이상</td><td>185(19) 이상</td><td>8 이상</td></tr>
<tr><td>3종</td><td>BMC 340 (BMC 35)</td><td>340(35) 이상</td><td>205(21) 이상</td><td>10 이상</td></tr>
<tr><td>4종</td><td>BMC 360 (BMC 37)</td><td>360(37) 이상</td><td>215(22) 이상</td><td>14 이상</td></tr>
</table>

비고 내력의 결정은 영구 신장률의 값을 0.2 %로 하거나, 하중하의 전체 신장률 0.5 %를 사용하여도 좋다.

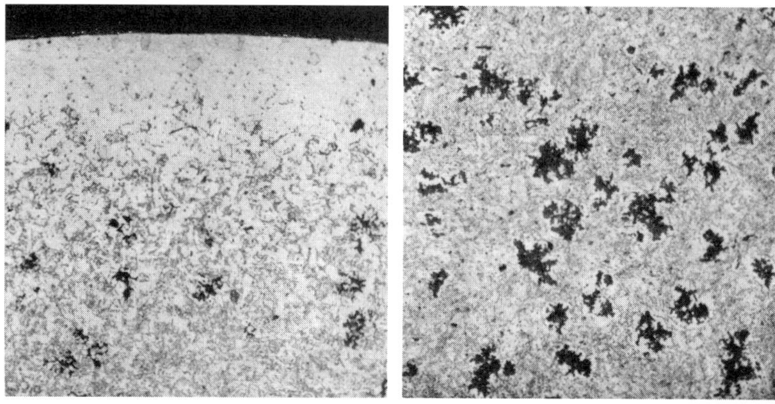

(×50×70 %) (×50×70 %)

(a) 표면 (b) 중심

3.04 % C, 0.62 % Si, 0.35 % Mn, 0.105 % S, 0.073 % P

그림 1-34 ▮ 백심 가단 주철의 현미경 조직

과 용도를 나타낸 것이다.

② 백심 가단 주철

백심 가단 주철은 풀림 상자 속에 백선 주물을 산화 철 또는 철광석 등의 분말로 된 산화제(oxidizing agent : mill scale, hammer scale, 적철광 등)로 싸서 1000~1050 ℃의 고온에서 장시간(40~70시간) 가열 유지하면 탈탄 반응에 의해 가단성(malleability)을 부여한 가단 주철이 된다. 이러한 현상은 CO_2와 Fe_3C와의 반응에 의한 것으로, 온도가 높을수록 반응이 빠르게 진행된다. 이때 산화제 중에 O와 주철 중에 C가 있으면 반응은 계속된다.

일반적으로 고온에서 장시간(40~70시간) 유지하는 동안에 표면에서 상당한 깊이까지 탈탄이 되나, 주물의 두께가 4~8 mm정도의 것에 한한다. 주물의 표면은 탈탄하여 페라이트로 변하여 연해지나, 내부로 들어갈수록 펄라이트가 많아져서 풀림 처리(annealing step)에 의한 흑연과 시멘타이트가 남아 굳은 조직이 된다. 강성(stiffness)은 흑심 가단 주철보다 다소 높으나 연신율은 떨어진다.

그림 1-34은 백심 가단 주철의 현미경 조직의 보기다.

③ 펄라이트 가단 주철

펄라이트 가단 주철은 흑심 가단 주철의 2단계 흑연화 처리 중에서 제 1단계에서 흑연화 처리만 한 다음 바탕 조직을 펄라이트 또는 구상 펄라이트화 한 다음 서냉한 것으로, 그 조직은 뜨임된 탄소와 펄라이트로 되어 있어 인성은 약간 떨어지나, 강력하고 내마멸성이 좋다.

표 1-11 ▮ 펄라이트 가단 주철의 기계적 성질과 용도

종류	기호 (구기호)	인장 강도 $N/mm^2(kgf/mm^2)$	내력 $N/mm^2(kgf/mm^2)$	신장률 (%)	HB (참고치)	용도
1종	PMC 440 (PMC 45)	440(45) 이상	265(27) 이상	6 이상	149~207	자동차, 산업 기계, 기구 부품, 특수 부품
2종	PMC 490 (PMC 50)	490(50) 이상	305(31) 이상	4 이상	167~229	
3종	PMC 540 (PMC 55)	540(55) 이상	345(35) 이상	3 이상	183~241	
4종	PMC 590 (PMC 60)	590(60) 이상	390(40) 이상	3 이상	207~269	
5종	PMC 690 (PMC 70)	690(70) 이상	510(52) 이상	2 이상	229~285	

비고 내력의 결정에는 영구 신장의 값을 0.2 %로 하지만 하중 상태에서의 전체 신장률 0.5 %를 사용해도 좋다.

펄라이트 가단 주철의 열처리는 시멘타이트의 흑연화와 펄라이트의 구상화를 목적으로 하며 일반적으로 흑심 가단 주철의 제 1단 흑연화 풀림 후 펄라이트의 구상화 풀림을 한다.

펄라이트 가단 주철의 표준 조직은 흑심 가단 주철과 거의 같으나, 펄라이트 중의 시멘타이트를 안정화하기 위해 Mn, Cr, Mo 등을 소량 첨가한다. 이 주철은 소형 기관의 크랭크축과 캠 축, 커플링, 펌프 부품, 각종 기계의 기어 등의 재료로 사용된다. 표 1-11은 펄라이트 가단 주철의 기계적 성질과 용도를 나타낸 것이다.

(7) 구상 흑연 주철

구상 흑연 주철은 용해 후 용탕의 처리에 의해 주조 상태에서 구상 흑연을 정출하는 주철이다. 구상 흑연이 주철의 응고 과정 중에 정출하는 사실을 밝힌 것은 1935~1936년 독일의 E. Piwowarsky[3]에 의해 보고된 것이 최초이다. 공업적으로 발전한 것은 1947년 영국의 H. Morrogh, W.J. William[4)5)]이 발표한 "Graphite formation in cast irons and nickel carbon and cobalt-carbon allays"라는 논문에서 주조 상태에서 주철 중에 구상 흑연이 존재하게 되는 것을 알게 되었다. 그 후 1948년에는 과공정 회 주철(過共晶灰鑄鐵)에 Ce을 첨가한 다음 Si/Mn/Zr 합금으로 접종하여, 주철 중에 0.2%Cr 이상 함유하게 함으로써 구상 흑연을 갖

3) E. Piwowarsky : Gusseisen(1951) P. 211
4) H. Morrogh. W.J. Willam : J.I.S.I 155(1947) March. P. 321~371
5) H. Morrogh. W.J. Willam : J.I.S.I 156(1948) March.

(a) 소형 자동차용 크랭크 축

(b) 디젤엔진 베드 플레이트

그림 1-35 ▮ 구상 흑연 주철 주물의 보기

는 주철을 얻게 되었다. 한편 같은 해에 미국의 AFS위원회에서는 A.P. Gangnebin[6] (International Ni Co.)과 K.D. Milles에 의해, 회 주철의 용탕에 Mg을 첨가한 직후 Fe/Si으로 접종하여, 주철 중에 Mg을 0.04 % 이상 함유시켜 구상 흑연 주철을 제조하는 방법이 발표되었다. 이로부터 전세계에 걸쳐 제조 방법과 기계적 성질의 우수성이 알려지고, 또한 Mg이 Ce에 비해 공업적으로 얻기 쉽다는 점에서 공업 재료로의 이용 범위가 확대되었다.

구상 흑연 주철은 미국에서는 일반적으로 Ductile(Cast) Iron, Nodular(Cast) Iron 혹은 DCI라고 부르고 있다. 영국에서는 주로 Spheroidal Graphite Cast Iron 또는 단순히 SG Iron이라고 부르고 있다. 우리 나라에서도 입상 흑연 주철(粒狀黑鉛鑄鐵), 연성 주철(延性鑄鐵), 노듈러 주철, 덕타일 주철, 구상 흑연 주철 등으로 부르고 있으나 KS, 학회 등에서는 구상 흑연 주철이라고 부르고 있다.

우리 나라에서의 구상 흑연 주철의 주용도로는 대형 주철관과 자동차 부품, 특히 크랭크 축의 대량 생산에 이용되고 있다. 그림 1-35 (a)는 소형 자동차 엔진 크랭크 축 주물을, 그림 1-35 (b)는 대형 선박용 디젤엔진 베드 플레이트의 보기다.

1 구상 흑연 주철의 조직과 특성

페라이트형, 펄라이트형, 시멘타이트형 등 구상 흑연 주철의 현미경 조직은 통상적으로 흑연이 구상화된 것을 전제로 하여 그 바탕 조직에 따라 그림 1-36 (a), (b), (d)와 같은 기본 조직이 있으며, 이를 조직에 따라 기계적 성질도 결정된다.

이 밖에 그림 1-36 (c)와 같은 벌스 조직(bull's structure)은 황소의 눈과 같다 하여 이를 벌

---

6) H.P. Gangredin : Iron Age(1949) Feb P. 77~84

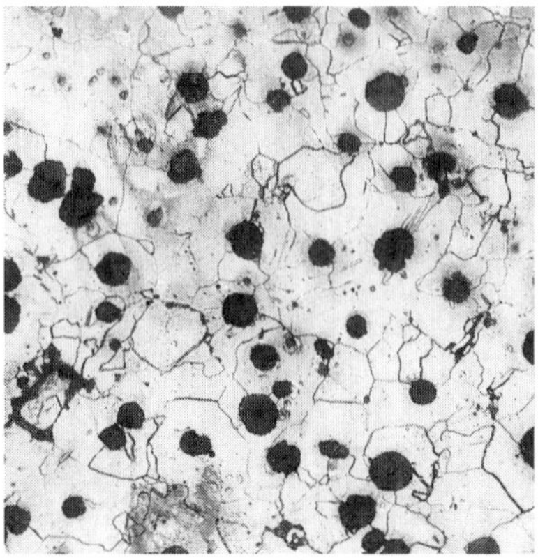

(×200×80 %)

(a) 페라이트형

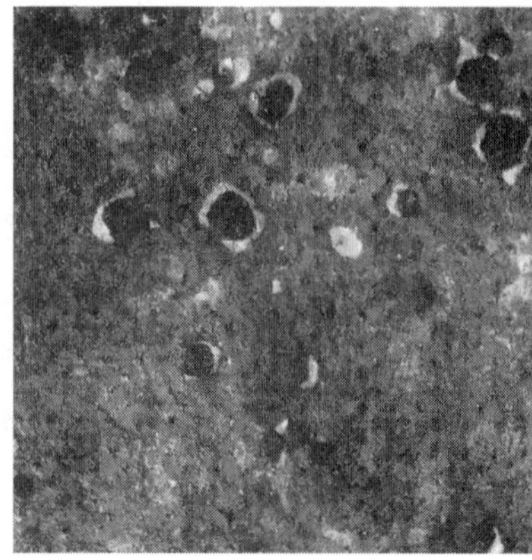

(×200×80 %)

(b) 펄라이트형

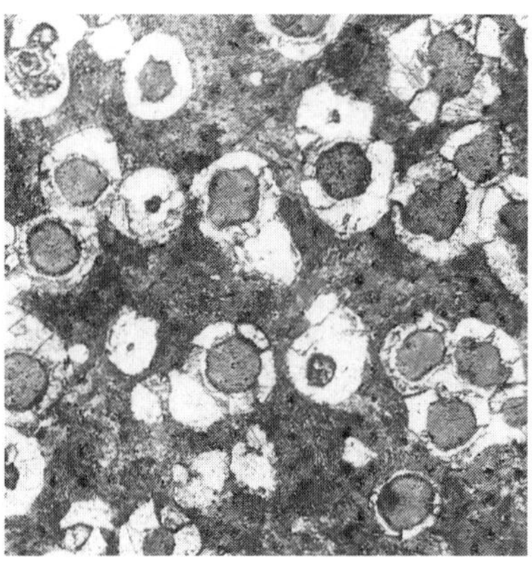

(×200×80 %)

(c) 벌스 아이 조직

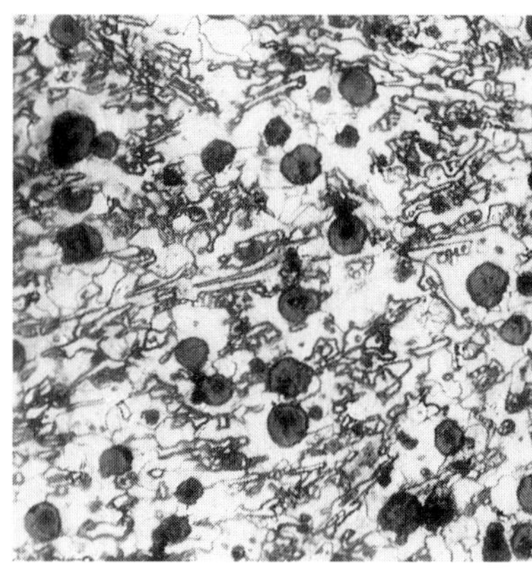

(×200×80 %)

(d) 시멘타이트형

그림 1-36 ▌구상 흑연 주철의 기본 조직(주조 상태)[7]

스 아이(bull's eye)형이라 한다. 이 조직은 흑연의 주위에 페라이트가 둘러싸여 있고 외부의 기지는 펄라이트 조직으로 되어 있으며, 페라이트와 펄라이트의 중간 조직이다.

이상과 같이 구상 흑연의 조직은 흑연의 모양뿐 아니라 조직의 바탕도 냉각 속도에 민감하게 영향을 받게 된다. 즉 냉각 속도가 빨라지면 백선인 시멘타이트 조직이 되는데, 이것은 흑연 구상화제가 많을 때에도 시멘타이트가 많이 정출된다. 또한 열처리 등에 위한 조직의 소지가 다르게 되면 이에 따라 분류하게 된다.

7) 강기주 : 구상 흑연 주철의 기계적 성질에 관한 연구. 1979

표 1-12 ‖ 구상 흑연 주철품의 화학 성분 [KS D 4302-2006]

종류	화학 성분(%)				
	C	Si	Mn	P	S
0종	2.5 이상	2.7 이하	0.4 이하	0.08 이하	0.02 이하
1~6종	2.5 이상	–	–	–	0.02 이하

주 0종에 대하여는 P를 0.01 % 낮게 할 때마다 Si를 0.08 %씩 높일 수가 있다. 다만, 이 경우 Si는 2.75 %, Mg는 0.09 % 이하가 바람직하다.

2 구상 흑연 주철의 조성과 원소의 영향

구상 흑연 주철은 큐폴라 또는 전기로에서 용해한 다음, 주입 직전에 Mg 합금(Fe/Si/Mg), Ce 또는 Ca 등을 첨가하여 흑연을 구상화한 것으로, 화학 조성은 표 1-12와 같이 KS규격으로 제시하고 있다.

구상 흑연 주철은 보통 고탄소, 고규소이고, Mn, P, S는 낮게 하는 것이 원칙이다. KS 규격에서는 강의 경우와는 다르게 화학 조성을 자세하게 제시하지 않고, 단지 큐폴라, 반사로, 전기로 등 적당한 노에 의해 용해, 주입 전에 흑연을 구상화하기 위한 처리를 하는 것으로 규정하고 있을 뿐, 특히 Mg을 사용하여 처리하는 등의 규정이 없다.

3 구상 흑연 주철의 종류와 용도

구상 흑연 주철의 성질은 바탕의 조직, 즉 페라이트형과 펄라이트형에 따라 크게 달라진다. 바탕이 페라이트이면 연성이 크고, 펄라이트이면 연성은 그리 크지 않으나 강인하다. 또 구상 흑연 주철은 목적에 따라 열처리에 의해 조직을 개량하거나 Ni, Cr, Mo, Cu 등을 합금하여 재질을 개선한다. 또 편상 흑연 주철에 비해 강도뿐만 아니라 내마멸성, 내열성, 내식성 등도 대단히 우수하다. 또한 절삭성은 보통 주철과 동일한 경도에서는 현저하게 좋은 편이며, 경도 HB 300 정도의 것은 절삭 가공이 용이하다.

사용 범위는 주강과 가단 주철의 중간 정도이며, 가단 주철과 같은 용도로 쓰이는 경우도 많이 있다. 특히 가단 주철로는 주물의 두꺼운 부분의 백 주철화가 어려우므로, 두껍거나 대형 주물에는 구상 흑연 주철로 주조하는 것이 유리하다. 용도로는 자동차의 크랭크 축을 비롯하여 캠 축, 브레이크 드럼 등의 주물 재료로 광범위하게 사용되고 있다. 표 1-13는 구상 흑연 주철품에 대한 KS 규격을 나타낸 것이다.

표 1-13 ▮ 구상 흑연 주철품의 기계적 성질 [KS D 4302-2006]

종류	기호	인장 시험			충격 시험		경도 (HB)
		인장 강도 (N/mm²)	항복 강도 (N/mm²)	연신율 (%)	샤르피 흡수 에너지 (J)		
					3개의 평균치	1개의 시험치	
0종	GCD 370	370 이상	230 이상	17 이상	13 이상	11 이상	179 이하
1종	GCD 400	400 이상	240 이상	12 이상	–		201 이하
2종	GCD 450	450 이상	280 이상	10 이상	–		143~217
3종	GCD 500	500 이상	340 이상	7 이상	–		170~241
4종	GCD 600	600 이상	370 이상	3 이상	–		192~269
5종	GCD 700	700 이상	420 이상	2 이상	–		229~302
6종	GCD 800	800 이상	480 이상	2 이상	–		248~352

(8) 내열 주철과 내식 주철

① 내열 주철

주철에 내열성을 부여하기 위해서는 흑연의 생성을 조장하는 C, Si의 함유량을 낮게 하고 시멘타이트의 흑연화를 방해하는 Mn을 다소 많게 한다. 그러나 Si는 내산화성이 큰 원소이므로 Si를 5~6 % 첨가한 Si주철을 내열 주철(heat resisting cast iron)로 사용하고 있다. Ni은 Si와 같이 흑연화를 돕는 원소이지만, 흑연을 미세하게 하여 강도를 증가시킨다. Cr은 시멘타이트를 안정화하며 성장을 막아주고 내열성을 부여한다. Al도 Si와 같이 흑연화 작용이 큰 원소이지만 내산화성이 크므로 내열 주물에 사용된다. 그러나 Al 주철은 주조성이 나쁘므로 이용에 어려움이 있다.

내열 주철은 바탕의 조직에 따라 페라이트계와 오스테나이트계 내열 주철로 크게 나눈다. 표 1-14은 내열 주철의 보기다.

a) 니크로실랄(Nicrosilal, Ni-Cr-Si 주철) : 오스테나이트계 주철로서, 고온에서의 성장 현상이 없고 내산화성도 우수하다. 또 강도가 높고 열충격에도 잘 견디며 950 ℃까지 내열성을 가지고 있다.

b) 니-레지스트(Ni-resist, Ni-Cr-Cu 주철) : 오스테나이트계와 같은 특징을 가지고 있으며, 500~600 ℃ 정도 온도에서의 안정성이 매우 좋아 내열용 주철로 많이 이용되고 있다.

c) 고크로뮴 주철 : 내산화성이 우수하고 성장도 작다. 또 강도도 높으며, 14~17 %Cr의 것

표 1-14 ▌내열 주철

종별	화학 성분(%)							인장 강도 (MPa)	경도 (HB)
	C	Si	Mn	Ni	Cr	Mo	Cu		
니크로실랄 (Ni-Cr-Si 주철)	약 2.00	5~6	1.00 미만	18	2~5	-	-	304	110
니-레지스트 (Ni-Cr-Cu 주철)	2.75~3.10	1.25~2.00	1.00~1.50	12~15	1.50~4.00	-	5~7	137~157	120~170
고크로뮴 주철	2.30~3.10	0.80~1.20	0.50~1.00	-	25~30	-	-	420~450	300~350

은 1000 ℃에서도 잘 견딘다.

2 내식 주철

내식 주철(corrosion resisting cast iron)은 조직에 따라 페라이트계 내식 주철과 오스테나이트계 내식 주철로 크게 나눌 수 있다.

◎ 페라이트계 내식 주철

페라이트계 내식 주철에서 대표적인 주철은 Si를 14 % 이상 함유하는 주철로 고규소 내산 주철(高珪素耐酸鑄鐵, high silicon iron)이 있다. 그림 1-37은 주철이 Si 합금량에 따라 여러 가지 산에 대한 용해 감량(熔解感量)을 나타낸 것으로 Si 함유량이 약 15 % 이상에서는 우수한 내산성을 발휘함을 알 수 있다.

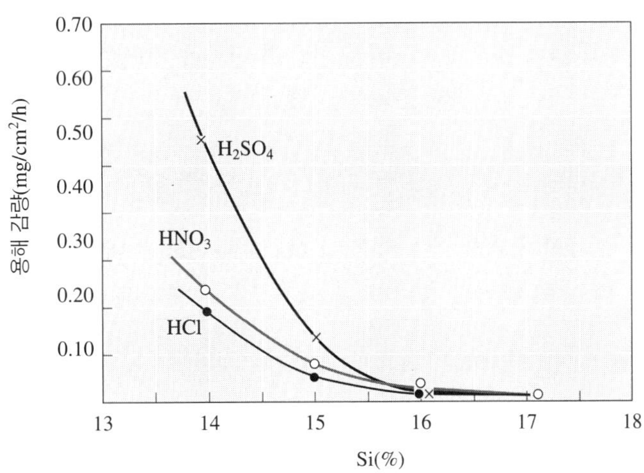

그림 1-37 ▌고규소 내산 주철의 내식성에 미치는 Si의 영향

표 1-15 ▮ 고규소 내산 주철의 조성과 성질

조성	Duriron*	Ironac**	Tantiron*	Elianite	주철
Si	14.0~14.5	13.5	14.0~15.0	14.8	3.4
S	<0.05	–	0.05~0.15	–	0.03
P	0.16~0.20	0.7	–	0.0	0.64
C	0.20~0.60	2.7	0.75~1.25(G)	1.1	0.27(C) 3.48(G)
Cu	–	흔적	–	0.0	–
Fe	나머지	82.5	–	83.1	91.74
Mn	0.25~0.35	흔적	2.00~2.50	0.0	0.66

주 *미국, **영국

표 1-16 ▮ 오스테나이트계 내식 주철

종류	화학 성분(%)							
	T.C.	Si	Mn	P	S	Ni	Cr	Cu
니-레지스트 주철	2.7~3.1	1.25~2.0	1.0~1.5	<0.10	<0.10	12.0~15.0	1.25~4.0	5.0~7.0
모넬 주철	3.0	1.5	–	〃	〃	20.0	1.5~3.5	18.0
니크로실랄 주철	1.8	6.0	1.0	〃	〃	18.0	2.0~3.0	–

따라서 14~16 % Si를 함유하는 고규소 주철은 내산 주철로 오래 전부터 표 1-15와 같이 여러 가지 명칭으로 제조되고 있다. 고규소 주철의 내산성은 주물 표면의 침식으로 생긴 규산 피막의 보호 작용에 의한 것으로, 그 이상 반응의 진행을 막아주기 때문이다.

◎ 오스테나이트계 내식 주철

페라이트계 내식 주철인 고규소 주철은 경하고 취성이 있어 내식 주철로서의 용도에 제한이 있다. 이 결점을 보완하기 위해 개발된 것이 오스테나이트계 내열 주철이다. 이 주철은 보통 주철에 Ni, Cu, Si 등의 원소를 상당량 첨가한 것으로 상온에서 오스테나이트 조직을 갖고 있다.

오스테나이트 주철은 보통 주철에 비해 내식 · 내열성이 크고, 인성이 풍부하다는 등의 특성을 갖고 있으면서 가공도 고규소 주철에 비해 용이하다.

표 1-16는 오스테나이트 주철 중에서 내식 주철로 실용되고 있는 것으로, 니-레지스트

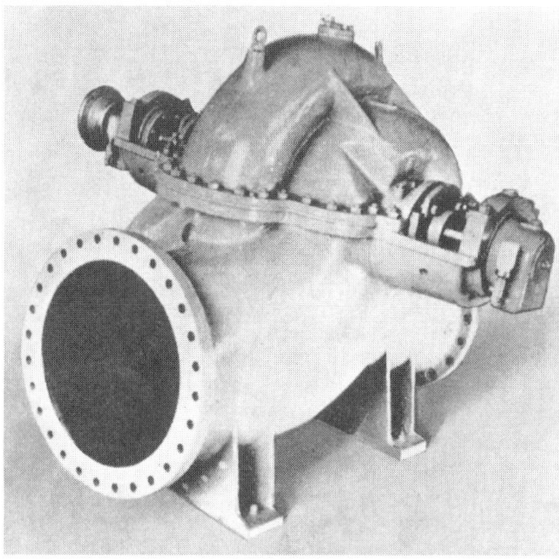

(a) 내식 주철 주물(Typical slarry pump)

(×100)

(b) 현미경 조직

그림 1-38 ▮ 니-레지스트 주철 주물과 현미경 조직

(Ni-resist) 및 모넬(Monel) 주철은 Ni-Cr-Cu계 오스테나이트 주철로, 보통 주철에 비해 매우 큰 내식성을 갖고 있다. 니크로실랄(Nichosilal) 주철은 Ni-Cr-Si계 오스테나이트 주철로 내식성 외에 내열성도 우수한 주철이다. 그림 1-38은 니-레지스트 주철 주물과 그 현미경 조직의 보기다.

(9) 내마멸 주철

주철은 비교적 내마멸성이 좋은 재료로서 내연 기관의 실린더, 피스톤 링, 그 밖의 공작 기계의 주요 부품의 재료로 많이 사용되고 있다. 내마멸성을 더욱 좋게 하기 위해 Cr, Mo, Cu 등의 원소를 단독 또는 복합하여 소량 첨가하면 경도가 큰 내마멸 주철을 얻을 수 있다. 대형 디젤기관의 실린더 라이너는 탄소 및 규소의 함유량을 낮게 하여 유리 시멘타이트나 Fe_3P를 균일하게 분산시켜 내마멸성을 높이고 있다.

또 차량용 브레이크 슈는 제동시에 윤활제 없이 고온에까지 이르게 되므로, 일반적으로 생각되는 내마멸성과는 다른 방법으로 탄소 및 규소 함유량을 높임으로써 흑연을 조대화시켜 흑연의 윤활 작용을 이용한다. 표 1-17은 내마멸성 합금 주철의 화학 성분의 보기를 나타낸 것이다.

표 1-17 ▌ 내마멸 주철의 화학 성분

용도	C	Si	Mn	P	S	기타	비고
자동차 실린더 블록 자동차 피스톤 링	3.2~3.5 3.6~3.9	2.1~2.4 2.5~2.7	0.7~1.0 0.5~1.1	<0.12 0.2~0.4	<0.15 <0.1	Ni<0.25 0.2~0.4Cr	Ford 사의 예 생형
소형 실린더 라이너	3.0~3.3	1.5~1.8	0.7~1.0	<0.15	<0.1	0.5Cu, 0.2~0.4Cr	–
대형 실린더 라이너	2.9~3.2	1.0~1.2	0.8~1.0	0.4~0.6	<0.1	0.25V, 0.03Ti 0.2Cu	–
베어링	3.1~3.4	1.5~2.0	0.5~0.7	0.1~0.3	<0.1	–	–
공작 기계 부품	3.0~3.3	1.3~1.6	0.7~1.0	0.3~0.9	<0.1	–	–
운반 기계 부품	3.1~3.4	1.5~1.8	0.6~0.8	0.1~0.3	<0.1	–	기중기 드럼 등
차량용 브레이크 슈	3.5~3.9	2.0~2.5	0.5~0.8	<0.2	<0.1	–	–
자동차 브레이크 드럼	3.0~3.3	1.4~1.7	0.6~0.8	<0.2	<0.1	–	–

4) 주강의 종류와 특성

강(鋼, steel)으로 주조한 주물(鑄物)을 주강품(鑄鋼品, steel castings)이라 하며, 주강품의 재질을 주강(鑄鋼, steel casting)이라 한다. 주강은 모양이 크거나 복잡해 단조 가공이 곤란하거나, 주철 주물로는 강도가 부족할 경우의 주조품 제조에 사용된다. 특히 제철, 채광, 건설 조선 해양 등에 사용되는 대형 산업 기계와 설비의 주요 부품과 선체의 대형 부재, 발전용 증기 터빈, 수문 및 수차 등은 주강품이 주로 사용되고 있다.

단일 주강품의 무게는 200 t 이상의 것도 있으며, 또 주강품을 용접으로 조합하면 매우 큰 제품을 제작하는 데 유리하다. 특히 속이 비어 있는 제품에 있어서도 압연 강재나 프레스 판재를 주강품과 용접하여, 제작비를 절감하면서 초대형 제품을 만들 수 있는 방안이 실현되고 있다. 그림 1-39 (a)는 대형 밸브 주강품을, 그림 1-39 (b)는 280톤의 초대형 주강품(Press housing)과 이를 운반하기 위해 14개축 특수 트레일러(trailer)를 사용한 보기다.

(1) 주강의 성질과 특징

보통 주강을 압연용 탄소강과 비교하면 Si와 Mn이 약간 높은 편이며, 조직상으로도 압연된 탄소강과 큰 차가 없다. 그러나 성분의 편석의 분포나 비금속 개재물의 모양과 방향, 위치 등이 압연된 탄소강과 다른 점이다.

탄소 주강의 기계적 성질 중에서 강도는 탄소량이 많아질수록 커지고 연성은 감소하게 되

(761 kg)

(a) 대형 밸브 몸체

(280 t)

(b) 초대형 단조 프레스의 하우징

그림 1-39 ▮ 주강 주물

며 충격값은 떨어지고, 용접성은 나빠진다. 여기에 Mn이 증가하면 인장 강도가 커지나, 탄소에 비해 그 영향은 많지 않다. 탄소 주강은 일반적으로 풀림, 노멀라이징을 하여 사용하게 되는데, 노멀라이징을 한 것은 풀림을 한 것보다 결정립이 미세해져, 인장 강도가 높아지고 연신율도 향상된다. 노멀라이징에 의한 성질 개선은 고탄소의 것일수록 현저하게 나타난다. 주강은 주철에 비해 기계적 성질이 우수하고, 용접에 의한 보수가 용이하며 단조품이나 압연품에 비해 방향성이 없는 것이 큰 특징이다.

(2) 주강의 조직

주강의 응고는 다른 많은 금속과 같이 수지 상정(樹枝狀晶)의 생성에서 시작한다. 이때 저탄소강은 고체벽(固體壁) 두께의 증가, 즉 피막 형성(皮膜形成)에 따라 응고하게 되고, 탄소량이 증가하게 되면 응고 중에 고체와 액체의 혼재부(混在部)의 두께가 증가한다. 이때 개개의 수지상정이 등축정(等軸晶) 또는 주상정(柱狀晶)으로의 조직 변화는 다른 금속의 경우와 같이 열적 및 조성적 조건에 따라 지배를 받게 된다.

주상정을 적게 하고 등축정을 많게 하여 각 결정을 미세하게 하는 작용은 용액 중에 부유(浮遊)하는 결정핵 생성 촉진 물질(結晶核生成促進物質)에 의해 이루어진다. 예를 들면, 소량의 Ti 또는 Nb을 첨가하면 이들 원소의 고융점의 탄화물과 질화물이 생성되어 철의 결정핵 생성을 촉진하고 이에 따라 결정을 미세화한다.

주강의 현미경 조직은 C가 0.85 % 이하의 경우에는 페라이트와 펄라이트가 존재하고, 펄

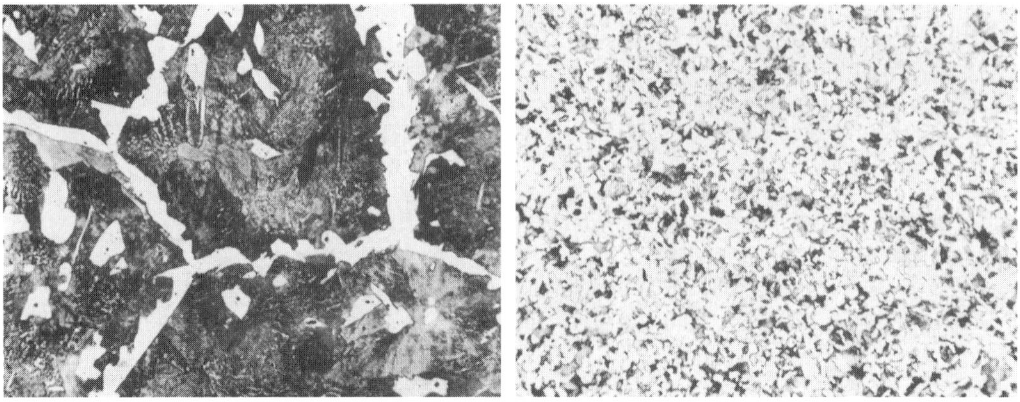

(×100×3/4) (×100×3/4)

(a) as Cast (b) Normalized

0.4 % C, 0.36 % Si, 0.66 % Mn 0.59 % C, 0.43 % Si, 0.61 % Mn

그림 1-40 ‖ 탄소 주강의 현미경 조직[8)]

라이트는 탄소 함유량이 많을수록 많아진다. 그림 1-40은 탄소 주강의 현미경 조직으로 그림 1-40 (a)는 주조 상태의 조직이고, 그림 1-40 (b)는 950 ℃에서 6시간 가열 후 공냉한 표준 조직이다.

(3) 주강의 종류

① 탄소 주강

탄소 주강(炭素鑄鋼, carbon cast steel)을 탄소강 주강(炭素鋼鑄鋼)이라고도 하며, 화학 조성으로는 저탄소강과 중탄소강에 속하는데, Si, Mn, Al 또는 Ti 등이 탈산제로 소량 첨가되어 있다. 따라서 보통 주강에는 C, Si, Mn 및 미량의 Al이 함유되어 있으며, 그밖에 불순물로 미소량의 P, S, Cu, Sn, Pb 등의 원소가 들어 있다. 또 제강 과정에서 특수강의 파쇠로부터 Ni, Cu 등도 혼입되게 된다.

Si나 Mn이 특별히 많이 함유된 것은 합금 주강에 속하게 되므로, 보통 주강에는 Si, Mn을 0.5 % 이내로 하는 것이 일반적이다. 보통 주강은 철도, 조선, 광산용 기계 및 설비 그리고 구조물 및 기계 부품 등의 공업용 재료로 사용된다.

표 1-18은 탄소 주강을 인장 강도에 따라 분류한 것으로 기계적 성질을 나타낸 것이다. 화학적 표준 조성은 표 1-19와 같으며, P과 S을 0.04 % 이하로 규정하고 있다. 탄소 주강

8) 영국의 B.S. 3100 : 1760

표 1-18 ▮ 탄소 주강의 기계적 성질

종류	종별	인장 시험				휨시험
		인장 강도 N/mm² (kgf/mm²)	항복 강도 N/mm² (kgf/mm²)	연신율 (%)	단면 수축률 (%)	적용
1종	SC 360	>360 (>37)	>175 (>18)	>23	>35	일반구조용 전동기 부품용
2종	SC 410	410 (>42)	>205 (>21)	>21	>35	일반구조용
3종	SC 450	450 (>46)	>225 (>23)	>19	>30	〃
4종	SC 480	480 (>49)	>245 (>25)	>17	>25	〃

표 1-19 ▮ 탄소 주강의 표준 조성(%)

종류	C	P	S
SC 360	0.20 이하	0.040 이하	0.040 이하
SC 410	0.30 이하	0.040 이하	0.040 이하
SC 450	0.35 이하	0.040 이하	0.040 이하
SC 480	0.40 이하	0.040 이하	0.040 이하

(carbon cast steel)을 보통 주강이라고도 하며, 탄소의 함량에 따라 0.20 % 이하의 저탄소 주강, 0.2~0.5 %의 중탄소 주강, 그 이상의 고탄소 주강으로 구분한다.

그림 1-41은 풀림한 0.08~0.20 %의 저탄소 주강의 기계적 성질을 나타낸 것이다. 탄소량의 증가에 따라 인장 강도, 항복점, 경도는 증가하나 단면 수축률과 연신율은 감소하고 있다. 저탄소강의 용도로는 철도 차량 및 대형 설비용 주물품으로 중요한 재료이다. 이밖에도 열처리를 하여 자동차 부품과 대형 기어 등 주요 기계 구조용 재료로 사용된다.

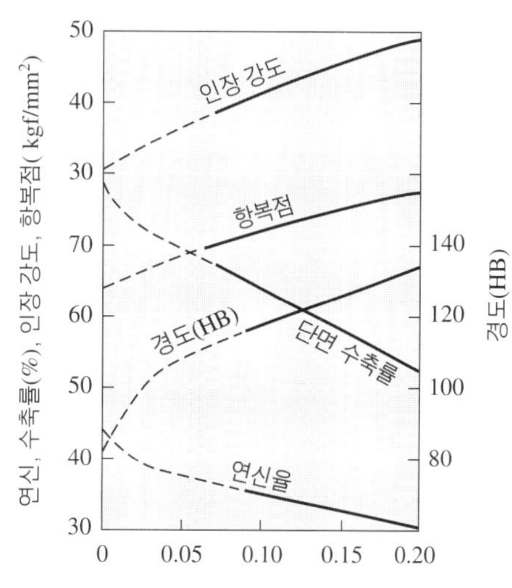

그림 1-41 ▮ 풀림한 저탄소 주강의 기계적 성질

② 합금 주강

강도 또는 내식성, 내열성 및 내마멸성 등을 향상시키기 위해 보통 주강에 Ni, Cu, Mn, Mo, V 등의 원소를 1종 또는 2종 이상 배합한 주강을 합금 주강(合金鑄鋼, alloy cast steel)이라 한다.

◎ 저합금 주강

탄소 주강에 Ni, Cr, Mo, Mn, Si 등을 첨가하여 강도, 인성 및 내마멸성을 향상시킨 합금 주강을 저합금 주강(低合金鑄鋼)이라 하며, 이를 강인 주강(强靭鑄鋼)이라고도 한다. 이 합금 주강에는 저망가니즈 주강, Mn-Cr 주강, Mo 주강, Ni-Cr 주강 등이 있으며, 주로 철도 차량과 대형 펌프의 본체 재료로 사용된다.

◎ 고합금 주강

탄소 주강에 Ni, Cr, Mn 등을 첨가하여 내열성, 내마멸성 및 내식성을 향상시킨 고합금 주강(高合金鑄鋼)이다.

③ 특수 주강

◎ 스테인리스 주강

탄소 주강에 상당량의 Ni, Cr, Mo, Cu 등을 첨가하여 내식성과 내열성을 향상시킨 합금 주강을 스테인리스 주강이라고 한다. 이 주강은 화학 조성으로 분류하면 Fe-Cr, Fe-Cr-Ni 및 Fe-Ni-Cr계로 나뉘고, 조직상으로는 마텐자이트계, 페라이트계 및 오스테나이트계로 분류하고 있다. 이 합금 주강은 우수한 내식성, 내열성, 인장 강도, 연신율 및 내충격성을 가

(a) 펌프 케이싱 (b) 임펠라 (c) 곡관

그림 1-42 ‖ 스테인리스 주강품

지고 있으므로, 내식용 기어, 압연 롤, 화학 공업용 장치와 그 부품 재료로 사용된다. 그림 1-42는 스테인리스 주강품의 보기다.

◎ 내마멸 주강

탄소 주강에 Cr, Mn, V 등을 첨가하여 내마멸성을 향상시킨 합금 주강을 내마멸 주강이라 한다. 특히 Mn을 0.9~1.2 % 정도 첨가한 저망가니즈 주강은 열처리를 하면 스테인리스 주강과 유사한 성질을 가지게 되므로 제지용 롤의 재료로 사용된다. 또한 Mn이 11.0~14.0 % 정도 첨가한 하드필드 주강(Hardfield cast steel)인 고망가니즈 주강은 1000~1050 ℃에서 수인화(water toughening)하면 주조 상태의 매진 성질이 없어지고 강인한 성질을 갖게 된다. 이 합금 주강은 인성과 내마멸성이 크므로 레일의 포인트, 분쇄기 롤, 굴삭기의 날 등에 사용되고 있다.

◎ 내열 주강

탄소 주강에 Ni, Cr 등을 첨가하여 내열성을 향상시킨 합금 주강을 내열 주강(耐熱鑄鋼, heat resistant cast steel)이라 한다. 내열 주강은 고크로뮴계와 고크로뮴-니켈계로 크게 분류하고 있다.

2. 비철 합금 주물

1) 동합금 주물

(1) 청동 주물

청동은 넓은 의미에서 구리와 주석의 2원 합금으로, 주석 청동, 납 청동 및 인 청동을 통틀어 말한다.

청동 주물은 주조성이 좋으며, 내식성, 내압성, 내마멸성 등이 좋은 특징을 가지고 있으므로, 여러 가지 기계 부품에 사용된다.

그림 1-43은 Sn-청동 주물(tin bronge)의 현미경 조직을, 표 1-20는 청동 주물의 화학 성분을 나타낸 것이다.

(×100)

그림 1-43 ‖ Sn-청동 주물

표 1-20 ▮ 청동 주물의 화학 성분과 용도

종류	기호	화학 성분(%)					용도
		Cu	Sn	Zn	Pb	불순물	
1종	BC 1	86.0~90.0	7.0~9.0	3.0~5.0	–	<1.5	밸브, 콕, 일반 기계 부품
2종	BC 2	86.5~89.5	9.0~11.0	1.0~3.0	–	<1.5	밸브, 콕, 일반 기계 부품
3종	BC 3	80.5~88.5	4.0~6.0	4.0~7.0	2.0~7.0	<2.5	밸브, 콕, 일반 기계 부품
4종	BC 4	86.0~91.0	5.0~7.0	3.0~5.0	1.0~2.0	<1.5	밸브, 콕, 일반 기계 부품

① 포금

이 합금은 포신으로 사용된 것이 유래가 되어 건메탈(gun metal)이라 하며, 청동 중에서 기계적 성질이 좋고 내해수성과 내마멸성이 우수하여 베어링, 슬리브(sleeve), 기어, 임펠러(impeller), 밸브, 펌프 등에 이용된다.

그림 1-44 ▮ 16세기에 주조한 청동 대포(gun metal)

이 합금은 주석의 산화를 억제하고, 용융 금속의 유동성을 높이기 위해 아연을 첨가한 것이다. 아연은 산소와의 친화력이 강하고, 산화물을 용융 금속으로부터 제거시켜 주며, 용융 금속 중에 수소의 흡수를 막아 주는 효과가 있다. 그림 1-44는 건메탈로 주조한 포금 제품의 보기다.

② 미술용 청동

동상이나 실내 장식 또는 건축물 등에 사용되는 청동은 2~8 %Sn, 1~12 %Zn, 1~3 %Pb의 청동이다.

정밀한 주물에는 쇳물의 유동성을 좋게 하기 위해 비교적 많은 양의 Zn을 첨가하고, 절삭 가공을 쉽게 하기 위해 Pb을 첨가하기도 한다. 또 주석을 15~25 % 첨가하여, 강하고 경도가 높아 맑은 소리를 낼 수 있도록 한 종용 청동(鐘用青銅, bell bronze)이 있으며, 그림 1-45는 그 보기다.

표 1-21 ▮ 청동 주물의 기계적 성질 및 용도 [KS D 6002-1996]

종류	기호	주조 방법의 구분	기계적 성질		특색 및 용도
			인장 강도 (MPa)	연신율 (%)	
1종 1종 C	BC 1 BC 1 C	사형 주조 등* 연속 주조	167 이상 196 이상	15 이상 15 이상	유동성, 피삭성이 좋다. 밸브, 베어링, 일반 기계 부품 등
2종 2종 C	BC 2 BC 2 C	사형 주조 등* 연속 주조	245 이상 274 이상	20 이상 15 이상	내압성, 내마멸성, 내식성이 좋고, 또한 기계적 강도가 좋다. 베어링, 슬리브, 부싱, 밸브, 기어 등
3종 3종 C	BC 3 BC 3 C	사형 주조 등* 연속 주조	245 이상 274 이상	15 이상 13 이상	내식성이 2종보다 약간 좋다. 베어링, 슬리브, 부싱, 펌프, 일반 기계 부품 등
6종 6종 C	BC 6 BC 6 C	사형 주조 등* 연속 주조	196 이상 245 이상	15 이상 15 이상	내압성, 내마멸성, 피삭성, 주조성이 좋다. 밸브, 펌프 몸체, 임펠러, 급수전, 베어링, 슬리브, 부싱, 일반 기계 부품 등
7종 7종 C	BC 7 BC 7 C	사형 주조 등* 연속 주조	216 이상 255 이상	18 이상 15 이상	기계적 성질은 6종보다는 약간 좋다. 베어링, 소형 펌프 부품, 연료 펌프, 일반 기계 부품 등

※ 사형 주조 등은 연속 주조 이외의 사형 주조, 금형 주조, 원심 주조 및 정밀 주조를 말한다.

(전고 369 cm, 중량 19000 kg)

그림 1-45 ▮ 종용 청동 국보 제 29호(聖種社 제공)

③ 화폐용 청동

3~8 % Sn, 1 % Zn을 함유한 것은 성형성이 좋고 강인하므로, 화폐나 메달 등에 많이 사용한다. 표 1-21은 일반용 청동 주물의 KS 규격에서 발취한 것으로 기계적 성질 및 용도를 나타낸 것이다.

④ 인 청동

인 청동은 Cu-Sn계 합금의 강도, 경도 및 내마멸성을 높이기 위해 P을 첨가한 Cu-Sn-P의 3원 합금이다.

주물용 인 청동은 9~15 % 주석과 0.05~0.5 %의 인을 함유한 합금으로 내식성과 내마멸성 및 강도와 경도가 다른 청동보다 좋으므로, 기어, 베어링 등의 내마멸용으로 이용된다. 그러나 응고 온도 범위가 넓어 압탕 효과가 나쁘며, 미

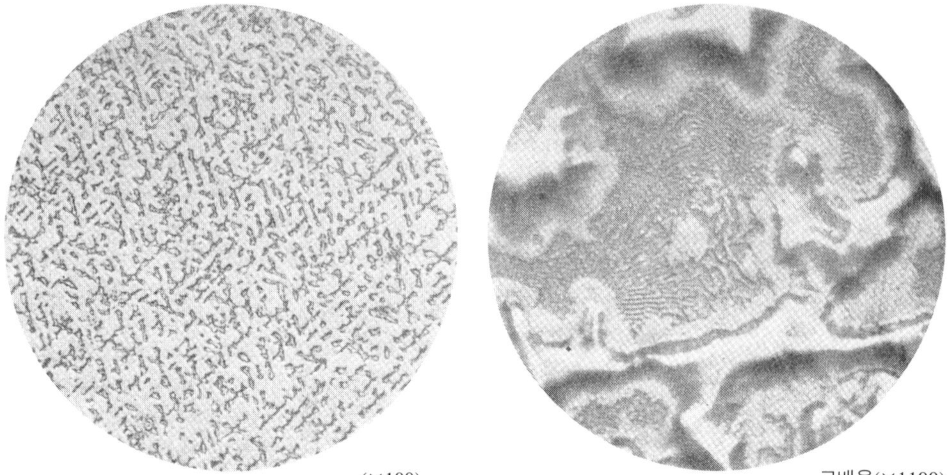

(×100) 고배율(×1100)

(a) as Cast (b)

그림 1-46 ▮ 인 청동 주물

표 1-22 ▮ 인 청동 주물의 성분과 용도

종류	질별	화학 성분(%)				인장 시험		경도 시험	참고
		Cu	Sn	P	불순물	인장 강도 kgf/mm^2 (N/mm^2)	연신율 (%)	HB	용도 보기
2종 A	사형	87.0~91.0	9.0~12.0	0.05~0.20	1.0 이하	20 이상 (196 이상)	5 이상	60 이상	내식성과 내마멸성이 큰 기어, 베어링, 부싱, 프로펠러 등에 사용
2종 B	금형			0.15~0.50	1.0 이하	30 이상 (294 이상)	5 이상	80 이상	
3종	금형	84.0~88.0	12.0~15.0	0.15~0.50	1.0 이하	(−)	−	90 이상	경도가 높고 내마멸성이 큰 부품, 슬리브, 제지용 각종 롤 등에 사용

( )로 표시한 단위 및 수치는 국제 단위계(SI)에 따른 것으로 참고로 병기한 것이다.

세하게 분산된 수축공과 편석이 생기기 쉬우므로 금형에 주조해야 한다.

그림 1-46은 10 %Sn, 0.5 %P인 인 청동 주물의 현미경 조직을, 표 1-22은 인 청동 주물의 성분과 용도다.

(2) 황동

황동은 Cu-Zn의 2원 합금으로 아연을 약 40 %까지 합금한 것이며, 여기에 소량의 Sn이나 Al을 첨가할 때도 있다. 보통 많이 사용되는 것은 70 Cu-30 Zn 합금인 7 : 3 황동, 60

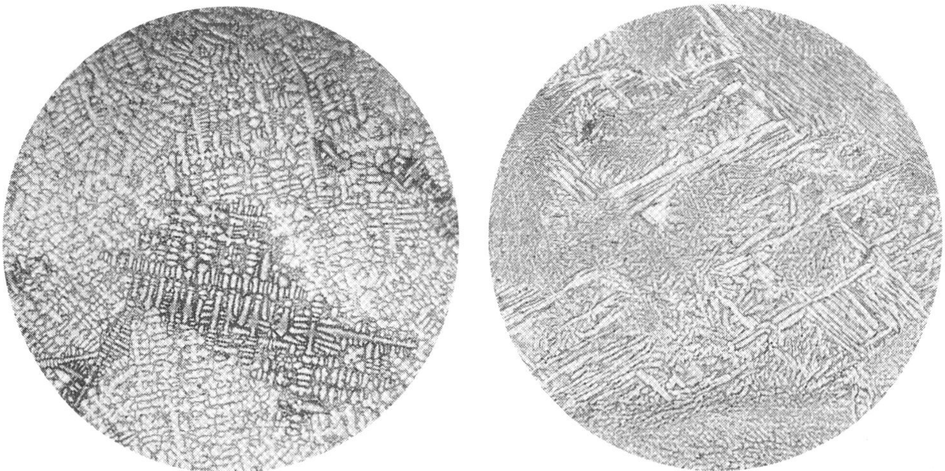

(×35×90 %) (×75×90 %)

(a) 7 : 3 황동 as Cast (b) 6 : 4 황동 as Cast

그림 1-47 ▮ 황동의 현미경 조직

표 1-23 ▮ 황동 주물의 규격

종류	기호	화학 성분(%)						인장 시험		용도
		Cu	Zn	Pb	Sn	Al	Fe	인장 강도 (Kg/mm^2)	연신율 (%)	
1종	BSC 1	83.0~89.0	나머지	<0.5	Sn, Al, Fe의 합계가 1.0 이하			(>15)	>20	플랜지, 전기부품
2종	BSC 2	65.0~72.0	나머지	0.5~3.0	<1.0	0.5	<0.8	>20	>25	일반 기계 및 전기 용품
3종	BSC 3	58.0~65.0	나머지	0.5~3.0	<1.0	0.5	<0.8	>25	>12	일반 기계, 장식품 및 전기 용품

Cu-40 Zn 합금인 6 : 4 황동이 있다.

그림 1-47은 황동의 현미경 조직의 보기이고 표 1-23은 황동 주물의 성분과 용도이다.

황동 주물은 청동 주물보다는 강도가 떨어지지만, 내식성과 내마멸성이 좋고 색깔이 아름다우며, 많은 양의 Zn이 합금되므로 청동 주물보다 값이 싸다. 용융 금속에서 Zn은 증발 압력이 높으므로 황동에서는 가스의 배출이 쉬우며, 주조 작업도 비교적 쉬워서 좋은 주물을 얻을 수 있다. 따라서 높은 기계적 성질이 요구되지 않는 밸브, 콕 등의 급수용이나 일반용 기계 부품 및 미술 공예품 등에 사용된다.

표 1-24 ▌고강도 황동 주물의 규격

종별	기호	화학 성분(%)							불순물(%)		용도
		Cu	Zn	Mn	Fe	Al	Sn	Ni	P	Si	
1종	HBSC 1	55.0~60.0	나머지	<1.5	0.5~1.5	0.5~1.5	<1.0	<1.0	<0.4	<0.1	선박용 프로펠러, 특수 실린더, 마멸 기계
2종	HBSC 2	55.0~60.0	나머지	<3.5	0.5~2.0	0.5~2.0	<1.0	<1.0	<0.4	<0.4	
3종	HBSC 3	>55.0	나머지	<2.5~5.0	2.0~4.0	3.0~6.0	<0.5	-	<0.2	<0.2	

(3) 고강도 황동

고강도 황동은 6 : 4 황동에 Al, Fe, Mn, Si, Ni 등을 첨가하여 강인성, 내부식성 및 내마멸성을 높인 합금으로, Mn-Cu 합금으로 알려졌다. 이 합금의 조성 범위는 매우 넓지만, 용도에 따라 알맞은 조성의 합금을 선택하며, 선박용 프로펠러, 임펠러, 펌프 부품, 기어 등의 강인하고 내해수성, 내마멸성을 필요로 하는 부품에 사용된다.

고강도 황동 주물에는 표 1-24와 같은 것이 있다.

(4) 알루미늄 청동

그림 1-48 ▌알루미늄 청동 주물(선박용 대형 프로펠러)

알루미늄 청동(aluminum bronze)은 Cu에 8~10 %의 Al을 함유한 합금을 기본으로 하고, 여기에 6 % 이하의 Fe, 7 % 이하의 Ni과 필요에 따라 15 % 이하의 Mn을 첨가한 Cu-Al-Fe, Cu-Al-Ni-Fe 및 Cu-Al-Ni-Fe-Mn 등의 합금이 있다. Ni이나 Mn의 양이 많을 때에는 각각 니켈-알루미늄 청동, 또는 망가니즈-알루미늄 청동으로 부른다. 이 합금은 수축률이 커서 주강과 같은 크기의 압탕이 필요하다. 또 용융 금속 표면에 매우 굳은 산화막이 생기기 쉬우므로 주조하기 매우 힘든 합금이다. 그러나 기계적 성질이 좋으므로 고압용 실린더나 선박 추진용 프로펠러 제작에 이용

표 1-25 ‖ 알루미늄 청동 주물의 규격

종류	기호	화학 성분						인장 시험		경도 시험	용도별
		Cu	Al	Fe	Ni	Mn	불순물	인장 강도 (kg/mm²)	연신율 (%)	HB (10/1000)	
알루미늄 청동 주물 1종	AlBrC1	85 이상	8.0~ 10.0	1.0~ 4.0	1.0 이하	1.0 이하	0.5 이하	45 이하	20 이상	90 이상	강도와 내식성을 필요로 하는 것에 적합하고, 내산 부품 등에 쓰인다.
알루미늄 청동 주물 2종	AlBrC2	78 이상	8.0~ 10.5	2.5~ 5.0	1.0~ 3.0	1.5 이하	0.5 이하	50 이상	20 이상	120 이상	강도, 내식성, 내괴식성(erosion), 내마멸성을 필요로 하는 것에 적합하고, 선박용 소형 프로펠러, 기어, 베어링, 부싱, 밸브 시트 등에 쓰인다.
알루미늄 청동 주물 3종	AlBrC3	78 이상	8.5~ 10.5	3.0~ 6.0	3.0~ 6.0	1.5 이하	0.5 이하	60 이상	15 이상	150 이상	특히 높은 강도와 내식성, 내괴식성, 내마멸성을 필요로 하는 대형 주물에 적합하고, 선박용 프로펠러, 슬리브 등에 쓰인다.
알루미늄 청동 주물 4종	AlBrC4	71 이상	6.0~ 9.0	2.0~ 5.0	1.0~ 4.0	7.0~ 15.0	0.5 이하	60 이상	15 이상	150 이상	

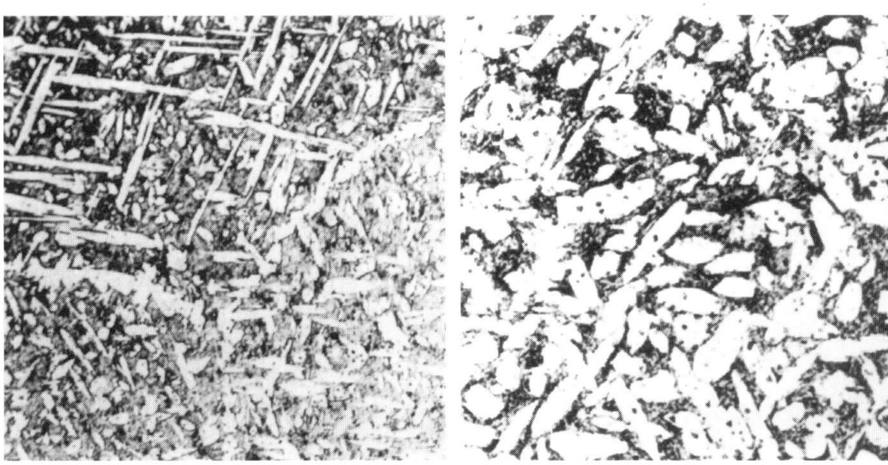

(×200×3/4) (×400×3/4)

(a) (b)

그림 1-49 ‖ 알루미늄 청동의 현미경 조직

된다.

표 1-25는 알루미늄 청동 주물의 규격을, 그림 1-48은 알루미늄 청동 주물의 보기를, 그림 1-49는 알루미늄 청동의 현미경 조직이다.

(5) Cu계 베어링 합금

Cu계 베어링 합금에는 Cu에 25~40%Pb을 합금한 켈밋(Kelmet), 청동, 인 청동 및 함납 청동 등 베어링 성능에 우수한 합금이 사용된다. 켈밋 자체는 매우 약하므로 단독으로 사용되는 경우는 드물고, 보통 연강제 받침쇠인 이금(裏金)에 0.5~1.5mm의 두께로 융착시켜 바이메탈 베어링(bimetal bearing)으로 한다. 이 합금층의 가공 완성면에서 다시 Pb-Sn 합금을 도금하면 표면과 접촉하는 축과의 순응성이 좋아지고, 또 피로 강도가 개선되어 성능이 향상된다.

표 1-26 ‖ Cu-Pb계 베어링 합금 주물

종류	기호	화학 성분(%)						경도 (HB)	용도
		Pb	Ni Ag	Fe	Sn	기타	Cu		
1종	KM 1	38~42	<2.0	<0.8	<0.1	<1.0	나머지	<30	고속 고하중 베어링용 하중의 증가에 따라 납의 양이 적은 것을 사용한다.
2종	KM 2	33~37	<2.0	<0.8	<0.1	<1.0	나머지	<35	
3종	KM 3	28~32	<2.0	<0.8	<0.1	<1.0	나머지	<40	
4종	KM 4	23~27	<2.0	<0.8	<0.1	<1.0	나머지	<54	

그림 1-50 ‖ 각종 Cu계 베어링의 보기

주석 청동 또는 인 청동의 주조 베어링은 저속 고하중용으로 알맞다. 또 3~30 % Pb을 함유한 청동도 주조 베어링 또는 바이메탈 베어링에 이용된다. 표 1-26은 Cu-Pb계 베어링의 종류와 화학 성분 및 경도를 나타낸 것으로, Cu-Pb계 베어링은 화이트 메탈보다 내하중이 커서 고속 고하중용 베어링으로 적합하며 자동차, 항공기 디젤기관의 베어링에 사용된다. 그림 1-50은 각종 Cu계 베어링을, 그림 1-51은 5~20 % Sn계 베어링 청동(bearing bronzes)의 현미경 조직의 보기다.

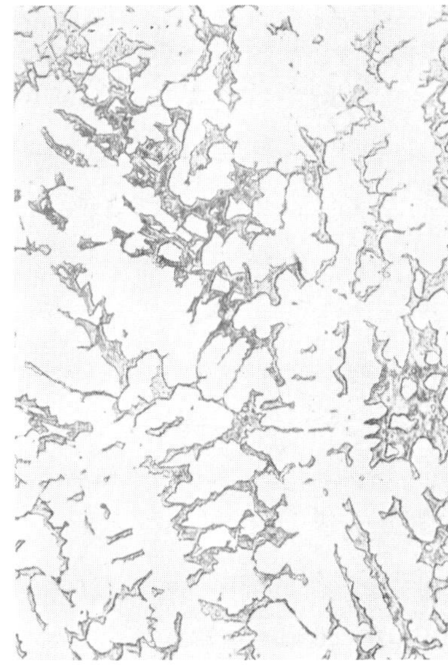

(×80)

그림 1-51 Cu-Sn계 베어링 합금의 현미경 조직

2) 주물용 알루미늄 합금

합금 주물에 사용되는 주요 합금계는 Al-Cu, Al-Si, Al-Mg의 2원계 합금을 기초로 하여 여기에 소량의 Ni, Mn, Zn, Cu, Si, Mg을 첨가한 다원계 합금이다. 그림 1-52는 알루미늄 합금 주물의 보기다.

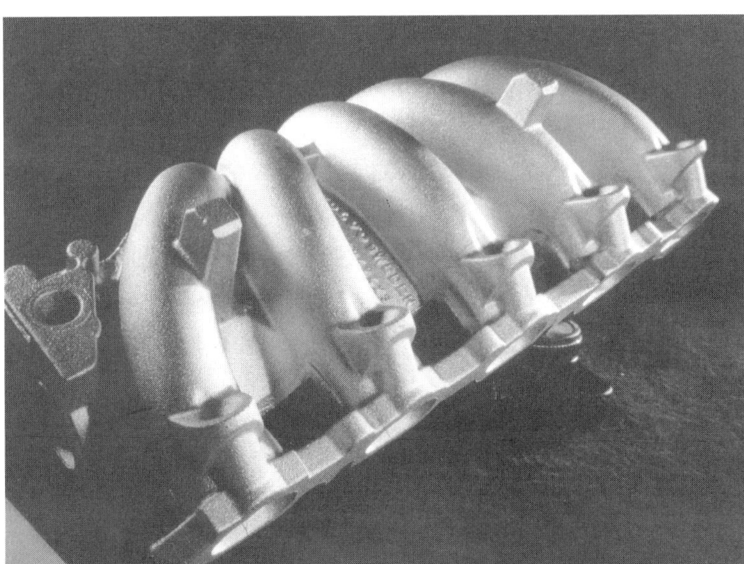

그림 1-52 알루미늄 합금 주물(자동차 부품)

표 1-27 ‖ Al-Cu계 합금의 기계적 성질(4.5 % Cu)의 보기

상태	인장 강도(MPa)	내력(MPa)	연신율(%)	경도(HB)
모래형(주조)	147~176	59~88	9~12	50~60
모래형(담금질)	221	110	8.5	60
모래형(담금질, 뜨임)	220~250	70~165	5.0~8.5	60~75

(1) 일반 주물용 알루미늄 합금

1 Al-Cu계 합금

이 합금의 기계적 성질은 그림 1-53과 같으며 인장 강도는 구리 함유량의 증가와 함께 상승하지만 연신율은 감소하며, 최대 인장 강도는 구리 함유량이 6 % 전후일 때가 적당하다.

표 1-27은 Al-Cu계 합금의 기계적 성질을, 그림 1-54는 Al-Cu 합금의 주조 상태의 현미경 조직을 나타낸 것이다.

2 Al-Si계 합금

Al-Si계 합금의 실용 범위는 Si가 14 % 정도로 이 합금의 공정 조직은 결정립이 조대하여 기계적 성질이 좋지 못하다. 그러나 여기에 소량의 금속 Na을 첨가하여 주조하면 결정립이 현저하게 미세화되어 기계적 성질이 개량된다. 따라서 이와 같이 Na으로 처리한 것을 개량 합금(改良合金, modified alloy)이라 한다.

그림 1-55는 모래형으로 주조한 Al-Si 합금에서 개량전 합금과 개량 합금과의 기계적 성질을 비교한 것이다. 그림에서 인장 강도는 규소 함유량의 증가에 따라 증대하고, 공정 부근의 조성에서 최대값을 나타내고 있다. 또 개량 합금은 개량전 합금과 비교할 때 인장 강도와 연성이 공히 크게 개선된 것을 알 수 있다.

이 합금은 10~14 %의 Si가 함유된 개량 합금으로 보통 실루민(Silumin) 또는 알팍스(Alpax)라 한다. 주조시 수축률이 비교적 적고 유동성도 양호하여 복잡한 주물 주조에 적합하고 내식성도 좋은 편이다. 그러나 실루민은 주조시 모래형과 같이 냉각 속도가 느리면 규소가 편석(segregation)하여, 결정립이 커지기 쉬우므로 기계적 성질이 좋지 않게 된다. 또 다른 주물용 Al 합금에 비해 내력, 고온 강도 및 피로 한도가 낮고 기계 가공성도 나쁜 편이다.

또한 실루민은 소량의 Mg(0.5 %) 또는 Cu(0.3 %)를 첨가한 Al-Si-Mg계 합금 또는 Al-Si-Cu계 합금이 있는데, 여기서 전자를 γ 실루민(γ-Silumin, 9 % Si, 0.5 % Mg), 후자를 Cu 실루민(Cu-Silumin, 93 % Si, 3 % Cu)이라 한다.

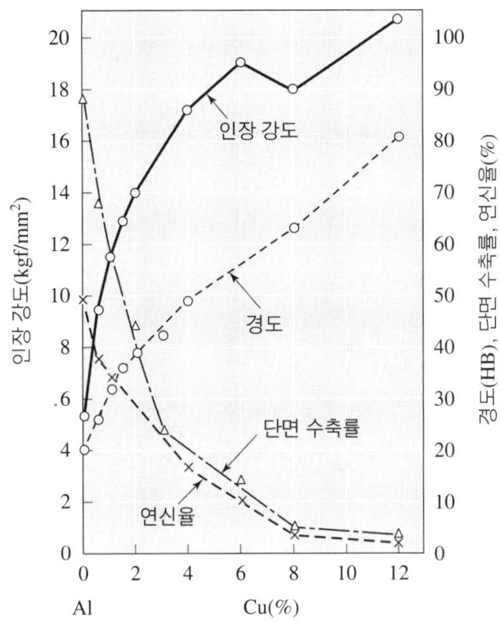

그림 1-53 ▮ Al-Cu계 합금 주물의 기계적 성질

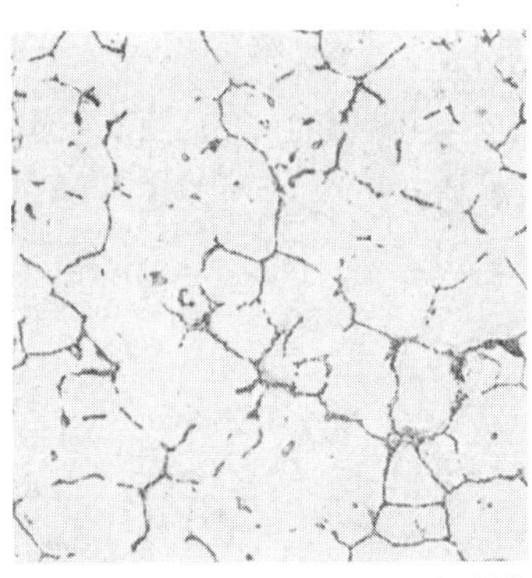

그림 1-54 ▮ Al-Cu 합금의 주조 상태의 현미경 조직

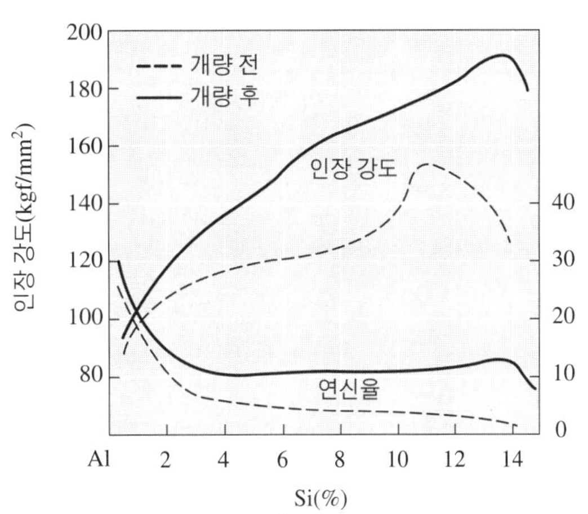

그림 1-55 ▮ Al-Si 합금의 기계적 성질(모래형 주조)

γ 실루민과 Cu 실루민은 시효 경과 처리가 가능하며 담금질 후의 시효는 γ 실루민의 경우는 525 ℃에서 수중 담금질 후 170 ℃에서 9시간 풀림을 하고, Cu 실루민의 경우는 500 ℃에서 수중 담금질 후 160 ℃에서 7시간 풀림을 하면 경도를 현저하게 높일 수 있으며, 고온 강도도 커진다.

표 1-28은 실루민의 기계적 성질을 나타낸 것이다.

표 1-28 ‖ 실루민의 기계적 성질의 예

주조법	Si (%)	항복 강도 (MPa)	인장 강도 (MPa)	연신율 (%)	경도 (HB)	전단 강도 (MPa)	선팽창 계수 (20~100℃)(mm/m · K)
모래형	11~13	130~140	290~300	2.5~3.5	45	170	20

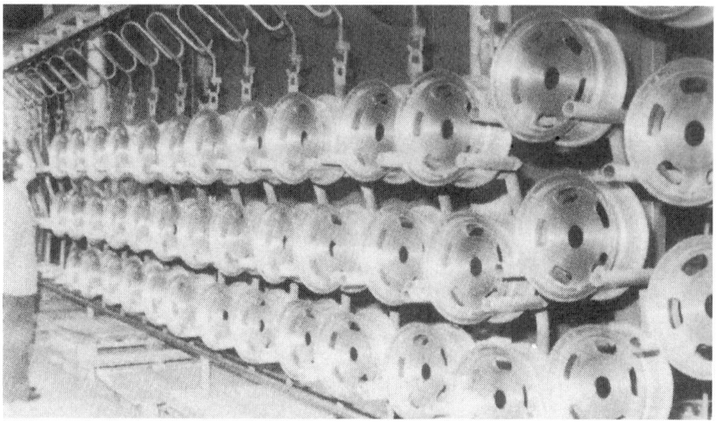

자동차 로드휠(Aluminium road wheels)

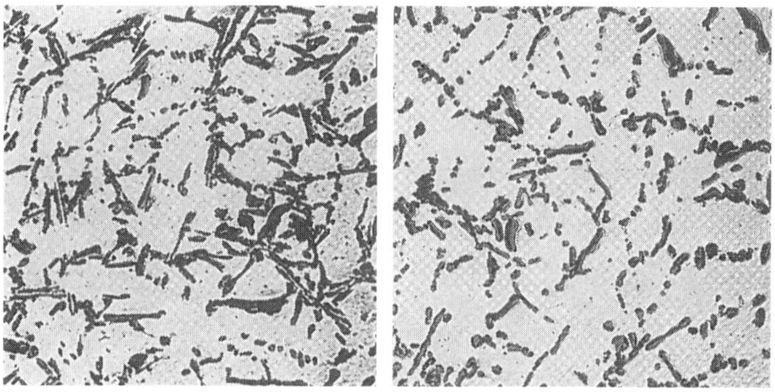

(×100) (×100)

(a) 주조 조직 (b) 담금질 후 풀림 조직

그림 1-56 ‖ Al-Si-Mg계 합금의 현미경 조직

③ Al-Si-Mg계 합금

Al-Si계 2원 합금인 실루민에 Mg를 첨가하여 Mg_2Si를 석출해 기계적 성질을 개량한 합금이다. 이 합금은 Fe의 혼입을 적극적으로 방지하여 0.2 % 이하가 되면 보다 개량된 기계적 성질을 얻을 수 있다. 또한 Mg의 첨가량은 기계적 성질에 크게 영향을 끼친다.

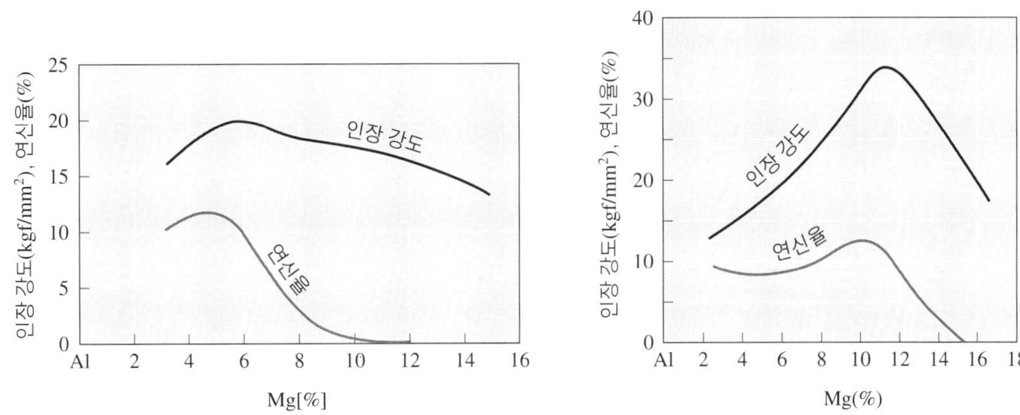

(a) 모래형 주조 (b) 열처리한 Al–Mg 합금

그림 1–57 ▮ Al–Mg 합금의 기계적 성질

그리고 Al–Si–Mg계 합금은 열처리를 함으로써 강도를 크게 높일 수 있다. 그림 1–56은 Al–Si–Mg계 합금의 현미경 조직으로, 그림 (a)는 주조 상태의 조직이고, 그림 (b)는 열처리를 한 조직이다.

④ Al–Mg계 합금

주물용 Al–Mg계 합금의 실용 범위는 Mg을 12 % 정도까지 함유하며, 이 합금의 대표적인 것에는 하이드로날륨(hydronalium)이 있다.

이 합금은 내식성, 강도, 연성이 우수하고 비중이 적고 피삭성이 좋다.

그림 1–57 (a)는 Al–Mg 합금 모래형 주물의 기계적 성질을 나타낸 것으로 5 %Mg까지는 Mg의 증가에 따라 기계적 성질은 다소 개선되는데, 그 이상에서는 역으로 나빠진다. 또 그림 1–57 (b)는 열처리를 한 Al–Mg 합금 주물의 기계적 성질을 나타낸 보기로 10~12 %Mg 일때 기계적 성질이 가장 좋은 것으로 나타나고 있다.

그리고 주조성은 Si를 함유하고 있는 합금에 비해 떨어지나 해수에 대한 내식성은 Al 합금 중 가장 크므로 선박용과 화학 공업용 부품에 널리 이용되고 있다.

⑤ 피스톤용 Al 합금

◎ Y 합금

표준 조성이 4 %Cu, 2 %Ni, 1.5 %Mg을 함유하고 있는 Al–Cu–Ni–Mg계 합금을 Y 합금(Y alloy)이라 한다. 이 합금은 내열성이 좋으므로 자동차, 항공기용 엔진의 공랭 실린더 헤드 및 피스톤 등에 많이 사용되며, 시효 경화성이 있어서 모래형 및 금형이 사용된다. 금형

(a) 주물

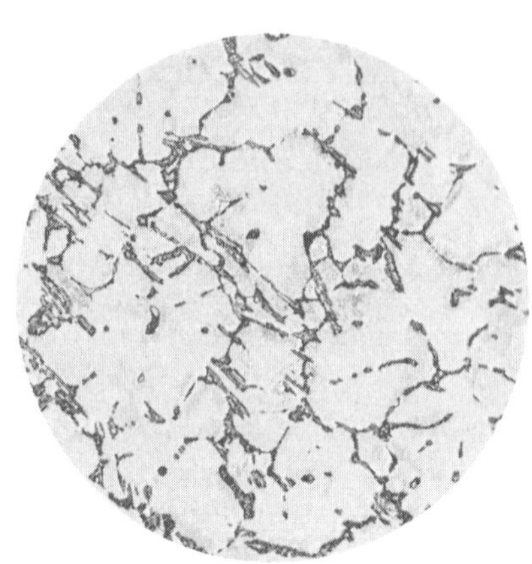

(×100×84 %)

(b) 현미경 조직(as Cast)

그림 1-58 ▮ Y 합금 주물과 그 현미경 조직

주물은 조직이 치밀하여 기계적 성질이 우수하다. Y 합금과 유사한 합금에는 코피타륨(kobitalium), Cu과 Ni을 적게 넣고, 그 대신 Fe, Si 및 소량의 Ti을 넣은 영국의 히드미늄(Hidminium), RR 50[9] 및 RR 53이 있는데, 이 합금은 내열성과 기계적 성질이 우수하다.

RR 50은 Si의 함유로 주조성이 좋으므로 실린더 블록, 크랭크 케이스 등 복잡한 대형 주물에 사용된다. 또 RR 53도 강도가 크고 내열성이 좋으므로 피스톤, 실린더 헤드 등과 같은 내열 기관의 고온 부품에 사용된다. 그림 1-58은 Y합금 주물과 현미경 조직의 보기다.

◎ 라우탈

Al-Cu-Si계 합금으로, 조성이 3~8 %Cu, 3~8 %Si의 알루미늄 합금을 라우탈(Lautal)이라 하는데, Si의 첨가로 주조성을 개량하고 Cu를 넣어 절삭성을 향상시킨 경 합금이다. 이 합금은 고용체 중의 θ(CuAl2)상의 Si의 고용도는 온도가 저하함에 따라 감소하므로, 시간이 경과함에 따라 경화되는 성질이 있어 얇은 주물에 적합하다. 또 주조 균열이 작고 금형 주조에도 적합하므로 자

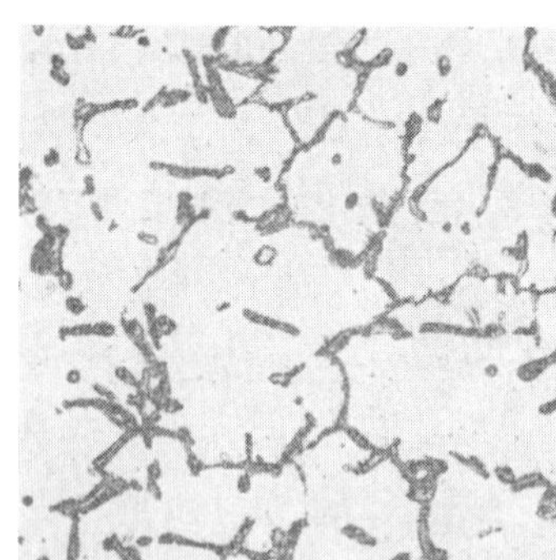

(×100×80 %)

그림 1-59 ▮ Al-Cu-Si 합금의 현미경 조직

9) RR 합금 : 영국의 Rolls Royce 사의 Hall과 Bradbury에 의해 발명한 Y 합금에 0.8~1.4 %Fe 및 0.1~0.3 %Ti을 첨가한 내열 합금

표 1-29 ‖ 피스톤용 고규소 알루미늄 합금(예)

성분 종류	Cu(%)	Mg(%)	Si(%)	Ni(%)	Mn(%)	기타
KS 280	1.5~1.8	0.4~0.8	2.0~22	1.4~1.6	0.4~0.8	0.5~1.2 Co
Mahle 244	1.0~1.7	0.5~1.0	22~26	0.8~1.3	–	0.3~0.5 Cr
Vanasil	0.8~1.2	0.8~1.2	21~23	1.9~2.0	–	0.1 V

동차 및 선박용 피스톤, 분배관 밸브 등에 사용된다. 그림 1-59는 Al-Cu-Si 합금의 현미경 조직의 보기다.

◎ Lo-Ex 합금

팽창 계수와 비중이 작고 내마멸성이 좋으며, 고온 강도가 큰 피스톤용 합금으로 Lo-Ex 합금(low ex-pansion)이 있다. 이 합금의 조성은 Al-12%Si-1%Cu-1%Mg-1.8%Ni이며, 고온 강도를 주기 위해 Cu, Ni, Mn, Mg을 첨가하여 시효 경화성을 높이고, 결정립을 미세화하기 위해 Ti을 첨가하는 경우도 있다.

피스톤 합금에 고규소 알루미늄 합금이 사용되고 있다. 합금 중의 Si가 15 % 이상이 되면 초정으로 Si가 나타나서 용탕 상부에 떠올라 중력 편석(重力偏析)의 경향이 있다. 이것을 억제하여 Si을 미세화하는 데는 나트륨 처리로는 효과가 없고 PCI5 또는 인동(燐銅)의 첨가로 인(P)처리를 한다. 표 1-29는 피스톤용 고규소 합금의 조성의 보기다.

(2) 다이 캐스팅용 Al 합금

다이 캐스팅(die casting)이란 정밀 가공하여 제작된 금형(dies)에 용융 상태의 금속 또는 합금을 가압 주입하여, 치수가 정확하고 호환성(互換性)을 필요로 하는 동일형의 주물을 대량으로 생산하는 주조 방법이다. 따라서 다이 캐스팅용 합금으로 요구되는 성질은 유동성, 용융점, 강도, 금형에 대한 적합성 등이 문제가 된다. 이와 같이 조건에 적합한 다이 캐스팅용 알루미늄 합금으로는 유동성이 우수한 라우탈(Lautal), 실루민(Silumin), 하이드로날륨(Hidronalium) 등의 합금이 있다.

이들의 합금에 Si를 넣는 것은 융점이 낮은 공정을 생성하여 용탕의 유동성을 좋게 하기 위해서이다. 또 Si의 함유량이 공정 성분에 가까워지면 응고 온도 범위가 좁아져서 용탕 보급성이 좋아지며, 수지상정 사이의 미세 수축공도 감소하고, 열간 취성을 방지하여 균열의 발생이 억제된다. Cu는 고용함으로써 소지를 강화하고 주형에의 점착성을 감소한다. 특히

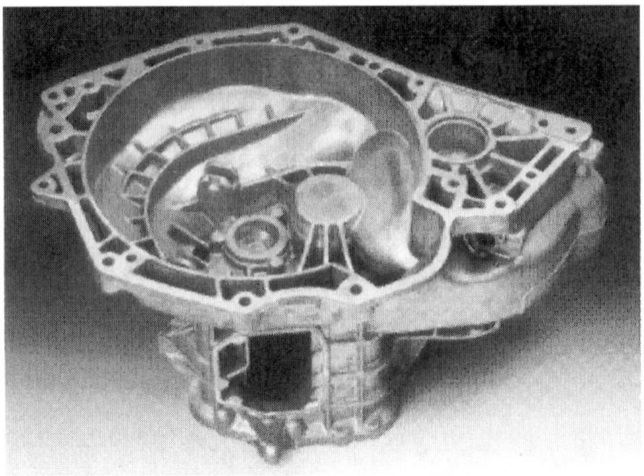

그림 1-60 ‖ 자동차용 다이 캐스팅 주물(기어 박스)

표 1-30 ‖ 다이 캐스팅용 알루미늄 합금

종류	기호	참고사항		
		합금계	유사합금	합금의 특색
알루미늄 합금 다이 캐스팅 1종	ALDC 1	Al-Si계	AA A 413.0	내식성, 주조성은 좋다. 내력은 어느 정도 낮다.
알루미늄 합금 다이 캐스팅 2종	ALDC 2	Al-Si-Mg계	AA A 360.0	충격값과 내력이 좋고, 내식성도 1종과 거의 동등하지만 주조성은 좋지 않다.
알루미늄 합금 다이 캐스팅 3종	ALDC 3	Al-Mg계	AA A 518.0	내식성이 가장 양호하고 연신율, 충격값이 높지만 주조성은 좋지 않다.
알루미늄 합금 다이 캐스팅 4종	ALDC 4	Al-Mg계	AA A 515.0	내식성은 3종 다음으로 좋고, 주조성은 3종보다 약간 좋다.
알루미늄 합금 다이 캐스팅 7종	ALDC 7	Al-Si-Cu계	AA A 380.0	기계적 성질, 피삭성 및 주조성이 좋다.
알루미늄 합금 다이 캐스팅 7종	ALDC 7 Z	Al-Si-Cu계	AA A 380.0	7종과 거의 동등하지만, 주조 갈라짐성과 내식성은 약간 좋지 않다.
알루미늄 합금 다이 캐스팅 8종	ALDC 8	Al-Si-Cu계	AA A 383.0	기계적 성질, 피삭성 및 주조성이 좋다.
알루미늄 합금 다이 캐스팅 8종	ALDC 8 Z	Al-Si-Cu계	AA A 383.0	8종과 거의 동등하지만, 주조 갈라짐성과 내식성은 약간 좋지 않다.
알루미늄 합금 다이 캐스팅 9종	ALDC 9	Al-Si-Cu계	AA A 390.0	내마멸성이 우수하고 주조성, 내력은 좋지만, 연신율이 좋지 않다.

Fe은 점착성을 더욱 감소하고 금형 표면의 침식을 저하시키므로 보통 첨가된다. 그러나 Fe가 너무 많으면 금속간 화합물이 생겨서 경점(hard spot)이 나타나 피삭성, 내식성을 해치므로 규격 범위 내로 제한해야 한다. Mn은 Fe을 함유하는 합금의 경점(硬点)의 형성을 조장하므로 제한하는 것이 좋다. 그리고 Mg을 함유하는 합금은 내식성 및 기계적 성질, 양극 산화 피막 등이 좋으므로 다이 캐스팅용 재료로 이용된다. 이 합금은 산화성이 강하나 다이 캐스팅에서는 주조 공정이 짧으므로 큰 영향이 없다.

이 합금은 자동차 부품, 철도 차량, 통신 기기 부품, 가정용 기구 등의 대량 생산에 사용된다. 그림 1-60은 자동차 기어 박스의 다이캐스팅 주물이고, 표 1-30는 다이캐스팅용 알루미늄 합금의 KS 규격이다.

평 가 문 제

1.1 주조 기술의 기초

1. 주조 기술의 발달 과정을 요약 설명하시오.

2. 주물을 재질에 따라 분류하시오.

3. 주물의 제조 공정을 도식화하여 설명하시오.

4. 쇳물의 응고 과정과 압탕 효과를 설명하시오.

5. 쇳물 속의 가스 제거 방법을 설명하시오.

1.2 주물용 금속 재료와 그 조직 및 특성

6. 주철 조직의 특성을 요약 설명하시오.

7. 다음 주철 조직을 설명하시오.

   ① 흑연

   ② 시멘타이트

   ③ 페라이트

   ④ 펄라이트

8. 주철 성장의 주된 원인을 설명하시오.

9. 다음의 고급 주철에 대해 요약 설명하시오.

① 에멜 주철

② 란츠 주철

③ 피보바르스키 주철

④ 미하나이트 주철

10. 가단 주철의 종류를 들고 특징을 설명하시오.

11. 주강의 종류와 특성에 대해 설명하시오.

12. 다음의 동합금에 대해 설명하시오.

① 포금

② 미술용 청동

③ 화폐용 청동

④ 인청동

13. 다음의 일반주물용 알루미늄 합금에 대해 설명하시오.

① Al-Cu계 합금

② Al-Si계 합금

③ Y 합금

④ 라우탈

연 구 과 제

1. 우리 나라 주조 기술의 현황과 공장 규모를 조사하여 정리하시오.

2. 주철 조직의 특성과 성질을 조사하여 논하시오.

3. 마우러의 조직도를 그려 설명하시오.

4. 고온에서의 주철의 성장에 대해 설명하시오.

5. 구상 흑연 주철의 조직과 특징에 대해 설명하시오.

6. 다이 캐스팅용 Al 합금의 특성과 용도에 대해 설명하시오.

2장

원형과 주형

2.1 원형

1. 원형의 종류와 원형용 재료
2. 원형 제작

2.2 주형

1. 주형 재료
2. 주물사의 성질과 시험
3. 조형 작업

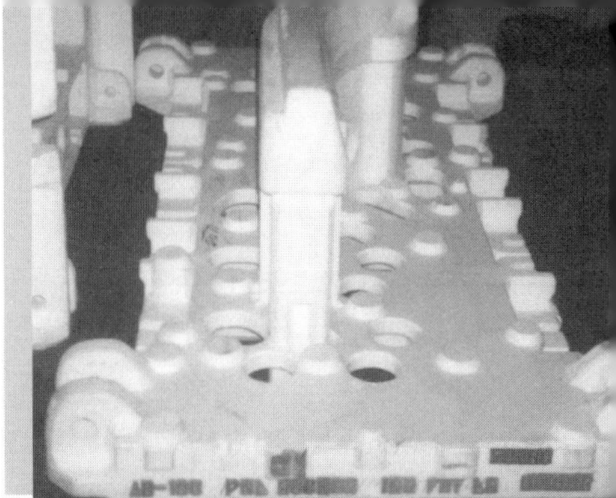

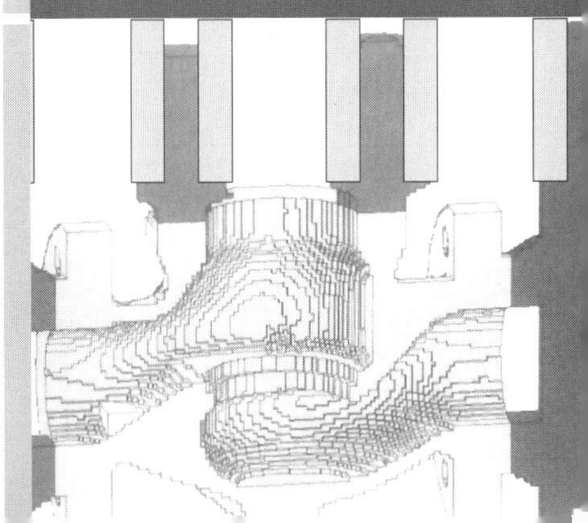

2.1 원형

주물에 필요한 주형을 만들기 위해서는 먼저 목재, 플라스틱 또는 금속 등으로 주물과 유사한 형을 만들어야 하는데, 이것을 원형(原型, pattern)이라 한다. 원형 제작 방법은 주조할 제품의 생긴 모양과 주조 방안에 따라 결정하게 된다. 따라서 원형 제작자는 주어진 도면으로부터 정확한 입체감(立體感)을 가지고, 가공될 중요 부분 등을 판단한 다음 조형 작업과 기계 가공 등의 제작 공정을 고려하여 원형을 제작해야 한다. 특히 1개의 원형으로 다량의 주물을 생산하는 경우에는 주형 제작과 기계 가공 등에 대한 충분한 검토가 있어야 한다. 또한 원형의 가격은 주물의 원가에 크게 영향을 끼치므로, 원형의 종류와 제작 방법을 잘 선정해야 한다.

원형 제작은 현재 기계 제작의 독립된 한 분야로 생각할 수 있을 정도로 금형 제작과 같이 기계 제작 분야에서 중요한 위치를 차지하고 있다.

1. 원형의 종류와 원형용 재료

1) 원형의 종류

원형은 구조, 재질, 조형 방법 등에 따라 분류하기도 하며 일반적으로 목형(木型, wood pattern), 금형(金型, metal pattern), 플라스틱형(合成樹脂型, plastic pattern), 특수형 등으로 분류하고, 기능면에서는 외형과 코어형으로 크게 구분하고 있다.

(1) 구조에 의한 원형의 분류

① 현형

주물의 모양과 거의 같은 원형으로, 조형 작업이 편리하도록 원형의 일부에 코어 프린트(core print)를 붙이거나, 원형을 두 부분 또는 그 이상으로 분할하여 만든 원형을 현형이라 한다.

◎ 단체형

단체형(soild pattern)은 그림 2-1 (a)와 같이 원형을 분할하지 않고 1개의 원형으로 만든 것이다. 그러나 속이 빈 주물에 있어서는 주형 제작을 용이하게 하기 위해 외형에 코어 프린트

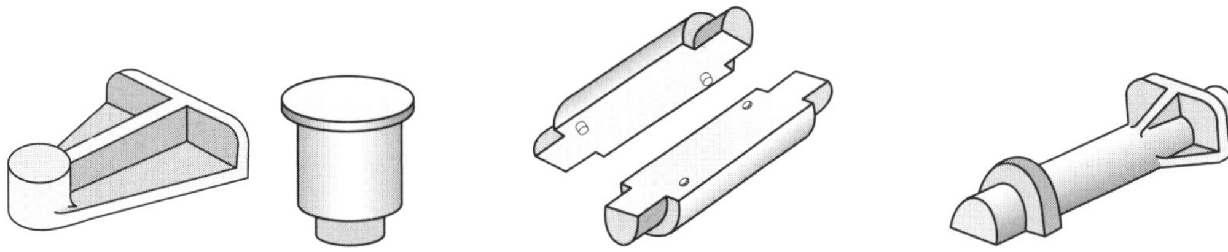

(a) 단체형 (b) 분할형 (c) 반편 현형

그림 2-1 ▮ 현형

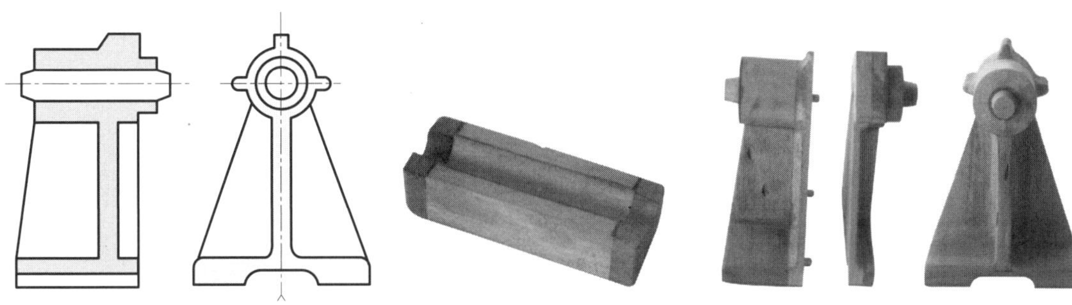

(a) 현도 (b) 코어 박스 (c) 완성된 축 지지대 목형

그림 2-2 ▮ 축 지지대

를 붙이고 코어 상자를 따로 만든다.

◎ 분할형

단체형으로는 조형 작업이 어렵거나 시간이 소요될 때, 또는 조형 효율을 높이고자 할 때는 그림 2-1 (b)와 같이 2개로 분할할 수 있게 만든 원형을 분할형이라 한다.

◎ 반편 현형

분할하여 대칭을 이루는 원형은 그림 2-1 (c)와 같이 분할형의 한쪽만을 제작한 반편 현형(半片現型)을 사용한다. 이 형은 조형 작업이 어려우나 원형값을 절감할 수 있다. 그림 2-2는 축 지지대의 현도(現圖)와 완성된 코어 박스 및 원형의 보기다.

2 겹침형과 골격형

◎ 겹침형

2개로 분할한 원형으로 조형이 용이하지 않을 때에는 그림 2-3 (a)와 같이 3개 이상의 여러 층(조각)으로 분할할 수 있게 만드는데, 이것을 겹침형이라 한다.

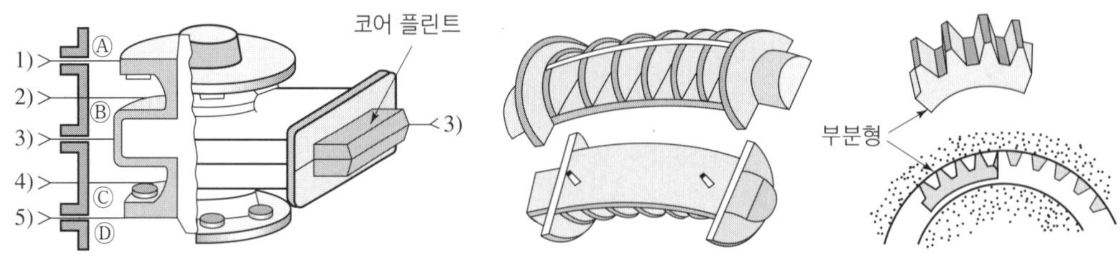

(a) 겹침형 (b) 골격형 (c) 부분형

그림 2-3 ▮ 겹침형, 골격형 및 부분형

◎ 골격형

주물이 크고, 모양이 비교적 단순하면서 제작 개수가 적을 때는 원형 재료와 가공비를 절약하기 위해 그림 2-3 (b)와 같이 목재로 뼈대를 만든 원형을 골격형이라 한다. 분할 방식은 분할형 또는 겹침형과 같은 요령으로 만들며, 목형으로 생략된 부분은 주형 제작에 앞서 골격 사이를 모래로 메워 현형과 같이 보완하여 조형한다.

③ 부분형과 정반형

◎ 부분형

기어나 바퀴와 같이 모양이 대칭이면서 같은 모양의 몇 개 부분으로 분할할 수 있을 때에는 그 일부분만을 원형으로 만들어 주형의 일부분을 이어가면서 조형하고, 이들의 조합이 주형 전체가 이루어지도록 한다. 이러한 경우에 사용되는 원형을 부분형이라 한다. 그림 2-3 (c)는 부분형으로 대형 기어의 치형을 조형하는 보기를 나타낸 것으로, 일부 부분 조형이 완성되면 기어 치형의 부분형을 다음으로 이동시켜 놓고 다음 치형 주형을 조형한다.

그림 2-4는 분할형, 겹침형, 부분형을 조립한 조립형의 보기로, 원형의 본체를 2단 이상으로 분할한 다단 분할형(pile split pattern)을 응용한 것이다.

◎ 정반형

조형 기계에 사용하는 원형은 정반에 원형을 부착한 정반형(pattern plate)으로, 탕도와 주입구 등이 원형의 일부로 설치되어 있다. 정반형은 정반의 한쪽 면에만 원형이 설치되어 있는 것으로 필요에 따라서는 그림 2-5 (a)와 같이 분할형의 2개의 정반에 각기 고정한 것도 있다. 그림 2-5 (b)는 정반의 양쪽 면에 분할형을 반쪽식 고정한 것으로, 매치 플레이트형(match plate pattern)이라 한다. 정반형은 기계 조형용으로, 소형이면서 대량 생산에 적합하고, 원형 재료로는 주철, 알루미늄, 플라스틱 또는 목재가 사용된다.

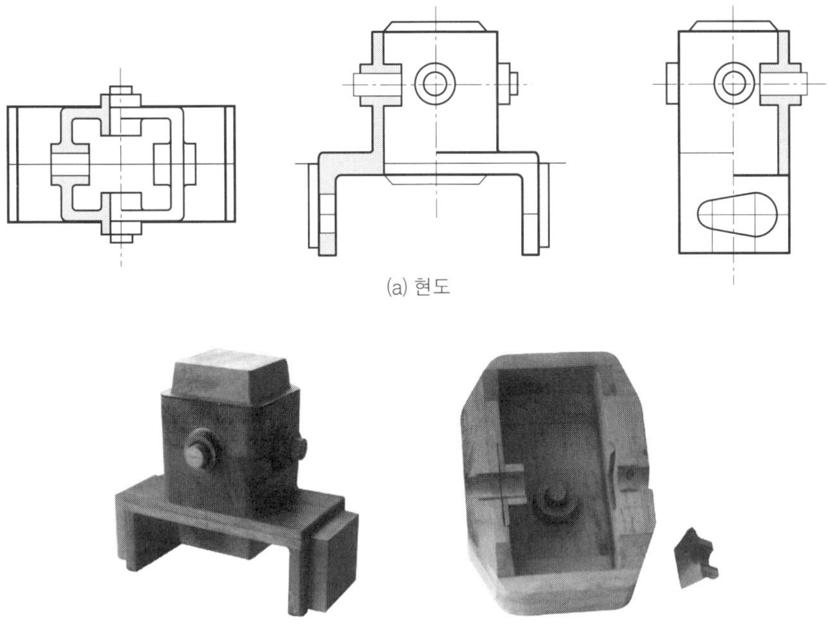
(a) 현도

(b) 완성된 조립 목형 (c) 코어 박스

그림 2-4 ▮ 조립형의 보기

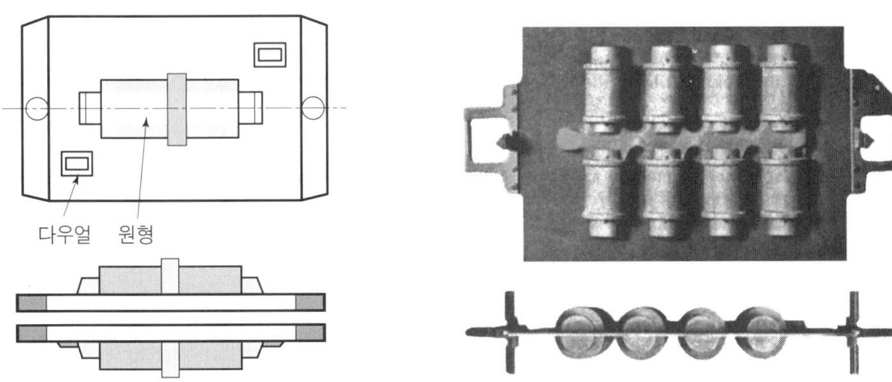

(a) 패턴 플레이트형 (b) 매치 플레이트형

그림 2-5 ▮ 정반형

4 판형과 코어형

◎ 판형

긁기판이라고 하는 원형으로 일정한 중심축의 주위를 회전시키거나, 안내판에 따라 움직여 주물사를 긁어 내면서 주형을 만드는 원형을 통틀어 판형(板型)이라 한다. 판형은 원형과

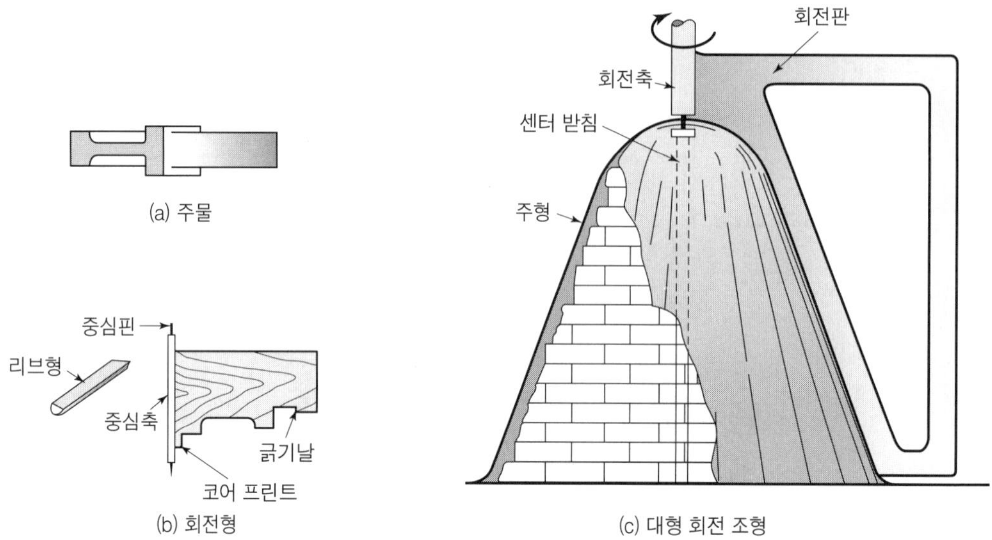

그림 2-6 | 회전형

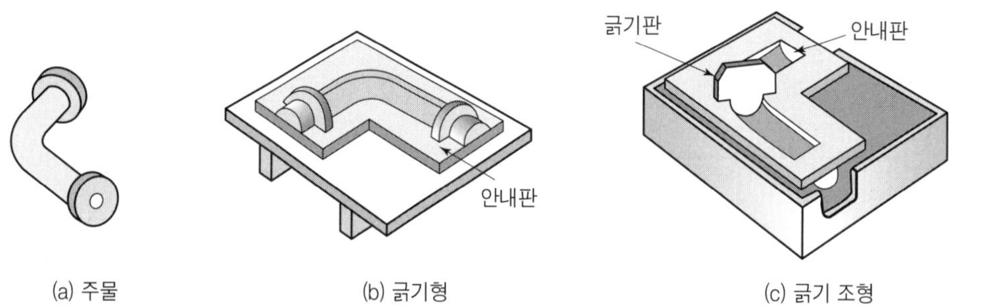

그림 2-7 | 긁기형

주물의 모양이 전혀 다르므로, 원형만으로는 주물의 모양을 예측하기 어렵다. 판형은 목형 제작이 용이하고 경제적이나, 조형 작업에는 많은 시간과 기능이 요구되며, 주형의 정밀도를 기대하기 어려운 단점이 있다.

a) **회전형** : 도가니나 종과 같이 중심선을 통하는 모든 단면이 대칭인 주물을 만들기 위해 조형할 때 사용하는 원형을 회전형이라 한다. 회전형에는 그림 2-6 (a)와 같은 주물을 조형할 때 사용하는 원형으로, 중심축을 중심으로 회전하면서 조형한다. 그림 2-6 (c)는 대형 슬래그 레이들(slag ladle)의 주형 제작에 사용한 사례다.

b) **긁기형** : 긁기형은 제품의 단면이 일정하고, 비교적 길고 가는 직관이나 곡관을 조형할 때 쓰이는 원형이다. 긁기형은 주물의 단면과 같은 긁기판과 이것을 바르게 움직일 수 있도록 안내하는 안내판으로 구성되어 있다.

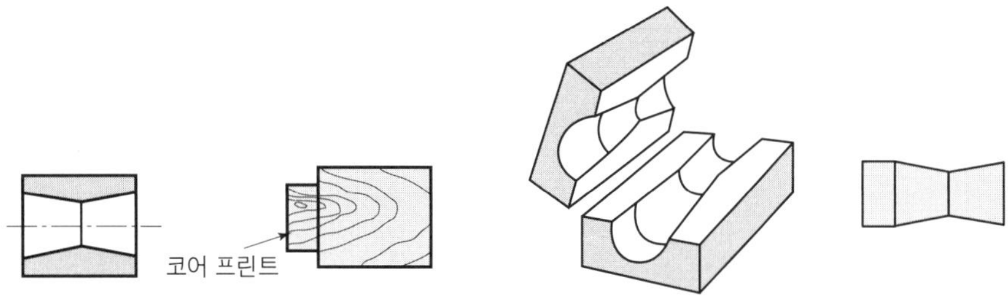

(a) 주 물　(b) 목 형　(c) 코어형　(d) 코어

그림 2-8 ▮ 코어형의 구성

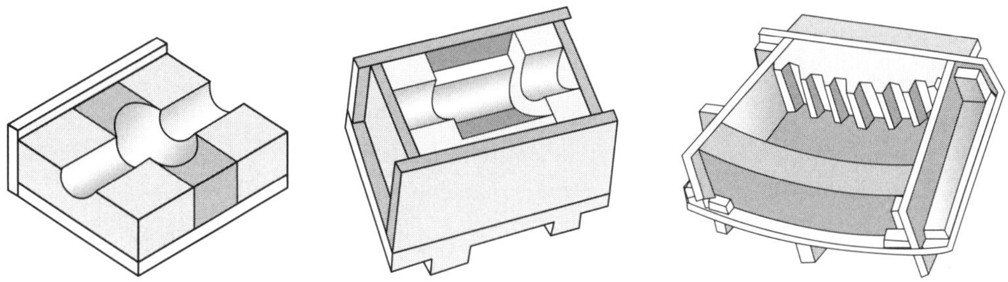

(a) 굴출 코어형　(b) 상자 코어형　(c) 부분 코어형

그림 2-9 ▮ 코어형의 종류

그림 2-7 (b)와 (c)는 그림 2-7 (a)와 같은 곡관 주물을 조형할 때 쓰이는 긁기판과 긁기 조형의 보기다.

◎ 코어형

그림 2-8 (a)와 같이 속이 빈 주물을 만들 때는 그림 2-8 (d)와 같은 코어가 필요하다. 즉 그림 2-8 (c)와 같은 코어형(core box)과, 그림 2-8 (b)와 같은 목형에 코어를 받쳐 주는 코어 프린트(core print)가 있다. 코어형은 코어 프린트를 포함한 원형의 구조에 따라 여러 종류가 있다.

a) **굴출(掘出) 코어형** : 작고 비교적 단순한 단면의 코어를 만들 때 사용하는 코어형으로, 호미끌과 둥근 대패 등을 사용하여 그림 2-9 (a)와 같이 코어의 모양으로 파내어 만든 코어형이며, 이를 파낸 코어형이라고도 한다. 보통 1쌍으로 되어 있고 가장 많이 사용된다.

b) **상자 코어형** : 그림 2-9 (b)와 같이 정반과 사각틀을 사용하고 그 안에 부속 원형을 놓은 다음 코어를 만들 수 있는 구조로 되어 있다.

c) **부분 코어형** : 코어가 크거나 복잡하면서 몇 개의 코어를 조립하여 완성할 수 있는 코어는 그림 2-9 (c)와 같이 부분 코어형을 사용한다.

(2) 재료에 의한 원형의 분류

원형은 재료에 따라 목형, 금형, 수지형, 석고형, 왁스형, 현물형, 특수형 등으로 나눌 수 있다.

1 목형과 금형

◎ 목형

주물의 제작 수량이 적고 사용 횟수가 많지 않는 경우에 적당하며, 크고 작은 복잡한 주물의 원형으로 광범위하게 이용되고 있다. 특히 대형 주물의 조형 작업에는 가볍고 취급이 용이한 목형이 사용된다.

그림 2-10 ▮ 매치 플레이트형

◎ 금형

주조에 사용되는 금형은 조형 작업을 위한 원형을 말한다. 일반적으로 금형이라 하면 모래 주형 제작에 사용되는 금속제의 원형과 셸 몰드용 금형, 왁스형 금형, 풀 몰드 원형용 금형 그리고 주형으로 사용되는 다이 캐스팅용 금형 등이 포함된다. 다시 말하면, 금속제 원형에는 목형과 같은 용도로 쓰이는 금형, 조형기에 쓰이는 매치 플레이트(match plate)와 정반형, 셸 주형 등에 쓰이는 금형, 인베스트먼트 주조법의 왁스(wax) 원형과 풀 몰드 원형을 만드는데 쓰이는 금형, 이 밖에 쇳물을 직접 주입하는 주형으로 쓰이는 다이 캐스팅 금형 등 그 용도가 다양하다. 산업용 기계의 발달로 치수가 정확하고 표면이 아름다운 주물이 필요하게 되었고, 또 제작 수량이 많아지면서 그림 2-10과 같은 내구성이 우수하고 정밀도가 높은 금속제 원형인 매치 플레이트형이 기계 조형에 이용되고 있다.

2 석고형과 왁스형

◎ 석고형

석고로 만든 원형은 미술 주물, 섬세한 부분이 있는 주물의 제작에 많이 이용된다. 석고형 제작 방법으로는, 석고를 직접 가공하여 원형으로 하는 방법과, 목재 또는 왁스 등으로 먼저 모형을 만들고, 이것을 석고 원형으로 재생시키는 방법이 있다. 그러나 그 자체가 원형으로 이용되는 경우보다 매치 플레이트 금형이나 합성 수지형 등을 제작할 때 상대형인 모형으로 이용되는 경우가 많다. 그림 2-11은 수지형 제작에 필요한 석고형의 제작 및 단면의 보기다.

(a) 석고 채우기 (b) 완성된 석고형 (c) 석고형 단면

그림 2-11 ▮ 석고형 제작 및 단면의 보기

◎ 왁스형

밀랍, 파라핀(paraffin), 로진(松脂, rosin) 등을 배합하여 만든 원형을 왁스형(wax pattern)이라 한다. 제품 수량이 1개일 때에는 직접 성형할 수도 있으나, 같은 것이 여러 개일 때에는 복제하여 만든다.

③ 플라스틱형

페놀(phenol) 수지나 폴리스티렌(polystyrene) 수지 등으로 만든 원형을 플라스틱형 또는 합성 수지형(plastic pattern)이라 한다. 목형은 수축과 변형이 심하고 내구성과 보존 등 그 관리에 어려움이 있으며, 금형은 취급하기에 무겁고 제작에 많은 시간이 소요되고, 가공비가 고가인 점 등의 결점이 있다. 그러나 플라스틱은 목재와 같이 가공이 쉽고 가벼우며, 금속과 같이 내구력이 좋고, 원형 제작 시간이 짧으면서 복제가 용이한 이점도 있다.

(3) 특수 목적에 의한 분류

① 풀 몰드형

발포성 수지로 만든 1회용 소모성 원형(lost pattern)을 풀 몰드형(full mold pattern)이라 하며, 풀 몰드형을 사용하는 주조법을 풀 몰드법(full mold process)이라 한다. 풀 몰드법은 풀 몰드 공정이라는 상품명에 의한 것으로, 1개의 원형으로 1개의 주물을 주조하게 되며 주로 대형이면서 다품종 소량 생산에 적용된다. 그림 2-12 (a)는 대형 풀 몰드형이고, 그림 2-12 (b)는 소형 주물에 적용한 보기다. 최근에는 여러 개의 원형 부분을 접착시켜 복잡한 주물의 주조와 대량 생산 방안으로 많은 원형을 한 개의 탕도에 연결한 대량 생산 방식에 이용되고 있다.

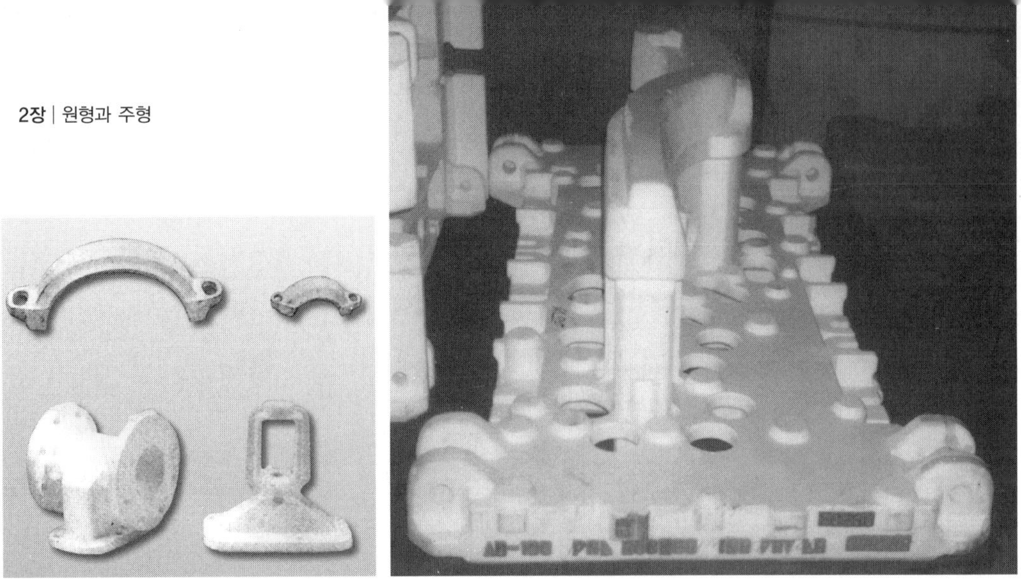

(a) 대형 (b) 중소형

그림 2-12 ▮ 풀 몰드형의 보기

② 현물형

이 밖에, 제작 수량이 적고, 정밀도가 요구되지 않는 간단한 주물의 경우, 또는 원형을 제작할 시간적 여유가 없을 경우에는 제품을 그대로 원형으로 사용할 수 있는데, 이것을 현물형이라 한다.

2) 원형용 재료

원형용 재료로는 주로 목재, 금속, 합성 수지 이외에 석고 및 시멘트 등이 있으며 부재료로는 접착제, 못, 도료 등이 있다.

(1) 목형 재료

목재는 가공하기 쉽고, 가벼워서 취급이 용이하고 값이 싸므로 오래 전부터 원형용 재료로 많이 이용되고 있다. 그러나 사용 또는 보관 중에 변형되기 쉽고 내구성이 약하며, 사용 횟수가 많을 경우 손상되기 쉬운 결점이 있다. 따라서 이러한 결점을 보완하기 위해 마멸되거나 파손되기 쉬운 목형의 일부분을 금속 또는 합성 수지로 보강하기도 한다. 주로 사용되고 있는 목형용 목재의 종류와 특징 및 용도를 요약하면 표 2-1과 같다.

(2) 금속 원형 재료

금속 원형용 재료로는 일반적으로 알루미늄 합금, 동 합금, 주철 등이 사용되고 있는데, 이중 내열성과 내마멸성이 우수한 주철이 가장 많다.

표 2-1 ▮ 목형용 목재의 종류와 용도

종류	특징	용도
소나무	재질은 연하고 변형되기 쉽다. 결이 고르지 못하나 값이 싸서 손쉽게 구할 수 있다.	일반 목형
홍송	재질이 치밀하고 연하여 가공하기 쉽다. 변형은 적으나 값이 비싸다.	정밀을 필요로 하는 고급 목형
나왕	재질이 연하고 결이 고르며 가공하기 쉽다.	일반 목형
삼나무	재질이 연하여 가공하기 쉽다. 수축 변형이 적으며, 값도 비교적 싸다.	대형 목형, 사용 횟수가 적은 목형
벚나무	재질이 단단하고 질기고, 비틀리는 일이 적으며, 내마멸성이 우수하다.	정밀을 필요로 하는 목형, 사용 횟수가 많은 목형
전나무	재질이 치밀하고 강하여 건습에 대한 신축성이 적고, 값이 비싸다.	정밀을 필요로 하는 목형, 사용 횟수가 많은 목형
느티나무	재질이 매우 단단하며 내구성이 좋다. 변형이 작고, 가공하기 쉬우나 값이 비싸다.	사용 횟수가 많은 목형
마호가니 (mahogany)	재질이 치밀하고 알맞게 단단하다. 세공하기 쉽고, 변형이 아주 작으며, 내마멸성이 우수하나 값이 비싸다.	사용 횟수가 많은 목형, 정밀을 필요로 하는 목형
티크(teak)	수지분을 함유하며 수분의 흡수를 방지하고 신축성이 적다. 품질은 느티나무나 마호가니 다음 가는 좋은 재료이나 값이 비싸다.	사용 횟수가 많은 목형, 정밀을 필요로 하는 목형

◎ 주철

주조성, 가공성이 좋고 주물사에 대한 내마멸성이 우수하며, 값도 싸므로 금속제 원형의 재료로 가장 많이 이용되고 있다. 특히 기계 조형용 정반형에 많이 이용되며 셸 몰드형에도 적합하다. 그러나 충격에 약하므로 얇고 복잡한 부분이 있는 원형에는 알맞지 않다.

◎ 알루미늄 합금

가볍고 가공이 용이하며, 잘 녹슬지 않으므로 금형용 재료로 많이 쓰인다. 그러나 재질이 연하고 주철이나 동 합금에 비해 내마멸성이 크게 떨어지며 강도도 비교적 약해 일반적으로, 조형 기계용의 매치 플레이트용 재료로 많이 쓰인다.

◎ 동 합금

동 합금은 연성과 마멸성이 좋고, 경납접에 의한 보수와 기계 가공이 용이하여 복잡하거나 얇은 원형 부분에 이용된다. 그러나 무거워서 손 조형에는 적합하지 못하므로 기계 조형에 이용되는 정반형 또는 소형 매치 플레이트형에 이용된다. 특히 셸(shell)과 같이 두께가 얇은 부분에 열전달을 좋게 하기 위해 사용하는 경우가 있는데, 예를 들면 소형 공랭 기관의 냉각 핀(fin) 원형을 들 수 있다.

(3) 플라스틱형과 석고형 재료

◎ 플라스틱형 재료

상온에서 경화하여 형을 정확하게 재현할 수 있으면서 기계적 성질과 가공성이 좋다. 수지 재료에는 에폭시 수지계(epoxy resins)와 페놀 수지계(phenolic resins)가 널리 이용되고 있다. 플라스틱에는 습기에 의한 수축이나 팽창이 없고, 매끄러운 주물 표면을 얻을 수 있는 등의 장점이 있어 원형용 재료로 이용이 확대되고 있다.

◎ 석고 원형 재료

석고는 소석고로서 시판되고 있는 것을 원형용 재료로 사용한다. 사용할 때 소석고에 물을 섞어 놓아 두면, 먼저 분해, 방출한 결정수에 해당하는 물이 화학적으로 결합해서 석고로 되돌아가 응고 경화한다. 응고시에는 수축하지 않고 약간 팽창하므로 정확한 치수의 원형을 만들수 있는 장점이 있다.

2. 원형 제작

원형 제작자는 도면을 보고 제작할 제품의 모양, 크기, 제작 개수, 주요 부분이나 가공 부분 등을 정확하게 파악하고, 이에 따른 경제적인 원형 제작 방안을 세워야 한다. 이 밖에, 설계상의 미비점이나 부적당한 곳 또는 주조와 관련한 개선해야 할 사항을 알아야 한다.

때로는 조형 및 기계 가공 공정 등을 고려해 설계 도면에 없는 부분을 보완해야 할 때도 있다. 따라서 원형 제작자는 주조는 물론 기계 공작면에도 풍부한 지식을 갖고 조형 및 기계 가공의 공정 수를 줄일 수 있도록 하는 경제적인 사항도 고려해야 한다. 이와 같은 사항들을 합리적으로 수행하기 위해서는 원형 제작자는 기계 설계자 및 주형 제작자와 주조 방안에 관한 의견을 나누어 설계 도면을 변경하거나 원형 제작 방안을 설정하도록 노력해야 한다.

1) 원형 제작시 유의 사항

(1) 상 · 하형, 분할면의 결정

주형에 있어서 상형과 하형 및 분할면의 결정은 결함이 없는 좋은 주물을 얻을 수 있고 조형 작업의 용이성 측면에서도 매우 중요한 사항이므로, 많은 경험을 필요로 하는데, 일반적으로 다음과 같은 조건이 만족되어야 한다.

① 주물의 중요한 면을 하형으로 한다.
② 주물 제작이 용이하고 합상(조립)할 때 주형이 안전해야 한다.
③ 코어의 위치가 안정하고, 가스의 배출이 용이해야 한다.

(2) 가공 치수와 모양

1 수축 여유

주형에 주입된 금속은 응고 냉각 과정에서 수축하게 된다. 따라서 원형의 치수는 수축되는 양만큼 크게 만들어야 한다. 이와 같이 수축에 대한 보정량을 수축 여유(shrinkage allowance)라 한다.

2 가공 여유

주조 후 가공할 주물은 그 가공 부분에 여분의 살을 덧붙여 원형을 만드는데, 이것을 가공 여유(finishing allowance)라 한다. 가공 여유를 너무 두면 가공비가 많이 들고 주물의 무게가 증가하므로 될 수 있는 대로 작게 하는 것이 좋으나, 금속의 종류, 주물의 모양, 치수, 조형 방법, 원형 뽑기의 난이도, 가공 정도 등을 고려하여 정한다.

3 원형 기울기

조형 작업을 할 때 주형이 파손되는 것을 막고 원형 뽑기를 쉽게 하기 위해, 제품 치수가 허용하는 한도 내에서 원형의 수직선에 대해 기울기 여유를 두는데, 이것을 원형 기울기(draft taper)라 한다.

4 라운딩

주물의 구석이나 모서리 부분이 예리하면 원형을 주형에서 뽑아 낼 때 주형이 파손되기 쉬울 뿐 아니라 주입 후 쇳물이 응고할 때 결정 입자는 주물 표면의 직각 방향으로 성장하는 경향이 있으므로, 결정립의 경계가 생기며, 그 부분에 불순물이 모여 편석이나 수축 현상이 일어나 약한 경계면과 수축공이 생기기 쉽다.

이와 같은 결함을 없애기 위해 구석과 모서리 부분을 둥글게 하는데, 이것을 라운딩(rounding)이라고 한다.

2) 코어와 코어 프린트

(1) 코어와 코어 프린트의 구조

주형 제작에 사용되는 원형은 제작할 주물과 모양이 같지 않은 경우가 많다. 구멍이 있는 원통형인 부시를 예로 들면 길이 L, 안 지름 D, 바깥 지름 D_0인 원통 주물을 주조할 경우에는 그림 2-13 (a)와 같은 단체형이나 그림 2-13 (b)와 같은 분할형의 양쪽에 여분의 돌기부인 코어 프린트(core print)가 있는 원형을 사용한다.

이와 같은 원형을 사용하여 상형과 하형을 만들고, 여기에 그림 2-13 (c)의 코어 상자로 만든 그림 2-13 (d)와 같은 길이의 원주형의 코어(中子, core)를 그림 2-13 (e)와 같은 하형에 안치하고, 그림 2-13 (f)와 같이 합상하면 길이 L이고 안 지름 D, 바깥 지름 D_0인 원통형 주물(부시)의 주형이 완성된다.

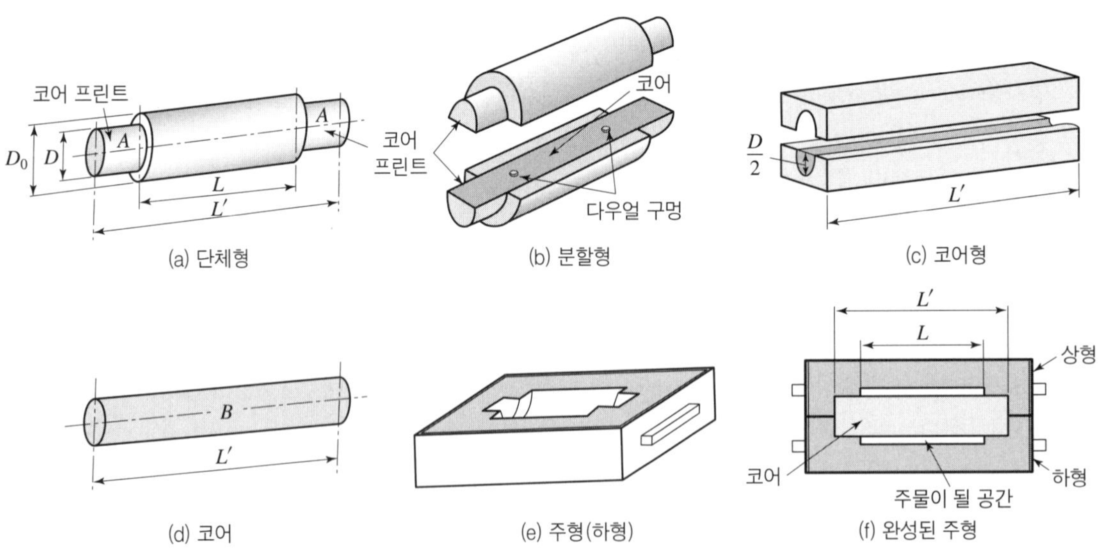

그림 2-13 ▮ 코어와 코어 프린트

(2) 코어 프린트의 기능

① 코어 프린트의 특징

코어는 주물의 중공부를 만들기 위해 사용될 뿐만 아니라, 조형 작업에 이용하는 등 사용 목적이 다양화 되고 있으며, 목형 제작의 주요한 부분을 차지하고 있다. 코어의 구조상 특징은 그림 2-14와 같이 코어를 지지해 주는 코어 프린트가 있다. 이것은 코어의 위치를 정확하게 유지하여 쇳물을 주입할 때에도 코어가 움직이거나 떠오르는 것을 방지한다.

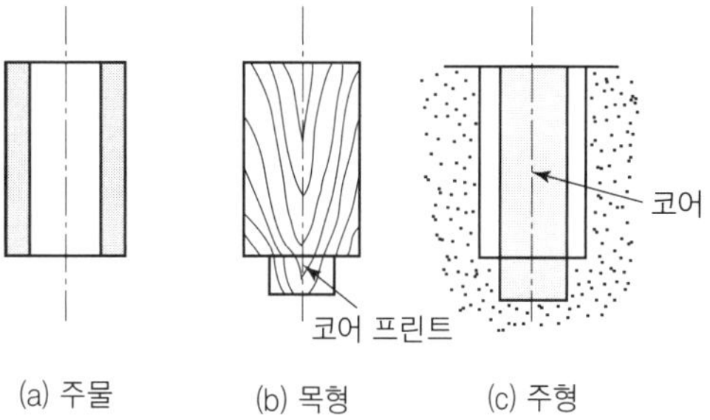

(a) 주물 (b) 목형 (c) 주형

그림 2-14 ▌코어 프린트

또 가스 배출의 통로가 되며, 때로는 주조 후 주물의 중공부에서 모래를 떨어 내는 구멍으로 이용하기도 한다.

코어는 사용 목적과 주조 방안에 따라 그림 2-15와 같이 여러 형식이 있는데, 기본이 되는 코어는 조형 방법에 따라 수직 코어와 수평 코어로 나눌 수 있다.

② 코어 프린트의 크기

주형에 쇳물이 주입되면 코어는 완전히 쇳물 속에 잠기게 된다. 그 결과, 코어는 코어의 체적와 같은 양의 쇳물과 자리바꿈을 하여 들어갔다고 생각할 수 있다. 이때 쇳물이 부력으로 작용하여 코어를 이동시키려 하므로, 코어를 안전하게 고정시킬 수 있는 코어 프린트가

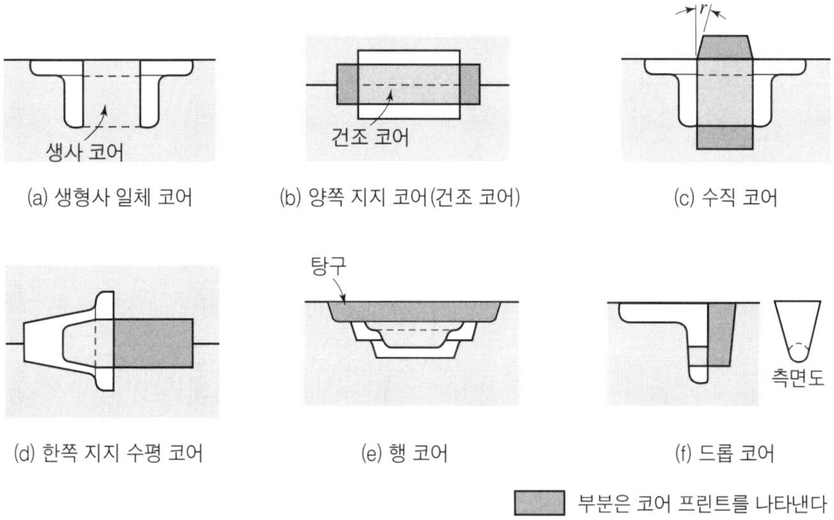

(a) 생형사 일체 코어 (b) 양쪽 지지 코어(건조 코어) (c) 수직 코어
(d) 한쪽 지지 수평 코어 (e) 행 코어 (f) 드롭 코어

그림 2-15 ▌코어의 여러 형식

있어야 한다. 따라서 코어 프린트는 강도면에서도 쇳물을 주입할 때나 주입 후 코어가 받는 부력을 감당할 수 있어야 한다.

코어 프린트의 크기는 주물의 종류, 크기, 주조 방법 및 주형 재료 등 여러 가지 여건에 따라 다르게 되므로, 이론과 경험값을 종합하여 결정해야 한다.

◎ 수직 코어 프린트의 크기

주형에 코어를 수직으로 설치하는 것으로, 코어의 길이에 비하여 지름이 클 때에는 그림

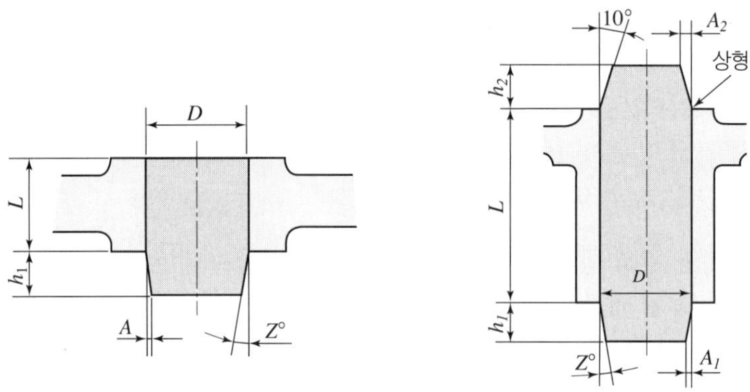

(a) 한쪽 수직 코어 프린트 (b) 양쪽 수직 코어 프린트

그림 2-16 ▮ 수직 코어 프린트의 크기

표 2-2 ▮ 수직 코어 프린트의 기준값(mm)

<table>
<tr><th>D \ L</th><th>20</th><th>40</th><th>60</th><th>80</th><th>100</th><th>150</th><th>200</th><th>250</th><th>300</th><th>400</th><th>500</th><th>750</th><th>1000</th><th>1500</th></tr>
<tr><td>10</td><td rowspan="2">15</td><td rowspan="2">20</td><td colspan="2" rowspan="2">25</td><td></td><td></td><td></td><td></td><td></td><td></td><td></td><td></td><td></td><td></td></tr>
<tr><td>15</td><td></td><td></td><td></td><td></td><td></td><td></td><td></td><td></td><td></td><td></td></tr>
<tr><td>25</td><td rowspan="2">20</td><td rowspan="3">25</td><td colspan="2" rowspan="4">30</td><td colspan="2" rowspan="2">35</td><td></td><td></td><td></td><td></td><td></td><td></td><td></td><td></td></tr>
<tr><td>30</td><td>40</td><td></td><td></td><td></td><td></td><td></td><td></td><td></td></tr>
<tr><td>40</td><td></td><td rowspan="2">40</td><td colspan="2" rowspan="2">45</td><td></td><td>55</td><td>60</td><td></td><td></td><td></td><td></td></tr>
<tr><td>50</td><td></td><td></td><td rowspan="2">50</td><td>60</td><td>65</td><td>70</td><td></td><td></td><td></td></tr>
<tr><td>70</td><td></td><td></td><td></td><td></td><td></td><td>40</td><td></td><td>55</td><td>60</td><td>60</td><td>70</td><td></td><td></td></tr>
<tr><td>100</td><td></td><td></td><td></td><td></td><td></td><td>35</td><td>40</td><td rowspan="2">45</td><td>50</td><td>55</td><td>60</td><td>65</td><td></td><td></td></tr>
<tr><td>150</td><td></td><td></td><td></td><td></td><td></td><td>30</td><td>35</td><td></td><td>50</td><td>55</td><td>60</td><td>65</td><td>70</td></tr>
<tr><td>200</td><td></td><td></td><td></td><td></td><td></td><td></td><td>30</td><td>35</td><td>40</td><td>45</td><td>50</td><td>55</td><td>55</td><td>70</td></tr>
<tr><td>300</td><td></td><td></td><td></td><td></td><td></td><td></td><td></td><td>30</td><td>35</td><td>40</td><td>45</td><td colspan="2" rowspan="4">50</td><td>70</td></tr>
<tr><td>450</td><td></td><td></td><td></td><td></td><td></td><td></td><td></td><td></td><td></td><td>35</td><td>40</td><td>70</td></tr>
<tr><td>650</td><td></td><td></td><td></td><td></td><td></td><td></td><td></td><td></td><td></td><td></td><td>35</td><td>70</td></tr>
<tr><td>1000</td><td></td><td></td><td></td><td></td><td></td><td></td><td></td><td></td><td></td><td></td><td></td><td>70</td></tr>
</table>

2-16 (a)와 같이 아랫부분에만 코어 프린트를 붙여 주지만, 코어의 길이가 지름에 비해 클 때에는 그림 2-16 (b)와 같이 상형과 하형에 붙여 주는 것이 좋다.

코어의 길이(L)와 지름(D)과의 관계에서, 다음과 같은 경우에는 위아래 양쪽에 코어 프린트를 붙여 준다. 즉,

$$\frac{L+25}{D} \geq 1(\text{생형})$$

$$\frac{L}{D} \geq 1(\text{건조형})$$

코어 프린트가 위아래에 있는 수직 코어 프린트의 기준값은 표 2-2와 같다.

코어의 길이에 비해 지름이 크거나 하형의 코어 프린트를 크게 해서 코어를 안정시킬 수 있을 경우에는 아래에만 코어 프린트를 붙인다. 특히 위쪽 코어 프린트는 주형을 맞출 때 보이지 않는 상태에서 작업이 이루어지므로 알맞은 기울기를 두어야 한다.

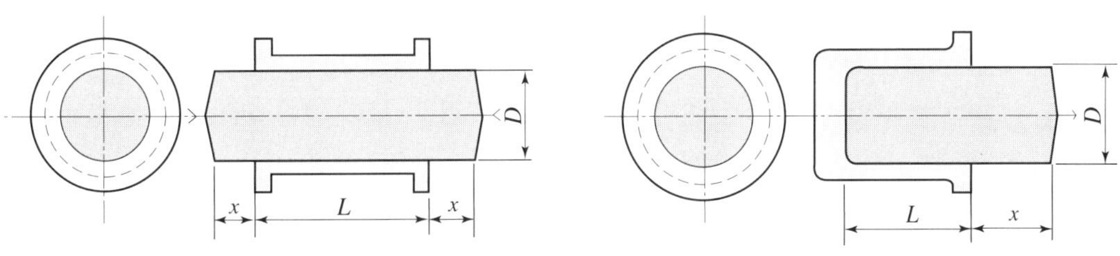

(a) 양쪽 수평 코어 프린트

(b) 한쪽 수평 코어 프린트

그림 2-17 ▮ 수평 코어 프린트의 크기

표 2-3 ▮ 양쪽 코어 프린트의 크기(생형)

D \ L	20	40	60	80	100	125	150	175	200	250	300	400	500	750
20		20												
40														
60										40				
80				25										
100				30		35								
125								60						
150						40								
175			35	40					80					
200											100			
300												120		
400					80									140

표 2-4 ▮ 한쪽 코어 프린트의 기준값

D \ L	<20	21~40	41~60	61~80	81~100	101~125	126~150	151~175	176~200	201~250	251~300	301~400	401~500
<20	30	50	70										
20~30	30	50	70	90									
31~40	30	50	70	90	110								
41~60	30	50	70	90	110	130	130						
61~80	50	50	70	90	110	130	130						
81~100	50	50	70	90	110	130	130	130	130				
101~125		50	70	90	110	130	130	130	150	150	150		
126~150		50	90	90	110	130	130	130	150	150	150		
151~175			90	110	110	130	130	150	150	150	150	150	150
176~200			110	110	110	130	130	150	150	150	150	150	150
251~300				110	130	130	150	150	150	150	150	150	150
301~400				130	130	130	150	150	150	150	150	150	150

◎ 수평 코어 프린트의 크기

조형 작업에서 코어를 수평으로 설치하는 것으로, 그림 2-17과 같이 코어의 양쪽 또는 한쪽에서 코어를 지지하도록 한 것이다. 주물의 지름 D와 길이 L과의 관계에서 얻은 수평 코어 프린트의 기준값은 표 2-3 및 2-4와 같다.

3) 원형 제작법

(1) 원형 제작과 현도 작성

① 원형 제작

원형은 제작 도면에 따라 가공하게 되는데, 도면이 주조에 알맞게 설계되어 있는지의 여부는 주조 공정의 생산성과 주물의 성패 여부에 큰 영향을 주게 된다. 또 기계 설계자는 제품의 기계적인 측면만을 고려한 나머지 주조 방법에 관한 고려가 소홀히 되는 경우가 있는데, 이로 인해 주조 작업이 필요 이상으로 복잡하게 되거나 불량품이 발생하게 되어, 경제적으로 많은 손해를 가져오는 때도 있다.

따라서 원형 제작자는 도면을 보고 제작할 제품의 모양, 크기, 제작 개수, 주요 부분이나 가공 부분 등을 정확하게 파악하고, 이에 따른 경제적인 원형 제작 방안을 세워야 한다. 이 밖에, 설계상의 미비점이나 부적당한 곳, 또는 개선해야 할 부분을 알아 개선해야 한다.

때로는 조형 및 기계 가공 공정 등을 고려하여 설계 도면에 없는 부분을 보완해야 할 때도 있다. 따라서 원형 제작자는 주조는 물론 기계 공작면에도 풍부한 지식을 갖고 조형 및 기계 가공의 공정 수를 줄일 수 있도록 하는 경제적인 사항도 연구해야 한다. 이와 같은 사항들을 합리적으로 수행하기 위해서는 원형 제작자는 기계 설계자 및 주형 제작자와 주조 방안에 관한 의견을 나누어 설계 도면을 변경하거나 원형 제작 방안을 개선하도록 노력해야 한다.

2 현도 작성

제작 도면을 기초로 하여 원형 제작 방안이 결정되면 원형을 만들기 위한 실물 크기의 도면을 작성하게 되는데, 이 도면을 현도라 한다. 현도는 제작 도면의 축척을 현척으로 고치는 것뿐만 아니라, 목형 제작에서 고려해야 할 사항인 수축 여유, 가공 여유, 원형 기울기, 분할면, 코어 프린트 등 필요한 모든 사항들이 반영된 완전한 원형 제작용 도면으로 만들어야 한다.

현도를 작성하기 위해 제작 도면을 검토할 때에는 다음과 같은 사항들을 고려한다.

① 보통 주물에서는 1 mm 이하의 치수는 고려하지 않는다.

② 구멍이 있을 때 기계 가공할 것인지, 주조 구멍으로 할 것인지를 결정한다. 이때 주조 구멍으로 할 경우에는 코어를 어느 곳에 두며, 어떤 형식으로 할 것인지를 정한다.

③ 기계 가공 부분은 어느 부분이며, 어느 정도의 가공 여유가 필요한지를 알고 가공 여유를 정한다.

④ 주물의 두께는 균일하며, 급격한 변화 없이 적당하고 모서리나 홈에 라운딩(rounding)이 알맞게 되어 있는지를 검토한다.

⑤ 어떤 형식의 원형으로 할 것이며, 분할면은 어느 곳으로 하고, 상형은 어느 쪽으로 하는 것이 조형이 용이한지, 또 원형 기울기는 어느 쪽에 어느 정도 두는 것이 좋은지를 검토한다.

⑥ 주입시 결함이 생길 요소는 없는지, 주입 문제는 어느 정도인지를 알고, 탕구, 게이트 압탕 등의 크기와 위치를 정한다.

(2) 수지 원형 제작

1 플라스틱 제작 순서

도면에 따라 나무로 모형을 제작하고, 그림 2-18과 같은 제작 순서로 수지형을 제작한다.

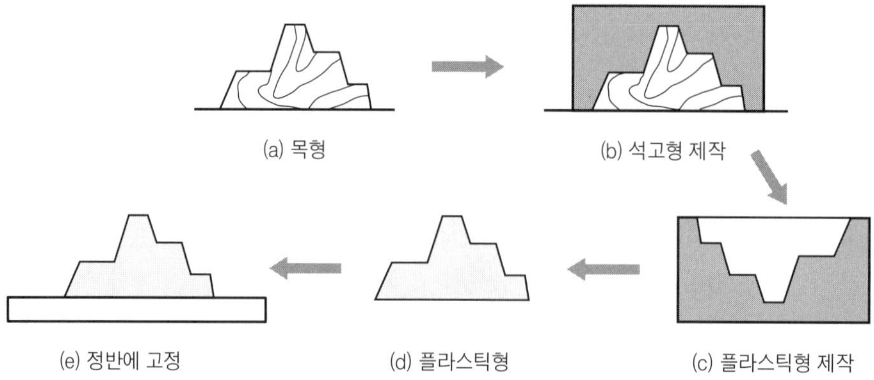

그림 2-18 ▮ 플라스틱형 제작 순서

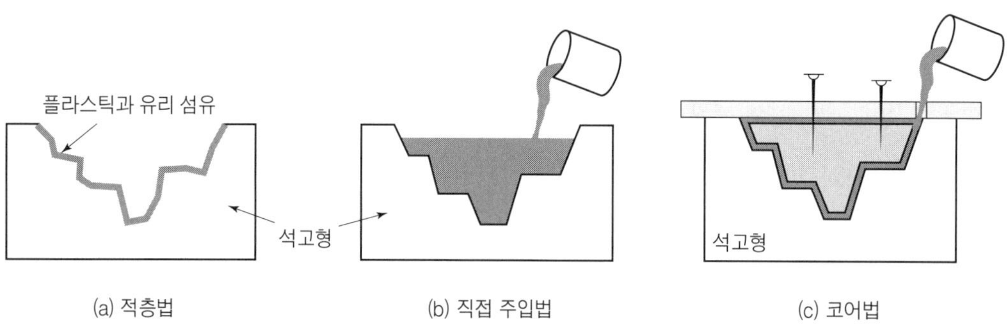

그림 2-19 ▮ 플라스틱형의 제작 방법

② 플라스틱형 제작 방법

플라스틱형 제작을 크게 나누면 그림 2-19와 같이 적층법(積層法)과 주입법, 그리고 코어법(core method)이 있다.

4) 원형 제작용 공구

(1) 측정 기구와 그무개

원형을 제작할 때에는 도면에 제시된 모양과 치수대로 정확하게 가공, 완성되었는지를 측정하는 검사를 해야 한다. 따라서 원형을 제작하는 데는 측정 목적과 치수 정밀도 등에 따라 알맞은 종류, 크기 및 정밀도를 가진 측정 기구와 금긋기 공구인 그무개가 필요하다.

표 2-5 ‖ 주물자의 기준

주물자	용도
8/1000	일반 주철
9/1000	주철, 얇은 주철의 일부
10/1000	주철 중 수축률이 큰 것. 얇은 알루미늄 합금
12/1000	청동, 알루미늄 합금, 주강(5~7 mm 두께)
14/1000	고력 황동, 주강, 대형 알루미늄 합금
16/1000	주강(10 mm 두께 이상)
20/1000	대형 주강

① 자

원형 제작에 쓰이는 자에는 길이를 재거나 직선 또는 평면을 검사할 때 사용하는 직선자, 직각도를 검사하는 직각자 등이 있다. 또 직선자에는 새겨진 눈금에 따라 보통자와 주물자가 있다.

a) **보통자** : 길이 측정에 쓰이는 것으로, 미터식 표준 길이자에 맞추어 만든 것이다. 원형 제작에 쓰이는 것은 강철자 또는 대나무자로 300 mm의 것이 많이 쓰이며, 500 mm, 1000 mm의 것도 사용되고 있다.

b) **주물자** : 주물자는 각종 금속의 수축량을 고려하여 실제보다 수축 여유만큼 눈금을 크게 하여 만든 것이다.
일반적인 주물자의 기준은 표 2-5와 같다. 그러나 금속 및 합금의 종류, 주물의 모양, 냉각 속도 등에 따라 일정하지 않으므로, 주물자의 선택에 유의해야 한다.
주물자는 목형자 또는 연척이라고도 한다.

② 퍼스

원형 제작에 있어서 측정 검사나 금긋기를 하는 데 사용되는 퍼스의 종류에는 그림 2-20과 같은 외측 퍼스, 내측 퍼스, 컴퍼스 및 사이드 퍼스 등이 있다.

③ 버니어 캘리퍼스(vernier calipers)

어미자의 눈금과 아들자(vernier)의 눈금을 이용하여 어미자의 한 눈금보다 작은 치수(1/20 mm 또는 1/50 mm)를 어느 정도 정확하게 읽을 수 있다.

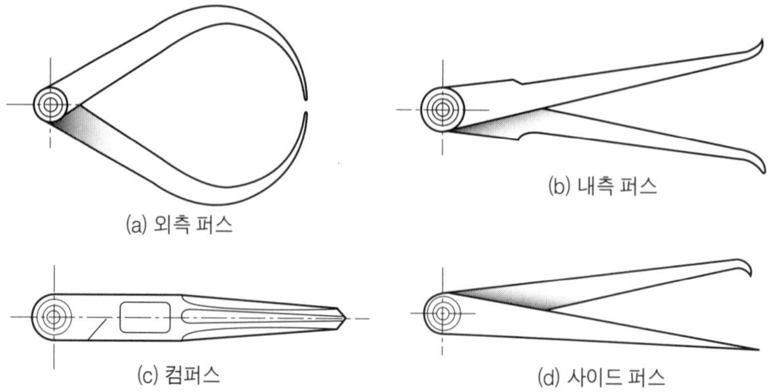

그림 2-20 ▮ 퍼스의 종류

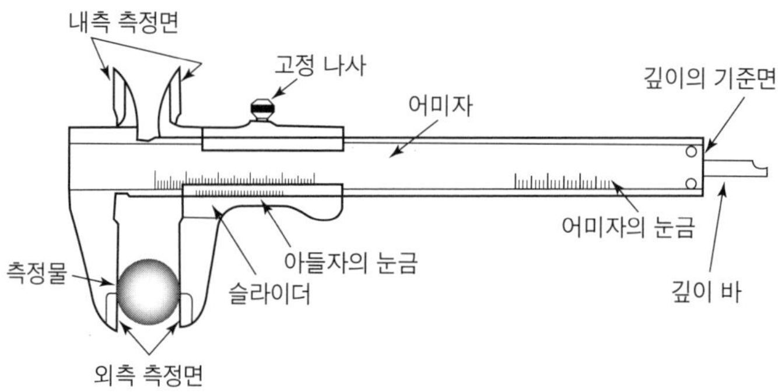

그림 2-21 ▮ 버니어 캘리퍼스

측정 범위는 150 mm, 200 mm, 300 mm, 600 mm 등의 것이 있다.

그림 2-21은 가장 일반적인 버니어 캘리퍼스의 구조를 나타낸 것이다.

④ 그무개와 금긋기칼

그림 2-22는 목재의 기준면에서 임의의 거리에 평행선을 긋거나 얇은 판재를 일정한 너비로 쪼갤 때 쓰이는 공구로 그무개라 한다. 금긋기칼은 자에 대고 선을 그을 때 쓰이는 칼로, 칼끝 각은 50~60°이다. 이것은 먹물이나 연필을 사용하는 것보다 선이 정확하다.

(2) 목공용 톱

목공용 톱은 일감을 자르는 데 쓰이는 공구로, 목재를 자르는 방향에 따라 크게 켜는톱과 자르는톱으로 나눌 수 있다.

목공용 톱은 탄소 강판이나 특수 강판에 톱니를 세운 것으로, 자루에 가까울수록 톱몸의

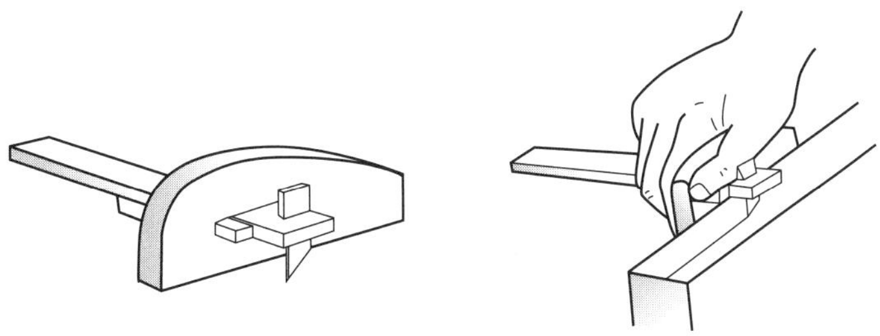

(a) 그무개 (b) 금긋기

그림 2-22 ▮ 그무개와 금긋기

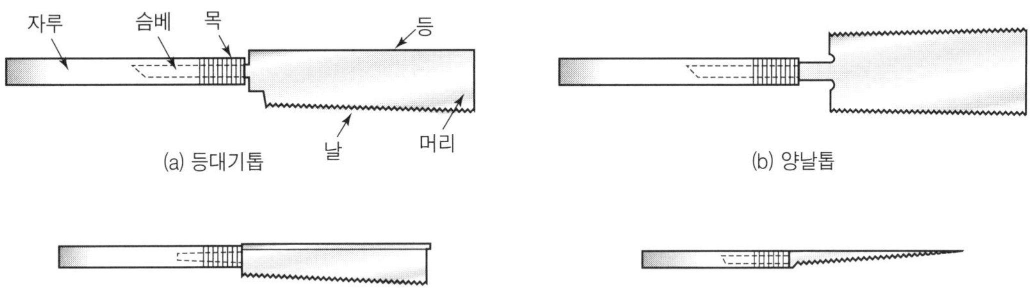

(a) 등대기톱 (b) 양날톱

(c) 장부켜기톱 (d) 쥐꼬리톱

그림 2-23 ▮ 톱의 종류

표 2-6 ▮ 톱의 규격(치수)

종류	치수(cm)
켜는톱, 자르는톱	18 21 24* 27* 30 33 36
양날톱	18 21 24* 27* 30 33
등대기톱	21 24 27*
장부켜기톱	21 24 27*
붕어톱	45 6 7.5* 9 15
쥐꼬리톱	9 12 15* 18* 21* 24* 27 30

*기호는 일반적으로 흔히 사용되는 것이다.

너비가 좁고, 두께는 반대로 두꺼워져 튼튼하다.

톱의 구조는 톱질 저항을 적게 하기 위해 날끝이 좌우 양쪽으로 엇갈리게 배열되어 있으며, 자르는 날과 켜는 날이 구분되어 있다.

목공용 톱의 종류에는 보통 많이 사용하는 것으로 켜는톱과 자르는톱의 두 가지가 있으며,

이 밖에 보조용으로 양날톱, 붕어톱, 등대기톱, 장부켜기톱, 쥐꼬리톱 및 활톱 등 종류가 많다.

보통 사용되는 여러 가지 톱의 치수는 표 2-6과 같고, 그림 2-23은 일반적으로 많이 쓰이는 톱의 종류를 나타낸 것이다.

(3) 대패

대패는 목재의 표면을 매끄럽게 깎는 공구로, 목형 제작에서 없어서는 안 될 중요한 공구이다.

구조는 보통 대패의 경우, 그림 2-24와 같이 대팻집, 대팻날 및 덧날의 세 부분으로 되어 있다. 대팻날은 보통 연강의 앞날에 공구강의 뒷날을 단접하여 만든 것으로, 머리 부분은 다소 넓고 두껍게 되어 있다.

대팻날이 대팻집에 들어가는 대팻날의 절삭각은 보통 40° 정도이다. 절삭각이 작을수록 절삭 저항이 작고, 절삭 표면도 깨끗이 된다.

대패의 종류는 용도에 따라 그림 2-25와 같이 여러 종류가 있는데, 크게 평대패와 특수 대패로 나눌 수 있다. 일반적으로 용도에 따라 막대패, 중간 대패 및 다듬질 대패로 나뉜다.

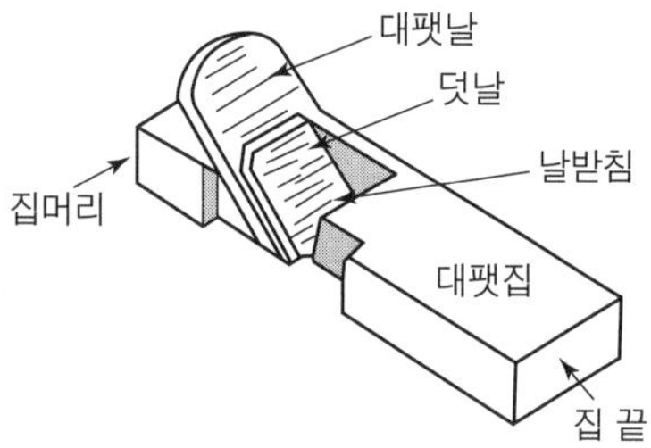

그림 2-24 ‖ 평대패

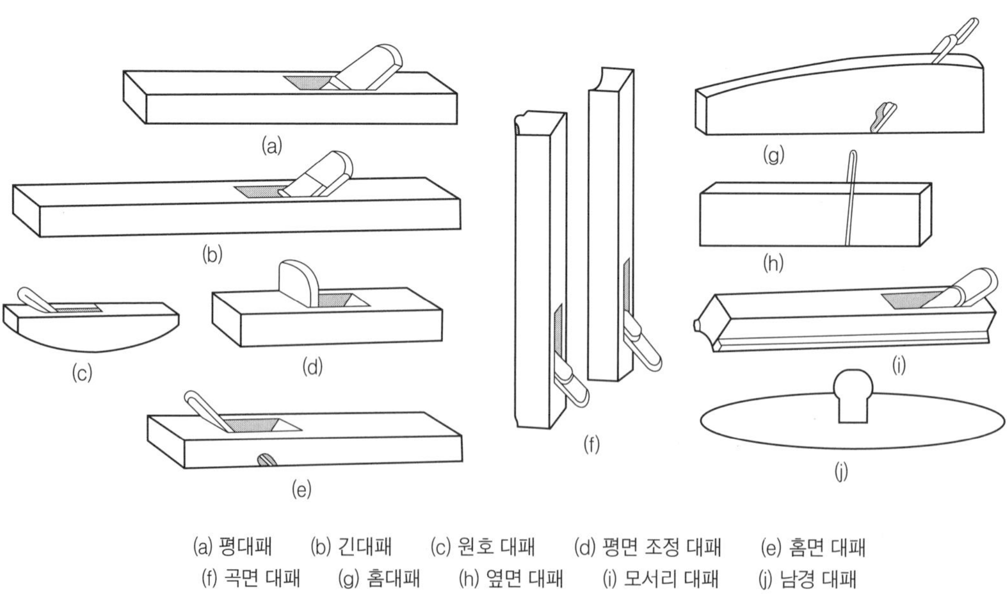

(a) 평대패 (b) 긴대패 (c) 원호 대패 (d) 평면 조정 대패 (e) 홈면 대패
(f) 곡면 대패 (g) 홈대패 (h) 옆면 대패 (i) 모서리 대패 (j) 남경 대패

그림 2-25 ‖ 대패의 종류

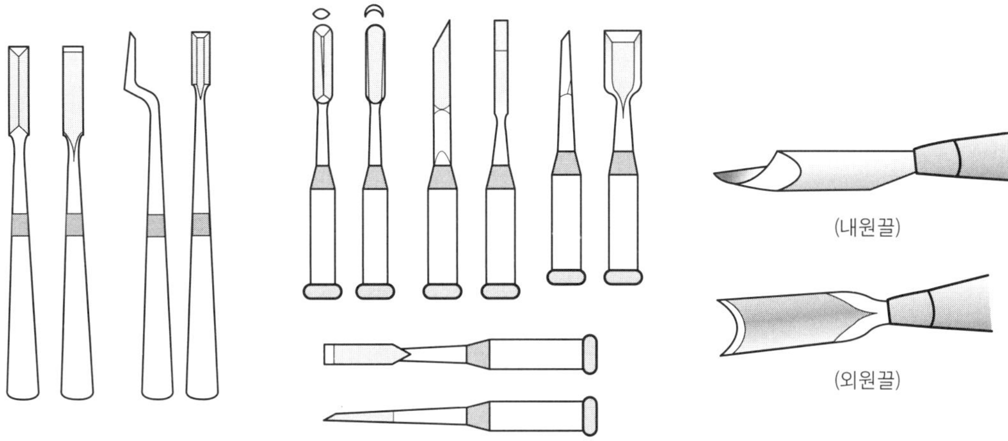

(a) 밀끌 (b) 박음끌 (c) 원형끌

그림 2-26 ▮ 끌의 종류

이 밖에, 특수한 목적이나 곡면 등을 가공할 때 쓰이는 특수 대패가 있는데, 특수 대패로는 원호 대패, 평면 조정 대패, 홈면 대패, 곡면 대패, 홈대패, 옆면 대패, 모서리 대패, 남경 대패 등 종류가 많다.

(4) 끌과 공작칼

① 끌

대패를 사용할 수 없는 좁은 홈이나, 구멍 및 곡면 또는 대패를 사용할 수 있는 면이라도 절삭량이 많을 경우에는, 밀끌로 거친 절삭을 하면 작업 능률을 높일 수 있다.

끌의 종류에는 그림 2-26과 같이 끌 자류의 머리에 고리(ring)가 있고 없음에 따라 박음끌과 밀끌로 크게 나뉜다. 또 끌은 날의 모양과 용도 등에 따라 평끌, 홈끌, 원형끌, 인두끌, 긁기끌 등이 있다.

② 공작칼

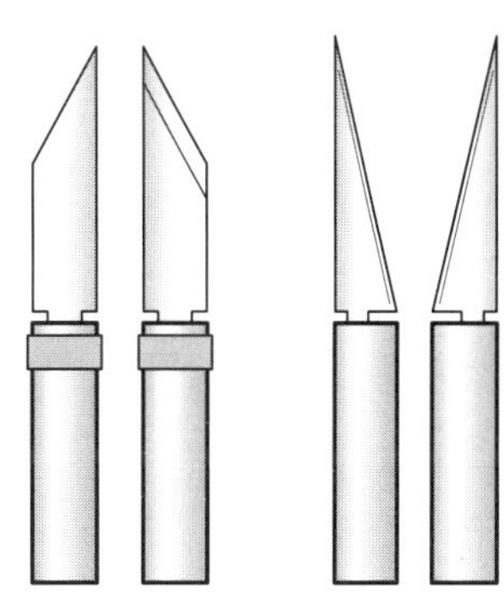

(a) (b)

그림 2-27 ▮ 공작칼

목형 제작은 조각과 같은 가공 부분이 많기 때문에, 목형 공작의 숙련도는 공작칼의 사용 능력으로 판단할 수 있을 정도로 공작칼은 용도가 많다. 가장 많이 쓰이는 직선날 공작칼은 그림 2-27과 같이 칼날이 짧은 것과 긴 것의 두 가지가

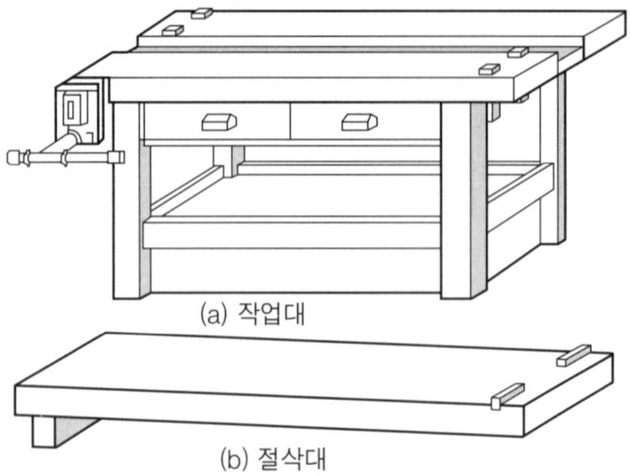

그림 2-28 ▮ 작업대와 절삭대

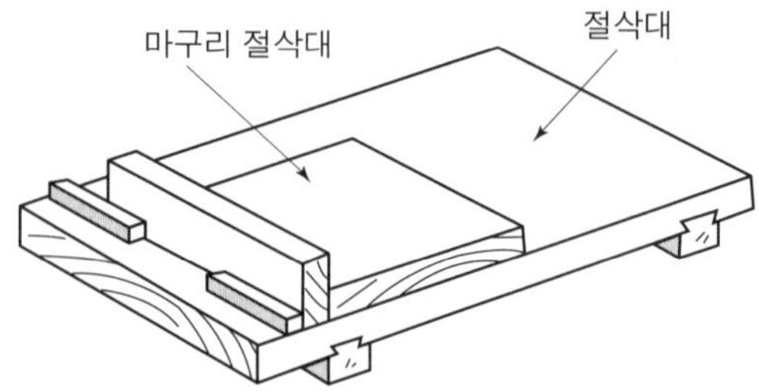

그림 2-29 ▮ 마구리 절삭대

있다. 짧은 것은 바깥 면을 깎는 데 편리하고, 긴 것은 작은 원형 부분의 정밀한 가공에 쓰인다.

(5) 공작대

① 작업대

작업대는 목형 공작 중 일반적인 작업을 할 때 사용하는 것으로, 2~4인용으로 만들어진 것이 많으며, 그림 2-28 (a)와 같이 서랍이 마련되어 있고, 목공 바이스가 고정되어 있다.

② 절삭대

일감의 대패질, 끌 작업, 조립 등을 할 때에 이용된다. 표면은 항상 평면이 유지되도록 하고, 측면은 표면과 직각으로 되어 있다. 윗면의 앞쪽에는 턱을 만들어 대패질할 때 일감이 미끄러져 나가는 것을 방지할 수 있도록 되어 있다.

③ 마구리 절삭대

그림 2-29는 일감의 마구리를 직각으로 대패질할 때 쓰이며, 마구리대의 사용면은 항상 정확한 직각이 유지되도록 하고, 절삭시 사용면이 깎이거나 손상되는 일이 없도록 유의한다.

(6) 클램프(clamp)와 목공용 바이스(vise)

① 클램프

목공 제작에서 작은 일감을 켜거나 판재를 접합할 때, 또는 목형을 조립할 때 쓰이는 공구

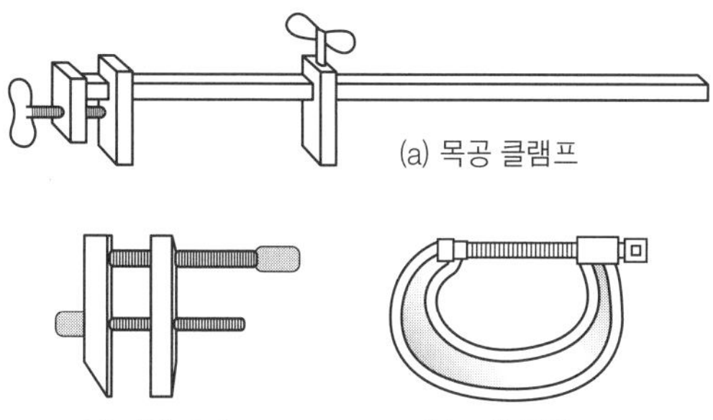

그림 2-30 ‖ 목공용 클램프의 종류

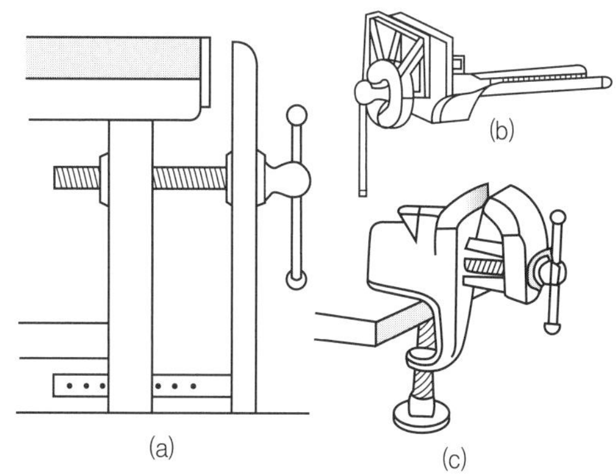

그림 2-31 ‖ 목공용 바이스의 종류

를 클램프라 한다. 그림 2-30 (a)와 같은 목공 클램프는 보통 2개를 한 조로 하여 쓴다. 소형의 죔쇠 공구로는 G형 클램프와 평행 클램프가 있다.

② 목공용 바이스

작은 일감을 대패질할 때에는 절삭대를 이용하기가 어려우므로, 일감을 고정시킬 수 있는 바이스가 필요하다.

목공용 바이스는 그림 2-31과 같은 여러 종류가 있는데, 일반적으로 그림 2-31 (b)와 같은 주철제의 몸체와 물림부에 나무를 댄 목공용 바이스가 많이 사용된다.

5) 목형 제작의 실제

(1) 목형 제작의 기본 작업

① 톱 작업

톱을 사용할 때에는 작업 능률과 톱질 목적을 달성하기 위해, 먼저 사용할 톱의 종류와 사용 방법을 선택해야 한다.

목재를 켜거나 자를 때에는 그림 2-32 (a)와 같이 목공 바이스에 물리거나, 긴 것은 톱질대 위에 놓고 바른 자세로 자른다.

판재의 중간에 큰 구멍을 뚫거나 오려 낼 때에는 금긋기한 선의 안쪽(또는 바깥쪽)에 작은 구멍을 뚫은 다음, 그림 2-32 (b)와 같이 바이스에 고정하여 금긋기선에 따라 오려 나간다.

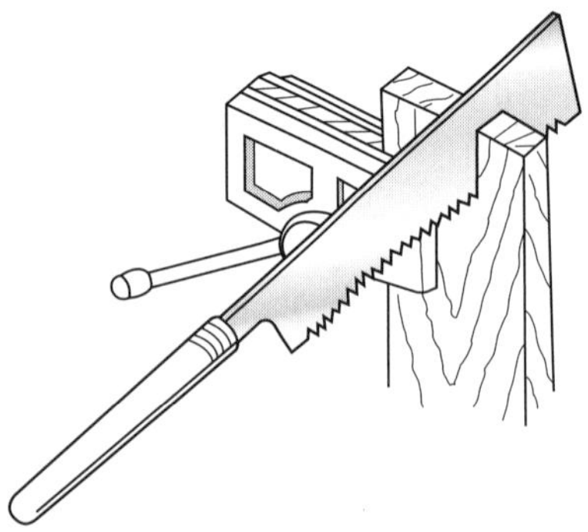

(a) 켜기

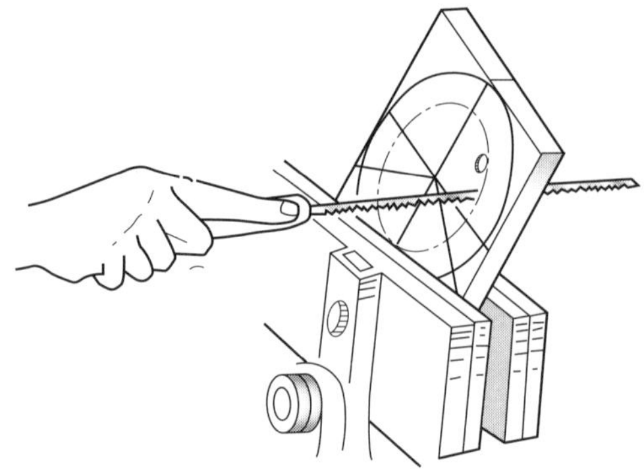

(b) 오려내기

그림 2-32 ▮ 톱 작업

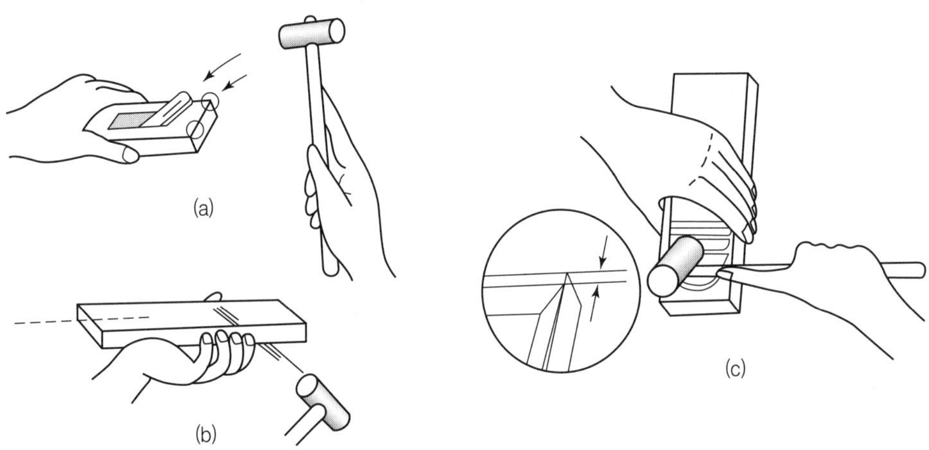

그림 2-33 ▮ 대팻날의 조정

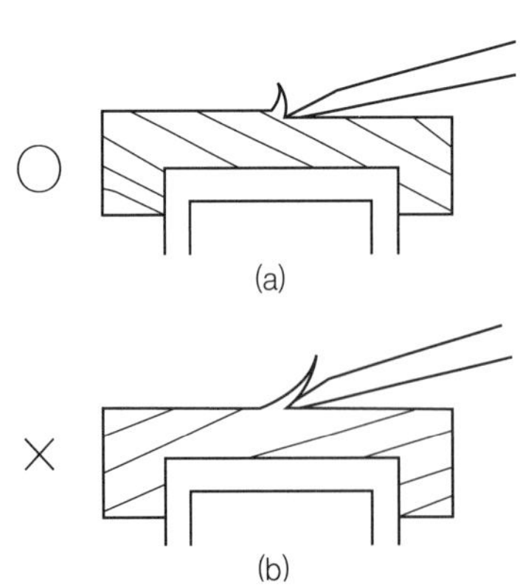

그림 2-34 ▮ 끌 작업 방향

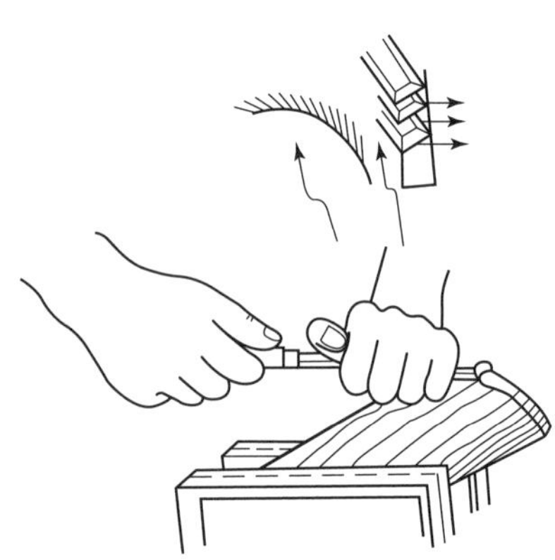

그림 2-35 ▮ 곡면의 끌작업

2 대패 작업

대패에 의한 목형 가공 작업을 능률적으로 하기 위해서는 대팻집 밑면이 고르고 정확하며, 대팻날이 예리하고 바른 상태로 유지되어 있어야 한다. 대팻날을 빼거나 끼울 때에는 그림 2-33 (a) 및 (b)와 같이 하며, 대팻날을 조정할 때에는 그림 2-33 (c)와 같은 요령으로 하는데, 대팻날 끝의 나오는 정도를 막대패는 0.5 mm, 중간 대패는 0.2 mm, 다듬질 대패는 0.1 mm 정도로 하는 것이 보통이다.

3 밀끌 작업

평면의 끌작업

그림 2-34와 같이 가공면의 나뭇결과 끌질 방향을 같게 하고, 끌 작업은 오른손으로 끌 자루를, 왼손으로 끌날 부분을 잡은 다음, 오른손에 힘을 주면서 끌날이 약간 대각선 방향이 되게 밀어 깎는다.

곡면의 끌 작업

그림 2-35와 같이 끌의 앞날을 밑으로 하여 금긋기선에 따라 나뭇결의 방향으로 막 깎기하고, 끝날의 뒷면을 가공면에 대고 다듬질한다. 이때 끌날을 일감에 대하여 옆으로 밀면서 깎는 것이 좋다.

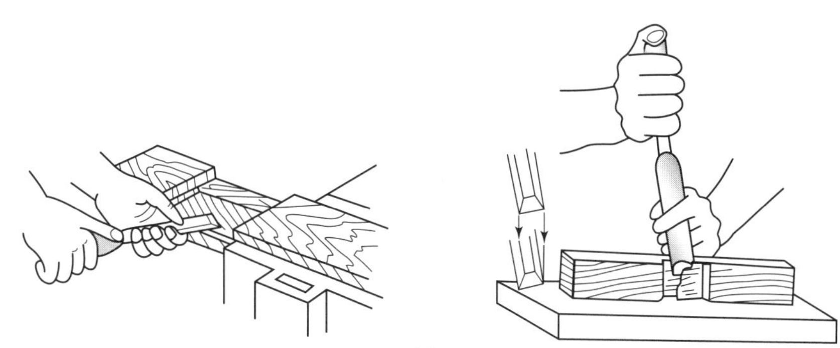

(a)

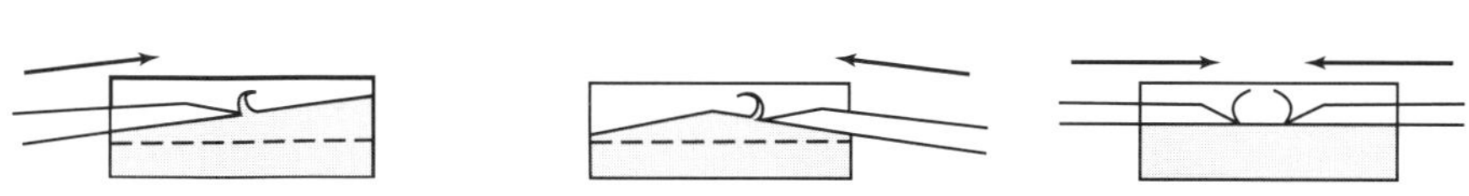

(b)

그림 2-36 ‖ 홈파기 끌 작업

◎ 홈파기의 끌 작업

그림 2-36 (a)와 같이 일감을 바이스에 물리거나 작업판 위에 놓고, 끌의 뒷날을 가공면에 대고 그림 2-36 (b)의 순서로 깎는다. 이때 끌을 잡은 왼손은 끌의 절삭 안내를 할 뿐 아니라 끌의 브레이크 역할을 하게 된다.

◎ 수직 끌 작업

마구리면, 수직면 또는 얕은 곡면 등의 끌 작업은 그림 2-37과 같이 끌을 수직 방향으로 밀면서 깎는다. 이때 밑에 받침판을 놓고 작업한다.

(2) 목공 기계의 기본 작업

1 기계 띠톱의 사용법

기계 띠톱은 위험이 적어 절단 작업에 광범위하게 사용된다. 예를 들면, 띠톱날의 너비가 좁은 것을 사용하면 여러 가지의 곡선을 오려 낼 수가 있다. 곡선을 오려 낼 때 앞쪽으로 밀면서 무리한 힘을 가하지 않도록 유의한다. 또 원형봉 목재를 절단할 때에는 그림 2-38 (b)와 같이 블록과 같은 도구를 사용하는 것이 안전하다.

그림 2-39와 같이 원판을 자를 때에는 그림 2-39 (b)와 같은 보조대를 마구리에 임시로 붙여서 작업하면 안전하다.

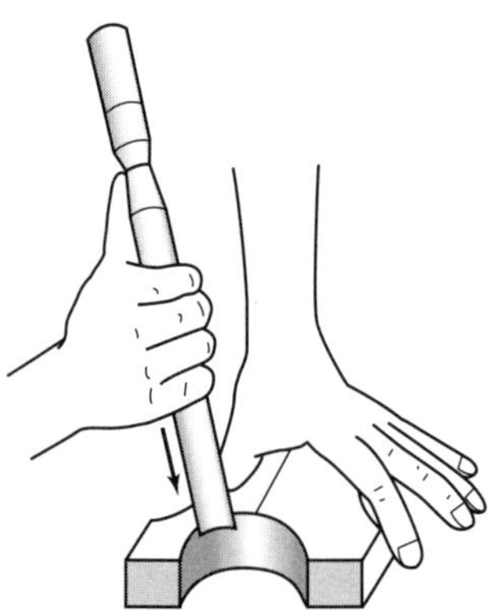
그림 2-37 ‖ 수직 끌 작업

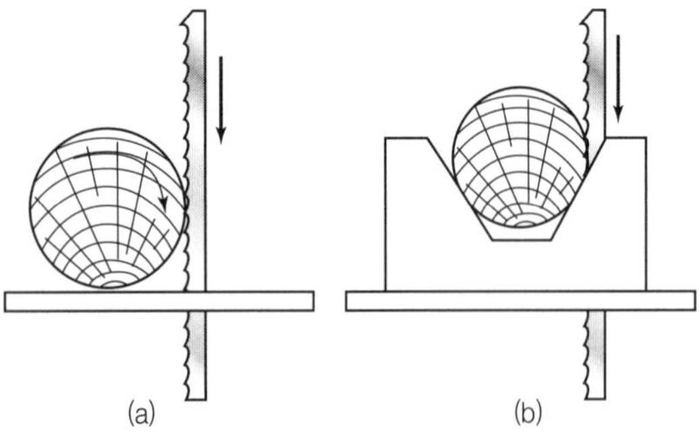
(a) (b)

그림 2-38 ‖ 원형 목재의 톱질

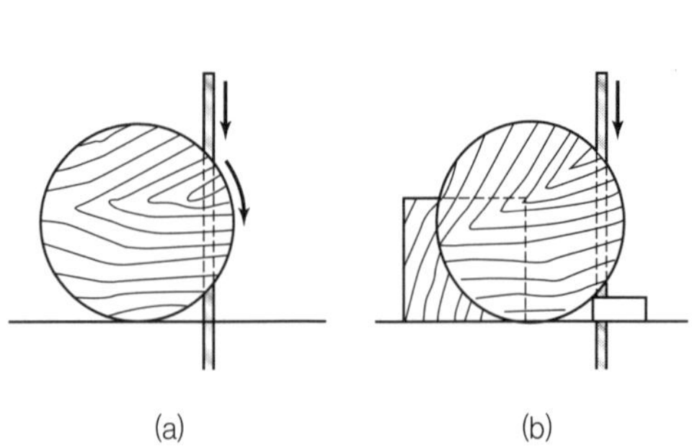
(a) (b)

그림 2-39 ‖ 원판 목재의 절단

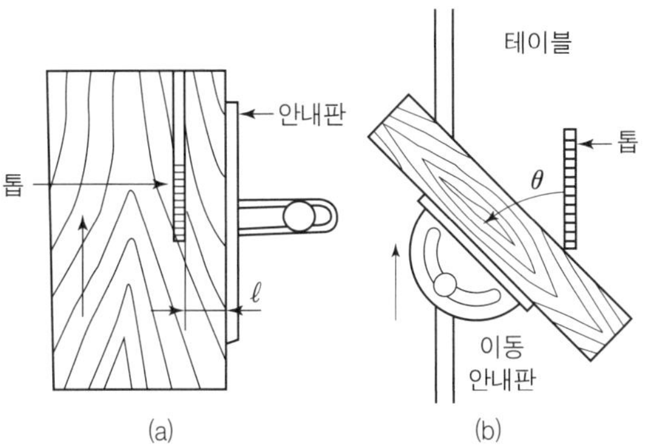

그림 2-40 ▮ 기계 원형톱의 사용법

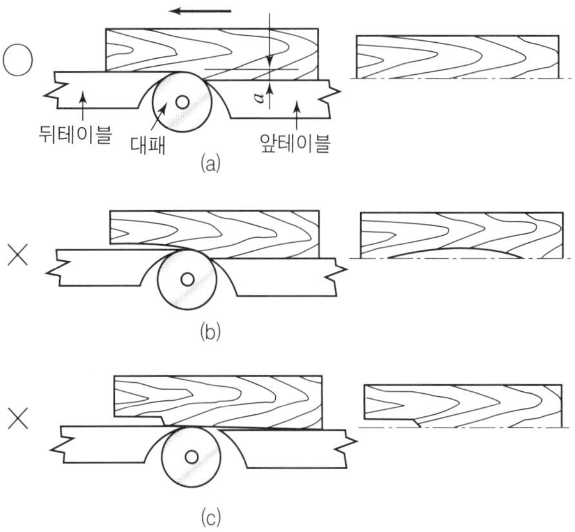

그림 2-41 ▮ 테이블의 조정

2 기계 원형톱의 사용법

먼저, 안내판에 따라서 목재를 밀어 보내면서 목재를 켤 수 있는데, 그림 2-40 (a)는 그 보기다.

각도자를 사용할 때에는 톱날에 커버를 씌운 다음, 손에 무리한 힘을 주지 말고 안내판에 댄 목재를 잡은 손이 톱날에 접근되지 않도록 주의하면서 천천히 보낸다.

3 기계 대패 작업

◎ 테이블의 조정

기계 대패의 테이블 조정은 그림 2-41 (a)와 같이 뒤테이블은 대팻날 끝의 높이와 같게 하고, 앞테이블은 절삭량 a만큼 낮게 조정한다. 뒤테이블이 날끝보다 낮을 때에는 그림 2-41 (b)와 같이 중간 부분과 끝나는 부분이 더 많이 깎인다.

반대로, 높을 경우에는 그림 2-41 (c)와 같이 처음 깎이는 부분이 많이 깎인다. 완전히 조정된 뒤테이블은 작업이 모두 끝날 때까지 재차 조정해서는 안된다.

회전수와 이송의 관계에 따라 깎이는 파형의 간격이 다르게 되는데, 회전수가 빠르고 대팻날의 수가 많으며, 이송이 늦을수록 파장이 짧아지므로 깎인 면은 깨끗하다.

이송 속도는 일반적으로 3~30 m/min의 범위로 하며, 파장의 간격은 그림 2-42와 같이 표준 깎기 1 mm, 막 깎기 3 mm, 다듬질 깎기 0.5 mm 정도로 한다.

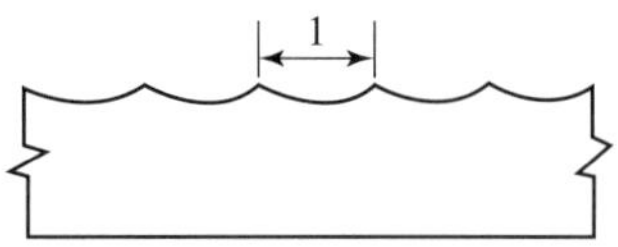

그림 2-42 ▮ 절삭 표면

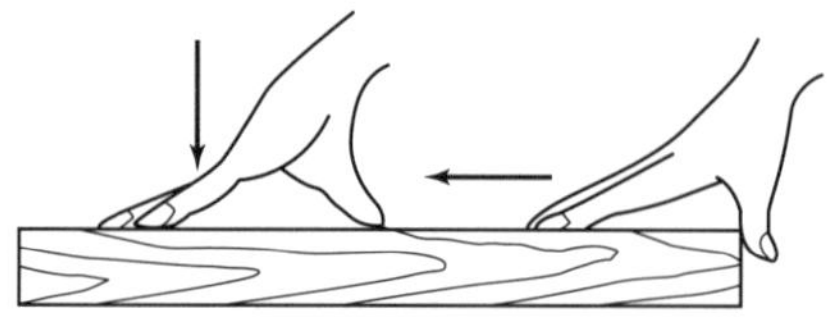

그림 2-43 ▮ 피이딩 방법

◎ 평판 깎기

평판을 깎으려면 거스러미와 옹이에 주의하여 깎는 방향을 정한 다음, 그림 2-43과 같이 왼손을 앞에 놓고 누르면서 오른손으로 밀며 깎기 시작한다. 이때 목재가 뒤테이블에 밀착된 상태로 이동되면서 깎이도록 한다.

◎ 측면 깎기

평판의 측면을 깎을 때에는 안내판을 직각으로 고정하고, 이미 깎은 목재의 깨끗한 면을 안내판에 대고 밀면서 깎는다. 안내판을 테이블에 직각으로 장치하려면 직각자로 검사하는 것은 물론이지만, 깎은 재료의 직각도를 검사해야 한다.

4 목공 선반 작업

◎ 목공 바이트

목공 선반용 바이트는 보통 자루가 있어 손으로 잡고, 공구 받침대 위에 올려 놓고 절삭하도록 되어 있다.

그림 2-44는 목공 바이트의 종류와 사용 예를 나타낸 것으로, 사용할 때에는 가공할 면의 모양과 목적에 따라 알맞은 것을 선택한다.

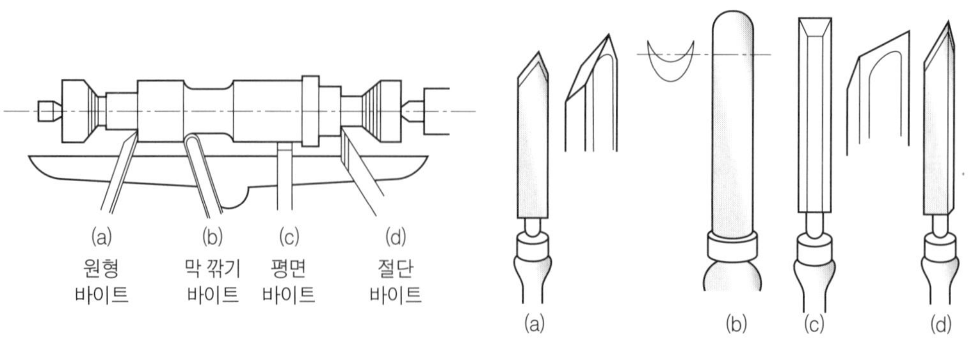

그림 2-44 ▮ 목공 바이트의 종류와 사용 예

◎ 센터 작업

a) 센터와 센터관 : 주축대와 심압대에 그림 2-45와 같이 회전 센터와 정지 센터를 설치하고, 그 사이에 일감을 고정하여 작업하는 방법이다. 주로 원형봉의 가공에 이용된다. 그림 2-46은 센터의 종류이다.

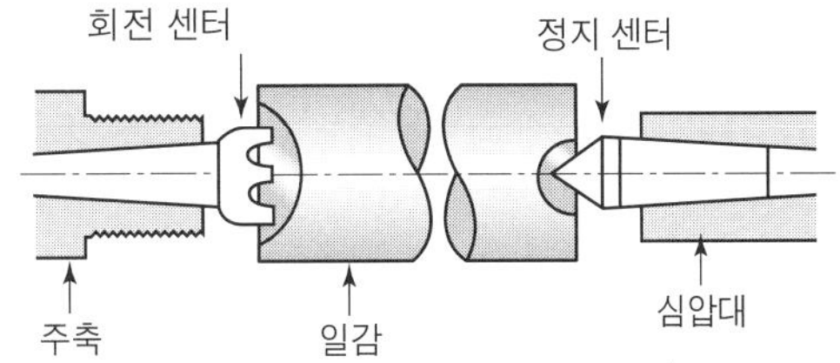

그림 2-45 ‖ 목공용 센터의 사용 예

센터 작업을 할 때 일감에 직접 센터 구멍을 내면, 작업 중에 센터 구멍이 커져서 가공이 어렵게 되는 경우도 있으므로, 일감이 크거나 작업 시간이 오래 걸리는 것은 그림 2-47과 같은 경 목재 또는 금속제의 센터판을 설치하여 그것을 센터 구멍으로 사용한다.

b) 원형봉의 가공 : 센터 작업에서 막 깎기를 할 때에는 둥근 바이트를 사용한다. 목재 절삭에 적합한 경사각은 기계 대패의 대팻날 각과 같이 약 30° 이다.

바이트를 일감에 대는 법은 그림 2-48과 같이 30° 정도 경사지게 받침대 위에 놓고, 오른손으로는 바이트 자루를 잡고, 왼손 엄지손가락과 집게손가락으로는 바이트와 공구대를 감싸 쥐고 가공한다.

다듬질 절삭에는 보통 평면 바이트를 사용하는데, 평면 바이트는 수평으로 유지하면서

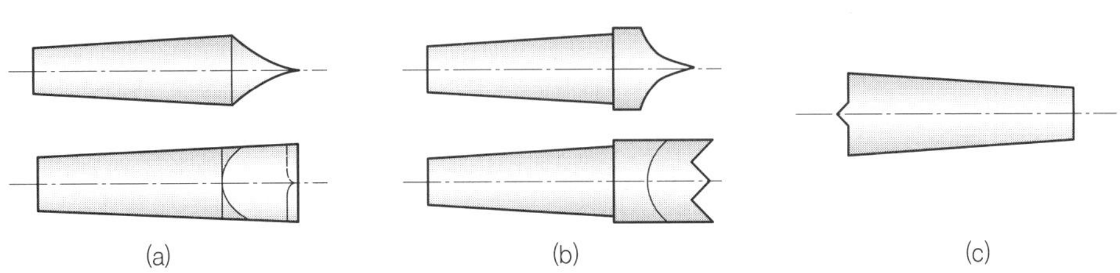

그림 2-46 ‖ 센터의 종류

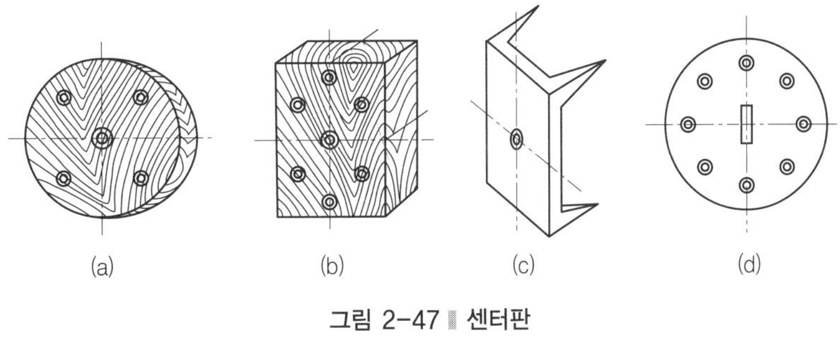

그림 2-47 ‖ 센터판

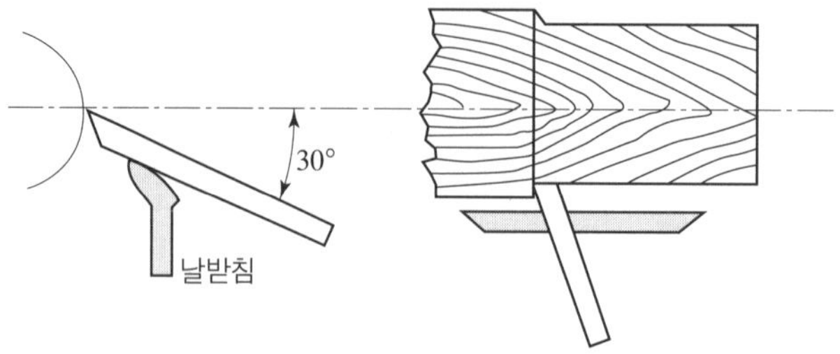

그림 2-48 ‖ 원형 바이트의 사용법

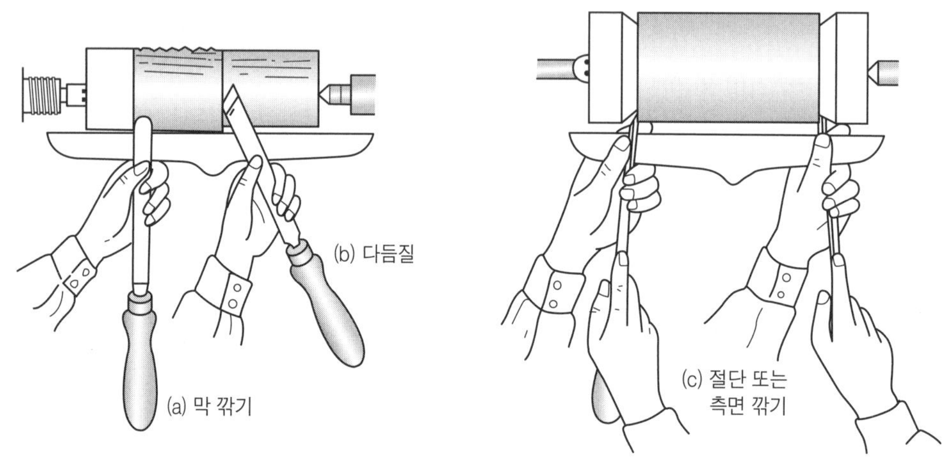

그림 2-49 ‖ 바이트 대는 법

가공한다.

그림 2-49는 목공용 바이트로 공작할 때 바이트와 공구대 및 두 손의 관계를 나타낸 것이다.

(3) 다우얼(dowel) 맞춤

분할형, 조립형 등의 상형과 하형 또는 잔형의 조합과 분리를 쉽게 하기 위해 다우얼 맞춤을 한다.

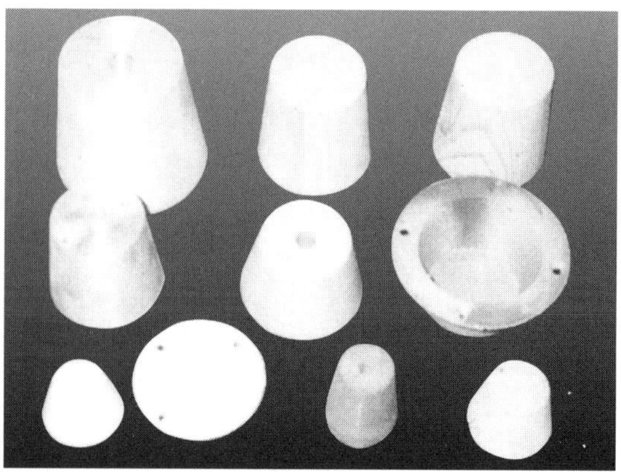

다우얼의 종류

① 수직 다우얼

2개 이상의 분할형에 쓰이는 것으로, 분할면에 직각으로 요철부를 만든 것이다.

수직 다우얼은 분할면을 정확하게 맞출

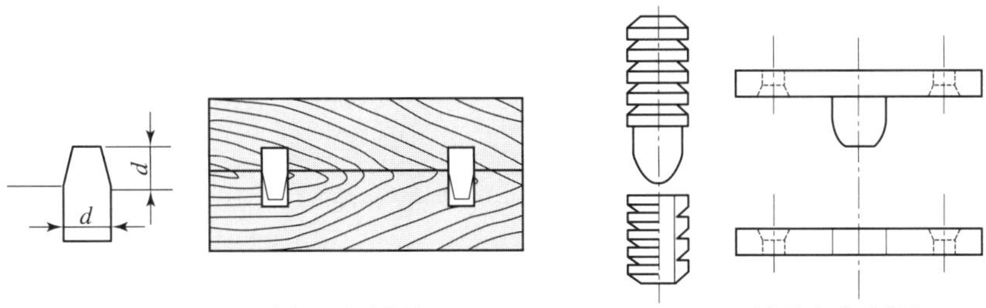

(a) 목재 다우얼 (b) 금속제 다우얼

그림 2-50 ▮ 수직 다우얼

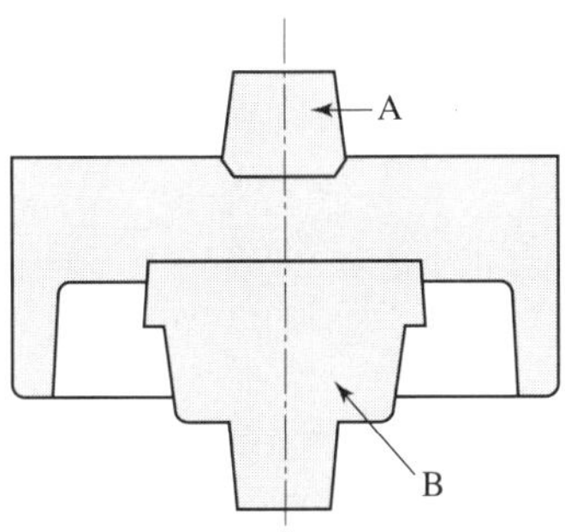

그림 2-51 ▮ 소켓 다우얼

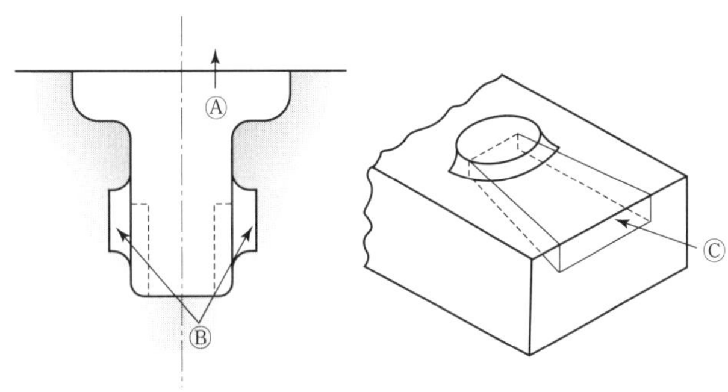

(a) (b)

그림 2-52 ▮ 수평 다우얼

수 있으면서 조형시에 원형의 상형을 하형에서 쉽게 분리하여 뽑아낼 수 있도록 되어 있으며, 작은 원형은 사각 다우얼 1개를, 원형 다우얼은 2개 이상을 둔다.

다우얼의 재료는 주로 벚나무와 같은 경재를 사용하는데, 대형이거나 대량 생산용 원형에는 그림 2-50 (b)와 같은 금속제 다우얼을 사용한다.

2 소켓 다우얼(socket dowel)

목형 자체의 분할면에 비교적 큰 요철면을 만들어 그림 2-51과 같이 A부와 B부를 서로 맞추어 끼운 것을 소켓 다우얼이라고 한다.

이것은 주로 둥근 면을 가진 목형의 분할면에 쓰인다.

3 수평 다우얼

주형 속에 원형의 일부분은 잔형으로 남기고, 본체를 뽑아 낸 다음에 잔형을 마저 뽑아서 조형하는 방법에 이용되는 것으로, 일명 잔형 맞춤이라고도 한다.

그림 2-52 (a)와 같이 Ⓑ의 돌기부(보스)가 고정되어 있는 원형으로는 조형 작업이 불가능

하다. 이러한 경우에는 돌기부 Ⓑ를 주형에서 원형을 뽑아 내는 방향과 나란하게 수평 다우얼로 맞추어 준다.

이와 같이 하면, 주물사 속에 보스 부분은 남기고 본체를 뽑아낸 다음 잔형(보스 부분)을 뽑아 조형한다. 그림 2-52 (b)는 수평 다우얼의 구조를 보여주고 있다.

(4) 목형의 연마와 도장

목형의 가공면이 거칠면 주형 작업을 할 때 원형뽑기가 어렵게 된다. 또 아무리 좋고 건조된 목재라도 주형 작업 중에 습기와 접하게 되면 변형을 가져오게 된다. 따라서 목형의 표면을 샌드 페이퍼로 연마하고 마지막 공정으로 도장을 한다.

① 목형의 연마법

목형의 거친 면이나 모서리 등을 다듬질 할 때에는 보통 샌드 페이퍼를 사용한다. 연마할 일감이 작을 때에는 목공 바이스에 물리거나 작업대 위에 놓고 연마한다. 연마할 면이 클 때에는 벨트 샌더(belt sander) 또는 디스크 샌더(disk sander)를 사용한다.

곡면, 홈 및 구멍 등을 연마할 때에는 그림 2-53 (a), (b)와 같이, 알맞은 나무 조각에 샌드 페이퍼를 붙이거나 감아서 사용한다.

둥근 부분을 연마할 때에는 그림 2-53 (c)와 같이, 알맞은 크기의 샌드 페이퍼를 가공면에 대고 번갈아 힘을 주어 당기면서 연마한다.

② 목형의 도장

도료는 목형에 습기가 흡수되는 것을 방지하며, 건조 및 습기에 의한 변형도 방지함과 동시에, 주형을 만들때 모래의 분리를 쉽게 한다.

보통 목형용 도료로는 니스 등이 쓰이는데, 그 농도는 용도에 따라 알맞게 정한다. 대체로

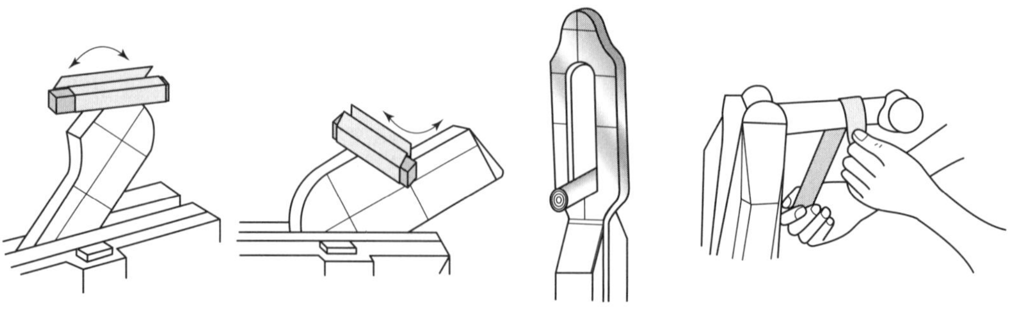

(a) 원호 (b) 구멍 홈 (c) 원통

그림 2-53 | 목형 연마

큰 것은 진하게, 작은 것은 엷게 하여 여러 번 바른다. 일률적으로 칠이 끝나면 잘 건조될 때까지 기다렸다가, 샌드 페이퍼로 연마하여 도료의 기포를 제거함과 동시에 표면을 매끈하게 한다.

6) 목형 제작의 사례

(1) 블록형

〈도면 및 사용 재료, 공구〉

	V 블록(단체형)	
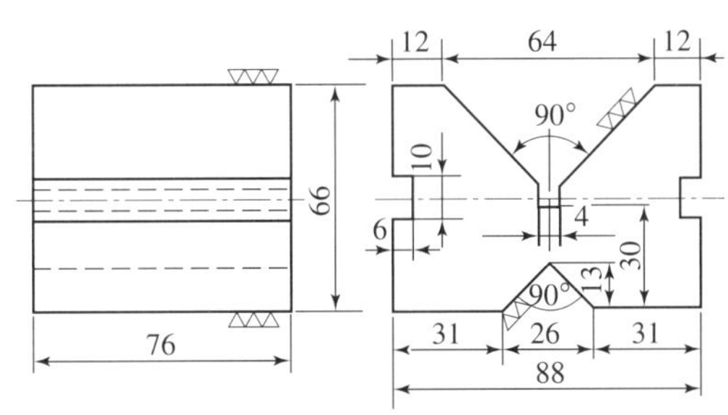	사용 재료 및 소모품	목재 : 80×60×200(mm) 제도 용지 : A3, 접착제, 도료, 샌드 페이퍼
	사용 공구 및 기계	제도 용구, 목공구, 측정기, 페인트 붓 등

〈제작 순서〉

a) 도면을 검토하고 목형 제작 방안을 정한다.

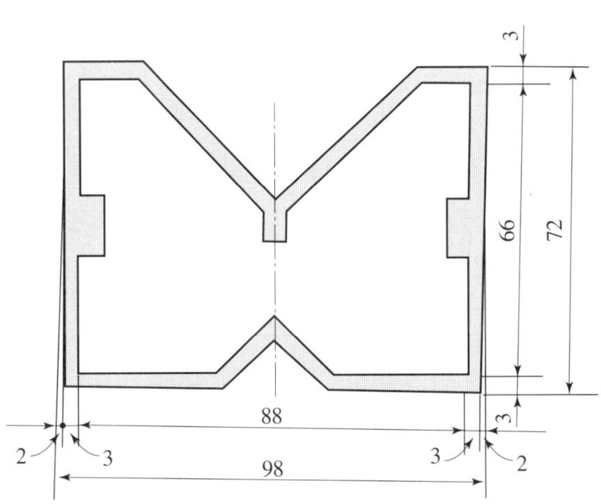

그림 2-54 ‖ 현도

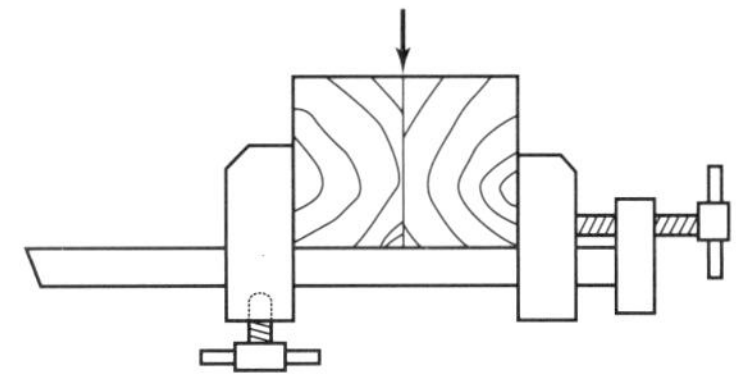

그림 2-55 ‖ 일감의 접합

여기서는 틀 주형에 알맞은 단체형으로 하고, 분할면은 큰 V형 홈이 상형 쪽이 되게 뒷면을 기준으로 한다.

b) 목형 제작 방안에 따라 그림 2-54와 같이 현도를 작성한다.
여기서는 다음과 같은 조건에 따라 작성한다.
① 수축 여유는 주철 재료에 알맞게, 가공 여유는 각면에 3 mm씩을 둔다.
② 원형 기울기는 한쪽에 2 mm씩을 둔다.
③ 양쪽의 홈(6×10)은 목형에서는 생략한다.
④ 재료의 치수와 건조 상태 등을 확인한 다음 사용 공구를 준비한다.
⑤ 재료의 한 면은 대패질하여 2등분 하고, 접착제로 접합한다. 이때 판재의 변형 방향에 유의하여 그림 2-55와 같이 클램프로 죄어 붙인다.
⑥ 두 면과 한쪽 마구리면을 가공하여 이를 기준으로 직육면체(72×98×76)로 가공한다.
⑦ 2개의 V형 홈을 금긋기하여 가공한 다음, 분할면을 기준으로 원형 기울기를 둔다.
⑧ 현도와 비교, 검사한 다음, 거스러미와 모서리 등을 샌드 페이퍼로 다듬는다.
⑨ 도장 재료와 기구를 준비하여 도장, 완성한다.

(2) 분할형 제작법(부시)

〈도면 및 사용 재료, 공구〉

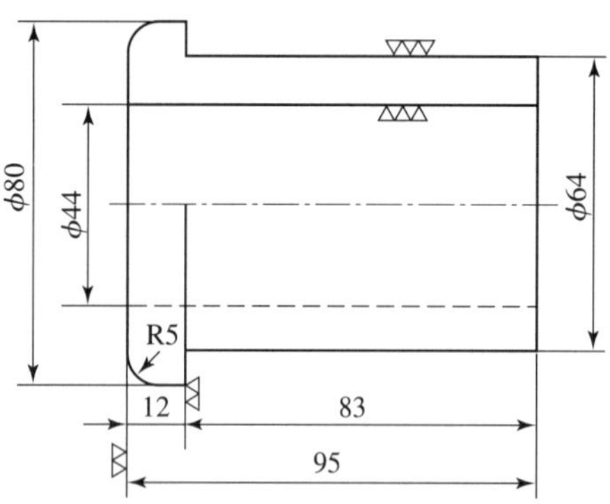

부시형(분할형)	
사용 재료 및 소모품	목재 : 45×90×400(mm) 제도 용지 : A3 도료
사용 공구 및 기계	목공 선반, 목공 선반용 공구, 목형 제작용 공구, 페인트 붓 등

〈제작 순서〉

a) 분할형 제작 방안을 정하여 그림 2-56과 같은 현도를 작성한다.
① 각 면의 가공 여유는 2 mm씩 두고, 청동 주물에 알맞은 주물자를 사용한다.

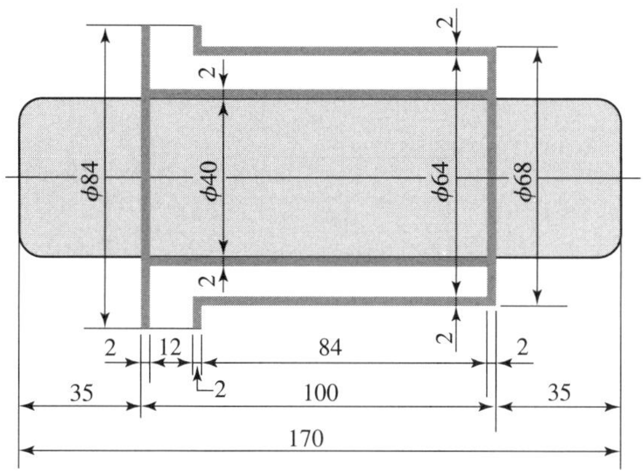

그림 2-56 ▮ 현도

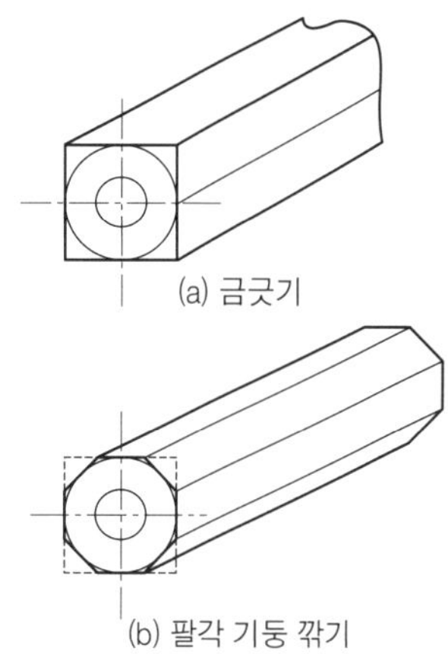

그림 2-57 ▮ 원형봉의 가공 준비

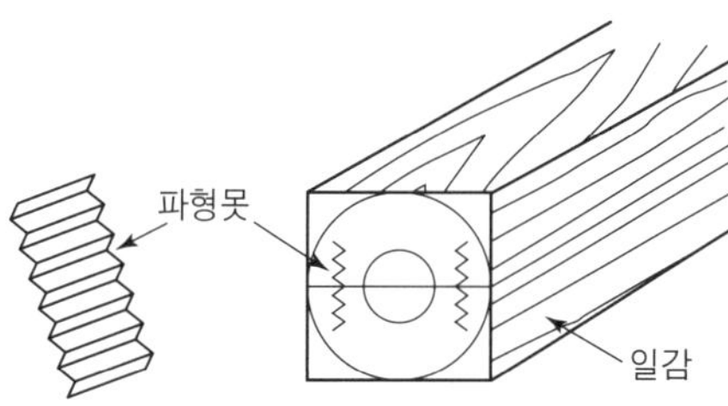

그림 2-58 ▮ 파형못과 가접

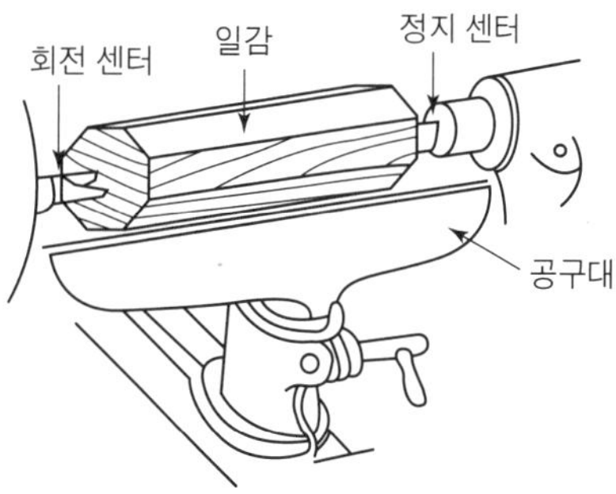

그림 2-59 ▮ 가공 준비

② 코어는 수평 코어로 하되, 코어 프린트의 길이는 35 mm씩 둔다.

b) 재료의 접합면은 가공하여, 길이를 2등분 하여 자른다.

c) 분할면을 2개의 다우얼 핀으로 맞춘다.

d) 분할면이 2등분선이 되도록 유의하면서 95×95 mm정도의 사각 기둥으로 가공한다.

e) 양쪽 마구리를 가공하고 중심을 구하여 그림 2-57 (a)와 같이 금긋기한다. 이때 목공 선반의 센터 물릴 자리를 생각하여 그림 2-58과 같이 파형못으로 가접한다.

f) 그림 2-59와 같이 대략 팔각 기둥이 되도록 가공하여 목공 선반의 두 센터 사이에 고정한다.

g) 바깥 지름이 85 mm 정도 되게 깎아 놓고, 중앙 부분에 그림 2-60 (a)와 같이 길이 L의 금긋기를 한다.

h) 그림 (b)와 같이 양쪽에 코어 프린트의 기준 지름이 되는 ϕ40 mm의 홈을 깎아, 이를 기준으로 양쪽의 코어 프린트를 깎는다. 이때 양쪽의 여유 부분은 원뿔형으로 두어 센터

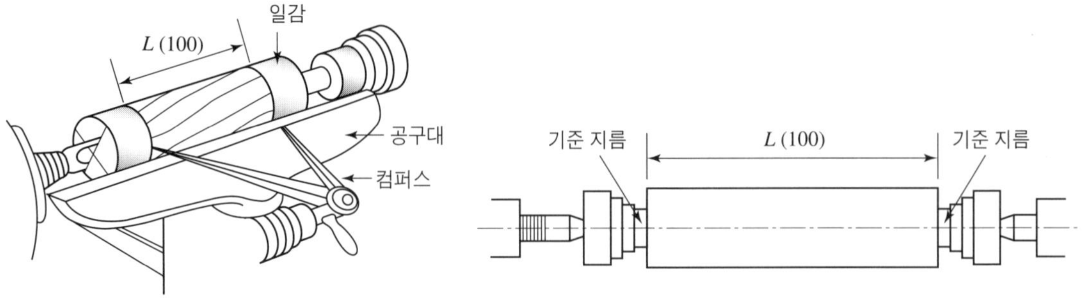

(a) 목공 선반에 물리고 금긋는 법 (b) 양쪽 기준의 지름 깎기

그림 2-60 ▮ 지름 깎기 순서

가 일감을 안전하게 지지할 수 있게 한다.

i) $\phi 84$, $\phi 68$의 바깥 지름을 깎는다. 이때 현도와 비교해 보면서 측면, 라운딩 부분을 다듬질한다.

j) 샌드 페이퍼로 바깥 둘레를 매끈하게 다듬질하고, 절단 바이트로 양쪽 코어 프린트의 측면을 다듬는다.

k) 선반에서 일감을 풀어 양쪽 끝을 자른다.

l) 도장하여 완성한다.

(3) 코어형

부시형의 코어를 보기로 들어 코어형의 제작법을 알아보기로 한다.

〈도면 및 사용 재료, 공구〉

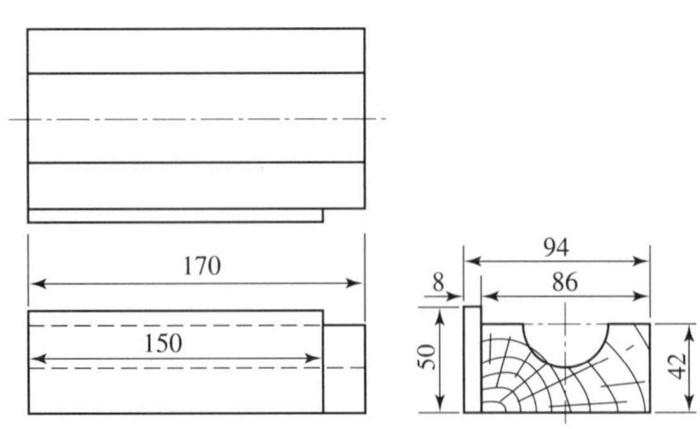

코어형(분할형)	
사용 재료 및 소모품	목재 : 90×360×45, 60×160×12(mm) 제도 용지 : A3 도료, 샌드 페이퍼
사용 공구 및 기계	제도 용구, 목공구, 페인트 붓 등

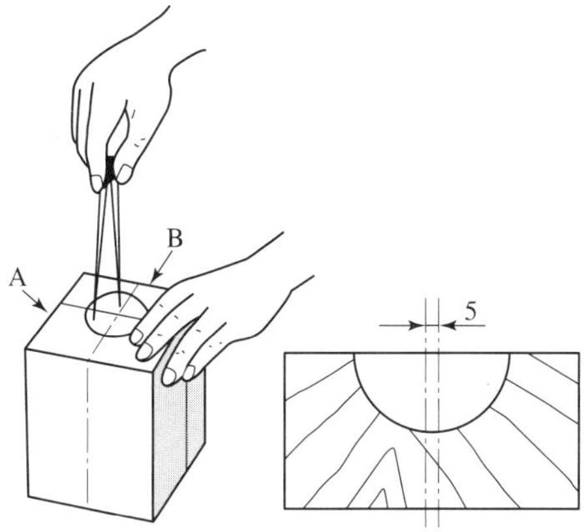

(a) (b)

그림 2-61 ▮ 금긋기

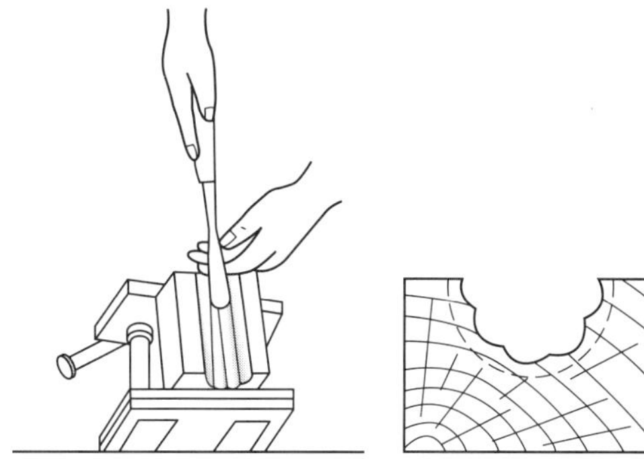

(a) (b)

그림 2-62 ▮ 반원 홈 깎기

〈제작 순서〉

a) 코어형 제작 현도에 따라 재료를 확인하여 43×87 mm 정도의 각재로 가공하고, 길이가 175 mm 정도 되게 2 등분 하여 자른다.

b) 분할면과 마구리를 가공하여 한 쌍을 만든다.

c) 양쪽 마구리면에 그림 2-61과 같이 중심선과 원을 금긋기한다. 이때 그림 2-61 (b)와 같이 원호 홈의 중심을 재료의 중심과 5 mm 정도 편심으로 하는 것이 좋다.

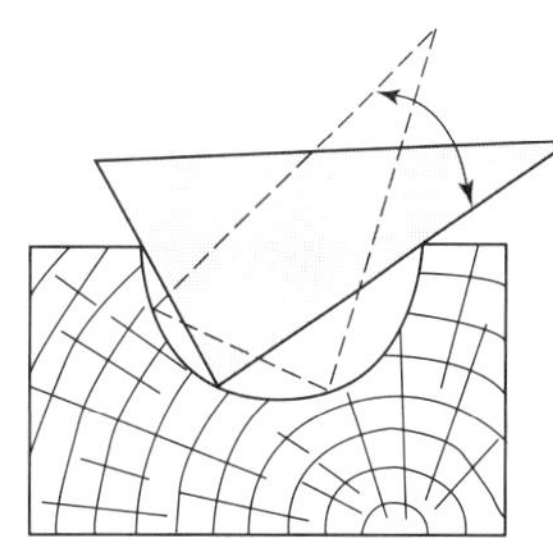

그림 2-63 ▮ 반원 홈의 검사

d) 바이스에 물려 그림 2-62와 같이 원형끌로 막 깎기를 한다.

e) 그림 2-63과 같이 직각 삼각자의 직각 꼭지점을 반원 홈에 접촉시켜, 진원도와 원통도를 검사하면서 다듬질을 한다.

f) 한 쌍의 반원 홈이 가공되면, 양쪽 원호가 일치되게 바이스에 고정하고 기준면을 깎는다.

g) 옆 판을 만들어 가공된 기준면에 못으로 고정한다.

h) 길이가 170 mm 되게 양쪽 마구리를 깎고, 그 밖의 부분과 치수를 확인하여 가공한다.

i) 원호 홈을 샌드 페이퍼로 매끈하게 다듬질하여 도장, 완성한다.

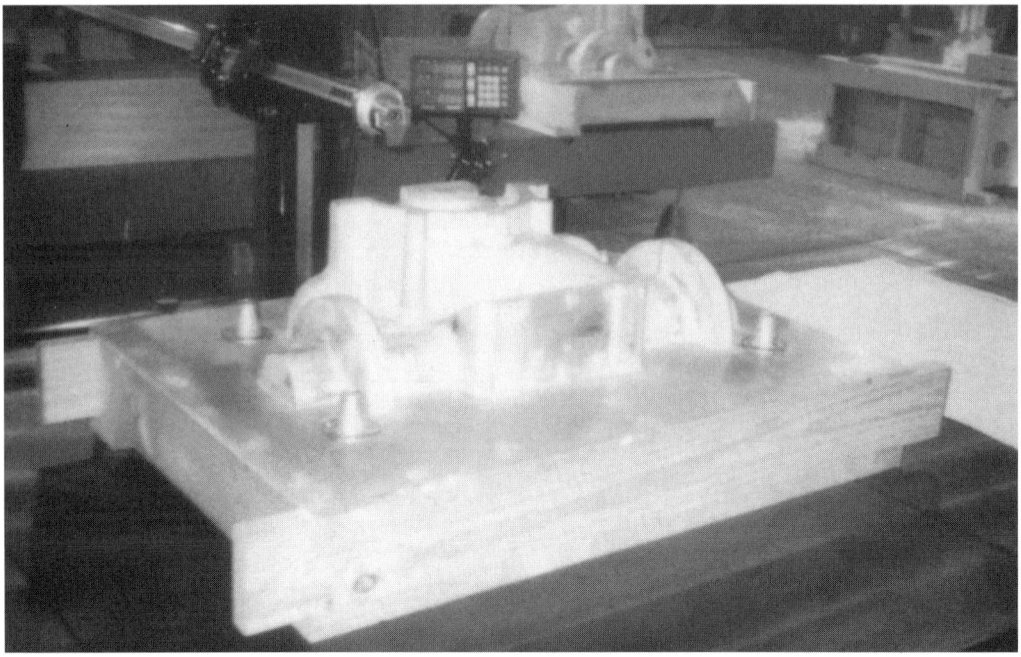

그림 2-64 ▮ 원형의 검사

7) 원형의 검사와 관리

(1) 원형의 검사

원형이 구비해야 할 주요 요건은, 현도의 내용이 정확히 입체화되고 모양과 치수가 정확한 주물을 만들 수 있는가 하는 것이다. 따라서 원형을 검사할 때에는 원형과 현도가 일치되었는 가를 확인해야 하는데, 이때 현도의 치수를 확인하려면 기계 제작 도면과 대조하여 검사한다.

그림 2-64는 완성된 원형 검사의 보기다.

① 원형의 검사 항목

원형은 주물을 만들기 위한 하나의 도구이므로, 조형 작업이나 주조상의 여러 가지 요구 사항에 대해서도 충분히 고려되었는지를 확인한다. 조형 작업 중에 변형이나 파손될 정도로 약한 원형은 좋은 원형이라 할 수 없다.

목형을 검사할 때 유의하여 검사할 사항은 다음과 같다.

a) **분할면** : 분할면은 조형 작업상 필요에 따라 정하는 것이므로, 단순히 원형을 만들기 쉽도록 결정해서는 안된다. 주조 방안에 따라 알맞게 원형이 분할되었는지를 검사한다.

b) 목형 부속물 : 플랜지, 보스, 판형 등 원형 부속물의 위치와 양부 또는 누락된 것이 없는지를 확인한다. 비교적 큰 원형은 원형 뽑개 보조물이 설치되었는지도 확인한다.

c) 코어 프린트 : 코어를 주형에 따라 안치할 때 어긋남이 없도록 정확한 위치에 코어 프린트가 부착되어야 한다. 또 외형의 코어 프린트와 코어형의 코어 프린트 치수를 비교하여, 코어의 크기에 따른 적당한 여유가 있는지, 또한 상형 코어 프린트에 덮일 여유가 있는지 확인한다.

d) 중심선과 치수 : 간단한 원형의 치수 검사는 길이, 각도 등을 측정함으로써 끝나지만, 복잡한 원형에서는 일반적으로 기계 제작 도면에 따라 기준선을 긋고 검사하게 된다. 즉 도면에 나타낸 중요한 중심선을 우선 원형에 금긋기하고, 이 중심선으로부터 차례로 도면의 치수와 비교, 조사해 나간다. 중심선은 원형 제작시 그어진 선을 그대로 사용해도 좋고 중요한 부분으로부터 나누어 구해도 좋다. 또 분할면을 치수 검사의 기준으로 잡아도 좋다.

e) 수축 여유 : 주물의 재질, 모양, 크기, 살 두께 및 주조 방법 등에 알맞은 수축 여유를 두었는지를 확인한다. 즉 원형 제작방안에 따라 알맞은 주물자를 사용하였는지를 확인한다.

f) 원형 기울기와 라운딩 : 조형 작업을 위한 바깥쪽과 안쪽 원형 기울기가 알맞게 주어져 있는지를 확인한다. 또 도면에 제시된 라운딩의 유무와 크기를 검사한다. 원형 제작에서 라운딩을 생략하고 주형공으로 하여금 조형시에 라운딩을 주고자 할 경우에는 그 부분에 라운딩의 치수 표시가 있어야 한다.

g) 보정 여유와 고정 여유 : 주조물의 특성에 따라 주조 변형, 수축 결함, 주형의 변형 등을 고려하여 원형 치수를 조정한 보정 여유의 필요성과 그 유무 및 양부를 검사한다. 또 고정 여유의 크기와 위치가 도면(또는 현도)에 제시되어 있거나 요구되는 경우에는 위치 및 크기 등을 검사한다.

h) 원형 덧붙임과 주물 덧붙임 : 원형 덧붙임과 주물 덧붙임의 위치와 크기가 알맞으며, 혼동되지 않도록 구분하여 표시되었는지를 확인한다.

i) 원형 강도 : 원형의 사용 조건, 즉 사용 횟수, 조형 방법, 주물사의 종류 등을 고려하여 원형의 구조를 조사한다.

사용된 재료의 종류, 나무의 접합 방법과 결합 등이 지정된 대로 가공되었는지, 보강판이나 금속판으로 부분적인 보강, 적절한 경질 재료의 사용에 의해 원형의 강도가 충분한지를 검사한다.

j) 원형 뽑기 손잡이 : 큰원형은 주형에서 뽑아 올리기 위한 대책이 필요하다. 작은 목형은 주형에서 목형을 뽑기 위해 원형 뽑기를 목형에 직접 꽂아서 목형을 뽑아 내게 되므로

특별히 고려할 필요는 없으나, 대형의 목형에서는 원형 뽑기에 필요한 손잡이가 있어야 하므로 이를 검사한다.

k) **기입 사항과 표시 및 도장** : 완성된 목형은 표면이 매끈하게 다듬질되어 있으며, 홈이나 못 박을 자리 등이 보완되고 소정의 칠이 고르게 칠해졌는지를 확인한다. 이 밖에, 원형에는 잘 보이는 곳에 도면 번호, 기계명(부품명), 주물 재료, 원형 정리 번호, 제작 연월일, 수량, 제작자명, 검사자명 등을 기입한다. 그리고 가공면, 코어 프린트, 목형 부속물이 붙는 면 등이 색깔이나 기호 등으로 알맞게 표시되어 있는지도 확인한다.

② 원형 검사의 순서

원형의 검사 항목은 앞에서와 같이 매우 많으며, 복잡한 원형은 많은 치수를 각 부분의 모양과 도면을 비교, 확인하면서 빠짐없이 검사를 진행한다. 따라서 일정한 검사 순서를 정하고, 이를 기초로 하여 검사를 진행하도록 한다.

a) **형상 검사** : 원형의 검사는 먼저 외관의 검사로부터 시작한다. 도면에 나타난 모양대로 원형이 만들어져 있는지, 부속물이나 그 밖에 필요한 것이 있는지를 확인한다.

b) **치수 검사** : 치수 검사를 할 때에는 먼저 주물자의 종류를 확인한다. 원형의 치수 검사 방법은 원형의 종류에 따라 달리하나, 일반적으로 자를 사용하는 간단한 검사 방법에서부터 서피스 게이지나 높이 게이지를 사용하거나, 부분적으로 형판을 만들어 맞추어 보아야 하는 것도 있다.

일반적인 치수 검사 순서로는, 먼저 외형의 치수를 검사하고, 개개의 코어형을 검사한 후 외형의 코어 프린트와 비교한다.

c) **합인 및 마무리 검사** : 모양과 치수 검사가 끝나면, 부속물의 합인, 요구 사항의 기입 여부 및 마무리 다듬질 상태 등을 검사한다.

d) **오작 수정** : 잘못된 곳이 발견되면 오작 전표에 필요한 지적 사항을 기입하거나 약도로 오작 내용을 전표에 기입하여, 원형 제작자에게 전달, 수정하도록 조치한다.

(2) 원형의 관리

원형을 관리하는 목적은, 다음에 동일한 주조품을 주문받았을 때, 보존된 원형을 제사용하여 원형 제작 비용과 시간을 줄여 주조품의 생산 원가를 감소시키는 데 있다.

① 원형의 구분 관리

원형을 관리, 보관할 때에는 원형에 기입된 사항에 따라 원형의 종류, 크기 장래성 등을 고려하여 분류, 관리한다.

② 원형의 관리 기간

모든 원형을 장기간 보관하기는 여러 가지 면에서 어려움이 있으므로, 원형의 종류나 장래성에 따라 보존 기간을 정하여 그 기간 동안만 보존하도록 한다. 따라서 원형 제작시에 원형 보존 기간을 정하고, 보존 기간이 지나는 대로 정리, 폐기하도록 한다.

③ 원형의 관리와 장소

보관 장소는 원형의 크기와 정밀도 등에 따라 구분, 관리하며, 습기와 온도의 변화가 적은 곳에 창고의 동별, 선반의 위치, 선반의 층 수 등에 따라 번호를 표시하여 보관 관리하는 것이 좋다.

④ 원형 정리 카드

표 2-7 ▮ 원형 정리 카드(A)

목형 카드 분류 기호	작성 연월일 2010년 5월 18일

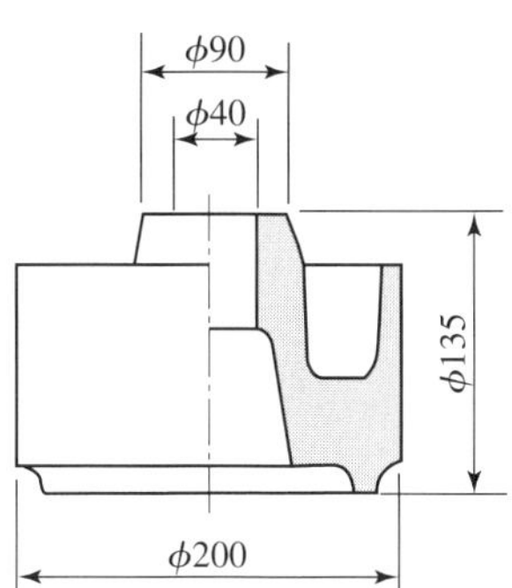

날짜 공정	일정		시간		반명	작업자 이름	재료	나무 종류
	예정	실제	예정	실제				
목형	3/28	3/26	14	15		홍길동	$0.04m^3$	홍송
목형 인도	예정 3월 30일 실제 3월 29일							

방안	참고
(1) 탕구봉 ϕ25 : 1개 (2) 탕 도 21×21 (3) 주입구 5×20 : 4개 (4) 보스윗부분1/4탕도 T=2×1.5 (5) 주물자 10/1000 (6) 가공 여유 실질적인 것+3 윗다듬질+5	래커칠 다듬질

도면 무게	11.5	kg
견적 무게	14.8	kg
실측 무게	14.3	kg

공사 명칭	형번(도면)	공작 종별		
부품 명칭 커플링형 브레이크 풀리	분할 번호	구별	코어형	외형
		금형		
재질 GC 25	개수 2	현형		
분면 4 4	엽수 부호 3~1	상자형		
공사 번호	작업 번호	제작 월 일	3/25	3/26

표 2-8 ▮ 원형 관리 카드(B)

공사 번호	분번	부호	개수	발송 월일	발송처	납고 월일	보관 장소		비고
							동	호	
1121-054	44	1	2	2010.1.20		2010.2.10	A	201	

원형을 보관한 다음, 이들을 효율적으로 관리하려면 원형 정리 카드를 사용하면 편리하다. 카드는 표 2-7, 표 2-8과 같이 원형 보존에 필요한 사항과 그 밖의 필요한 사항 등을 기재하여 두면 원형 관리에 편리하다.

(3) 보조 설비

목형을 제작하는 데는 목공구뿐만 아니라 이에 필요한 보조 설비가 있어야 한다. 아무리 좋은 목공구가 마련되어 있어도 작업에 필요한 보조 설비가 없거나 불안전하면 효율적인 작업이 어려워진다. 보조 설비에는 작업대, 절삭대, 클램프(clamp), 목공 바이스(vise) 등이 있다. 또 원형 제작에 사용되는 여러 가지 공구, 즉 대팻날, 끌, 목공 선반용 바이트(bite) 등의 연삭에 사용되는 공구 연삭기, 각종 숫돌 등은 목형 제작용으로 반드시 있어야 하는 보조 설비이다. 이 밖에, 수지형 제작을 위한 각종 기기, 가열로, 건조로, 압축기, 도장용 설비 등도 있어야 한다.

2.2 주형

1. 주형 재료

1) 주물사와 보조재

주형 재료는 주형을 만드는 데 사용되는 모든 재료를 말하며, 모래형과 특수형 그리고 금형에 사용되는 재료를 포함한다.

(1) 주물사

주물사에는 모래에 점토분이 자연적으로 섞여 있어서 필요한 양의 수분만 공급하면 주물사로 쓸 수 있는 자연사와 모래에 점결제와 기타 첨가제를 인위적으로 첨가하여 주물사로 사용하는 합성사(배합사)가 있다.

1 주물사의 요건

주물사가 갖추어야 할 여러 가지 요건은 다음과 같다.

① 주형 제작이 쉽고, 원형의 치수와 모양을 정확하게 재현할 수 있을 것
② 주형의 취급이나 운반 또는 주입할 때 쇳물의 압력이나 충격에 견딜 수 있는 강도를 가질 것
③ 쇳물과의 반응이 적고, 높은 온도에서도 견딜 수 있을 것
④ 통기성이 좋아서 주형 안에 생긴 가스의 배출이 쉬울 것
⑤ 주입된 다음에는 쇳물의 응고와 수축에 대하여 수축성이 있어야 하며, 응고된 다음에는 주형의 파괴나 주물을 주형에서 뽑아 내는 작업이 쉬울 것
⑥ 값이 싸고, 여러 번 되풀이하여 사용할 수 있을 것

2 주물사의 종류

주물사는 넓은 의미로는 주형 제작에 사용되는 모래를 포함하는 모든 주형 재료를, 좁은 의미로는 주물사만을 뜻한다.

◎ 원료사

주물사의 주체가 되는 원료사는 그 산지, 산출 상태, 가공 상태 등에 따라 여러 가지가 있다.

◎ 규사(silica sand)

점토의 함유량이 2.0 % 이하이며, 점결성이 없는, 규석질의 모래를 규사라 한다. 규사에는 산출 상태에 따라 천연 규사(은사라고도 함)와 인조 규사가 있다.

◎ 산사

규석질의 모래에 10~15 % 이상의 점토질이 천연적으로 혼합된 것으로, 수분을 알맞게 첨가하면 그대로 주물사로 사용할 수 있는 모래를 산사라 한다.

◎ 특수사

내화도나 고온 팽창성 등으로 미루어 볼 때 규사는 이상적인 재료가 아니다. 따라서 이러한 결점이 실제적으로 크게 문제가 될 때에는 규산질 이외의 조성을 가진 다음과 같은 특수사가 사용된다.

a) 지르콘 샌드(zirconite sand) : 규산 지르코늄($ZrSiO_4$)이 90 % 가량 포함되어 있는 것으로, 내화도가 2200 ℃나 되고, 열팽창률도 규사의 1/3~1/6 가량밖에 안 되지만, 가격이 규사보다 비싸기 때문에 사용에 제한을 받는다.

b) 올리빈 샌드(olivine sand) : 지르콘 샌드보다 못하지만, 내화도가 약 1700 ℃로 규사보다 높으며, 열팽창률도 균일하고 작기 때문에 철계 주물에 사용된다.

c) 샤모트 샌드(chamotte sand) : 샤모트 벽돌(chamotte brick)이나 다른 내화 재료의 작은 알갱이를 주형 재료로 사용할 때가 있다. 이들 내화 재료를 사용하면 내화도 및 강도가 크고, 파괴되거나 소결이 일어나지 않는다. 또 열팽창이나 수축도 비교적 적다.

(2) 점결제와 보조제

① 점결제(binder)

원료사인 모래 알갱이만 가지고는 주형을 만들 수 없기 때문에, 모래알을 결합시켜 성형성을 좋게 하는 점결제가 필요하다. 점결제에는 무기 점결제와 유기 점결제가 있다.

a) 무기 점결제 : 점토는 석영(石英, quartz), 장석(長石, feldspar) 등의 암석이 풍화하여 지름이 0.01 mm 이하로 된 미세한 알갱이의 집합체로, 규소, 알루미늄, 산소, 철, 마그네슘과

그 밖에 알칼리 금속, 알칼리 토금속 등의 화학적 성분과 수분의 혼합물이다.

b) 유기 점결제 : 유기질 점결제로 대표적인 것은 유류와 수지류로, 높은 정밀도가 요구되는 주형이나 코어에 많이 이용된다. 이들은 그 종류와 함수량 및 건조 온도 등에 따라 점결력이 달라진다.

c) 그 밖의 점결제 : 합성 수지, 규산 나트륨, 시멘트 및 석고 등도 주물사의 점결제로 사용된다.

② 보조제

주물사의 열적 성질을 향상시키고, 주형의 신축성을 돕는 외에 주물의 표면을 아름답게 하기 위해 첨가하는 물질을 보조제 또는 첨가제라 하며, 석탄, 피치(pitch), 코크스 및 흑연 가루 등 탄소계, 나무 및 곡식 가루, 당밀, 규석 가루 및 산화 철 등이 있다.

(3) 도형제와 이형제

① 도형제(coating agent)

a) 흑연 및 숯가루 : 주형의 내화도를 높이고, 환원 가스를 발생시켜 주는 도형제에는, 흑연이나 숯가루 등의 탄소계 물질이 많이 사용되는데, 탄소 성분이 많고 회분이 적을수록 좋다.

b) 운모 가루 : 일반적으로 활석(talc) 가루가 많이 쓰인다. 이것은 가루 그대로 사용할 때가 많지만, 내열성이 낮기 때문에 큰 주물에는 사용할 수 없다.

② 이형제(parting agent)

주형 작업을 할 때, 상형(cope)과 하형(drag) 또는 원형과 주물사가 서로 붙는 것을 막기 위해 사용되는 것을 이형제(parting agent)라 한다. 모래형이 상형과 하형이 붙는 것을 막을 때에는 고운 규사나 강모래와 같이 점토분이 없는 것을 건조시켜 사용하는데, 이것을 특히 분리사(parting sand)라 한다. 원형과 주물사가 붙는 것을 방지하는 데에는 니스, 래커, 실리콘 기름 등이 쓰인다.

2) 금형 재료와 주형용 보조 재료

(1) 금형 재료

금형을 주형으로 사용하는 원심 주조법, 다이 캐스팅법, 금형 주조법 또는 저압 주조법에서는 주철 또는 합금강 등을 주형 재료로 하는 금형을 사용한다. 금형 재료로서 요구되는 일반적인 성질은 다음과 같다.

① 내마멸성이 클 것
② 가공성이 좋을 것
③ 열팽창량이 적을 것
④ 열확산율이 작을 것
⑤ 열피로에 잘 견딜 것

(2) 주형용 보조 재료

1 코어 메탈

생형으로 조형할 때, 주형의 돌출부 또는 코어를 보강하기 위해 주물이나 철사로 만든 쇠붙이를 코어 메탈(core metal)이라 한다. 돌출부가 적을 때에는 철사나 못을 사용한다.

2 벽돌

비트형이나 대형 주형을 조형할 때에는 주물사의 사용량을 줄이고 주형의 강도를 높일 목적으로 일반 벽돌을 사용하여 주형의 골격을 쌓고 그 위에 주물사로 조형한다.

3 칠 메탈

주물의 필릿 두께가 고르지 않거나, 압탕만으로는 쇳물의 보급이 미치지 못하는 곳 또는 압탕의 효과가 불충분할 때에는 이러한 부분의 응고를 촉진시키기 위해 그림 2-65 (a)와 같은 칠 메탈(冷金, chill metal)을 그림 2-65 (b)와 같이 사용한다. 이때 주물의 바깥쪽에 대는 것

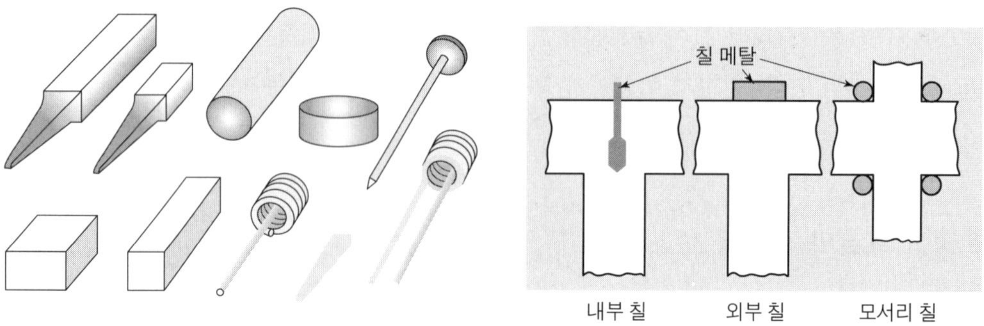

(a) 내부 칠 메탈의 보기 (b) 사용 예

그림 2-65 칠 메탈과 사용 사례

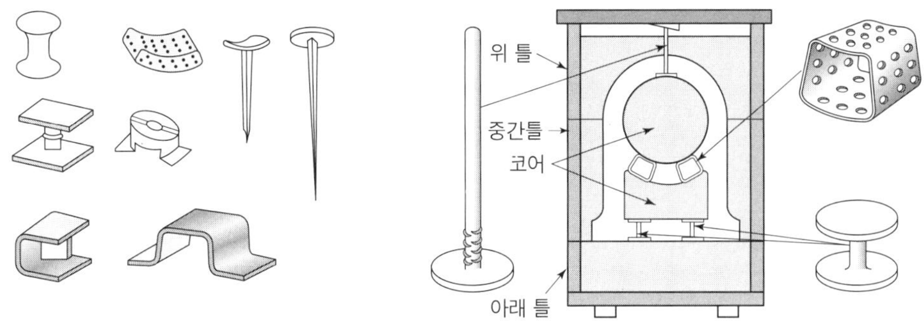

(a) 종류 (b) 사용 예

그림 2-66 ▌채플릿과 사용 사례

을 외부 칠(external chill), 안쪽 것을 내부 칠(internal chill)이라 한다.

주철은 냉각 속도가 너무 빠르게 되면 (칠 메탈이 너무 큰 경우) 그 부분의 흑연화(graphitzation)가 방해되어 시멘타이트로 변하게 되며, 국부적인 경화로 가공이 어렵게 되거나 융합(fusion)이 안 되는 경우가 있으므로 사용에 주의해야 한다.

④ 채플릿

코어를 고정시킬 때 보조하는 쇠붙이를 채플릿(chaplet)이라 하는데, 그림 2-66 (a)와 같이 여러 가지 모양이 있다. 채플릿은 코어의 설치가 불안전하거나 쇳물의 부력에 의해 위로 떠오를 염려가 있을 때 코어를 고정시켜 주며, 주입 금속과 융합이 잘 되는 것이어야 한다. 특히 가공면이나 수압을 요하는 주물에는 그 사용에 주의해야 한다. 그림 2-66 (b)는 채플릿의 사용 사례다.

2. 주물사의 성질과 시험

주물사는 여러 가지의 구비 조건을 갖추어야 하며, 이러한 조건은 주조하고자 하는 제품의 재질이나 크기 및 모양에 따라 표 2-9에서와 같이 조금씩 달리한다.

이러한 여러 가지 조건은 주물사의 4대 구성 요소인 모래, 점결제, 첨가제 및 적절한 수분 배합에 따라 얻어질 수 있다.

그러나 이러한 성질들은 서로 연관성이 있는데, 예를 들면 강도와 성형성을 높이기 위해 점결제와 수분량을 많이 증가시키면 통기도가 저하되어 주물 결함을 일으키게 된다.

여기서는 주물사의 여러 성질들이 주물사의 조성에 따라 어떻게 변화하며, 또 이러한 성질

표 2-9 ‖ 주물사의 성질 기준 예

주물사의 성질 / 주물의 종류	수분 (%)	통기도 (cm/min)	습태 압축 강도 (kg/cm^2)	변형 능력(cm)	점토분 (%)	입도 지수 AFS	내화도 (소결도) (℃)
알루미늄 주물	6.5~8.5	7~13	0.46~0.52	0.0071~0.094	12~18	225~160	1290
황동 및 황동 주물	6.0~8.0	13~20	0.49~0.56	0.0051~0.0079	12~14	150~140	1290
니켈 황동 주물	6.0~7.5	37~50	0.46~0.56	0.0051~0.0079	12~14	130~120	1320
얇은 주철 주물	6.5~8.5	10~15	0.42~0.52	0.0071~0.0087	10~12	200~180	1290
얇은 주철 주물(조형기용)	6.0~7.5	18~25	0.43~0.52	0.0070~0.0087	12~14	120~87	1320
중형 주철 주물	5.5~7.0	40~50	0.52~0.56	0.0039~0.0055	11~14	86~70	1320
중형 주철 주물(합성사)	4.0~6.0	50~80	0.52~0.59	0.0047~0.0067	4~10	75~55	1340
두꺼운 주철 주물 (생형 및 건조형)	4.0~6.0	80~120	0.35~0.52	0.0047~0.0063	8~13	61~50	1380

은 어떻게 측정하는지에 대하여 알아야 한다.

1) 주물사의 성질과 배합의 관계

주물사의 성질은 상온 성질과 고온 성질로 크게 구분되는데, 앞엣것은 조형 후 주입하지 않은 상태에서의 여러 가지 성질을 말하는 것으로, 이는 또 습태 성질과 건태 성질로 나뉜다. 뒤엣것은 주형에 용융 금속을 주입하여 주물사가 용융 금속의 고온의 열에 의해 영향을 받은 상태의 성질을 말한다.

(1) 상온 성질

① 습태 성질

습태 성질이라 함은 조형 후에 건조시키지 않은 주형의 성질을 말한다.

주물사의 습태 성질은 습태 압축 강도, 습태 통기도, 습태 경도 등으로 나타내며, 이들과 수분 및 점결제량과의 관계는 그림 2-67 및 그림 2-68과 같다.

② 건태 성질

건태 성질은 생형(주형)을 건조시킨 건조형의 여러 가지 성질을 말한다. 여기에도 건태 압

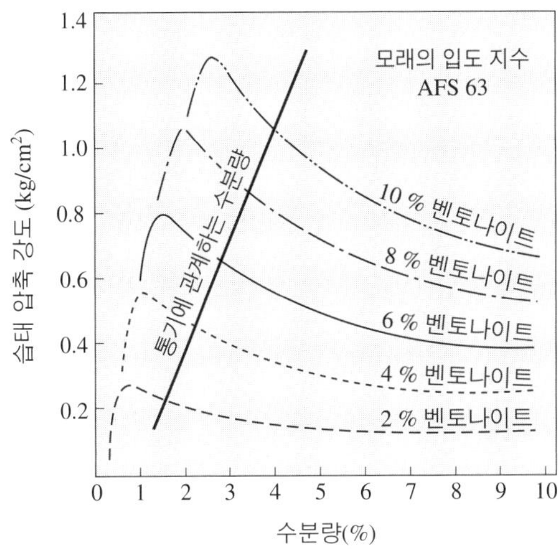

그림 2-67 ▮ 수분과 벤토나이트 함유량에 따른 습태 강도

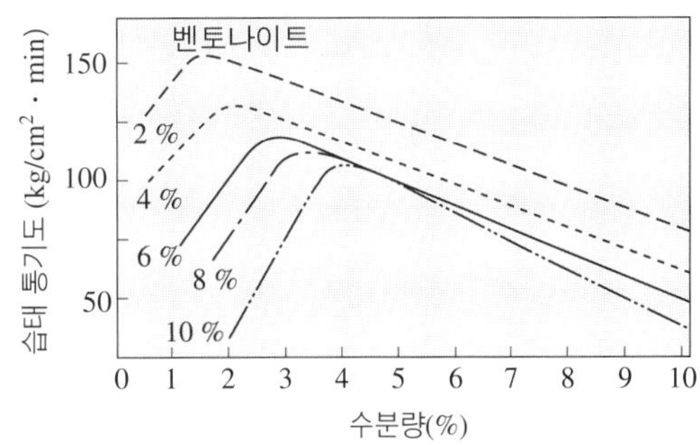

그림 2-68 ▮ 수분과 벤토나이트 함유량에 따른 습태 통기도

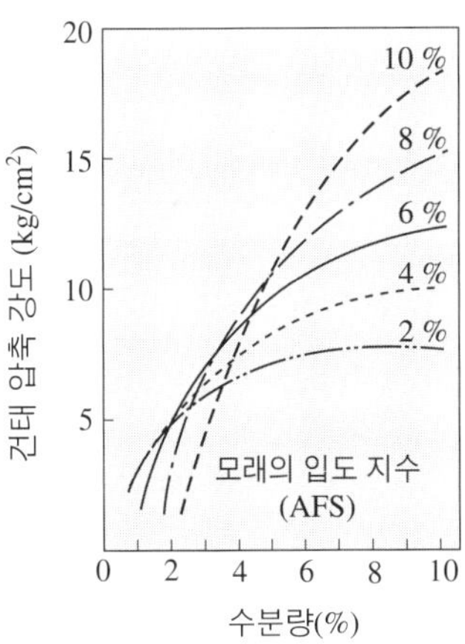

그림 2-69 ▮ 수분과 벤토나이트 함유량에 따른 건태 압축 강도

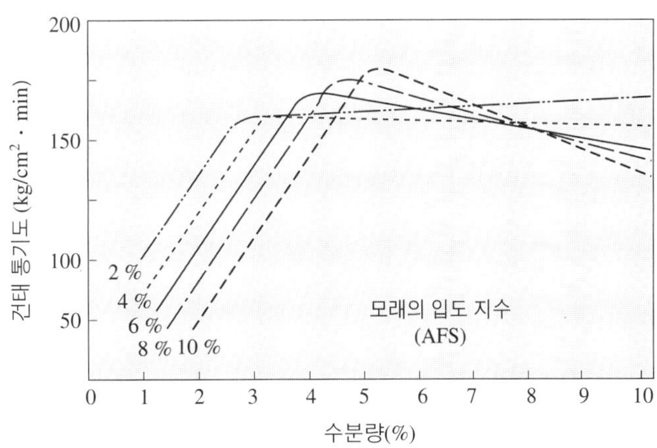

그림 2-70 ▮ 수분과 벤토나이트 함유량에 따른 건태 통기도

축 강도, 건태 통기도, 건태 경도 등으로 나타내며, 이들과 수분 및 점결제량과의 관계는 그림 2-69 및 그림 2-70과 같다.

(2) 고온 성질

주형에 용융 금속을 주입하면 주형은 용융 금속으로부터 열을 받아 여러 가지 변화를 일으키게 되는데, 건전한 주물을 만들기 위해서는 이러한 변화나 열에 대한 안정성이 커야 한다.

주물사가 고온에서 나타내는 성질을 고온 성질 또는 열간 성질이라 하며, 고온 강도, 열팽

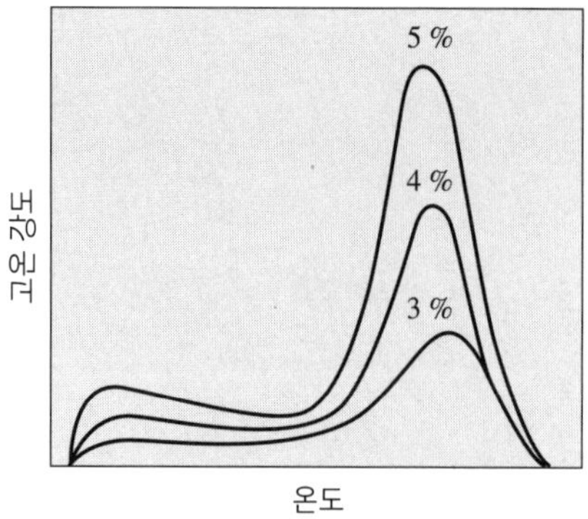

그림 2-71 ▮ 수분량에 따른 고온 강도의 변화

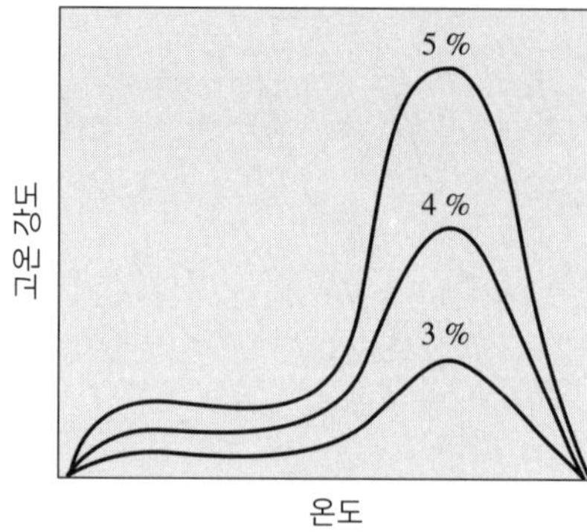

그림 2-72 ▮ 점토 함유량에 따른 고온 강도의 변화

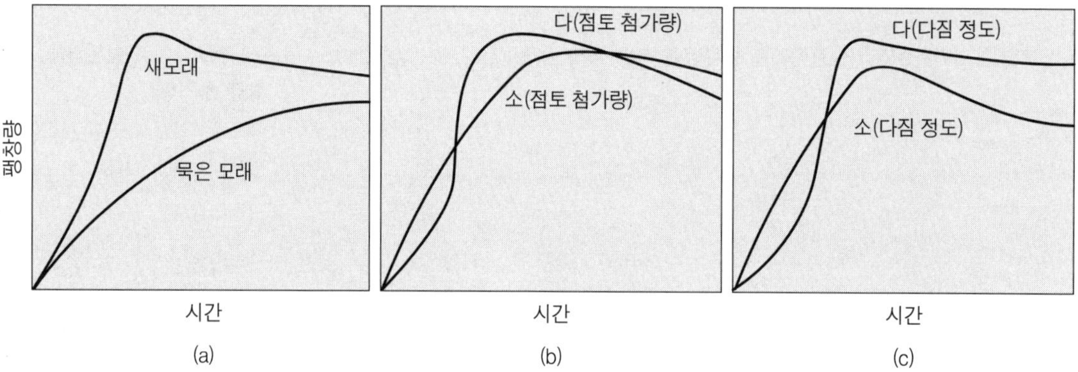

그림 2-73 ▮ 주형의 팽창량에 끼치는 원료 모래의 종류(a), 점토 첨가량(b) 및 다짐 정도(c)의 영향

창량, 열간 변형량, 가스 발생량 등이 있다.

그림 2-71과 그림 2-72는 수분과 점결제량에 따른 고온 강도의 변화를 나타낸 것이며, 그림 2-73은 모래의 종류, 점결제의 첨가량에 따른 팽창량의 변화 및 다짐 정도의 영향을 나타낸 것이다.

2) 주물사의 시험 배합과 설비

주물사는 주물사의 종류, 즉 사용 목적에 알맞는 성질을 갖추어야 하는데, 이러한 조건들은 주조하고자 하는 주조품의 재질과 크기 및 모양 등에 따라 달라질 수 있다. 이러한 여러 조건을 만족하려면 모래, 점결제, 첨가제 및 수분의 4대 구성 요소를 적절하게 배합해야 한다.

그리고 효율적이고 안전한 주물사의 배합 관리를 위해서는 적절한 시험기와 관련 시설이 있어야 한다.

(1) 주물사의 시험법

좋은 주물을 생산하기 위해서는 주물사가 필요로 하는 성질을 가지고 있어야 하는데, 이러한 성질은 주물사를 구성하는 여러 가지의 요소에 의해 결정된다. 따라서 주물사의 여러 성질과 주물사의 구성 요소에 대한 시험을 수시로 행하여 관리한다.

여기서는 한국 공업 규격(KS)과 기타 규격에 규정되어 있는 주물사의 시험법에 대해 알아보기로 한다.

1 수분 함유량 시험법(KS A 5305)

주물사에 알맞은 양의 수분이 배합되어 있는지를 측정하는 실험이다. 일반적인 방법으로는 잘 혼합된 시료 50 g을 채취하여 105±5 ℃에서 1~2시간 동안 건조시킨 다음, 냉각시의 흡습을 방지하기 위해 데시케이터(decicator)에서 실온으로 냉각시킨 후 무게를 측정하여 다음 식에 의해 수분 함유량을 구한다.

$$\text{수분 함유량}(\%) = \frac{\text{건조 전 시료의 무게} - \text{건조 후 시료의 무게}}{\text{건조 전 시료의 무게}} \times 100 \qquad (2\text{-}1)$$

현장에서는 신속한 측정을 하기 위해 일정량의 시료와 칼슘 카바이드(CaC_2) 가루를 그림

(a)

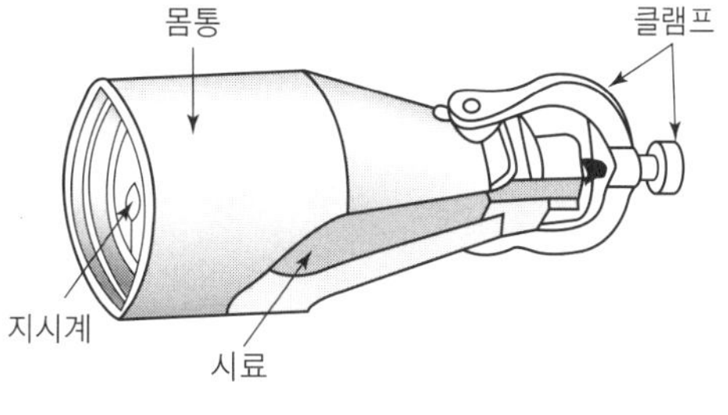

(b)

그림 2-74 ‖ 속성 함유량 습도계

2–74 (b)와 같은 밀폐된 용기 속에서 혼합시켰을 때 발생하는 아세틸렌(C_2H_2) 가스의 압력을 측정하여 간접적으로 수분 함유량을 구하는 방법도 있다. 이 밖에, 열풍 건조기를 사용하는 수도 있으며, 그림 2–75와 같이 저울 위에서 적외선 램프를 사용하여 건조시키면서, 이때 나타나는 무게 감량이 수분 함유량으로 자동적으로 환산되어 나타나는 장치도 있다.

그림 2–75 ▮ 적외선 습도계

2 점토분 함유량 시험법(KS A 5301)

건조된 주물사에 함유되어 있는 점토분의 양을 측정하는 실험이다.

주물사의 점토분이라 함은 순점토분뿐만 아니라, 지름이 0.02 mm보다 작은 모래 알갱이까지를 포함한 것을 말한다.

100 g의 주물사를 105±5 ℃에서 충분히 건조시키고 데시케이터에서 냉각시킨 후, 그 중에서 50 g을 칭량하여 시료로 한다. 이 시료와 증류수 475 ml와 3 % 수산화 나트륨(NaOH) 용액 25 ml를 그림 2–76과 같은 점토 분리용 용기에 넣고 뚜껑을 밀폐한다. 그 다음에 그림 2–77과 같은 세척기에 고정시키고 일정 시간 회전시킨 후 물총을 사용하여 용기의 벽과 뚜껑에 붙은 모래를 물의 양이 150 mm 깊이로 될 때까지 물로 씻어내린다. 이것을 10분 동안 가만히 두어 모래가 가라 앉은 다음 사이펀(siphon)으로 그릇의 밑바닥으로부터 25 mm 이상의 웃물을 따라 내고, 여기에 증류수를 약 150 mm 깊이까지 넣어 잘 섞은 후, 또 10분간 가만히 두었다가 같은 방법으로 웃물을 따라 낸다. 이 작업을 웃물이 맑아질 때까지 반복한 다

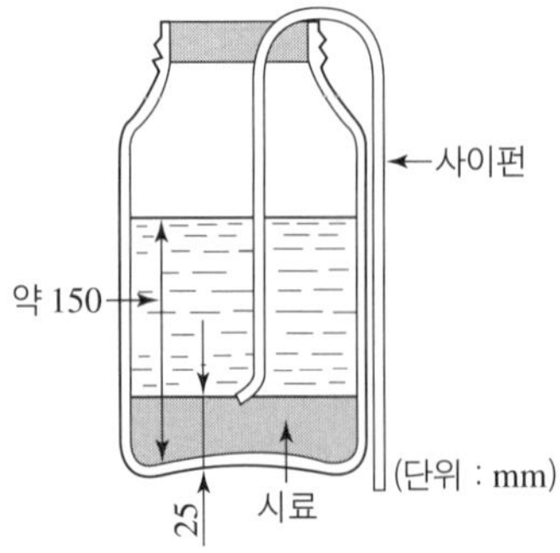

그림 2–76 ▮ 점토 분리기

그림 2–77 ▮ 회전 세척기

음, 그릇 안에 남은 모래를 100±5 ℃에서 건조시키고, 데시케이터에서 냉각시킨 후 무게를 달아 다음 식 (2-2)으로부터 점토분 함유량을 구한다.

$$\text{점토분}(\%) = \frac{\text{시료의 무게} - \text{남은 모래의 무게}}{\text{시료의 무게}} \times 100 \qquad (2-2)$$

③ 입도 시험

주물사에 사용된 모래 알갱이의 크기에 따른 분포를 측정하는 실험으로, 시료로는 점토분 시험에서 점토분이 제거된 남은 모래 전량을 사용한다. 입도 시험에는 그림 2-78과 같은 표준체(standard sieve)가 사용된다. 체눈이 클수록 위로 가도록 체를 차례로 쌓고, 체의 최상부에 시료 전량을 넣은 다음 15분 동안 체질을 한다. 각입도는 그 체 위에 남아 있는 모래의 무게를 칭량하여 다음 식 (2-3)에 따라 구한다.

$$\text{입도}(\%) = \frac{\text{각 체 위의 모래 무게}}{\text{시료 무게}} \times 100 \qquad (2-3)$$

여기서 시료의 무게는 점토분을 분리한 건조 시료의 무게다.

입도 시험에 쓰이는 모래체는 체틀 지름이 200 mm이며, 체눈의 크기는 메시(mesh)로 나타낸다. 메시는 길이 25.4 mm(1 in) 안에 나누어 놓은 눈의 수로 나타내며, 표 2-10과 같이 체

표 2-10 ‖ 표준 체눈

호칭 치수(μ)	호칭 번호	입도 계수
5560	3 1/2	
3360	6	5
2380	8	8
1680	12	11
1190	16	16
841	20	22
595	30	32
420	40	45
297	50	63
210	70	89
149	100	126
105	140	178
74	200	253
53	270	357
바닥	바닥	620

그림 2-78 ‖ 표준체

눈의 크기에 따라 번호를 정하여 입도 시험의 기준으로 삼고 있다.

모래 알갱이의 입도 지수(평균 입도)를 필요로 할 때에는 이 표의 입도 계수를 사용하여 다음 식 (2-4)에 따라 계산한다.

$$\text{입도 지수(평균 입도)} = \frac{\Sigma(\text{각 체 위의 무게} \times \text{입도 계수})}{\Sigma(\text{각 체 위의 무게})} \quad (2\text{-}4)$$

④ 통기도 시험

주물사의 통기도란, 일정한 규격의 시험편에서 일정한 압력으로 보낸 기체가 흐르는 속도를 나타낸 값이다. 따라서 주물사의 통기도를 구하기 위해서는 그림 2-79 표준 다짐기를 사용하며, 지름 ϕ50 mm, 높이 50±1 mm의 원통형 표준 시편을 제조하기 위해, 안 지름 ϕ50 mm의 원통형 강철 시험통에 일정량의 주물사를 넣고 표준 다듬기로 세 번 다져, 높이가 오차 범위 내에 드는 것만을 시편으로 사용한다. 이때 시료의 무게는 주물사의 종류에 따라 조금씩 차이가 나므로, 처음에 여러 번의 시행 착오를 거쳐 알맞은 시료의 무게를 결정한다.

이와 같이 만들어진 시편은 그림 2-80과 같은 통기도 시험기에 올려 놓고, 이 시편을 통해 일정 압력으로 2000 ml의 공기를 흘려 보낸다. 이때의 시험편 앞과 뒤에서의 압력 차이와 공기가 완전히 통과하는 데 소요된 시간을 측정하여 다음과 같은 식 (2-5)에서 통기도를 구한다.

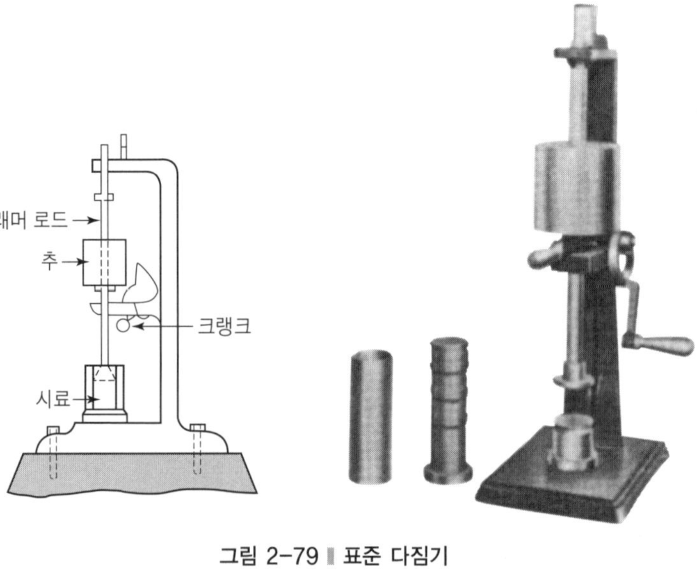

그림 2-79 ▮ 표준 다짐기

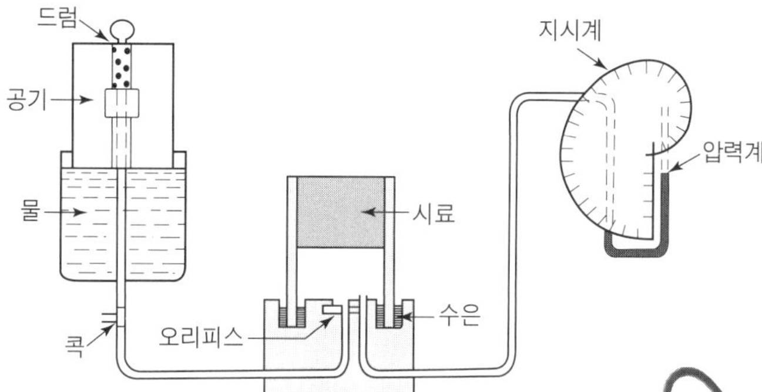

(a) 통기도 시험기의 구조

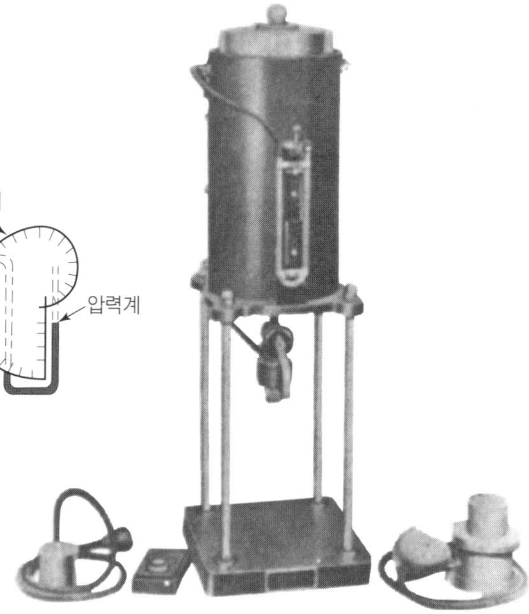

(b) 외형

그림 2-80 ▮ 통기도 시험기

$$\text{통기도} = \frac{V \times h}{P \times A \times t} \tag{2-5}$$

여기서, V : 시험편을 통과한 공기의 양(ml)

h : 시험편의 높이(cm)

P : 시험편 앞뒤에서의 압력차(물기둥 cm)

A : 시험편의 단면적(cm^2)

t : 공기가 통과하는 데 걸린 시간(min)

5 강도 시험

주물사의 강도 시험으로는 건태 및 습태에서의 전단력, 항압력, 항장력 시험 등이 있으며, 이러한 시험은 그림 2-81과 같은 만능 강도 시험기에서 할 수 있다. 여기서 사용하는 시험편은 통기도 시험의 시험편과 동일한 방법으로 제조한다.

강도 시험 중에서 가장 많이 시행되는 것은 항압력 시험으로, 압축 강도는 다음과 같은 식으로 표시된다.

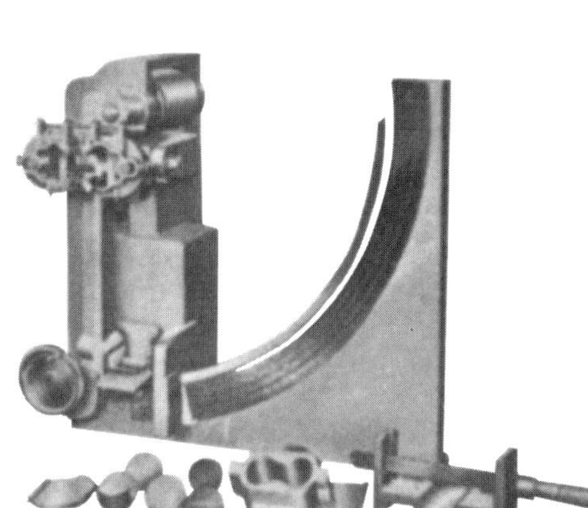

그림 2-81 ▮ 만능 강도 시험기

(a) 생형용　　(b) 건조형용

그림 2-82 ▮ 경도계

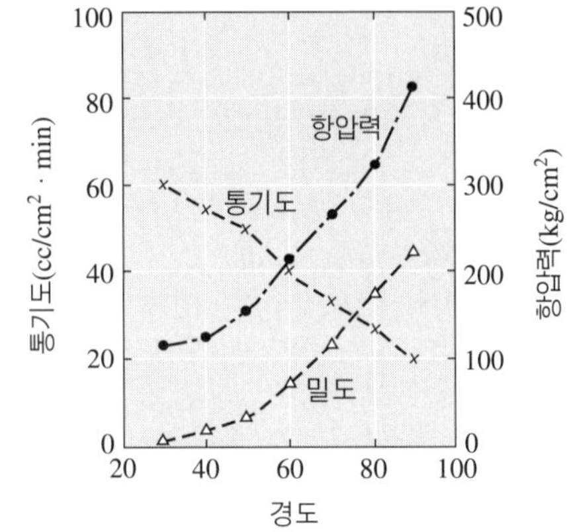

그림 2-83 ▮ 경도와 그 밖의 성질과의 관계

$$\text{압축 강도}(\mathrm{kg/cm^2}) = \frac{\text{시험편이 파괴될 때의 하중}(\mathrm{kg})}{\text{시험편의 단면적}(\mathrm{cm^2})} \qquad (2\text{-}6)$$

⑥ 표면 경도 시험

주형의 다짐 정도를 알아보는 시험으로, 건조형에서는 주형의 경도가 충분히 크므로 별로 이용되지 않고 있으나, 생형에는 많이 이용되고 있다. 경도계는 그림 2-82와 같이 스프링에 받쳐 있는 강구나 날을 주형 표면에 대고 눌렀을 때, 강구가 주형 표면에 들어간 깊이를 다이얼 게이지(dial gauge)로 읽을 수 있게 되어 있다.

일정한 주물사를 사용할 때에는 그림 2-83과 같이 경도에 따라 항압력과 통기도가 규칙적으로 변하므로, 경도를 측정하여 주형의 항압력이나 통기도를 짐작할 수 있다.

(2) 주물사의 배합

주물사는 주조하고자 하는 주물의 재질 및 모양에 따라 요구되는 성질이 각각 다르므로, 이러한 성질을 만족시키기 위해서는 각각의 경우에 맞게 주물사를 배합해야 한다. 또 주물사는 조형시에 사용되는 부분에 따라서 표면사, 이면사 및 코어용 모래로 구분되며, 각각 요구되는 성질이 다르다. 동일한 조성의 주물사라 하더라도 배합 장치의 종류 및 배합 시간에 따라 성질이 달라진다.

① 표면사와 이면사의 배합

표면사란 주입된 용융 금속과 직접 접촉되는 주형 표면에 사용되는 주물사를 말하며, 이면사는 표면사층과 주형틀과의 사이에 채워지는 것을 말한다. 따라서 표면사는 압축 강도, 내화도 등이 좋아야 하며, 가능하면 주물의 표면이 깨끗하도록 입자가 고운 모래를 사용하는 것이 좋다.

한편, 이면사는 강도나 내화도 등은 그리 중요하지 않으나, 가스에 의한 결함을 방지하기 위해서는 통기도가 무엇보다도 중요하다. 일반적으로, 이면사의 강도는 표면사의 강도의 70 % 정도이면 충분하며, 주로 회수된 묵은 모래를 사용한다. 그러나 작은 주물용의 주형에는 이들의 구별 없이 표면사만으로 전체를 채우게 된다.

표면사의 배합에 있어 고려해야 할 점은 어떠한 성질을 가장 중요시하느냐에 있다. 예를 들면, 주강용 주물사로는 주강의 주입 온도가 1530~1560 ℃의 고온이므로 내열성이 무엇보다도 중요하며, 알루미늄 등의 비철 합금은 주입 온도가 낮으므로 내열성은 크게 문제가 되지 않으나, 깨끗한 주물 표면이 요구되므로 입도가 고운 모래가 요구된다.

표 2-11 ▮ 여러 가지 주물사(표면사)의 배합과 그 성질

용도		배합					성질	
		새모래	묵은 모래	점결제	기타	수분(%)	젖은 상태의 통기도	젖은 상태의 항압력 (kg/cm^2)
주강용	대형	규사 100	–	점토 15	당밀 1	8	>700	>0.55
	중형	규사 100	–	점토 15	당밀 1	8	>700	>0.55
	생형	규사 100	–	벤토나이트 6	덱스트린 1	5	>300	>0.35
	특수 생형	지르콘사 100	–	벤토나이트 3, 점토 10	당밀 1	4	–	–
주철용	대형	규사 70	30	점토 13	피치 1	6~8	300~1200	0.6~0.9
	중형	규사 65	35	점토 15	피치 1	6~8	150~450	0.55~0.85
	생형	규사 100	–	점토 3, 벤토나이트 6	당밀 4	4.5~6.5	100~250	0.35~0.65
	생형	규사 20 자연사(100메시) 15	65	벤토나이트 2	–	7	>50	>0.6
구리 합금용	일반	규사 100	–	점토 9	–	6	100~250	0.6~0.8
	생형	자연사(1000메시) 100	–	점토 2	–	5~7	>30	0.5~0.65
알루미늄 합금용	생형	자연사(100메시) 100	–	점토 10~25	–	6~9	5~30	>0.5

*생형용 이외에는 건조형을 나타낸 것이다.
배합은 무게의 비를 나타내며, 모래 100에 대하여 점결제 및 그 밖의 것을 배합한다.

표 2-11은 여러 가지 주물사의 배합과 그 성질을 나타낸 것이다.

2 코어용 모래의 성질과 배합

코어를 제조하는 데 사용되는 주물사를 특히 코어용 모래라고 한다. 코어는 주입 후 표면의 대부분이 쇳물에 의해 둘러싸이고 쇳물의 부력을 받으므로, 표면사나 이면사보다 요구되는 성질이 까다롭다.

코어용 모래가 갖추어야 할 성질은 다음과 같다.

① 코어 제작 및 취급에 충분한 습태 강도를 가질 것
② 건조 후의 건태 강도 및 경도가 높을 것
③ 충분한 통기도를 가질 것
④ 내화도가 높아야 하며, 팽창량이 적을 것
⑤ 주물의 응고 후에 모래떨기 작업이 쉬울 것
⑥ 건조 후 보관 중에 흡습하거나 성질의 변화가 없을 것

표 2-12는 여러 가지 코어용 모래의 배합 보기를 나타낸 것이다.

3 주물사의 혼련

주물사의 혼련 목적은 단순히 모래, 물, 점결제, 첨가제를 섞는 기능 이외에, 모래 알갱이의 표면에 점결제를 고르게 씌우는 데 있다. 주물사는 그림 2-84와 같이 혼련하는 시간이나 혼련기의 종류에 따라 주물사의 성질이 달라지게 된다. 즉 혼련 시간이 짧으면 혼련이 제대

표 2-12 ‖ 여러 가지 코어용 모래의 배합 보기

용도	배합(%)		
	원료사	점토	기타
주강 소형	규사	벤토나이트 2.5~4.0	녹말 0.8(1.0) 아마씨 기름 0.3~3.0
주강 대형	규사	점토 12~14	덱스트린(규석 가루를 배합할 때도 있다.)
주철 소형	규사 15 (60~150메시) 묵은 모래 85	점토 1.2	덱스트린 0.4 곡분 0.6
주철 대형	규사	벤토나이트 1.0	피치 가루 0.3~0.6 곡분 0.8
주철, 주강 (기름 모래)	규사	-	경화유 1.5~3.0, 산화 철 0.15
주철, 주강 (CO_2법)	규사	-	규산 나트륨 5.4, 피치 가루 0.9, 석탄 가루 2.7

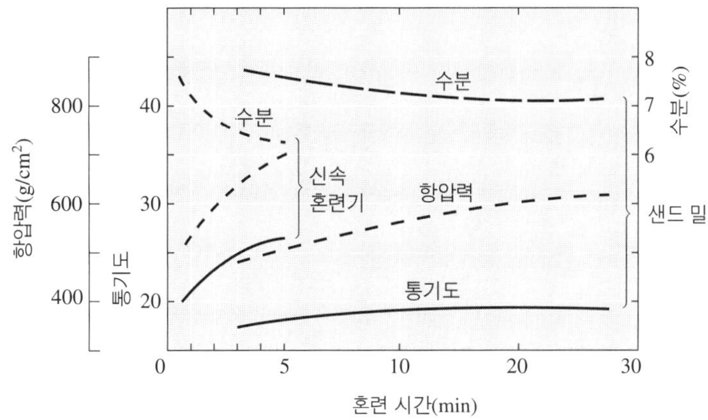

그림 2-84 ▮ 혼련 시간과 주물사의 성질

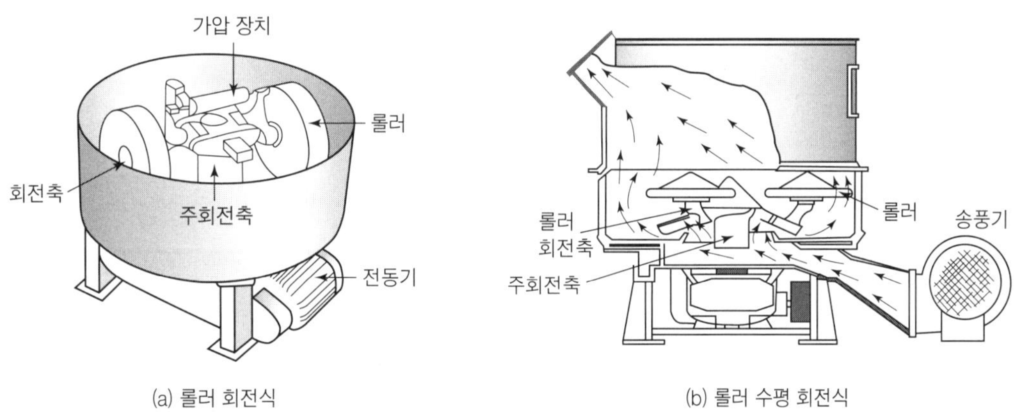

그림 2-85 ▮ 혼련기

로 되지 않아 강도가 낮아지고, 지나치게 오랫동안 혼련하면 주물사의 입자들이 파괴되거나 수분의 증발 등에 의해 강도가 오히려 감소하게 되므로, 주물사의 조정과 혼련기의 종류 등에 따라 알맞은 혼련 시간을 결정해야 한다. 주물사의 혼련에 사용되는 장치로는 그림 2-85와 같은 것이 있다.

(3) 주물사의 관리와 조정

① 주물사 관리

항상 일정한 성질을 가진 주물사를 공급하려면 올바른 배합과 조정이 필요하다. 또 경제적인 면에서도 한번 사용된 주물사를 회수하여 다시 배합 조정한 다음, 주물사의 성질을 재생

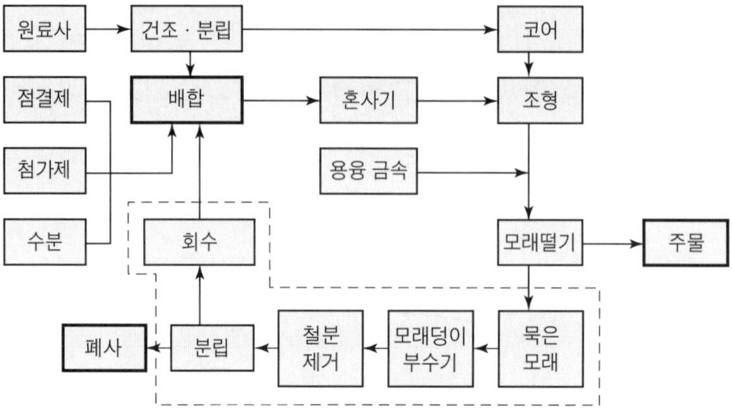

그림 2-86 ▮ 주물사 배합 처리 공정도

시키는 일이 중요하다. 주물사의 조정과 회수는 그림 2-86(점선 부분)에서 알 수 있는 바와 같이, 주물 공장에서 중요한 공정 중의 하나다.

② 주물사의 조정

항상 균일한 주물사를 공급하기 위해서는 먼저 원료사 입도의 조정이 중요하다. 조정된 원료사는 점결제와 물 및 보조제 등을 배합한 다음, 혼사기(sand mixer) 등으로 혼련하여 조정한다. 혼련이 충분히 이루어지면 주물사의 통기도와 강도가 좋아지지만, 지나치면 원료사의 성질에 따라 모래알이 파괴되거나 수분이 증발되는 수가 있으므로 주의해야 한다. 주물사는 사용함에 따라 그 조성과 성질이 점차 나빠지므로, 이를 적절히 관리하여 항상 일정한 성질을 유지하도록 한다.

3. 조형 작업

주형은 주물사를 주형틀에 다져서 만드는 경우가 많으나 큰 주물은 바닥에 피트(pit)를 파서 만드는 형식 등 주물의 크고 작음, 제조 수량 등에 따라 여러 가지 방법으로 만들어진다.

대규모의 공장에서는 대량 생산과 주물의 품질 개선을 위해 조형 공정에 여러 가지 기계가 사용되고 있어, 조형 작업 공정의 자동화가 이루어지고 있다.

1) 조형 작업의 분류와 설비

(1) 주형의 분류

주형의 종류는 분류 방법에 따라 여러 가지로 나뉘고 있으나 모래 주형의 경우 일반적으로 표 2-13과 같이 분류하고 있다.

① 주형의 건조 상태에 따른 분류

◎ 생형(生型)

6~9 %의 수분과 점결제 등을 함유하고 있는 주물사를 사용하여 조형한 후, 건조시키지 않은 상태에서 용융 금속을 주입한다. 따라서 작업 공정이 간편하여 생산 속도는 빠르지만 용융 금속의 주입시에 다량의 수증기가 발생되므로, 주형의 통기도가 좋지 않으면 가스에 의한 결함이 발생할 염려가 있다. 생형은 강도가 약하여 대형 주물의 생산에는 적합하지 못하다.

◎ 건조형(乾燥型)

생형 주형보다 강도를 높이고, 수분에 의한 결함을 없애며, 통기도를 향상시키기 위해 주형을 일정한 온도에서 건조시킨 것이다. 그러나 건조 작업에 많은 시간이 소요되므로 대량 생산에는 적합치 못하다.

표 2-13 ▌주형의 분류

	분류 기준	종류
모래 주형	주형의 건조 상태에 따라	생형
		반건조형(표면 건조형)
		건조형
	주형틀의 사용에 따라	틀 주형(주물 상자 이용)
		혼성 주형(바닥과 상자의 혼성)
		바닥 주형
		피트 주형
	원형의 종류에 따라	현형 주형
		회전 주형
		긁기 주형
		소모성 원형 주형(풀 몰드법)
	조형 작업에 따라	손 주형
		기계 주형
		특수 주형

◎ 반건조형(표면 건조형)

주형 표면에 도형제를 바른 후에 버너와 적외선 램프 등을 사용하여 생형 주형의 표면만을 건조시켜 수분을 제거하고 주형 강도를 높이는 방법이다.

2 주형틀의 사용법에 따른 분류

◎ 개방 주형

그림 2-87 (a)와 같이 주형틀을 사용하지 않고 주물 공장의 바닥에 주물사를 수평으로 한 다음, 원형의 주위를 알맞게 다져서 만든 주형을 개방 주형(開放鑄型, open sand mold) 또는 바닥 주형이라 한다. 이 방법으로 주조한 주물은 상면이 공기와 접촉하여 거칠고 정확한 모양과 치수를 얻을 수가 없으므로 주형틀, 코어 메탈과 같이 치수와 모양이 중요하지 않는 주물 주조에 이용된다.

◎ 틀 주형

2개 또는 3개의 주형틀을 겹쳐 사용하는 조형법을 틀 주형(flack mold)이라 하며, 가장 많이 사용된다. 일반적으로 그림 2-87 (b)와 같이 상형과 하형을 1조로 한 틀 주형 방법이다.

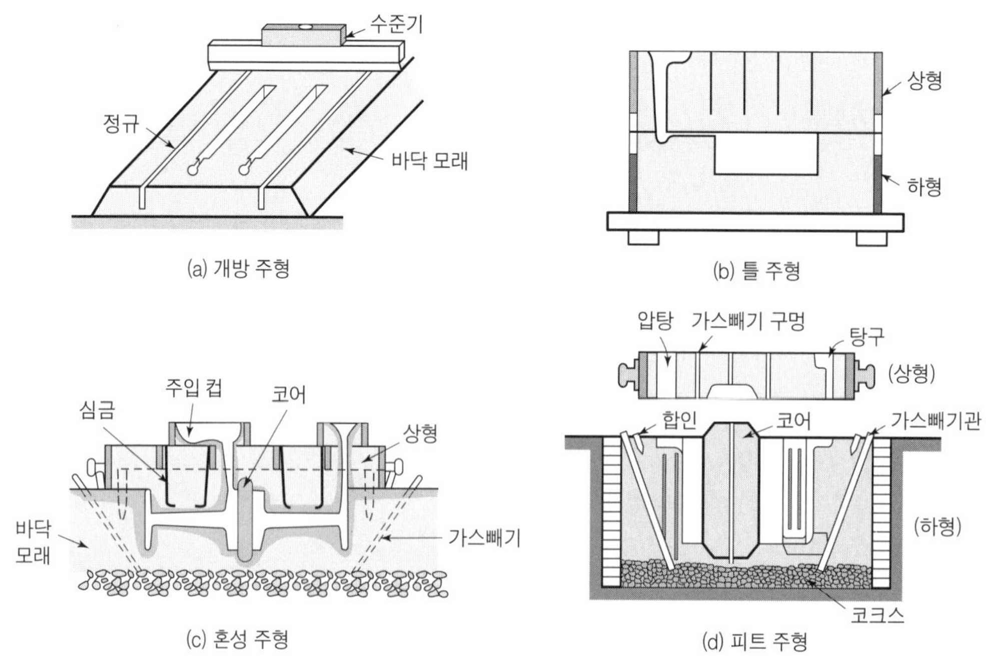

그림 2-87 ▮ 주형틀의 사용에 따른 분류

◎ 혼성 주형과 피트 주형

그림 2-87 (c)와 같이 바닥을 하형으로 하고, 상형은 주형틀을 사용하여 조형한 후 조립한 것을 혼성 주형(bed-in mold, floor mold)이라 한다. 이 조형법은 주입시에 많은 가스가 발생되므로 가스빼기에 유념해야 한다. 특히 하형이 깊거나 커서 그림 2-87 (d)와 같이 피트를 사용한 주형을 피트 주형(pit mold)이라 하며 대형 주형 주물에 이용된다.

③ 원형의 종류에 따른 분류

◎ 현형 주형

현형 주형에 사용되는 원형에는 단체형과 분할형이 있는데, 조형하기 쉽도록 여러 부분으로 분할되어 있다. 그림 2-88은 단체형과 분할형을 사용한 현형 주형의 보기다.

◎ 긁기 주형(strickling mold)

원형의 모양이 제품과는 전혀 다르며, 얇은 판상의 원형으로 조형하는 데 상당한 숙련이 요구된다. 그림 2-89는 긁기형으로 플랜지가 있는 파이프의 하형 주형을 조형하는 보기다.

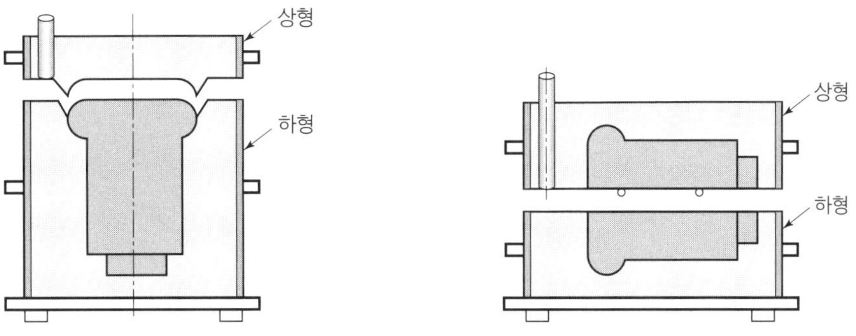

(a) 단체 주형 (b) 분할 주형

그림 2-88 ▌현형 주형

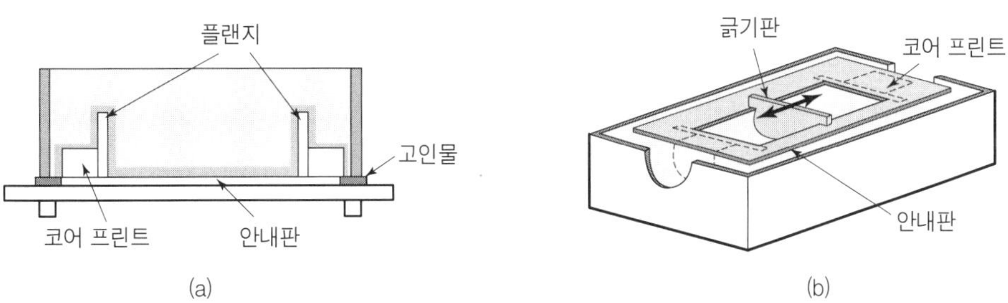

(a) (b)

그림 2-89 ▌긁기 주형

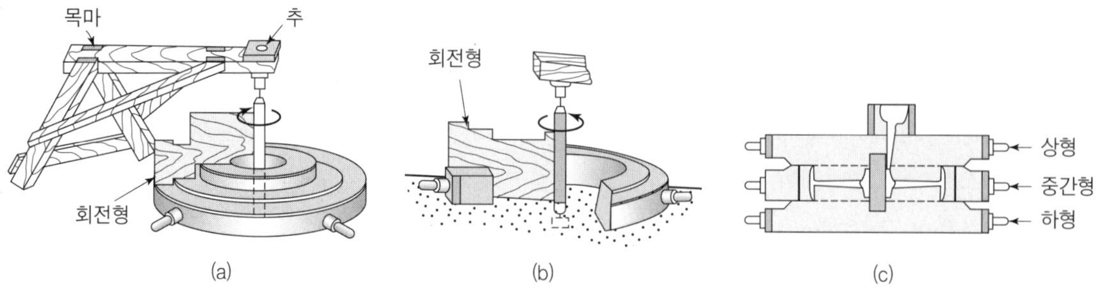

그림 2-90 ▮ 회전 주형

◎ 회전 주형(sweeping mold)

원형의 제작이 쉽고 값이 싸지만, 조형 시간이 길고 상당한 숙련을 필요로 하므로, 비교적 대형이고 제작 개수가 적은 경우에 주로 사용된다. 그림 2-90은 풀리 휠(pulley wheel) 회전형의 보기다.

4 조형 작업에 따른 분류

◎ 손 조형

주형틀에 원형을 배치하고 그 주위에 주물사를 채워 스탬프로 다지고, 원형을 뽑아, 손질하는 등의 조형 공정이 손작업에 의해 이루어지는 조형 작업을 손 조형이라 한다. 손 조형은 제품의 수가 적거나 원형의 구조가 복잡하여 기계 조형이 어려운 경우, 소규모 주물 공장에서 사용된다.

◎ 기계 조형

조형 작업에도 대량 생산과 주물의 균질화를 위해 조형 공정에 여러 가지 기계가 사용되고 있다. 그러나 기계 조형에서는 복잡한 주물이나 어느 크기 이상의 주물은 조형할 수 없고 원형도 단체형이나 분할형만 가능하다.

주물사의 철저한 관리와 연속 작업을 위한 반송 시설 등이 필요하다.

◎ 특수 주형

보통 주물사를 사용하는 일반 주형 이외에 특수사를 사용하거나 특수 공정에 의해 조형되는 주형을 총칭하여 특수 주형이라 한다. 특수 주형에는 CO_2법, 셸 몰드법, 인베스트먼트법, 쇼(Show)법, 풀 몰드법 등이 있다.

(2) 주형틀과 조형용 공구

① 주형틀

일반 조형 작업에는 주입 금속의 종류와 주물의 크기 및 그 모양에 따라 알맞은 주형틀(molding flask)이 필요하다.

주형틀은 위아래 2개 또는 그 이상의 틀로 되어 있으며, 이때 위쪽의 주형틀을 위틀, 아래쪽을 아래틀, 가운데 부분이 사용될 때에는 이것을 가운데틀(cheeks)이라 한다.

주형틀은 재료에 따라 그림 2-91과 같이 나무틀(wood flask), 금속틀(metal flask) 그리고 1개의 주형틀을 가지고 여러 개의 주형을 제작할 때 사용하는 개폐식틀(snap flask) 등이 있다.

개폐식틀을 사용할 때에는 쇳물의 압력에 견딜 수 있도록 주형의 바깥쪽에 씌우는 그림 2-91 (b)와 같은 테이퍼틀(taper flask) 또는 개폐식틀 안에 미리 끼워 조형하는 그림 2-91 (e)와 같은 철판띠(iron band)를 사용한다. 대형 주물에는 주철 및 주강으로 주조한 것을, 단독 또는 볼트로 조립하여 사용한다.

② 조형용 손공구

주형을 다지거나 손질할 때 사용되는 손공구에는 그림 2-92와 같이 여러 가지가 있으며, 이 밖에도 기발침, 수준기, 주물자, 컴퍼스, 먼지 불개, 해머, 토치 램프(torch lamp) 등이 필요하다.

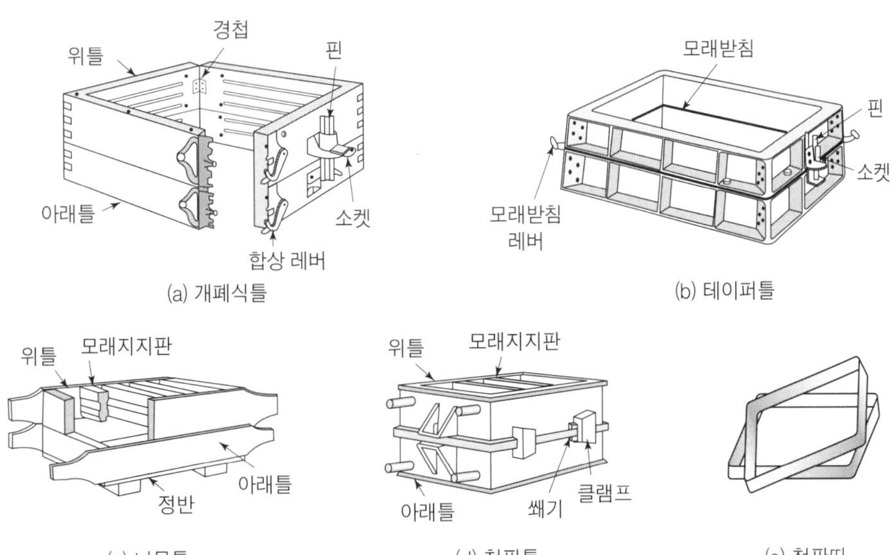

그림 2-91 ▮ 주형틀의 종류

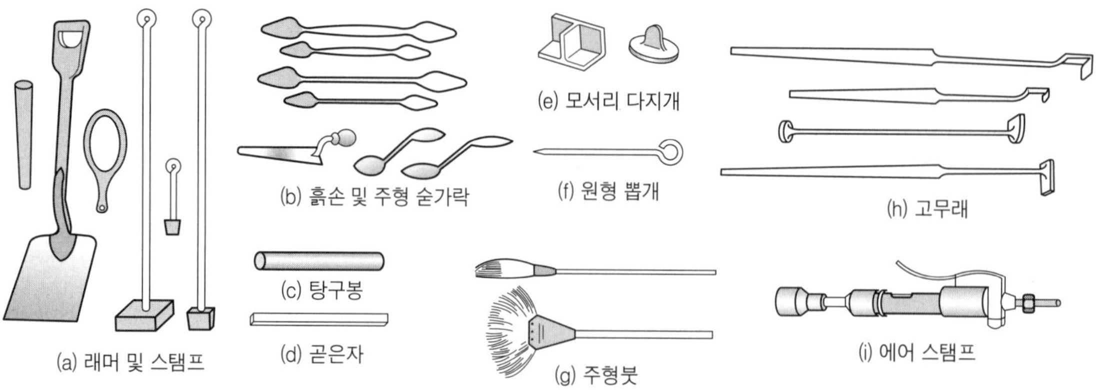

그림 2-92 ▮ 조형용 손공구

2) 주조 방안

넓은 의미에서의 주조 방안(casting plan)은 주어진 제작 도면에 제시된 주물을 어떠한 방법으로 주조할 것인지를 검토하여 그 방안을 세우는 모든 과정이 포함된다. 그러나 좁은 의미에서의 주조 방안은 주형을 어떤 방법으로 조형하느냐를 결정하는 수단으로 원형과 주형의 제작 방법을 결정하게 된다. 주조 방안을 결정하는 데는, 쇳물의 성질과 유동성, 응고 등에 관한 기초적인 이론에서부터 주물의 후처리에 이르기까지 잘 알고 있어야 한다. 또한 주조 방안과 관련되는 사항들은 주물의 종류, 모양, 크기 등에 따라 달라지기 때문에 어떤 이론적인 일정한 방법이나 기준만을 가지고 주조 방안을 세우면 만족할 만한 결과를 얻기 어렵다. 그러므로 많은 경험과 실제의 결과를 종합하여 주조 방안을 세워야 좋은 주물을 생산할 수 있다.

(1) 주조 방안의 기초

1 주형의 구성과 기능

결함이 없는 건전한 주물을 만들기 위해서는 주형 내부의 제품 모양의 빈 공간만으로는 불충분하다. 즉 주형의 외부로부터 깨끗한 용융 금속이 유입될 수 있는 통로와 주형에서 발생하는 가스의 배출 및 쇳물의 수축에 의한 결함의 방지 등을 위한 여러 가지 조치가 필요하다.

- 주형의 구조와 각부의 명칭

주형의 구조는 주물의 모양, 크기 및 주조 방안 등에 따라 달라진다. 예를 들면, 틀주형의 경우 각부 명칭은 그림 2-93과 같다.

◎ 탕구계의 기능

주입에 필요한 주입컵(pouring cup, pouring basin), 탕구(sprue, downgate), 탕도(runner, crossgate) 및 게이트(gate, ingate) 등을 통틀어 탕구계(sprue system) 또는 탕구계통(gating system)이라 한다. 이 밖에도 압탕(riser), 플로 오프(flow off) 및 가스빼기(air venting) 등의 역할은 매우 중요하다.

a) **주입컵** : 주형에 주입할 때에 레이들(ladle)로부터 용융 금속을 받아들이는 곳을 주입컵(pouring cup)이라 한다. 소형 주물에서는 주입컵을 설치하지 않고 약간 넓힌 탕구로 직접

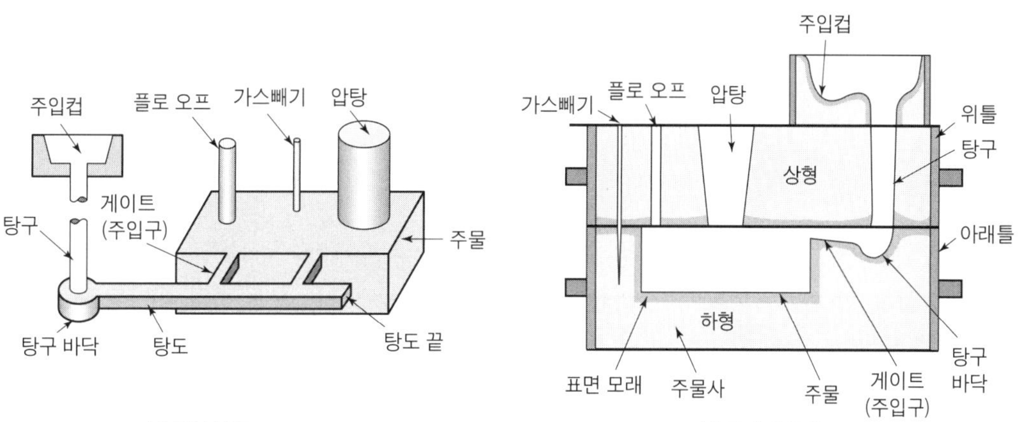

그림 2-93 ▮ 주형 각부의 명칭

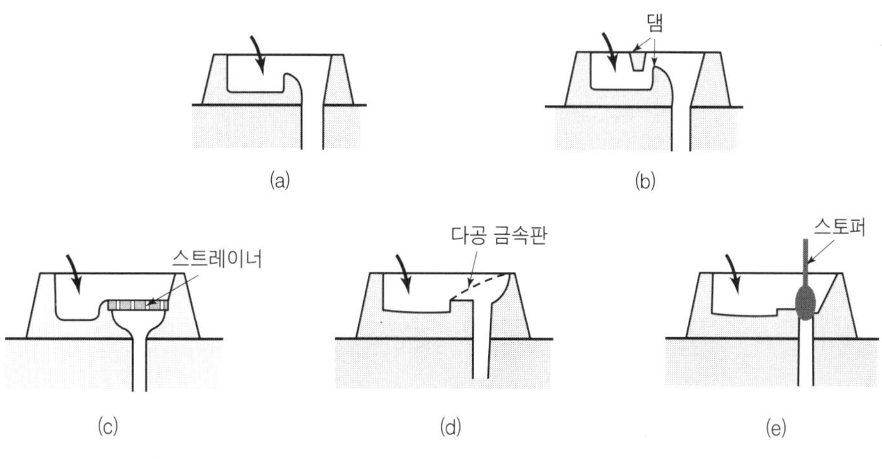

그림 2-94 ▮ 주입컵의 형식

주입할 수도 있으나 대형 주물의 경우 많은 양의 쇳물을 탕구에 직접 주입하면, 실제적으로 주입 속도를 조절하기 어렵고, 탕구를 상하게 하거나 모래나 슬래그 등이 섞여 들어가는 수가 많다. 주입컵은 그림 2-94와 같이 여러 가지 종류가 있다.

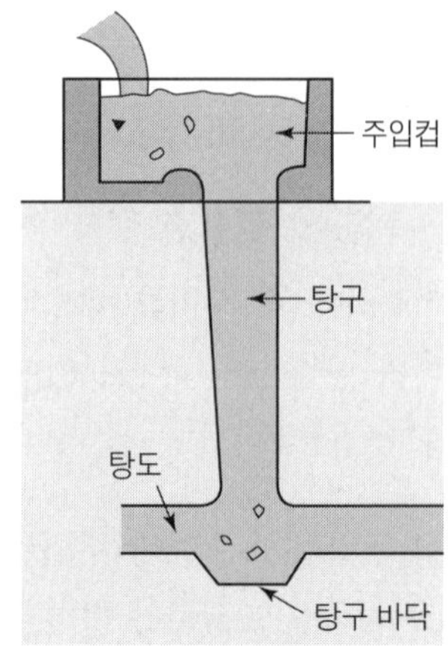

그림 2-95 ‖ 탕구와 탕구 바닥

b) **탕구와 탕구 바닥**(sprue base) : 주입할 때 쇳물이 주형으로 들어가는 첫 통로로, 단면은 원형이고, 윗부분이 조금 큰 원뿔 모양의 수직부를 탕구(湯口)라 한다. 주입 방식에 따라 탕도를 통하여 주형에 주입하는 일반적인 형식과, 간단한 주물을 만들 때 이용하는 탕도 없이 주물에 직접 주입하는 형식이 있다. 탕구 바닥(湯口底)은 그림 2-95에서와 같이 탕구와 탕도가 연결되는 바닥으로, 수직으로 낙하하는 용융 금속이 조용히 운동 방향을 바꾸어 수평으로 이동하도록 하는 역할을 한다. 이곳은 주입시에 큰 충격을 받기 쉬운 곳이므로 필요에 따라서는 내화 벽돌 등을 이용하기도 한다.

c) **탕도, 게이트**(gate, ingate) **및 탕도 연장** : 탕도(湯道, runner)는 용융 금속을 주형 내부의 각 부분으로 유도 및 배분해 주는 역할을 하는 수평의 통로이다. 즉 탕구와 게이트(鑄込口)를 연결하는 부분이 탕도이다. 그러나 간단한 소형 주물에서는 이들을 구분하지 않고 게이트만을 사용하는 경우도 있다.

② 탕구계의 형식

◎ 게이트가 없는 경우

단순한 모양의 주형은 그림 2-96 (a)와 같이 게이트가 없는 경우가 있다. 이 형식은 주입 속도의 조절이 어려우며, 용융 금속의 낙하와 소용돌이에 의해 주형 바닥의 파손이나 침식 및 공기, 슬래그의 혼입 등의 우려가 있다. 이러한 점을 보완하기 위해 그림 2-96 (d)와 같이 펜슬 게이트(pencil gate)가 사용되기도 한다.

◎ 게이트가 있는 경우

a) **상부 게이트** : 그림 2-96 (b)와 같이 탕도와 게이트가 주물의 상부에 있다. 게이트가 주물의 윗부분에 있으므로 주입시에 소용돌이가 생기나, 조형 작업이 간편하고 탕구계가 짧아 경제적이므로, 많이 사용되는 형식이다.

b) **하부 게이트** : 그림 2-96 (c)와 같이 게이트를 주물의 밑면에 두는 형식으로, 주형 내에서

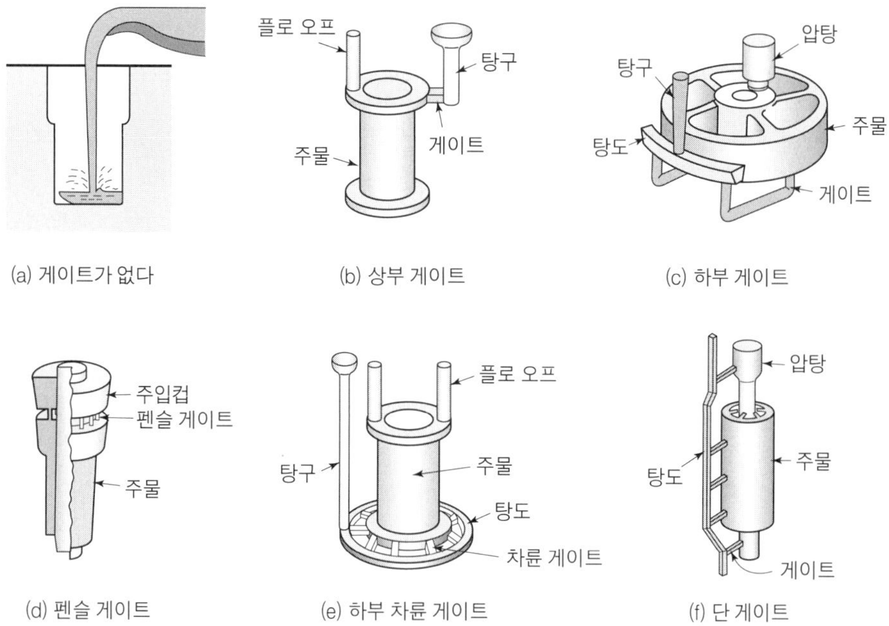

그림 2-96 ‖ 게이트의 형식별 사례

의 소용돌이와 침식을 최소로 줄일 수는 있지만, 압탕 효과를 고려할 때 바람직하지 못하다. 이를 보완하기 위해 그림 2-96 (e)와 같은 차륜 게이트를 사용하기도 한다.

c) 단 게이트 : 하부 게이트의 장점을 최대한으로 살리고 단점을 보완하기 위한 형식으로 그림 2-96 (f)와 같이 여러 층의 게이트를 사용한 방식이다.

③ 탕구비

탕구, 탕도 및 주입구의 단면적과 그 비율은 쇳물이 흐르는 상태나 슬래그의 혼입, 또는 주입 시간 등에 영향을 주는데, 이때 이들 단면적의 비를 탕구비(湯口比)라 하며 S : R : G로 나타낸다.

탕구비는 주조 방안을 세울 때 매우 중요한 값이 된다. 그러나 이 관계를 쇳물의 화학 성분과 주형의 모양 및 주입 온도 등에 따라 일정하지 않으며, 실험값이나 실제의 경험값도 각각 다른 결과를 가져올 때가 많다.

일반 공장에서는 주철의 경우 S<R>G, 주강, 동합금 및 경합금일 때에는 S<R<G의 비율로 하고 있다.

탕구비의 형식에는 압력 주입식(pressurized gating system)과, 비압력 주입식(unpressurized gating system)이 적용된다.

◎ 압력 주입식

게이트의 총단면적이 탕구의 단면적보다 작아 탕구계에 배압이 생기는 경우이고, 많이 쓰이는 탕구비는 1 : 0.75 : 0.75, 1 : 2 : 1 등 여러 가지가 있다.

그림 2-97은 전형적인 압력 주입식을 나타낸 것으로, 탕구비가 1 : 0.75 : 0.5인 경우다.

이러한 주입식의 장점을 알아보면 다음과 같다.

① 용융 금속이 탕구계를 가득 채운 상태에서 흐르므로, 탕구계 주위에서 공기의 흡입이 적다.
② 각 게이트에서 주형 공간으로의 유입 속도가 균일하다.
③ 게이트와 탕도의 크기가 작으므로 회수율이 높다.
④ 탕도가 게이트보다 위에 있어 슬래그나 산화물이 주형 내로 들어가지 않는다. 그러나 용융 금속의 유입 속도가 빠르므로 주형 공간으로 유입할 때 격심한 소용돌이를 일으키게 되어, 공기 흡입, 산화물 생성, 주형 침식의 우려가 있다. 따라서 압력 주입식은 산화성이 크지 않은 철 합금이나 구리 합금계의 주조에 주로 이용된다.

◎ 비압력 주입식

게이트의 총단면이 탕구의 단면적보다 큰 경우로, 그림 2-98은 비압력 주입식을 나타낸 것이다.

탕구계 내에 배압이 없어 용융 금속의 유입 속도가 느리므로, 압력 주입식의 단점인 용융 금속의 산화나 공기의 흡입이 적어 산화성이 큰 금속의 주조에 이용된다. 그러나 다음과 같은 점에 유의해야 한다.

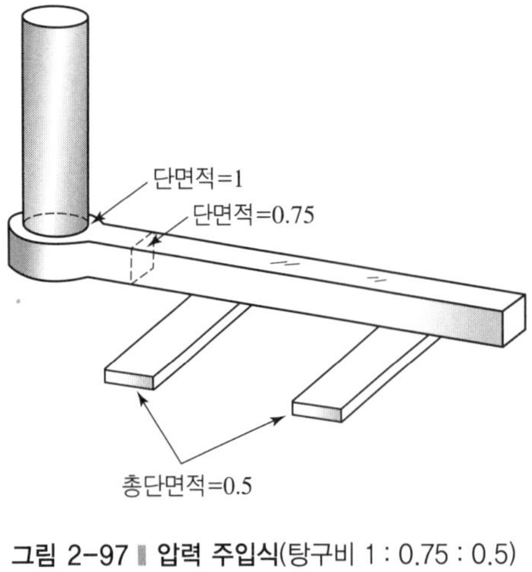

그림 2-97 ▮ 압력 주입식(탕구비 1 : 0.75 : 0.5)

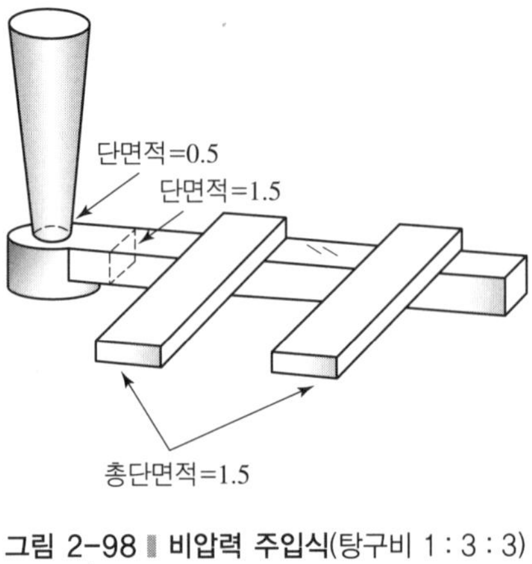

그림 2-98 ▮ 비압력 주입식(탕구비 1 : 3 : 3)

① 주입 중 탕구계가 완전히 채워지도록 설계해야 한다.
그림 2-98에서 게이트가 탕도의 윗면에 설치된 것은 이러한 이유 때문이다.
② 각 게이트마다 주입 속도가 균일하도록 각각의 단면적을 조절해야 한다.
③ 게이트의 체적가 크므로 압력 주입식에 비해 회수율이 낮다.

4 슬래그와 산화 개재물의 제거

용융 금속을 주입할 때 외부로부터 유입된 슬래그이나 주입 중 생성된 산화성 개재물을 제거하기 위해, 다음과 같은 여러 가지 방법이 단독 또는 복합적으로 사용되고 있다.

① 탕도 연장부를 설치한다.
② 슬래그와 용융 금속의 비중차에 의해 분리될 수 있도록 탕도를 상형에, 게이트를 하형에 설치한다.
③ 그림 2-99와 같은 소용돌이 탕구에 의해 원심력으로 슬래그를 분리한다.
④ 탕도의 윗면을 톱니 모양으로 하여 슬래그가 걸리도록 한다.
⑤ 탕구계 내에 그림 2-100과 같이 스크린이나 그림 2-101과 같이 스트레이너, 코어 등을 설치한다.

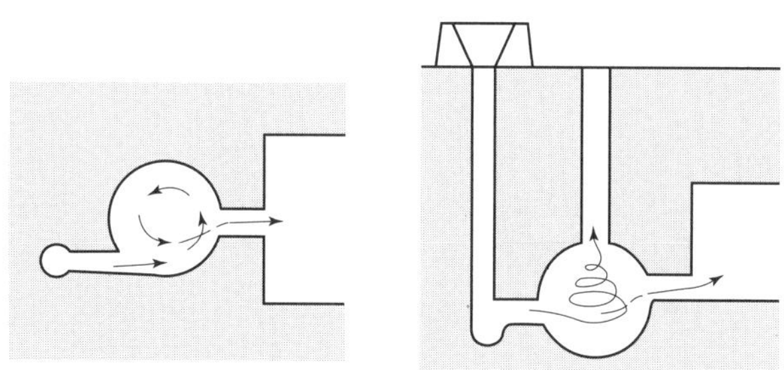

그림 2-99 ‖ 소용돌이 탕구

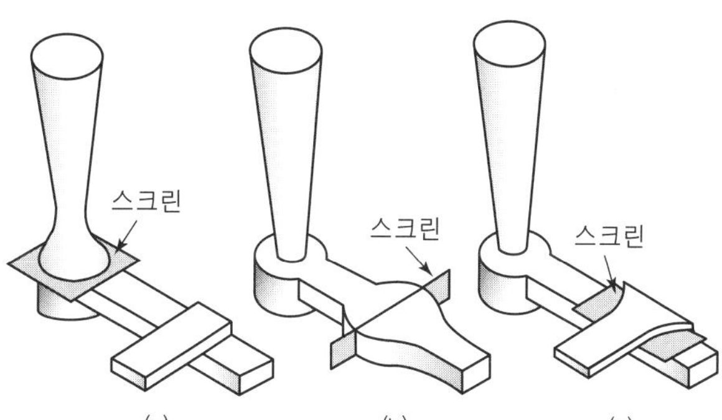

그림 2-100 ‖ 탕구계 내의 스크린 설치 방법

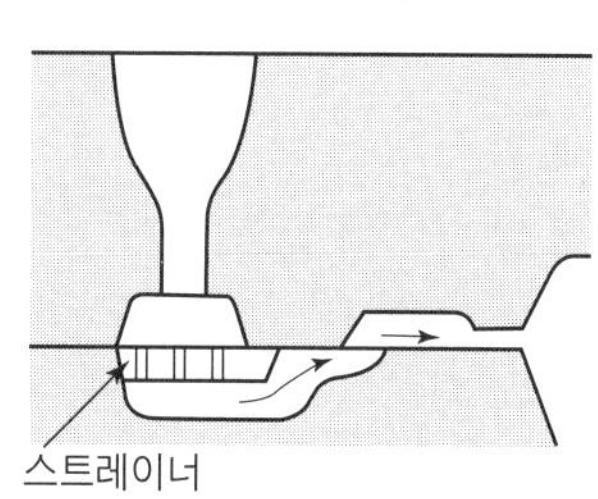

그림 2-101 ‖ 스트레이너의 사용

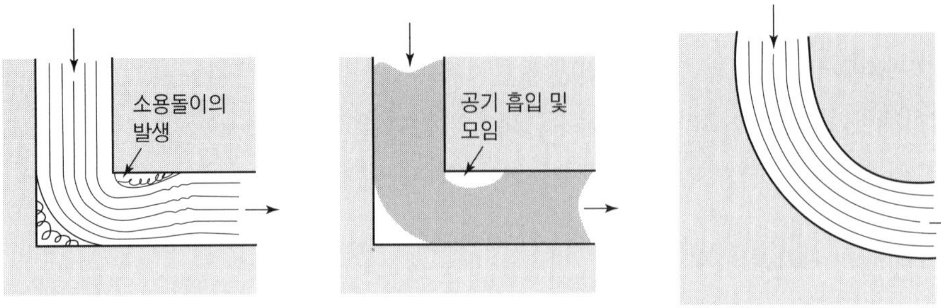

(a) 예각부에서의 소용돌이 (b) 예각부에서의 유입 불량 (c) 유선형 굽힘부

그림 2-102 ▮ 탕구계 굽힘부 주위의 유체의 유동

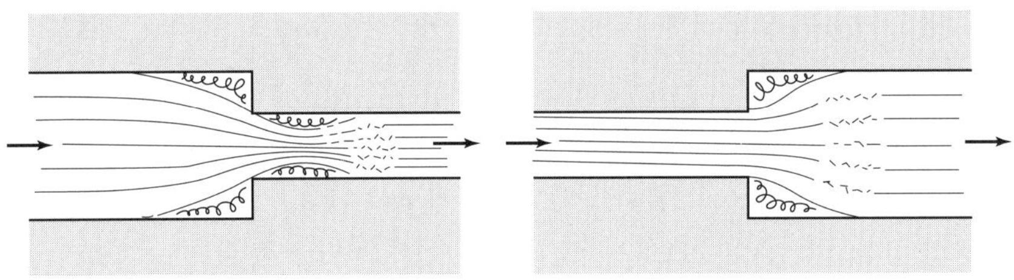

(a) (b)

그림 2-103 ▮ 탕구계의 갑작스런 확대 또는 축소로 인한 소용돌이의 발생

5 유선형의 탕구 방안

깨끗한 주물을 얻기 위해서는 탕구계는 항상 유선형으로 설계할 필요가 있다.

그림 2-102와 그림 2-103은 유선형 탕구계와 그렇지 않은 경우의 용융 금속의 흐름을 비교한 것이다.

유선형을 사용하지 않은 경우 다음과 같은 불리한 점이 있다.

① 공기 또는 산화 개재물이 용융 금속과 뒤섞인다.
② 탕구계의 주형벽을 침식하여 주물에 모래가 섞인다.
③ 용융 금속의 유속을 감소시킨다.

6 압탕의 설계와 효율화

◎ 방향성 응고

압탕은 주물이 응고할 때에 수축하는 양만큼 용융 금속을 보충해 주는 것으로, 그 역할을 충실히 수행하기 위해서는 주물 본체보다 늦게 응고하도록 설계해야 한다. 그러나 이것만으로는 불충분하다. 즉 그림 2-104 (a)와 같이 압탕과 주물 중의 응고 속도가 가장 느린 부분과의 사이에 응고 속도가 빠른 부분이 있다면, 이 부분이 먼저 응고하게 된다. 따라서 뒤이어 응고 속도가 느린 부분이 응고하여 수축할 때에는 압탕에 있던 쇳물이 그곳으로 보충될 수가 없게 되어 수축 결함이 생긴다. 그러므로 압탕에서 멀리 떨어진 곳일수록 응고가 빠르고, 압

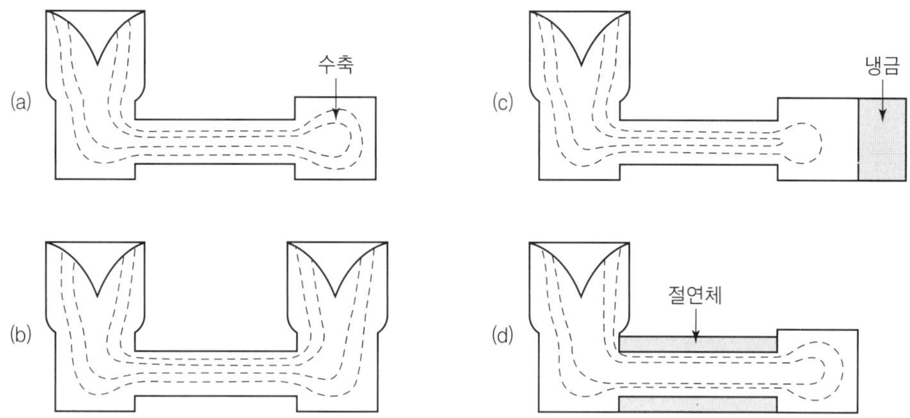

그림 2-104 ‖ 고립된 대형 단면의 압탕

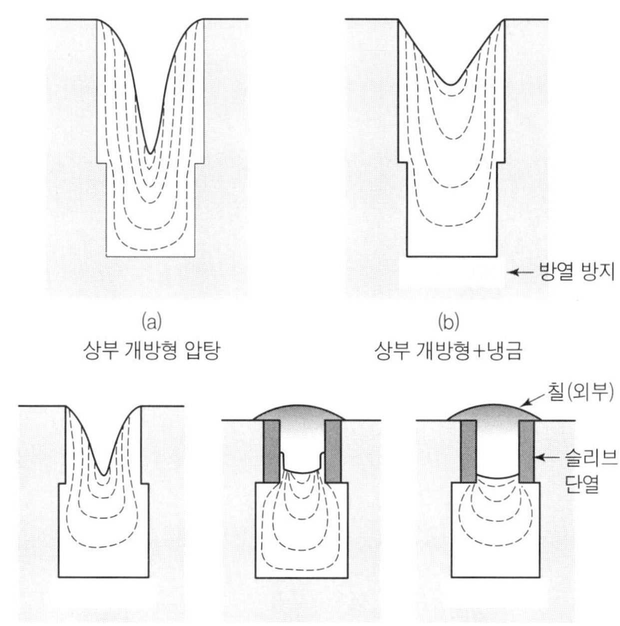

그림 2-105 ‖ 정육면체 주강의 압탕 설계

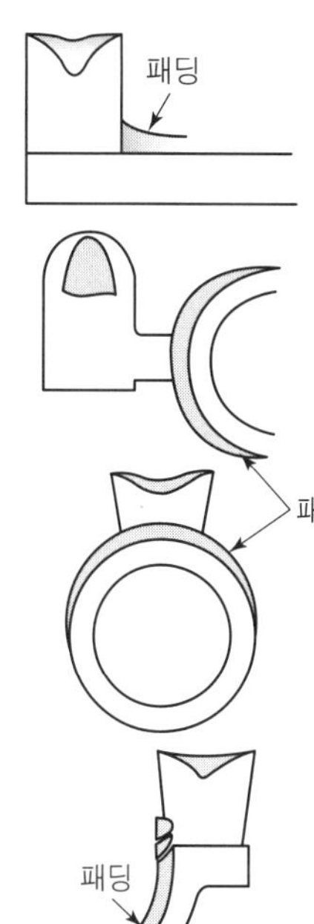

그림 2-106 ‖ 방향성 응고를 얻기 위해 패딩한 주물의 전형적인 예

탕에 가까와질수록 응고 속도가 느려야 한다.

이와 같이 압탕에서 먼 곳으로부터 응고가 시작하여 압탕을 향하여 응고가 차례로 진행되어 가는 것을 방향성 응고라 한다.

◎ 압탕의 크기

간단한 모양의 주물 및 압탕이 응고하는 데 걸리는 시간은 그 체적과 표면적 비의 제곱에 비례하며, 다음과 같이 나타내고 있다. 즉,

$$\text{응고 시간}=K\left(\frac{\text{주물의 체적}}{\text{주물의 표면적}}\right)^2 \qquad (2\text{–}7)$$

여기서, K : 용융 금속과 모양에 따른 상수

따라서 압탕이 주물보다 늦게 응고하기 위해서는 그림 2–105 (a)와 같이 주물보다 커야 한다. 그러나 이러한 압탕은 비경제적이다. 보다 효율적이기 위해서는 그림 (b), (c), (d)와 같이 절연제, 발열제 또는 칠을 사용하여 압탕의 응고 속도를 늦추거나 주물의 응고 속도를 빨리한다.

주물의 모양이 이와 같이 단순하지 않고 그림 2–105와 같이 최후 응고부와 압탕과의 사이에 응고가 빠른 부분이 있을 경우에는, 칠이나 단열재를 사용하여 각 부분의 응고 속도를 조절해야 한다.

그 밖에도 방향성 응고를 얻기 위해 그림 2–106과 같이 주물살을 덧붙 이는 패딩(padding)을 하여 주조한 후, 기계 가공으로 여분의 덧붙임을 제거하는 방법도 있다. 계산으로 압탕의 크기를 결정하는 방법에는 여러 가지가 있으나, 형상 인자를 계산하여 압탕과 주물의 체적의 비를 구하는 방법이 널리 쓰이고 있다.

◎ 압탕의 효율화

a) **발열 보온제의 사용** : 압탕의 크기를 줄이고 효과를 높이기 위해, 그림 2–107 (a)와 같이 주입한 다음 그림 (b)와 같이 발열 보온제의 가루를 압탕의 쇳물 표면에 뿌린 다음 필요하면 그림 (d)와 같이 압탕의 쇳물을 보충한다.

b) **보열 슬리브의 사용** : 그림 2–108과 같이 압탕에 보열 슬리브(feedex sleeve)를 사용한다. 이 방법은 압탕의 체적를 줄이고, 오랫동안 압탕의 쇳물이 고온의 상태로 유지할 수 있으므로 대형 주물에 이용된다.

   그림 2–109는 보열 슬리브의 효과를 보여주고 있다. 그림 2–110은 각종 보열 슬리브의 보기다.

(a) 압탕에 쇳물이 25 mm정도 채워질 때까지 주입한다

(b) 압탕의 쇳물 위에 발열 보온제를 투입한다

(c) 발열 반응을 일으킨다

(d) 필요하면 쇳물을 보충한다

그림 2-107 ▮ 발열 보온제의 투입

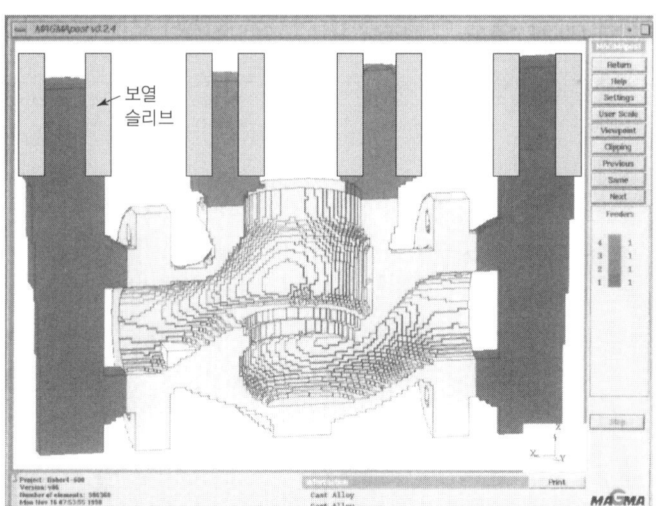

그림 2-108 ▮ 압탕 보열 슬리브의 사용

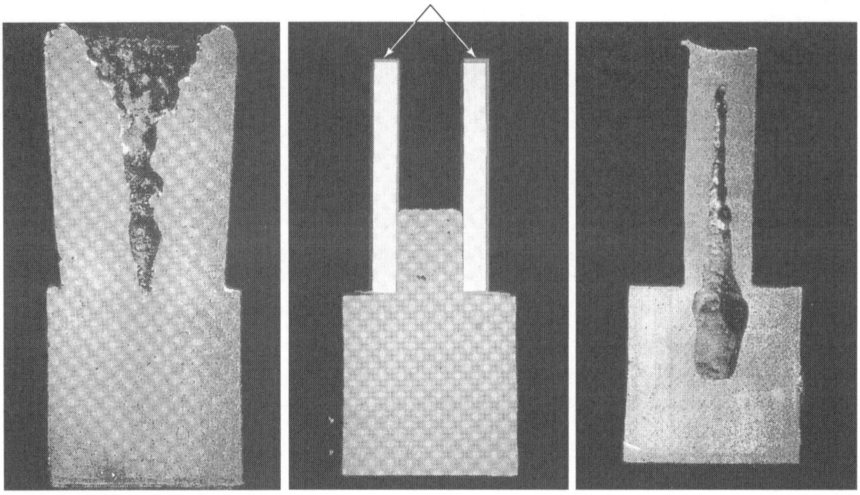

(a) 일반 압탕 (b) 보열 슬리브 사용 (c) 보열 슬리브 불사용

그림 2-109 ▮ 보열 슬리브의 사용 사례 비교

그림 2-110 ▮ 보열 슬리브의 종류

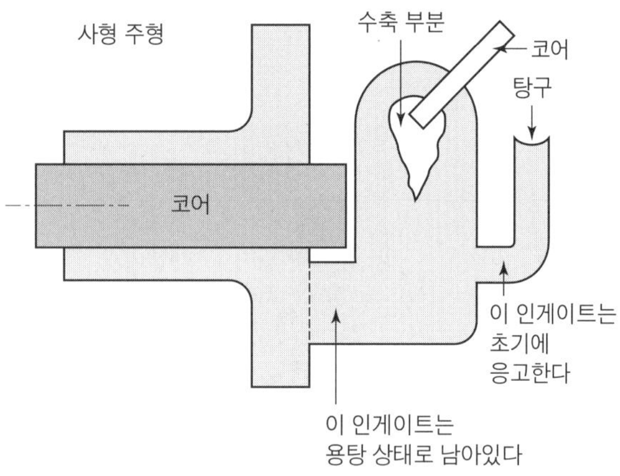

그림 2-111 ▮ 블라인드 압탕

c) 그 밖의 압탕의 효율화 : 압탕의 목에 노크오프 코어(knock-off core)를 사용한 노크오프 압탕(knock-off rise)이 있는데, 이것은 주강이나, 주철 주물에서 큰 압탕이 필요할 때 사용하면 효과적이다. 주물에 따라서는 아래쪽이나 가운데 쪽에 필릿 두께가 두껍고 고립된 부분도 있는데, 이때에는 보통의 개방형 압탕으로는 쇳물의 보급이 어렵게 되므로,

표 2-14 ▮ 각종 주물의 주입 온도

주물 재질	주입 온도(℃)
청동 주물	1150~1200
황동 주물	1050~1150
알루미늄 합금 주물	670~760
주철 대형 기계 주물	1350~1360
주철 소형 기계 주물(생형)	1350~1400
주철 잉곳 케이스	1265~1280
대형 주강	1520~1540
소형 주강	1540~1560

그림 2-111과 같은 블라인드 압탕(blind rise)을 사용한다.

(2) 주조 방안 계산

화학 성분이 같은 쇳물이라도 주입 온도에 따라 쇳물의 유동성에 미치는 영향은 크다. 따라서 주물의 모양 및 필릿(fillet) 두께에 따라 주입 온도를 조절할 필요가 있다. 또 비철 합금 주물과 같이, 주입 온도가 기계적 성질에 영향을 주는 것도 있으므로, 그 결정은 매우 중요하다. 주입 온도는 여러 가지 요소를 종합하여 결정하는데, 일반적으로 표 2-14를 기준으로 하고 있다.

주입 속도는 주조 방안을 세우는 데 매우 중요한 요소이며, 탕구, 탕도, 게이트의 크기와 모양 그리고 탕구비 등에 따라 달라진다. 그러므로 주입 속도, 즉 주입 시간을 미리 결정한 다음, 이것을 기준으로 하여 탕구비를 정하는 것이 일반적이다.

① 주입 계산

◎ 주입 시간(pouring time)

탕구계의 크기를 정할 때 그 기초가 되는 주입 시간은, 주입되는 쇳물의 무게, 필릿의 평균 두께 및 주형 강도 등을 고려하고, 실제의 주조 결과와 비교, 수정해야 한다. 현장에서 사용하고 있는 가장 잘 알려진 것은 디터어트(H.W. Dietert)의 식으로, 주입 시간을 주물의 무게와 살 두께를 함수로 다음 식 (2-8)으로 계산하고 있다.

표 2-15 ▮ 주철 주물의 살 두께와 S값

살 두께(mm)	2.8~3.5	4~8	8.3~15.8
S	1.63	1.86	2.23

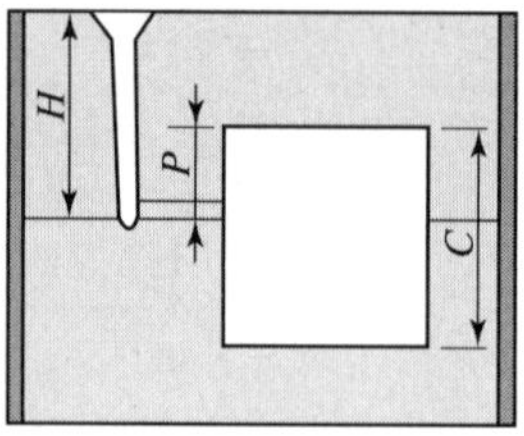

그림 2-112 ▮ 유효 탕구의 높이

$$T=S\sqrt{W} \tag{2-8}$$

여기서, T : 주입 시간(s)
W : 주물의 무게(kg)
S : 주철의 경우로서 필릿 두께에 따른 상수 (표 2-15)

◎ 유효 탕구 높이(effective sprue height)

유효 탕구 높이는 그림 2-112에 따라 다음 식 (2-9) 또는 (2-10)으로 구할 수 있다.

$$\text{유효 탕구의 높이}=E.S.H=\frac{2HC-P^2}{2C}\text{(사이드 게이트)} \tag{2-9}$$

또는

$$\text{유효 탕구의 높이}=E.S.H=\frac{2HC-P^2}{2C}=\frac{2HC-0}{2C}$$

$$=H\text{(톱 게이트)}\ (\because P=0) \tag{2-10}$$

여기서, H : 탕구의 높이
C : 주물의 높이
P : 주입구 윗부분에서의 주물 높이

◎ 주입구 넓이

주입구의 넓이는 탕구 및 탕도의 크기를 정하는 기초가 되며, 나음 식 (2-11)으로 구할 수 있다.

$$A=2.0\sqrt{\frac{W}{E.S.H}} \tag{2-11}$$

여기서, A : 주입구의 단면적(cm^2)
$E.S.H$: 유효 탕구의 높이(cm)
W : 주물의 무게(kg)

위의 식 (2-11)에 의하여 얻은 값과 선정된 탕구비로부터 탕구 및 탕도의 크기를 구할 수 있다. 물론 이 계산값은 실제의 경험 값과 비교, 수정해야 한다.

② 압탕의 계산

압탕의 크기를 결정하는 방법에는 여러 가지가 있으나, 미국 해군 연구소의 비숍(H.F. Bishop)과 존슨(W. Johnson)에 의한 주강의 압탕 계산 방법의 기본이 되는 한 예를 보면 다음과 같다.

$$\text{형상 인자(shape factor)} = \frac{l+w}{t} \tag{2-12}$$

$$\text{압탕과 주물의 체적의 비} = \frac{V_R}{V_C} \tag{2-13}$$

여기서, l : 길이, w : 너비,
t : 두께, V_R : 압탕의 체적,
V_C : 주물의 체적

이상의 관계로부터 압탕의 크기를 정하는 방법이다. 즉 그림 2-113과 같이 주물의 크기를 알고, 형상 인자를 구하면, 이 값으로부터 주물의 체적 V_R/V_C의 값을 알 수 있으므로, 필요한 압탕의 최소 체적을 구할 수 있다. 그림 2-113의 보기로부터

$$l+w/t=(18+18)/2=18 \tag{2-14}$$

따라서, $V_R/V_C \fallingdotseq 0.29$

$$\therefore V_R = V_C \times 0.3$$

즉 압탕은 주물 체적의 약 30 %에 해당하는 체적이 필요하다.

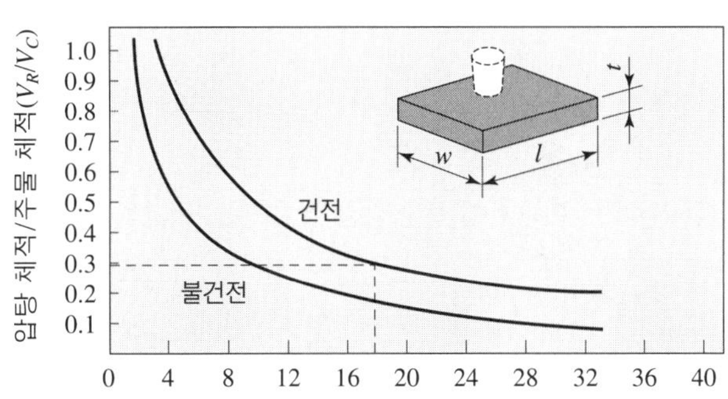

그림 2-113 ▮ 형상 인자와 최소 압탕 비체적과의 관계

③ 주입 추의 무게

주입 추의 무게를 알기 위해서는 쇳물이 주형에 가하는 압력을 알아야 한다.

주형에 쇳물을 주입하면, 주형의 각 부분은 투상 면적과 탕구의 높이에 비례하여 압력을 받게 된다. 이 압력은 주형의 각 부분에 가하게 되며, 코어에는 부력을 준다. 이와 같은 힘이 위틀의 무게보다 클 때에는 위틀을 들어올리게 되므로, 쇳물이 새거나 주형이 파괴된다. 따라서 위틀과 아래틀을 클램프 등으로 잘 죄든지 무거운 주입 추를 위틀에 올려 놓아야 한다.

이때 주입 추의 무게 P(kg)를 구하는 식은 다음과 같다.

$$P = A \times H \times S \tag{2-15}$$

여기서, A : 주물을 위에서 본 투상 면적(m^2)
H : 주물의 윗면에서 주입구의 탕면까지의 높이(m)
S : 주입 금속의 비중량(kg/m^3)

그러나 실제로는 쇳물이 흐를 때 큰 압력을 받게 되므로, 계산값의 10~30 % 가량을 여유 있게 더하는 것이 안전하다.

보기 1

그림 2-114 (a)와 같이 A=400 mm×400 mm인 주철 주물을 만들 때, 필요한 주입 추의 무게는 얼마로 하면 안전한가? 여기서, H=120 mm, S=7200 kg/m^3로 한다.

풀이 식 (2-15)에서 $P=(0.4)^2\times0.12\times7200=138.24$(kg)

약 138 kg이 위틀에 주는 총압력이 되므로, 10 %를 더한 약 150 kg로 하면 안전하다.

$\because\ 138+\dfrac{138\times10}{100}$

보기 2

그림 2-114 (b)와 같은 치수를 가진 주물에서 위틀이 받는 압력은 H가 120 mm 및 300 mm의 높이

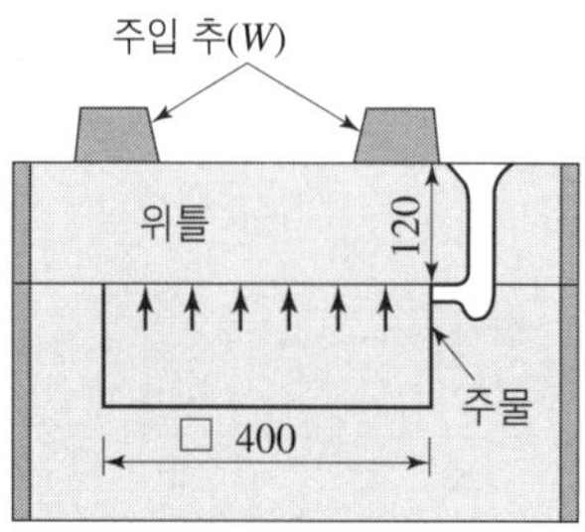

(a) 주입 추의 계산(1)

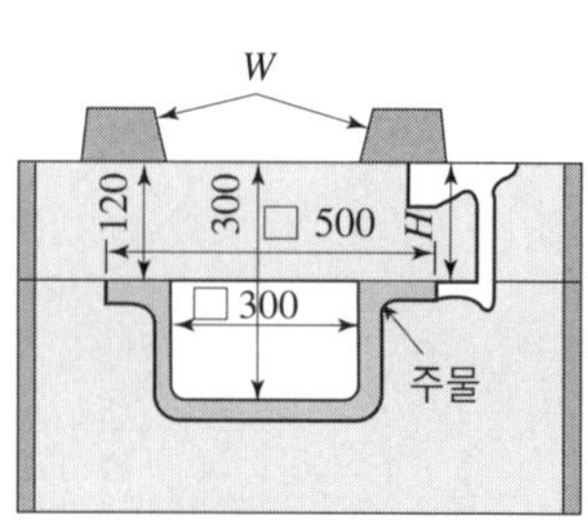

(b) 주입 추의 계산(2)

그림 2-114 ‖ 조립형의 보기

일 때 받는 압력의 합(P_1+P_2)을 받게 된다. 이때 필요한 주입 추의 무게는 얼마로 하는 것이 안전한가? 여기서, $S=7200\ \mathrm{kg/m^3}$로 한다.

풀이 $P_1=[(0.5)^2-(0.3)^2]\times 0.12\times 7200 \fallingdotseq 138(\mathrm{kg})$

$P_2=(0.3)^2\times 0.3\times 7200 \fallingdotseq 194(\mathrm{kg})$

$\therefore P_1+P_2=138+194=332(\mathrm{kg})$

따라서 추의 무게는 약 350 kg으로 하면 안전하다.

$\because 332+\dfrac{332\times 10}{100}$

3) 조형 방법

(1) 조형법의 선택

조형 작업은 주물의 종류, 제작 개수 및 공장의 규모 등에 따라 방법이 달라진다. 예를 들면, 그림 2-115 (a)와 같은 간단한 링(ring)을 조형할 때에는 분할면의 선정에 따라 5가지 방법으로 조형할 수 있다. 즉 그림 2-115 (b), (e) 및 (f)는 링의 구멍을 생형사인 주물사로 외형과 함께 조형하는 방법이다. 그러나 그림 2-115 (c)는 코어를 수직으로 한 것이고, 그림 2-115 (d)는 코어를 수평으로 조형하는 방법이다. 모래형에 사용되는 가장 간단한 원형으로는, 그림 2-116과 같은 플랫백형(flat-back pattern)을 이용하는 방법이다. 이것은 주형 전체를 상형이나 하형의 한쪽에 조형하는 것으로, 편평한 쪽의 면이 분할면이 되므로 주형 제작이

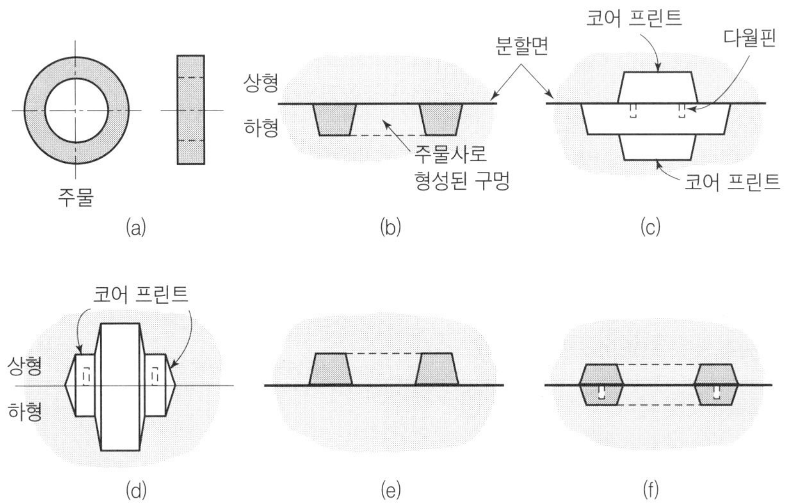

그림 2-115 ‖ 여러 가지 조형 방법

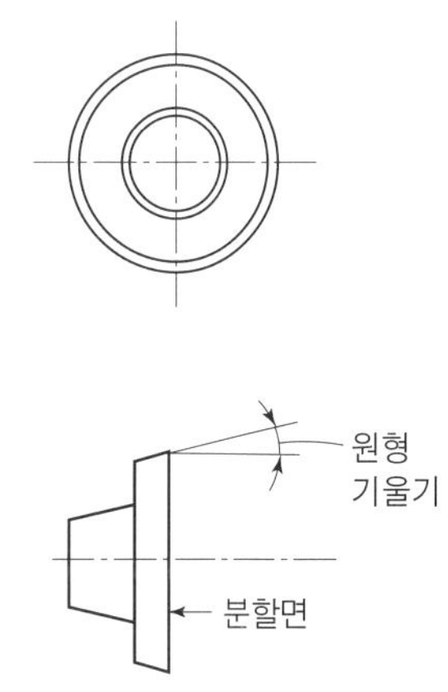

그림 2-116 ‖ 플랫백형

단순해진다.

코어는 파이프나 방열판과 같이 내부가 빈 주물을 주조할 때 주물 내부의 빈 공간을 만들기 위해 사용되는 것으로, 주형의 중요한 부분이다. 코어는 조형하기 전에 별도로 만들어 보관하였다가 주형 작업 중에 필요한 위치에 맞추어 넣는다. 그림 2-117은 코어 제작의 보기다.

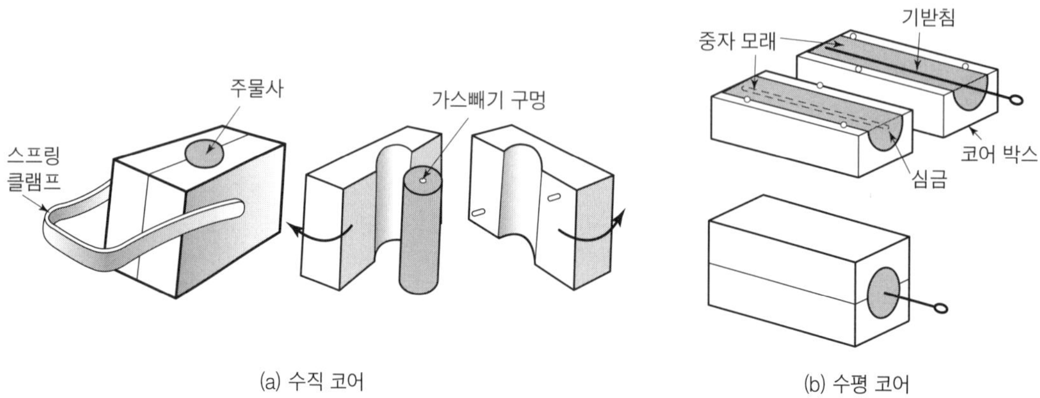

그림 2-117 ▮ 코어 제작

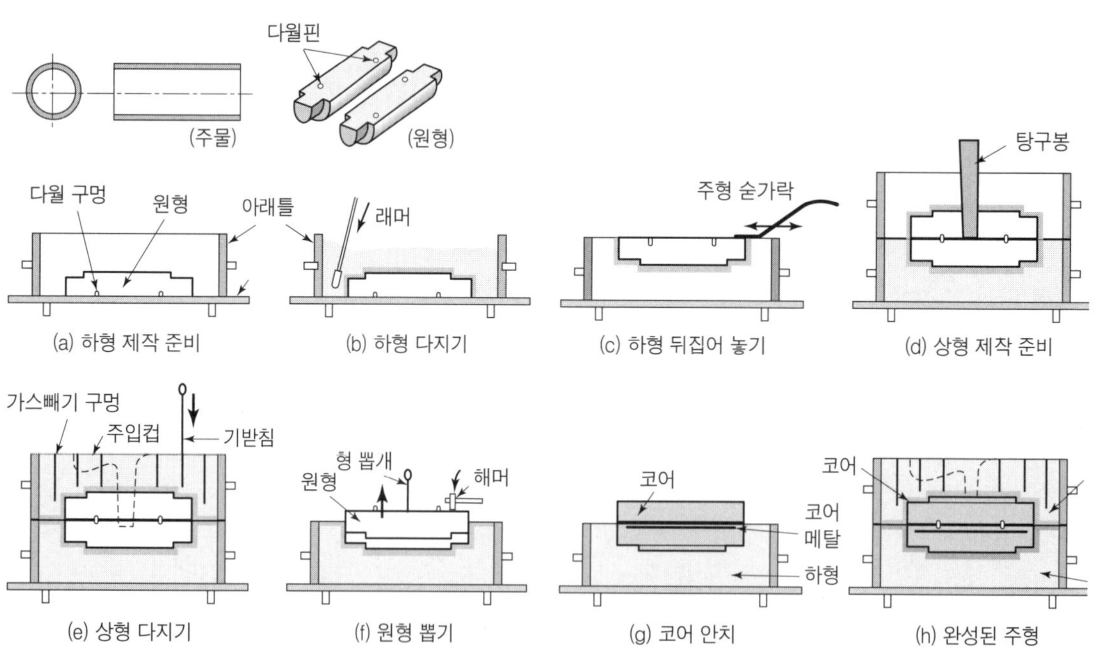

그림 2-118 ▮ 틀 조형 작업 순서

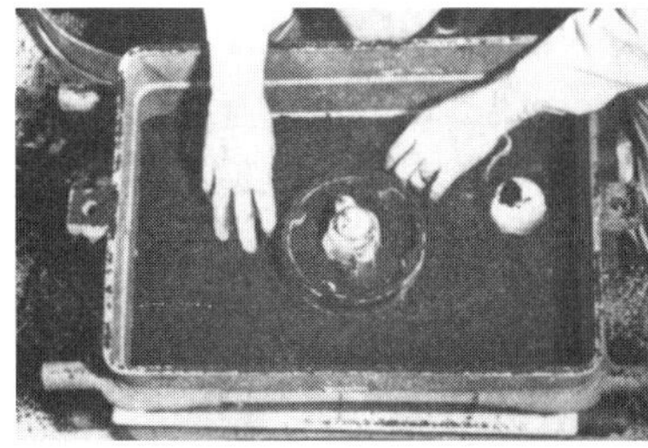

(a) 정반 위 아래 상자에 원형 배치 (b) 하형 모래 채우기

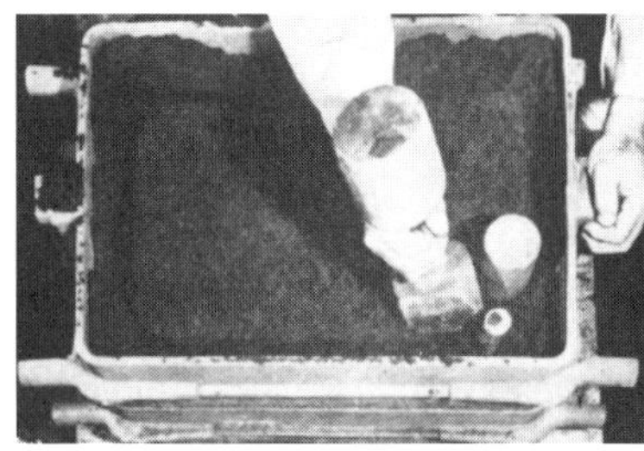

(c) 위 상자와 원형 배치 (d) 상형 다지기

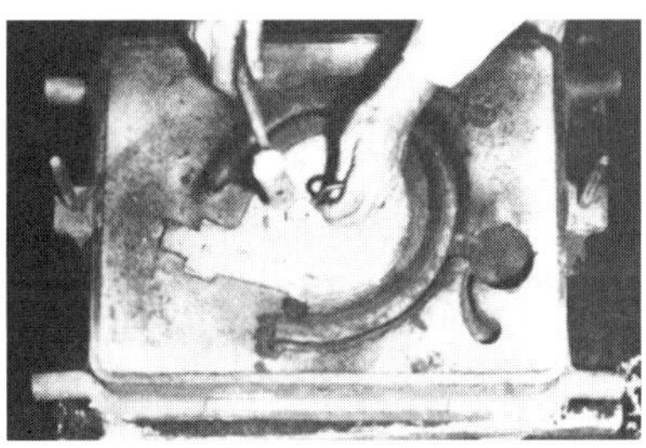

(e) 원형뽑기 (f) 코어 만들기

(g) 코어 안치 (h) 상하형 합상

그림 2-119 ▮ 원심펌프 케이싱의 손 조형 공정

(2) 주형 제작

조형 작업은 원형의 종류, 크기 및 주물의 생산 수량, 주물 공장의 규모나 시설 등에 따라 가장 효율적인 방법을 선택한다.

조형 작업에서 가장 기본이 되는 틀 주형에서 분할형을 사용한 경우 조형 공정은 그림 2-118과 같이 하형 조형 → 상형 조형 → 원형 뽑기 → 상하형 합상 의 순으로 이루어진다.

그림 2-119는 원심펌프 케이싱의 손 조형 공정의 보기다.

4) 주형의 후처리

조형이 끝난 주형은 필요에 따라 적절히 도형, 건조한 후에 조립하여 용융 금속을 주입할 수 있도록 배치한다. 그림 2-120은 대형 틀주형의 유출 도포(flow coating)의 보기다.

(1) 주형의 도형

주물사의 내화도를 높이고, 주물의 표면을 깨끗이 하기 위해 주형 표면에 주입 금속의 종류에 따라 알맞은 도형을 한다.

(2) 주형의 건조

주형을 건조시키는 방법은 주형 전체를 건조로 안에서 건조시키는 방법과 주형의 표면을 건조시키는 두 가지 방법이 있다.

그림 2-120 ▮ 대형 틀 주형의 유출 도포의 보기

표 2-16 ▮ 주형의 건조 온도 및 시간의 예

주형물의 치수(mm)	주철 및 비철 주물		강 주물	
	건조 온도(℃)	건조 시간(h)	건조 온도(℃)	건조 시간(h)
500×400×250 이내	320~375	4~6	400~600	6~8
1000×800×400 이내	320~375	6~8	400~600	8~12
3000×2000×500 이내	320~375	8~12	400~600	12~14
5000×3000×700 이내	320~375	12~26	400~600	16~34
5000×3000×700 이상	320~375	24~36	400~600	24~36

① 건조로 건조법

주형이 작은 경우에는 건조로에서 건조한다. 건조 시간과 온도는 주형의 종류, 모양 및 크기에 따라 다르며, 표 2-16은 그 예를 나타낸 것이다.

② 표면 건조법

대형 주물용 주형은 조형 현장에서 이동식 건조기를 사용하여 건조한다. 이때 주형의 표면만이 건조되므로 세심한 주의를 기울여 주형을 취급한다.

표면 건조에는 다음과 같은 방법이 있다.

a) 연소 도형법 : 소형에서 중형까지의 주형에 적합한 방법으로 흑연, 규소 가루 등의 모래 소착 방지 물질과 점결제로 조성된 도형제를 신속 발화용 연료에 용해시켜 주형에 도포한 다음 점화시켜, 연료가 연소하면서 발생된 열로 1~2 mm 두께의 표면층을 건조시키는 방법이다.

b) 화염 건조법 : 석유 또는 가스를 사용한 대형 버너로 건조시키는 방법으로, 건조되는 표면층의 깊이는 2~3 mm이다.

c) 적외선 건조법 : 적외선등을 사용하는 방법이다. 적외선등은 내면에 엷게 은 도금을 한 유리관구를 거울로 해서 그 촛점에 텅스텐 필라멘트를 고정시킨 구조다.
이 필라멘트의 백열 온도는 2200 ℃에 이른다. 복사열에 의한 건조이기 때문에 열효율은 계속 높으나 전력비가 많이 들며, 움푹 들어간 부위의 가열이 어렵다.

d) 이동식 건조기법 : 이동식 건조기에 의한 표면 건조는 주형 표면층의 필요한 깊이까지 신속히 건조시킬 수 있어 조형 공정의 단축과 연료 소비의 절감이 가능하다.
표면 건조의 깊이, 건조 온도 등은 주물의 살 두께, 무게, 모양, 주입 금속, 점결제 등의

그림 2-121 ▮ 주형의 조립

그림 2-122 ▮ 기계 조형 상자

종류에 따라 다르며, 중형 주물용은 200~290 ℃에서 20~30분에 깊이 10~20 mm의 건조층을 얻게 되며, 대형 주물용 주형에서는 270~320 ℃, 40~70분에 깊이 13~25 mm의 건조층을 얻게 된다.

(3) 주형의 조립

도형과 건조(건조형 또는 표면 건조형의 경우)가 끝난 주형은 결함의 유무를 확인하고, 코어를 설치한 후에 조립한다.

조립 후에 주형에 주입되는 용융 금속의 압력으로 상형이 들뜨는 것을 방지하기 위해 상·하형을 서로 고정시킨다. 대형 주형에서는 죔쇠, 핀, 볼트, 너트 등으로 고정하거나, 상형 위에 추를 올려 놓는다. 이때 추의 무게는 주물 무게의 3~4배 정도가 적합하다. 그림 2-121은 완성된 상·하형의 조립 작업의 보기다.

(4) 기계 조형법

1 조형기에 의한 조형

기본적인 기계 조형 작업 공정은 주물사의 보급, 조형, 위아래 주형의 조립 및 운반 등을 기계적으로 하게 되어 있다.

조형 기계에 사용되는 주형틀은 그림 2-122와 같은 고정식 틀이 사용되는데, 대규모 주물 공장에서의 연속 작업에서는 주형 상자의 측면에 가이드 레일이 있는 것을 사용한다.

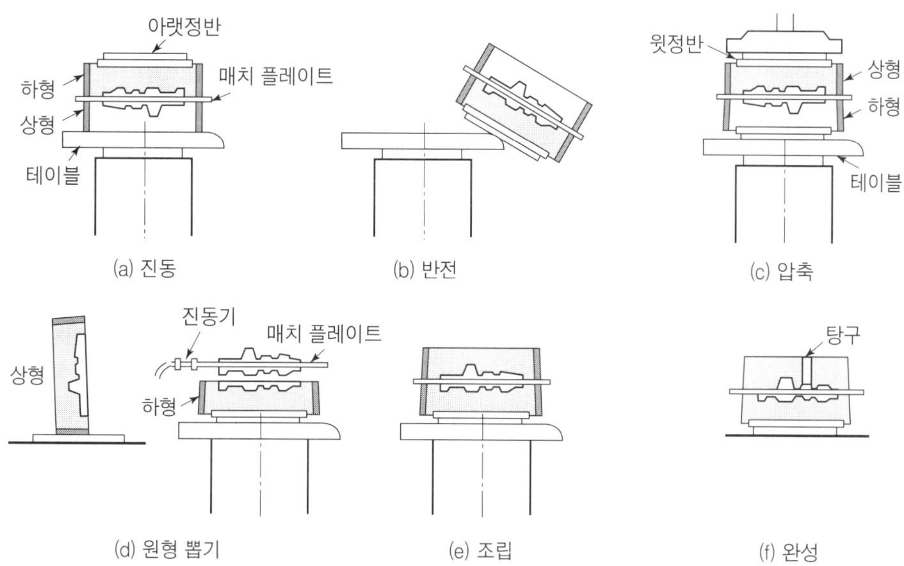

그림 2-123 ▮ 조형기에 위한 기계 조형

그림 2-123은 조형기에 의한 기계 조형 순서를 보여주고 있다.

손 조형법은 조형 공정의 가장 기본이며, 장치나 설비가 간단하다는 점은 있으나, 생산 속도가 느리고 생산 제품이 균일하지 못하다는 단점이 있다.

따라서 대량 생산과 작업의 균질화를 위해 조형 공정에도 여러 가지의 기계가 사용되고 있으며, 최근에는 더욱 발전하여 주조 작업 전 공정의 자동화가 이루어지고 있다. 그러나 기계 조형이나 자동 조형은 복잡한 모양의 주물과 일정 크기 이상의 것은 조형할 수 없다.

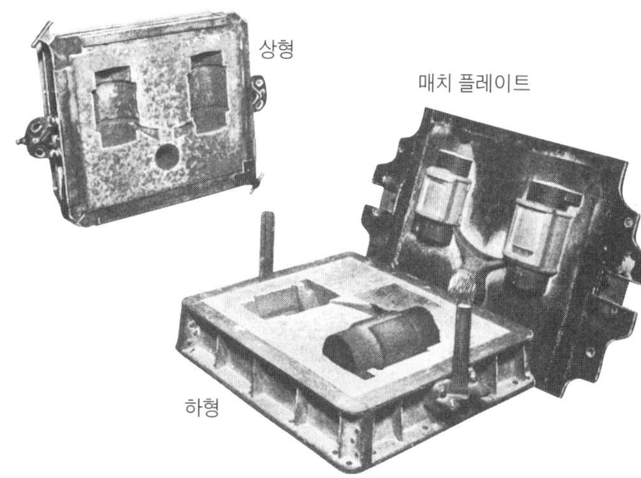

그림 2-124 ▮ 완성된 기계 조형과 매치 플레이트

그림 2-124는 완성된 기계 조형과 매치 플레이트의 보기이다.

② 자동 조형

자동 조형이란 앞의 기계 조형법을 보다 발전시킨 것으로, 주물사의 공급, 다짐 작업, 원형 빼기, 합형 작업 등의 모든 공정에 사람의 손이 필요하지 않도록 조형 공정을 자동화한 조

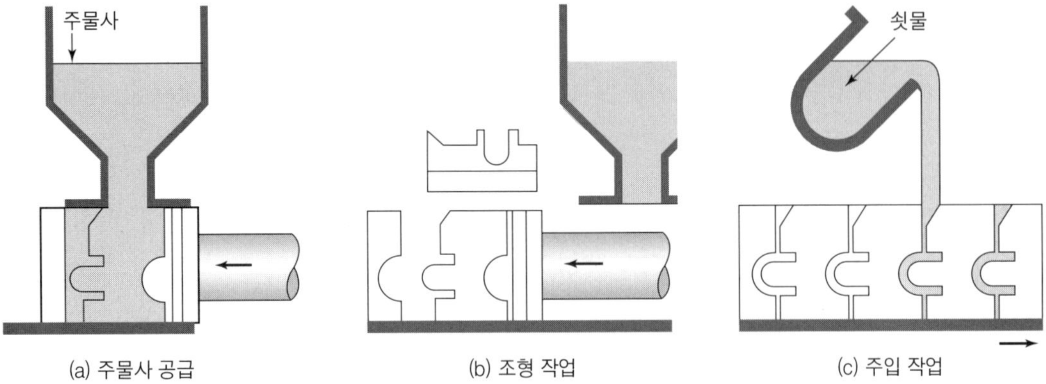

그림 2-125 ▮ 수직 분할형 자동 조형 장치의 작업 과정

형 방식이다.

이러한 자동 조형 방식은 균일한 제품의 대량 생산이 가능한 반면, 사소한 실수에 의해 다량의 불량품이 발생할 염려가 있으므로, 주조 방안의 설정 및 주물사의 관리에 신중을 기해야 한다.

자동 조형 방식은 크게 수직 분할형과 수평 분할형으로 나뉜다. 그림 2-125는 주형틀을 사용하지 않는 수직 분할형 전자동 조형 장치의 작업 과정을 나타낸 것으로, 먼저 조형된 주형의 뒷부분과 나중에 조형되는 주형의 앞부분이 조합되어 하나의 주형을 이루게 된다. 그림 2-125 (a)에서와 같이, 조형실 내로 분사된 주물사는 그림 2-125 (b)와 같이 압축 피스톤에 의해 압축 조형되어, 미리 조형된 코어가 자동적으로 공급, 배치된다. 조형이 완료된 주형은 앞서 조형된 주형과 합형된 후 주입 위치까지 이동되어 그림 2-125 (c)와 같이 주입된다.

이상의 조형 전 공정에 필요한 시간은 불과 10초 정도이며, 이 방식의 운전에 소요되는 인력은 단 1명으로 충분하다.

(5) 코어 제작

코어는 파이프나 방열판과 같이 내부가 빈 모양의 주물을 주조할 때 주물 내부의 빈 공간을 만들기 위해 사용되는 것으로, 주형의 중요한 부분을 차지한다. 코어의 제조는 대개 주형을 조형하기 전에 별도로 만들어 보관하였다가 주형 작업 중에 필요한 위치에 맞추어 넣는다.

① 코어의 구비 조건

대부분의 코어는 주입 후에 용융 금속에 의해 둘러싸이므로, 일반 주형에 비해 요구되는 성질이 까다롭다.

코어는 어떤 종류의 것이든 다음과 같은 조건을 갖추어야 한다.

① 제작이 쉽고, 건조 전후에 변형됨이 없이 형태가 보존될 것
② 신속하고 완전한 건조가 가능할 것
③ 용융 금속에 의한 충격과 마멸에 견딜 수 있는 충분한 강도와 경도를 가질 것
④ 내열성이 좋을 것
⑤ 용융 금속과 접했을 때 가스 발생이 적고, 발생한 가스가 충분히 배출될 수 있도록 통기도가 높을 것
⑥ 코어의 표면이 고울 것
⑦ 용융 금속이 응고 수축될 때 저항하지 않도록 수축성이 있을 것
⑧ 붕괴성이 좋아 응고 후의 모래떨기가 쉬울 것

2 코어의 구조상 특징

◎ 코어 프린트(core print)

그림 2-126는 코어를 필요로 하는 간단한 주형의 보기다.

코어 프린트는 주형 내에서의 코어의 위치를 정확히 유지하여 용융 금속의 흐름이나 부력에 의해 코어가 움직이거나 떠오르는 것을 방지하며, 또한 코어 내에서 발생한 가스의 배출구 역할도 한다.

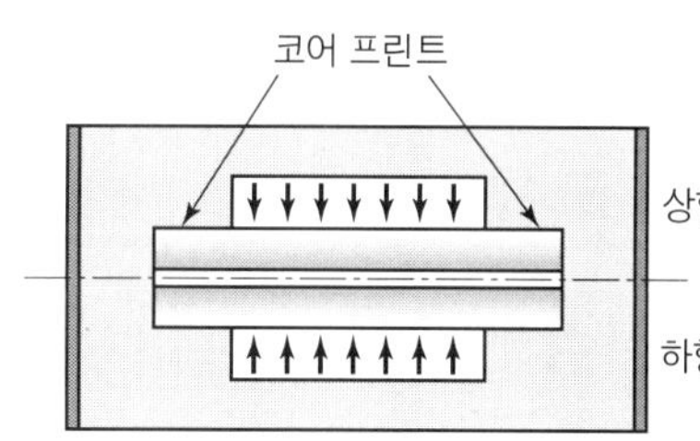

그림 2-126 ▮ 코어

◎ 코어 메탈(심금)

코어의 강도가 코어 모래의 점결력만으로 불충분할 때에는 그림 2-127과 같은 방법으로 철사 또는 주철로 만든 코어 메탈을 코어 내부에 넣어 보강한다.

◎ 가스 구멍

주입 후 코어 내에서 발생한 가스의 배출을 쉽게 하기 위해 그림 2-128과 같이 코어의 중앙에 구멍을 내거나 코크스 등을 채워 넣는다.

코어가 가늘고 긴 경우에는 파라핀을 칠한 실이나 다공질의 합성 수지로 만든 실을 사용하기도 한다.

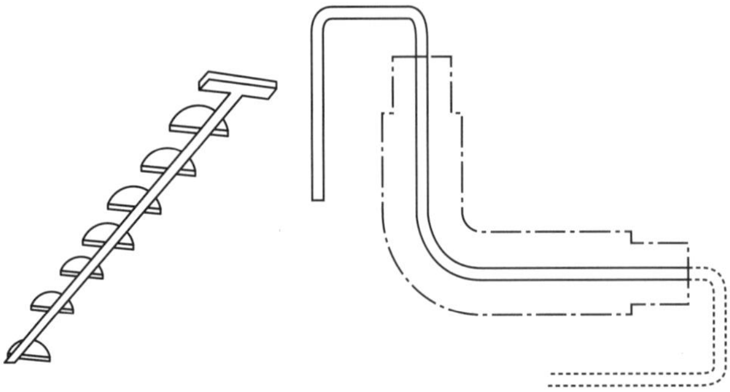

(a) 곧은 관에 쓰이는 코어 메탈 (b) 굽은 관에 코어 메탈을 넣은 예

그림 2-127 ▮ 코어 메탈

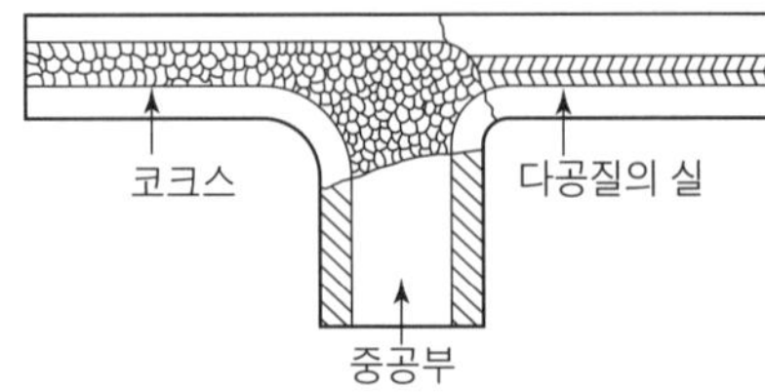

그림 2-128 ▮ 코어의 가스 구멍

③ 코어의 제작

◎ 코어 모래의 준비

일반 주형 제작에 사용되는 모래는 코어의 여러 가지 요구 조건을 만족시키기 어렵다. 따라서 코어 전용의 모래를 배합하여 사용해야 한다.

◎ 코어 제작법

코어의 제작은 주물의 모양에 따라 코어형의 형식이 다르며, 제작법도 달라진다.

제한된 수의 코어를 제작할 때에는 손작업으로도 할 수 있으나, 신속하게 대량으로 생산하기 위해서는 코어 제작용 기계를 사용한다.

◎ 코어의 손질과 도형

코어의 손질은 부서진 곳의 때우기와 치수의 보정, 코어 조립 등을 말하며, 특히 코어를 조립해서 사용할 때에는 조립한 후에 치수 검사를 반드시 해야 한다.

손질이 끝나면 주형에 도형제를 칠하듯이 코어의 표면을 깨끗하게 하고, 모래의 소결을 방지하기 위해 코어의 표면에 내화성 도형을 한다.

이때 사용되는 도형제는 가스의 발생이 적은 것이어야 하며, 주입 금속의 종류에 따라 알맞은 것을 선택한다.

◎ 코어의 경화와 건조

코어 모래 중의 점결제는 대부분이 점토나 유기 점결제로, 가열하여 건조 또는 경화되어야만 충분한 강도를 갖는다.

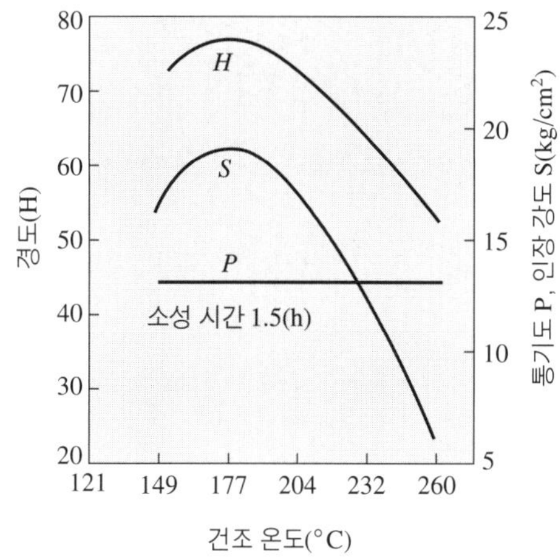

그림 2-129 ▮ 건조 온도와 코어의 경도, 통기도, 인장 강도와의 관계
(코어유 1.8 %, 수분 5 %의 경우)

주입시의 가스 발생을 방지하기 위해서도 충분히 건조시켜야 한다.

그림 2-129은 코어 건조 온도와 강도 및 통기도와의 관계를 나타낸 것이다.

평 가 문 제

2.1 원형

1. 원형의 종류와 특징을 설명하시오.

2. 패턴 플레이트형과 매치 플레이트형의 구조 및 장단점을 비교하시오.

3. 코어형의 종류와 특징을 설명하시오.

4. 다음의 용어를 요약 설명하시오.

   ① 수축 여유

   ② 가공 여유

   ③ 원형 기울기

   ④ 라운딩

5. 주물자의 기준에 대해 설명하시오.

6. 다우얼 맞춤의 종류와 특징을 설명하시오.

2.2 주형

7. 주물사가 갖추어야할 요건을 들어보시오.

8. 주물사의 종류와 용도를 들어 설명하시오.

9. 다음의 주형용 보조 재료의 용도를 설명하시오.

① 코어 메탈

② 벽돌

③ 칠 메탈

④ 채플릿

10. 코어용 모래의 종류와 배합법을 설명하시오.

11. 다음 탕구계의 기능을 설명하시오.

① 주입컵

② 탕구 바닥

③ 탕도

④ 게이트

12. 코어의 구비 조건을 들어 설명하시오.

연 구 과 제

1. 원형 제작용 재료의 종류와 특징을 설명하시오.

2. 코어 플린트의 크기를 정하는데, 어떤 기준값을 사용하고 있는지 수직 코어와 수평 코어의 사례를 들어 설명하시오.

3. 현도 작성에 고려할 사항을 들어 설명하시오.

4. 목형을 검사할 때 유의할 사항을 열거하시오.

5. 주물사의 고온 성질에 대해 설명하시오.

6. 주물사 시험법의 규격과 종류에 대해 설명하시오.

7. 압력 주입식과 비압력 주입식을 비교 설명하시오.

8. 압탕의 효율화 방안에 대해 사례를 들어 설명하시오.

9. 주형의 표면 건조법에 대해 종류와 특징을 설명하시오.

3장

용해 작업

3.1 용해로와 연료 및 내화물

1. 용해로와 부대 설비
2. 용해용 부대 설비와 기구
3. 연료와 내화물

3.2 주철 및 주강의 용해

1. 큐폴라에 의한 주철의 용해
2. 저주파 유도로에 의한 주철의 용해
3. 특수 주철의 용해 작업
4. 주강의 용해법

3.3 비철 합금 주물의 용해

1. 동 합금 주물의 용해
2. 알루미늄 합금 주물의 용해
3. 비철 용융 금속의 처리

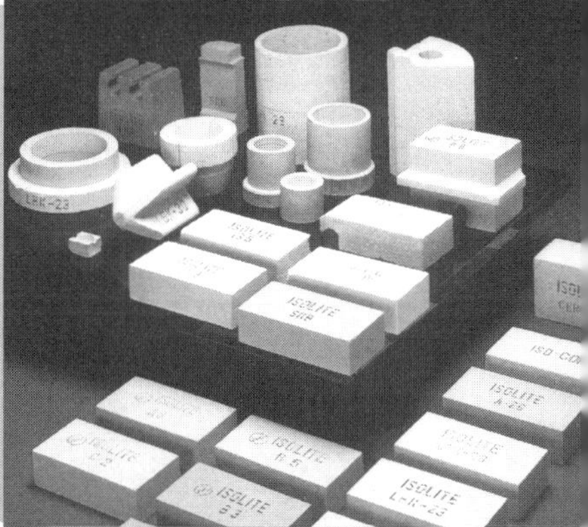

3.1 용해로와 연료 및 내화물

1. 용해로와 부대 설비

1) 용해로

주물의 용해에 쓰이는 용해로(熔解爐, furnace)는 표 3-1과 같이 종류가 많다. 용해로를 선택할 때에는 금속의 종류, 용해량, 요구되는 품질 및 연료 조건 등을 고려해야 한다.

(1) 큐폴라

큐폴라(cupola)는 주철의 용해에 가장 많이 이용되고 있는 용해로이며, 원통형의 노 안에 용해용 재료와 고체 연료를 번갈아 넣고, 노 아래쪽에서 점화, 송풍하여 연료를 연소시키면 그 연소열로 재료가 연속적으로 가열 용해하면서 1400~1550 ℃의 쇳물을 얻을 수 있는 노이다.

일반적으로 큐폴라의 특징은 다음과 같다.

표 3-1 ▌주조용 용해로의 종류

<table>
<tr><th>종류</th><th colspan="2">형식</th><th>열원</th><th>주물의 재질</th><th>용해량</th></tr>
<tr><td>큐폴라</td><td colspan="2">냉풍식
열풍식</td><td>코크스</td><td>일반 주철</td><td>1~20 t/h</td></tr>
<tr><td>도가니로</td><td colspan="2">자연 송풍식
강제 송풍식</td><td>코크스</td><td>동 합금 경 합금
기타 비철 합금</td><td><300 kg</td></tr>
<tr><td rowspan="4">전기로</td><td rowspan="2">아크식</td><td>직접
아크식</td><td>중유, 가스</td><td>주강, 특수 주철</td><td>1~200 t</td></tr>
<tr><td>간접
아크식</td><td>전력(저전압 고전류)</td><td>동 합금, 특수강
특수 주철</td><td>1~10 t</td></tr>
<tr><td rowspan="2">유도로</td><td>고주파</td><td>전력(저전압 고전류)</td><td>특수강</td><td>20~10000 kg</td></tr>
<tr><td>저주파</td><td>전력
(주파수 : 1000~10000 Hz)</td><td>동 합금, 경 합금, 주철</td><td>200~10000 kg</td></tr>
<tr><td>반사로</td><td colspan="2"></td><td>전력
(주파수 : 50~60 Hz)</td><td>다량의 동 합금,
경 합금, 주철</td><td>500~50000 kg</td></tr>
</table>

① 장입 재료와 코크스가 직접 접촉하여 용해가 이루어지므로 열효율이 높다.
② 장시간 연속 조업할 수 있어 대량 생산에 알맞다.
③ 노의 구조가 간단하여 설비비가 적게 든다.
④ 조업 중에 성분의 변화가 일어나기 쉽고, 수정과 재질 변경 등 노 운전의 세밀한 조절에 숙련이 요구된다.
⑤ 주철 용해에 적합한 용해로이다. 주철 이외의 금속이나 합금의 용해에는 알맞지 않다.

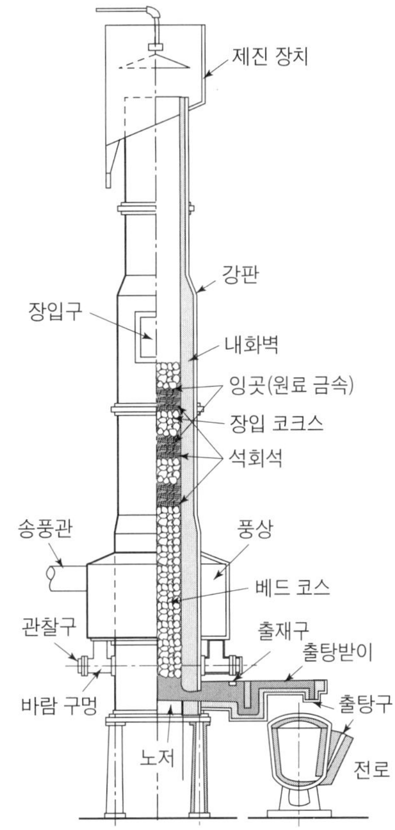

그림 3-1 ▮ 큐폴라

(2) 도가니로

주로 비철 금속의 용해에 사용하는 노이며, 노 안에 설치한 도가니 안에서 금속을 용해시킨다. 도가니로(crucible furnace)는 구조가 간단하고 설비비가 적게 들어 예로부터 많이 사용되어 오고 있다.

도가니로의 특징을 요약하면 다음과 같다.

① 용해되는 금속이 연료 가스와 직접 닿는 일이 적으므로, 쇳물이 산화되거나 불순물이 섞이는 일이 적다.
② 여러 종류의 금속을 차례로 계속하여 용해할 때에도 도가니만 바꾸어 주면 되고, 실험용, 소량 용해 등 이용 범위가 넓다.
③ 설비는 간단하나 외부로부터의 간접적인 열을 이용하므로 열효율이 떨어진다.
④ 높은 온도에서는 도가니의 강도가 한정되어 있으므로, 양이 많거나 융점이 높은 재료의 용해에 알맞지 않다.

1 도가니로의 종류와 구조

도가니로의 종류는 송풍 방식에 따라 자연 송풍식과 강제 송풍식으로 분류하며, 사용하는 연료에 따라 코크스나 괴탄을 사용하는 고체 연료식, 기름을 사용하는 액체 연료식, 가스를 사용하는 기체 연료식 및 전기를 사용하는 전열식이 있다.

도가니로의 설치 방식에 따라 고정식, 피트식 및 가경식이 있다.

고정식인 가스 도가니로의 일반적인 구조는 한 노에 1개의 도가니를 사용하는 것이 보통

도가니

(a) 가경식

(b) 고정식

(c) 피트식

그림 3-2 ▮ 도가니로의 종류

이지만, 필요에 따라서는 2~4개를 넣어 사용할 때도 있다. 그림 3-2 (a)는 가경식 도가니로의 보기로, 용융 금속을 노에서 옮길 때, 퍼내거나 도가니를 들어 올리는 불편 없이 직접 노의 본체를 기울여 출탕할 수 있다. 그림 3-2 (b)와 (c)는 비철 금속 용해에 많이 사용되고 있는 고정식과 피트식(pit type)의 보기다.

2 도가니

비철 합금용에 사용되는 도가니(crucible)는 보통 흑연 도가니가 사용된다. 흑연 도가니는 50 % 가량의 흑연에 강도를 높이기 위해 30~40 %의 내화 점토, 10~20 %의 샤모트 벽돌이나 활석(滑石, talc) 등을 배합한 것으로, 60 kg/cm^2 이상의 압축 강도를 가진다.

흑연 도가니에는 규격을 표시한 번호가 있는데, 그 값은 1회에 구리 합금을 용해할 수 있는 용량을 나타낸 것이다. 즉 150번 도가니는 1회에 150 kg의 동 합금을 용해할 수 있다.

표 3-2 ▌ 전기로의 분류

전기로	종류	세부 종류	용도
전기로	아크로	직접 아크로	주강 · 주철 · 가단 주철
		간접 아크로	주철 · 동 합금
	유도 전기로	저주파 유도 전기로	특수강 · 주철 · 비철 금속
		고주파 유도 전기로	주강 · 주철 · 특수 합금
	저항 전기로	복사 저항로	동 합금 · 주강 · 주철
		도가니 저항로	경 합금

(3) 전기로

전류의 열작용에 의해 금속을 용해하는 노를 전기로(electric furnace)라 하며, 노벽을 고온으로 유지할 수 있고, 용해 금속에 불순물이 혼입되는 일이 적어 특수강의 용해에 사용된다.

전기로는 열원의 공급 방식에 따라 그 특성이 달라지지만, 일반적으로 다른 노와 비교하면 다음과 같은 특징이 있다.

① 쇳물의 온도를 저온에서 고온까지 광범위하고 정확하게 조절 유지할 수 있다.
② 열효율이 약 60 %로, 작은 용량의 노에서부터 큰 용량의 노까지 설치할 수 있다.
③ 주조용 금속의 용해 손실이 매우 적다.
④ 쇳물의 성분 조절이 쉽고, 인건비가 절약된다.

전기로는 표 3-2와 같이 분류한다.

1 아크로

아크로(electric arc furnace)는 전극과 장입 재료 사이에서 아크를 발생시켜 열원으로 직접 이용하는 직접 아크로 방식과, 전극간에 아크를 발생시켜 그 복사열을 이용하는 간접 아크로 방식이 있다.

◎ 에로우(Heroult)식 아크로

직접 아크로의 대표적인 것으로, 그림 3-3 (a)와 같이 2～3개의 탄소 전극과 장입 재료 사이에 아크를 직접 발생시켜 용해하는 방식이며, 주강 특수 주철의 용해에 널리 사용된다. 주강용에는 비교적 용량이 작은 것이 많으나, 대형 주강용에는 100～200톤이 되는 것도 있다. 노상의 라이닝 재료와 슬래그의 성질에 따라 염기성로와 산성로로 구분한다. 전원은 삼상 교류의 저전압 고전류로 한다. 이 노는 용해가 끝나고 출탕할 때에는 노의 모체를 기울일 수 있도록 되어 있으며, 소형은 수동으로, 대형은 수압이나 유압 및 전동력 등을 이용하여 기울일

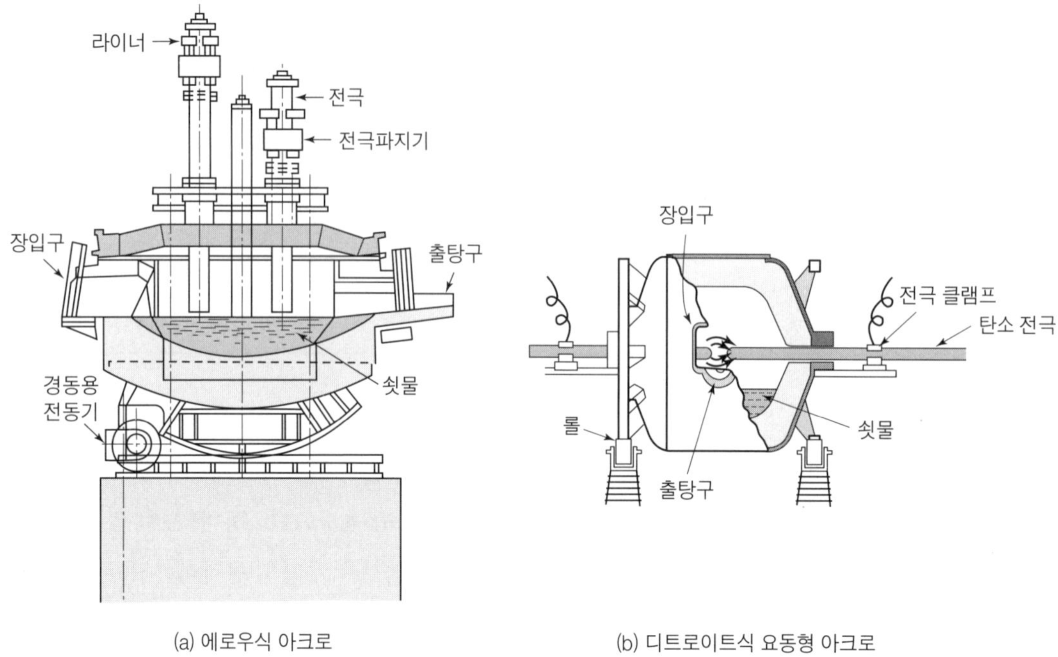

그림 3-3 ▮ 아크로의 종류

수 있다. 전극도 자동, 또는 수동으로 위아래로 움직일 수 있게 되어 있으며, 특히 과열되기 쉬운 부분에는 냉각수 장치가 되어 있다.

에로우식 직접 아크로로 용해하는 금속은 주강이 가장 많으며 합금강, 주철, 가단 주철 용해로 사용된다.

고온 용해가 요구되는 구상 흑연 주철의 용해에 이 형식의 소형로가 이용되고 있다. 이 노는 열효율이 좋고 용해 속도가 빠르다. 특히 슬래그의 반응에 의해, 탈린, 탈류 등이 가능하므로, 화학 조성도 쉽게 조절이 가능하다. 또한 넓은 범위의 온도를 얻을 수 있고, 용융 금속 재료도 노정에서 기계적으로 장입할 수 있어 편리하다.

특히 자동 제어의 발달로, 전극을 전류의 변동에 따라 자동적으로 상하 조절하여 쇳물면과의 거리를 조절할 수 있게 되었다. 이와 같이 이점이 많으므로, 설비비가 높고, 많은 전력이 요구됨에도 불구하고 많이 이용되고 있다.

노의 용량은 1회의 용해량으로 나타내며, 1/2~200 t의 것이 있으나, 2~10 t의 것이 많다.

◎ 디트로이트식 요동형 아크로(Detroit rocking furnace)

간접 아크로의 대표적인 것으로, 그림 3-3 (b)와 같이, 탄소 전극 사이의 아크의 열과 이 열에 의해 가열된 노 안의 복사열로 재료를 용해한다. 동 합금이나 스테인리스와 같이 화학 성분을 일정하게 할 필요가 있는 특수 합금의 용해에 사용된다. 그러나 슬래그에 의한 정련은 안 되며, 에로우식 보다 노벽의 손실이 크다. 조업 중에는 수동 또는 자동으로 앞뒤로 요동하여 쇳물을 균일하게 혼합시키며, 용해도 촉진시킨다. 용량은 100~500 kg의 것이 많다.

2 유도 용해로

유도 용해로(induction melting furnace)는 1차 코일에 고압의 교류 전류를 공급했을 때 생기는 저전압의 유도 전류를 용해용 재료(쇳물)에 전도하여, 그 저항열로 가열, 용해하게 되어 있다. 1차 코일에 공급하는 전력의 주파수에 따라 고주파로와 저주파로로 구분한다.

◎ 고주파로(high frequency induction furnace)

그림 3-4와 같이 도가니 모양의 노 둘레에 동관으로 1차 코일을 감고, 노 안의 용해용 재료를 2차 쪽으로 하여 고주파 전류를 통하면, 재료는 유도 전류의 저항열로 가열 · 용해된다. 이때 1차 코일인 동관의 과열을 막기 위한 냉각수 장치가 있다. 1차 코일의 전원은 500~1000 Hz의 것을 사용하며, 용량이 클 때에는 고주파 발전기를 사용한다. 라이닝은 필요에 따라 산성이나 염기성을 사용할 수 있다. 고주파로는 용해 시간이 짧고, 고온 용해를 할 수 있으며, 맴돌이 전류에 의해 쇳물을 저어 줄 수 있으므로, 화학적 성분이 균일하고 성분 원소의 손실도 적어 합금 배합에 알맞다. 또 슬래그 등의 불순물을 떠오르게 할 수도 있기 때문에 특수 합금을 용해하는 데에도 좋다. 그러나 전기 관련 시설비가 많이 들고, 조업에도 숙련이 필요하다.

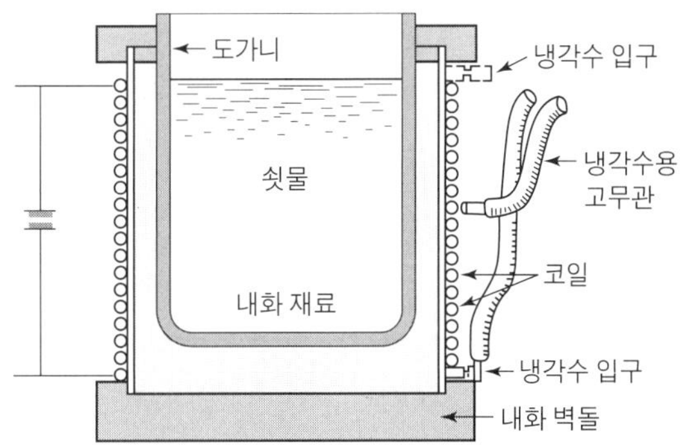

그림 3-4 ‖ 고주파 유도로

◎ 저주파로(low frequency induction furnace)

저주파로는 50~60 Hz의 교류 전력을 이용하는 것인데, 2차 코일 쪽의 열이 약하므로 1차 코일을 노 안에 설치한 것이다. 홈형 저주파로는 상온인 재료를 그대로 용해하기는 어렵고, 용해 시초에는 2차 쪽에 미리 쇳물을 넣은 다음 조업을 시작해야 하므로, 연속 작업이 아닐 때에는 알맞지 않다. 코일을 감싸고 있는 내화물이 손상되면 누전되는 사례가 있다. 저주파로에서도 균일한 쇳물을 얻을 수 있으며, 노 밑에서 가열되므로 아연과 같이 기화되기 쉬운

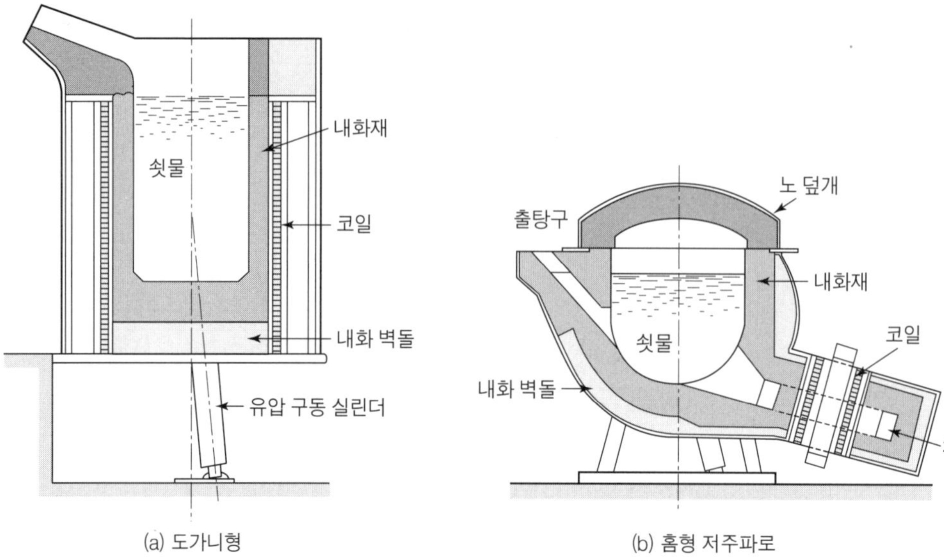

그림 3-5 ▮ 저주파로의 구조

성분을 용해하는 데 알맞다. 그러나 용해 속도가 느리고 고온 용해가 어려우므로, 비철 합금 용해에 주로 사용된다. 요즈음에는 고주파로와 같이 철심이 없는 것도 있으며, 대규모의 주철 주물 공장에서는 큐폴라에서 용해, 출탕된 쇳물의 온도 및 화학 성분을 2차적으로 조절하기 위해 사용되고 있다. 저주파로는 고주파로에 비해 설비가 간단하고, 유지비가 적게 든다.

그림 3-5는 저주파로의 구조로, 노체의 구조에 따라 도가니형(무철심, Coneless형)과 홈형(채널형)의 두 종류가 있다. 그림 3-5 (a)는 도가니형 노의 보기로, 내화 라이닝재로 만든 도가니형 용해실의 외측에 중공 동관(中空銅管)을 감아 코일로 만들고, 여기에 교류 전류를 통하면 용해실 내의 용융 금속 재료에 전자 유도 작용에 의한 전류가 생겨 줄열(Joule's energy)에 의해 가열, 용해된다.

한편, 그림 3-5 (b)는 홈형 노의 구조의 보기로, 노 본체의 저부 또는 측면에 채널형의 U자형 홈(채널, channel)을 내화재로 만들어, 코일을 감은 철심에 전류를 보내고, 유도 전류에 의해 채널 내의 쇳물을 극부적으로 가열, 쇳물의 대류와 열전도에 의해 노 본체 내의 쇳물을 승온 시킨다.

이 노의 특징은 다음과 같다.

a) 도가니형 저주파로

① 가열 면적이 크고, 용해 속도가 빠르다.

② 노실 구조가 단순하여 재축로에 요하는 일수가 단축된다.

③ 노 내의 쇳물에 소용돌이 작용이 커서, 성분, 온도의 조정, 균일화가 쉽다.
④ 휴일로 작업을 종료할 때에는 쇳물을 전량 출탕하여 공로냉각(空爐冷却)이 가능하다.
⑤ 장입이 가능한 크기의 금속재로는 크기에 무관하며, 냉각재 초기 용해가 가능하다.

b) 홈형 저주파로

① 채널부 홈의 국부 가열 때문에 가열, 승온 시간이 느리다.
② 냉재로부터의 용해개시가 불가능하므로, 다른 데서 용탕의 공급이 필요하다.
③ 노실 구조가 복잡하여, 재축노에 수주일이 요하고, 내화 벽돌도 고가이다.
④ 한번 전량 출탕으로 노가 냉각되면, 재축로를 실시해야 하므로, 휴일도 쇳물을 남겨두어 유지 보온이 필요하다.
⑤ 정전시를 대비하여 터널부의 응고를 피할수 있게 비상용 전원이 필요하다.
⑥ 용탕의 보온, 승온시의 전기 효율이 좋다.

이상의 이유에서 도가니형 노는 주로 용해용으로, 홈형 노는 용해된 쇳물을 일시 저장하는 유지로용으로 사용된다.

◎ 도가니 저항로

도가니 저항로(electric resistance crucible turnace)는 도가니로의 한 종류라고 볼 수 있는데, 그림 3-6과 같이 니크롬선 등 저항이 큰 발열체의 저항열을 이용하는 구조의 노이다. 일반적으로, Pb, Zn 및 경합금과 같이 용융점이 낮은 재료의 용해에 쓰인다.

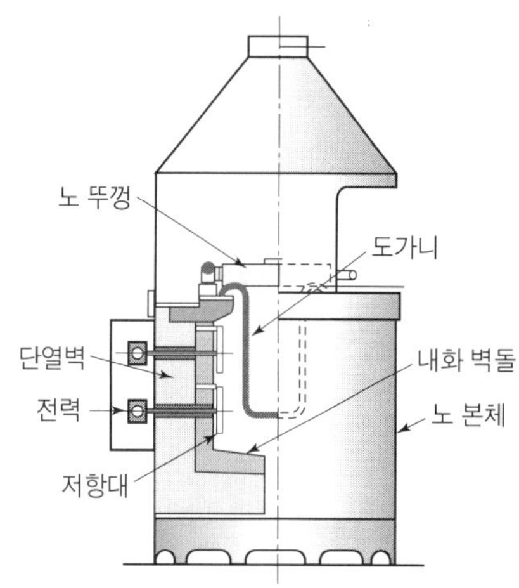

그림 3-6 ▮ 도가니 저항로

(4) 반사로

반사로(反射爐, reverberatory furnace)는 그림 3-7과 같이 내화 벽돌로 만든 아치(arch)형의 낮은 천장과 낮고 넓은 노상을 가진 노이다. 장입된 원료 금속은 석탄, 코크스, 중유 및 가스 등이 연소된 불꽃으로 직접 가열되거나 천장과 노벽에서 반사된 열에 의하여 용해된다. 이 노는 일반적으로 철보다 용융 온도가 낮은 합금의 용해에 이용되며, 용해량은 3~10 t이다.

이 노의 특징을 요약하면 다음과 같다.

① 같은 성분을 가진 다량의 용융 금속을 한번에 얻을 수 있다.
② 파쇠나 체적가 큰 재료를 그대로 용해할 수 있다.
③ 노의 구조와 설비는 비교적 간단하지만, 열효율이 매우 낮다.

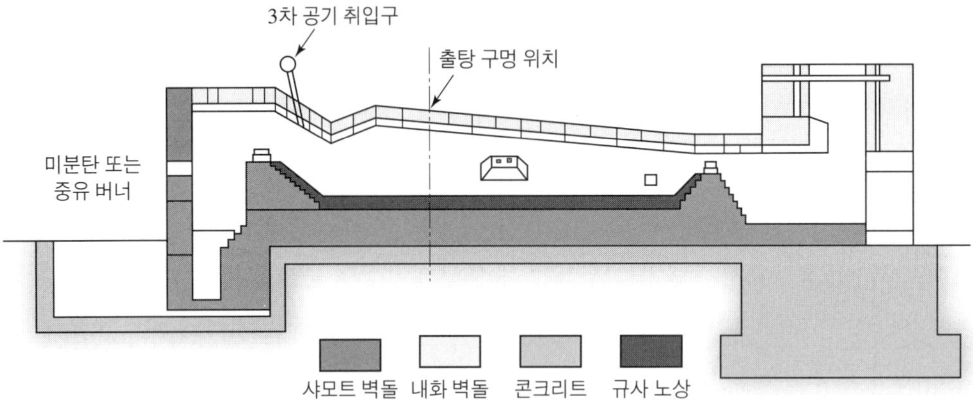

그림 3-7 ▮ 반사로의 단면

④ 장입 재료가 연소 가스와 직접 접촉하게 되므로, 불순물이 섞이기 쉽고 가스의 영향이 크다.

⑤ 주철계 이상의 고온 용해는 곤란하다.

중유 또는 가스를 연료로 사용하는 반사로에는 불판이 필요 없으므로, 알맞은 버너를 설치하면 된다. 그리고 중유나 가스를 연료로 사용하게 되면 연료의 발열량이 커서 용해 시간을 단축시킬 수 있으며, 연료의 저장이나 공급이 쉽다. 대형 중유 반사로는 노벽과 천장에 내화도가 높은 규석 벽돌을 사용하며, 노상은 중성 또는 산성으로 라이닝한다. 즉 주철의 용해에서는 규사에 점토를 배합한 것이나 또는 주물사를 많이 깔아서 다지고, 그 위에 코크스나 석탄 가루를 다져서 라이닝하며, 구리 합금과 같이 비중이 큰 금속을 용해할 때에는 용융 금속이 라이닝에 스며들지 않도록 주의하여 노상을 만들어야 한다.

(5) 그 밖의 용해로

1 회전로

회전로(rotary furnace)는 그림 3-8과 같이, 수평식 원통형이며, 장입된 재료를 중유 또는 가스 등의 화염과, 이 열에 의해 가열된 노벽의 복사열에 의해 가열 용해하게 되어 있다. 원통형인 노는 롤러와 연결되어 있어, 기어 장치에 의해 천천히 회전하거나 요동하

그림 3-8 ▮ 회전로(1000 kg)

고, 용해가 완료되면 출탕구를 열어 출탕하며, 회전 가열 중에는 내화 점토로 폐쇄한다.

요즈음에는 회전로에 열교환기가 설치되어 있어, 200~500 ℃의 열풍을 사용할 수 있게 되어 있다. 회전로의 용량은 1회의 장입량으로 나타내는데, 보통 500 kg~10 t의 것이 있으며, 이 중에서 2~5 t의 것이 많이 사용된다. 회전로는 유럽에서 많이 이용되고 있으며, 비교적 작은 규모의 주물 공장에서 구상 흑연 주철, 가단 주철 및 특수 주철 등을 용해하는 데 이용되고 있다.

2 유지로

주조용 유지로(keeping furnace)는 용해로에서 용해한 쇳물을 모아 놓고 온도와 성분 등을 유지 관리하기 위한 대형 노이며, 이 노의 특징은 다음과 같다.

① 같은 성분과 온도를 가진 다량의 쇳물을 관리 유지할 수 있다.
② 노의 구조와 설비는 비교적 간단하지만, 규모가 크고 온도, 성분 관리 장치가 필요하다.

그림 3-9는 기울기형 중유 연소 가경식 알루미늄 유지로의 보기다.

3 진공 용해로

용해로와 주조 설비가 진공실 속에 장치된 것으로, 진공 펌프, 장입실, 용해실 및 주입 냉각실 등으로 구성되어 있다. 진공로의 가열 방식에는 전기 저항로, 저주파로, 고주파로 및 아

(a) 구조 (b) 외형

그림 3-9 ▌가경식 알루미늄 유지로

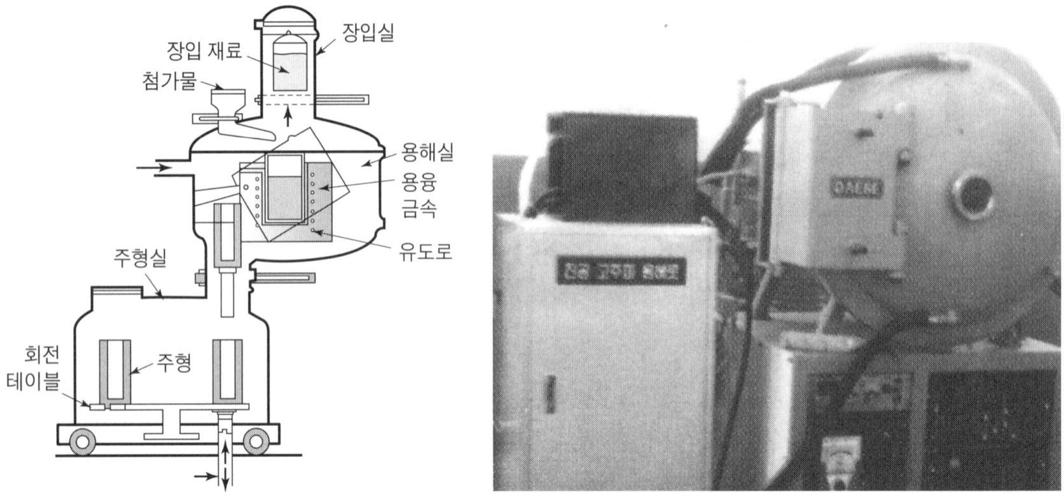

(a) 구조 (b) 외형

그림 3-10 ▮ 진공 유도로

크로가 이용된다. 요즈음 공업용으로 많이 이용되고 있는 것은 고주파로와 아크로가 있으며, 실험실용으로는 저항로가 사용된다.

진공 용해로(vacuum melting furnace)의 특징은 용해 과정에서 산화, 질화 등 공기의 영향을 피할 수 있으며, 가스의 흡수가 거의 이루어지지 않을 뿐만 아니라, 응고시의 가스 방출이 적게 되므로 가스에 의한 주물 결함이 없는 양질의 주물을 얻을 수 있다. 또한 불순물이 적고 첨가된 합금 원소는 유효하게 합금되어 조성이 확실하다. 그러나 시설비와 유지비가 많고 주물의 크기가 한정되는 점이 단점이라 할 수 있다. 그림 3-10 (a)는 진공 유도로의 구조를, 그림 3-10 (b)는 외형의 보기를 나타낸 것이다.

2. 용해용 부대 설비와 기구

1) 큐폴라용 설비

(1) 송풍기

용해용 송풍기(blower)는 주로 용선로에 사용되며, 강제 통풍식 도가니로, 반사로 등에도 사용된다. 용해로에 사용되는 송풍기에는 원심 송풍기(centrifugal blower), 루츠 송풍기(roots blower), 터보 송풍기(turbo blower) 등이 있다.

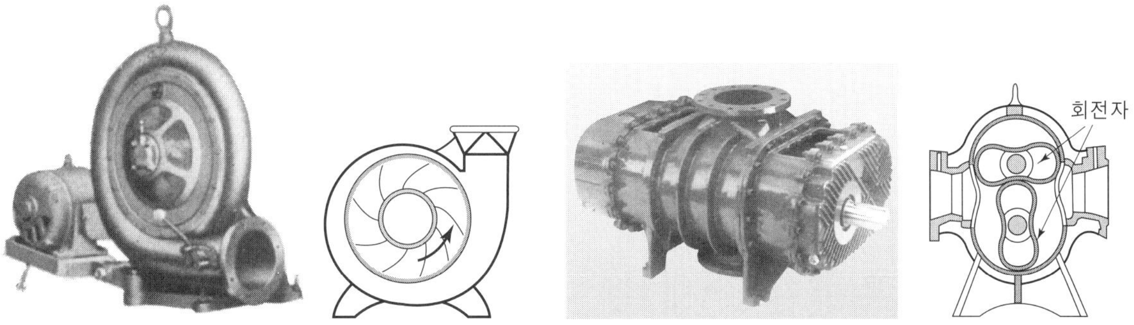

(a) 터보 송풍기 (b) 루츠 송풍기

그림 3-11 ▮ 송풍기의 종류와 구조

그림 3-11 (a)는 큐폴라에 사용되는 터보 송풍기로, 풍량이 풍압에 따라 달라지므로 각 큐폴라에 알맞는 성능의 송풍기를 선택해야 한다. 그림 3-11 (b)는 루츠 송풍기로 회전수가 일정하면 풍량은 풍압에 관계 없이 거의 일정하며, 풍압의 변화가 많은 용선로 조업에 적합하다. 그러나 제작비와 운전비가 많은 것이 결점이다.

(2) 주입용 기구

용융 금속은 레이들(ladle)로 옮기거나 도가니 핸들을 이용하여 주형에 주입한다. 레이들의 형식에는 그림 3-12와 같이 여러 가지 형식이 있으며, 10~100 kg에서 큰 것은 50 t까지 있다.

일반적으로 레이들의 구조나 라이닝에 대해서 소홀이 여기는 경향이 있으나, 레이들의 불합리한 구조나 라이닝은 주물에 기포를 만들 뿐만 아니라, 용융 금속의 온도를 떨어뜨리고 주입의 장애가 되는 원인이 되므로 주입용 기구의 제작과 관리에 주의한다.

2) 온도 측정 및 제어 장치

(1) 온도 측정기

용해 작업에서 용융 금속의 온도는 용해로의 조업 상태, 용융 금속의 재질 및 유동성 등에 깊은 관계가 있으므로, 용융 금속의 온도 측정은 용해 작업에서 매우 중요한 일이다.

용융 금속의 온도 측정에는 광고온계, 복사 고온계 및 열전 고온계 등이 사용된다.

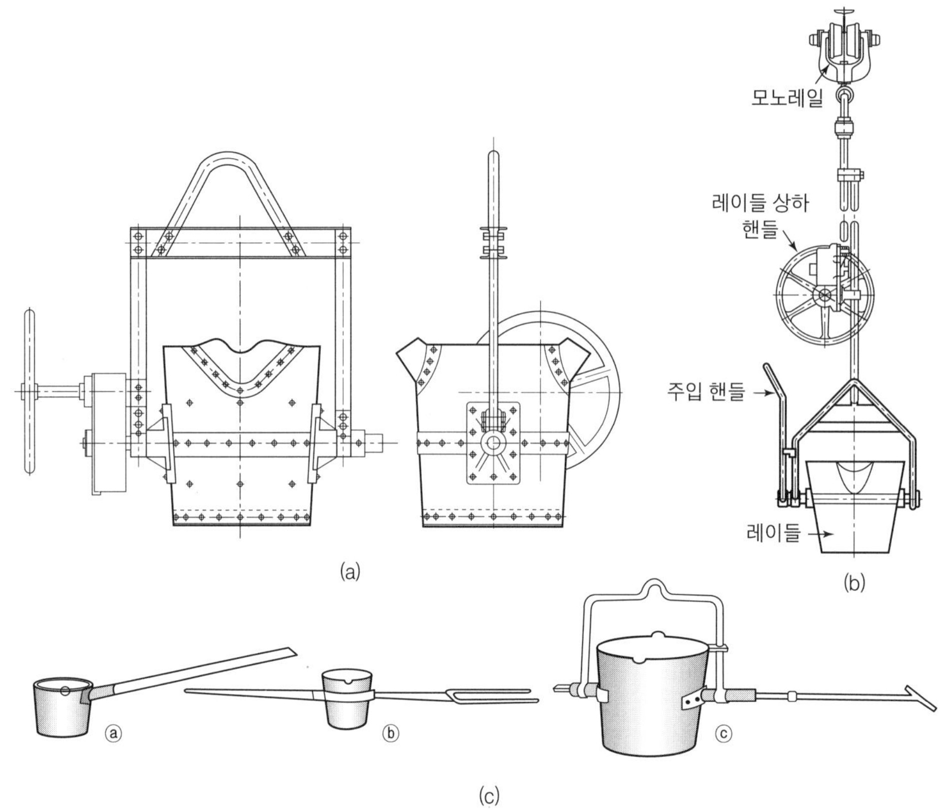

그림 3-12 ▮ 레이들의 종류

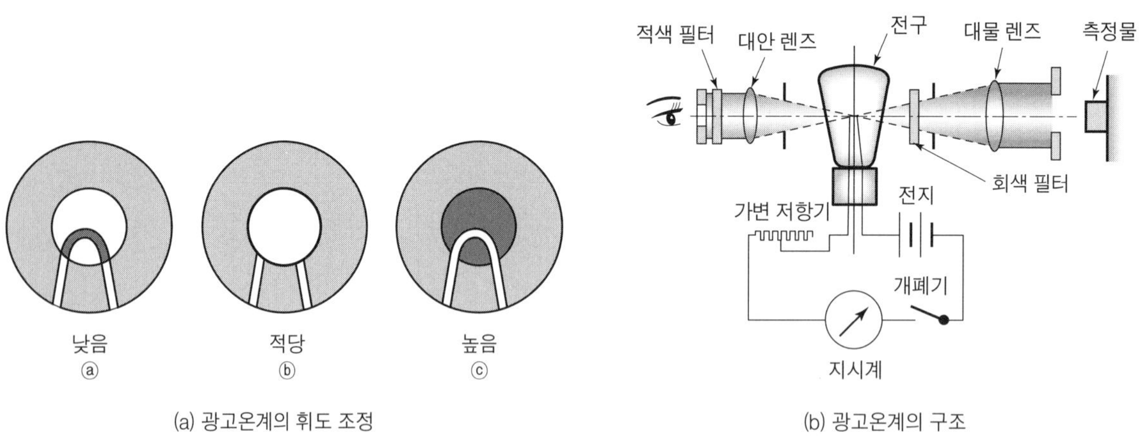

그림 3-13 ▮ 광고온계

① 광고온계(optical pyrometer)

휘도(輝度, brightness)를 측정하여 간접적으로 온도를 알 수 있게 한 것으로, 측정 범위는 700~2000 ℃이고, 휴대할 수 있으므로 주철 및 주강 용해 현장에서 많이 사용되고 있다. 측정할 때에는 온도계의 렌즈를 통하여 측정물을 보았을 때, 그림 3-13 (a)의 ⓑ와 같이 측정물의 휘도와 필라멘트의 휘도가 일치하도록 저항기를 조절한다. 이때 램프의 필라멘트에 통하는 전류가 모자라면 그림 ⓐ와 같이 필라멘트는 검게 보이며, 너무 세게 흐르면 그림 ⓒ와 같이 밝게 보인다. 그림 ⓑ는 알맞게 조정된 것으로 필라멘트를 구별할 수 없게 된다.

광고온계는 취급이 간단하나, 측정물의 조건과 사람에 따라 오차가 생겨서 온도보다 낮아지는 경우가 있으므로, 보정값에 주의한다. 그림 3-13 (b)는 광고온계의 구조를 나타낸 것이다.

② 열전쌍 고온계

지시열전 고온계(指示熱電高溫計, thermo-couple pyrometer)라고도 부르며, 원리는 열전쌍을 이용한 고온계로, 그림 3-14 (a)와 같이 다른 두 종류의 금속 또는 합금선의 양쪽 끝을 접속하고, 양 접점에 온도차를 두어 그 온도차에 비례하여 기전력이 생겨 금속선에 전류가 흐른다. 열전 고온계는 이 원리를 이용하여 측정 온도가 지시계에 나타나도록 한 것이다. 열전쌍은 기전력이 크고 내산성 및 내부식성이 강하며, 온도 변화가 규칙적이고 용융점이 높은 성질의 재료를 사용한다. 두 선을 접속한 열전쌍의 한쪽은 용융 금속 중에 넣고(열접점), 다른 한쪽은 일정한 온도로 하여(냉접점) 온도계나 밀리볼트미터에 접속시킨다. 이 열전쌍의 기전력은 온

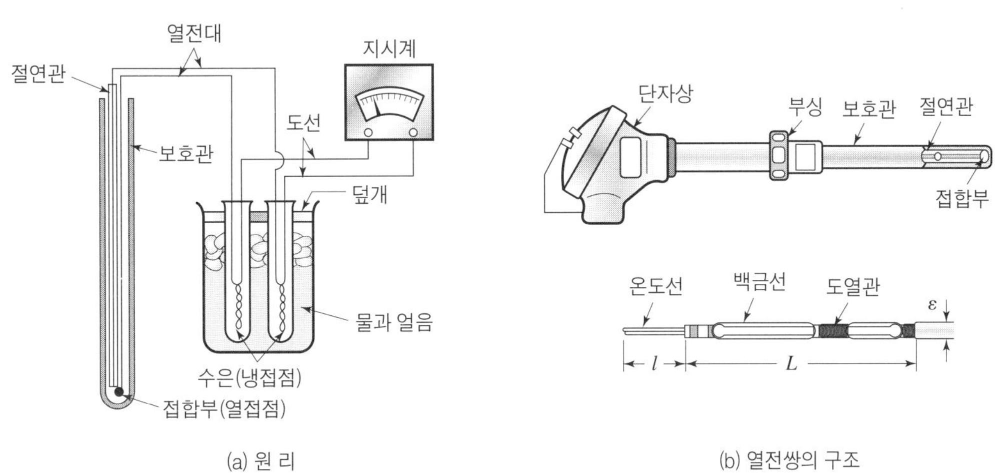

그림 3-14 ‖ 열전쌍 고온계

도와 일정한 관계가 있으므로, 이때의 전류를 온도계 또는 밀리볼트미터로 읽어서 온도를 측정한다.

③ 비접촉식 적외선 온도계

적외선 에너지(laser energy)를 방사하여 모든 종류의 물체를 접촉하지 않고 온도값을 감지하여 직접 읽을 수 있는 온도계를 비접촉식 적외선 온도계(non-contact infrared thermometer)라 한다. 이 온도계는 최저 230 ℃에서 최고 3000 ℃까지 측정할 수 있으며, 그림 3-15와 같은 휴대형(portable type)과 현장 설치형(stationary type)이 있다.

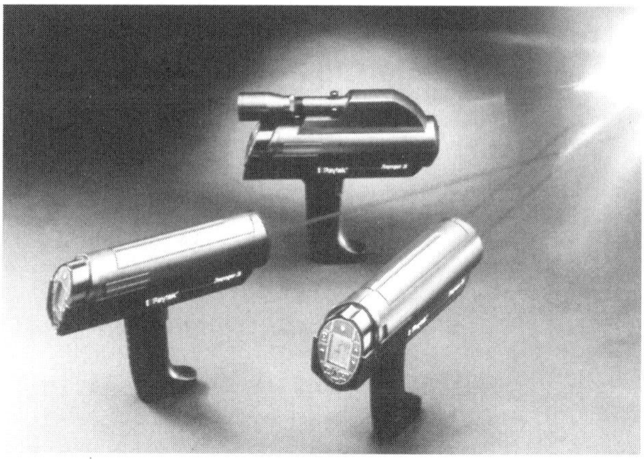

그림 3-15 ‖ 적외선 온도계

(2) 온도 제어 장치

정밀한 용해 관리에 있어서는 용해로의 온도 제어가 중요하다. 용해로와 전로 등의 온도 측정과 관리를 위한 온도의 검출에는 측정 위치, 측정 시기 등의 문제가 있으며, 노 안의 온도 분포, 노의 형식 및 열원에 따라 차이가 있게 된다. 그림 3-16 (a)는 용해로의 온도 제어 회로이고, 그림 3-16 (b)는 온도 지시 패널의 보기다.

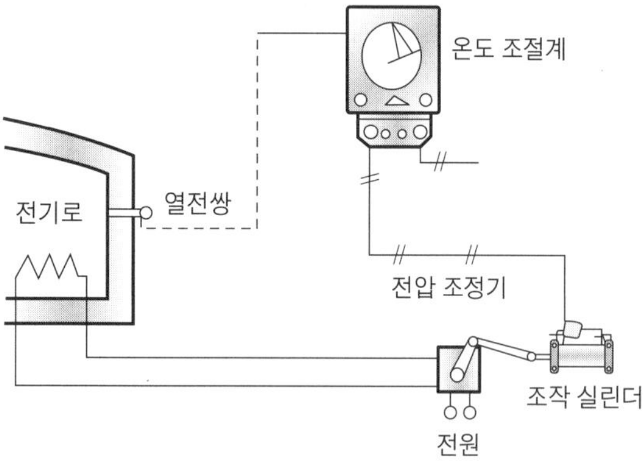

(a) 온도 제어 회로

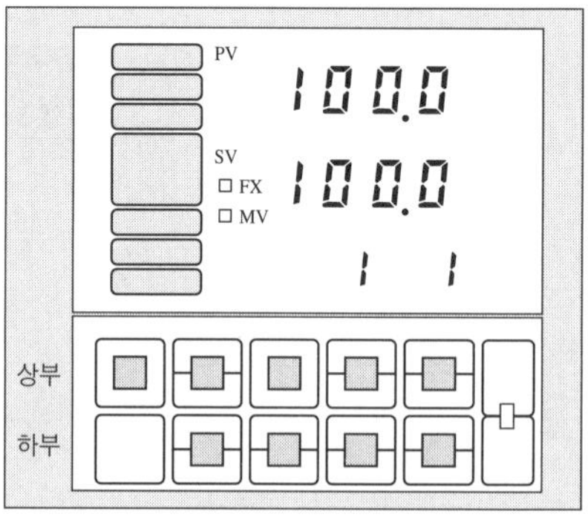

(b) 온도 제어계의 패널

그림 3-16 ‖ 온도 제어 장치

3. 연료와 내화물

1) 큐폴라용 연료

(1) 연료의 종류

주조와 관련이 깊은 연료에는 코크스, 석탄, 중유, 가스 등이 있는데, 현재 많이 사용되고 있는 주조용 연료를 분류하면, 표 3-3과 같으며, 주조용 연료의 종류와 용도는 표 3-4와 같다.

(2) 고체 연료와 발열량

고체 연료(solid fuel)에는 탄소가 주를 이루고 있는데, 그 밖에 수소, 산소, 질소, 황 등이 들어 있으며, 상당히 많은 양의 회분, 수분 등도 포함되어 있다. 고체 연료의 종류와 발열량은 표 3-5와 같다.

표 3-3 ▌주조용 연료의 분류

연료		종류
고체	천연 연료 인조 연료	장작, 괴탄, 갈탄, 석탄(역천탄, 무연탄) 목탄, 코크스, 연탄
액체	천연 연료 인조 연료	석유 원유 석유, 콜타르, 주정, 합성 석유, 액화 가스
기체	천연 연료 인조 연료	천연 가스 도시 가스, 발생로 가스, 수성 가스, 용광로 가스, 아세틸렌

표 3-4 ▌주조용 연료의 종류와 용도

종류	용도
코크스	큐폴라, 도가니로, 주형 건조로, 중자 건조로, 풀림로
석탄	반사로, 회전로, 풀림로, 주형 건조로, 중자 건조로
중유	중유로, 도가니로, 반사로, 회전로, 풀림로, 주형 건조로, 중자 건조로
가스	도가니로, 셸 조형용, 주형 건조로, 중자 건조로, 주형 표면 건조로, 풀림로, 레이들 건조
석유	주형 표면 건조로
장작	점화용, 레이들 건조, 기타 건조

표 3-5 ▌고체 연료의 발열량

연료	총발열량(kcal/kg)	구분
석탄	4500~7500	천연 연료
아탄	3000~4500	천연 연료
토탄	2000~4000(수분 20~30 %까지 건조한 것)	천연 연료
코크스	6000~7000	인공 연료
반성 코크스	5000~7000	인공 연료
장작	3000~4000	인공 연료
숯	6700~7500	인공 연료
유연탄	5000~7500	인공 연료
연탄(구공탄, 조개탄)	3500~5000	인공 연료

2) 내화물과 단열재

내화물(耐火物, refractory body)은 용융점이 높은 비금속 물질로, 제철, 제강, 제동은 물론 주조용 용해로 또는 가열로를 쌓는데 사용하는 고열에 견디는 물질을 말한다. 내화물은 SK 26번, 즉 1580 ℃ 이상의 내화도를 가진 것으로 규정하고 있다.

(1) 내화물

내화물은 구성하는 주요 화학 성분에 따라 산성, 중성 및 염기성 내화물로 분류한다. 즉 SiO_2와 같은 산성 산화물이 주성분인 산성 내화물, Al_2O_3나 Cr_2O_3와 같은 중성 산화물이 주성분인 중성 내화물, MgO이나 CaO와 같은 염기성 산화물이 주성분인 염기성 내화물이 있다.

내화물은 가지고 있는 내화도에 따라 표 3-6과 같이 분류하고 있다. 이들 내화물 중 주물용으로는 보통 내화물이 많이 쓰인다. 주물용 노에 사용하는 내화물의 종류는 표 3-7과 같다.

(2) 내화 단열재와 모르타르

① 내화 단열재

노 내의 열이 외부로 방출되지 않도록 열전도율이 작은 벽돌은 내화 벽돌의 바깥쪽에 사용

표 3-6 ‖ 내화물의 종류

등급	내화도	온도(℃)
저급 내화물	SK 26~29	1580~1650
보통 내화물	SK 30~33	1670~1730
고급 내화물	SK 34~37	1750~1825
초고급 내화물	SK 38~42	1850~2000

표 3-7 ‖ 주조용 노와 사용 내화물

노의 종류	연료	사용 장소	평균 최고 온도(℃)	사용 내화물
아크 전기로 (염기성)	전기	노 바닥 벽 천장	1550 1650 1650	MgO 클링커 MgO 내화물 규석 벽동
고주파 전기로	전기	라이닝	1700	MgO 클링커 또는 규사
레이들(산성)	가스	라이닝	1550	샤모트 납석 벽돌
큐폴라	코크스	라이닝	1550~1700	샤모트 납석 벽돌
반사로(주로 Cu)	가스 중유 미분탄	노 위 옆벽 천장	1550 1550 1500	규석 규석 벽돌 규석 벽돌
가열로	석탄 중유 가스	노 위 천장 벽	1400 1500 1550	샤모트 크로뮴 벽돌 MgO 벽돌 샤모트 규석 벽돌

할 때가 많다. 일반적으로 내화 단열재에는 기공률이 크고 단열성이 좋은 것으로, 점토질의 것이 많이 쓰인다.

② 내화 모르타르

내화 모르타르는 내화 벽돌을 쌓을 때 벽돌 사이의 접합부에 사용하는 것 또는 벽돌을 균일하게 밀착시키기 위하여 노의 내벽에 도포하거나 다져 붙여서 노벽을 수리하는 데 사용하는 것이 있다. 노의 내벽은 슬래그 또는 용융 금속에 의해 화학적 침식을 받게 되는데, 대개 접합 부분이 가장 심하다. 따라서 내화 모르타르는 벽돌과 같은 재질의 것이 좋으며, 될 수 있는 한 적게 사용하도록 한다.

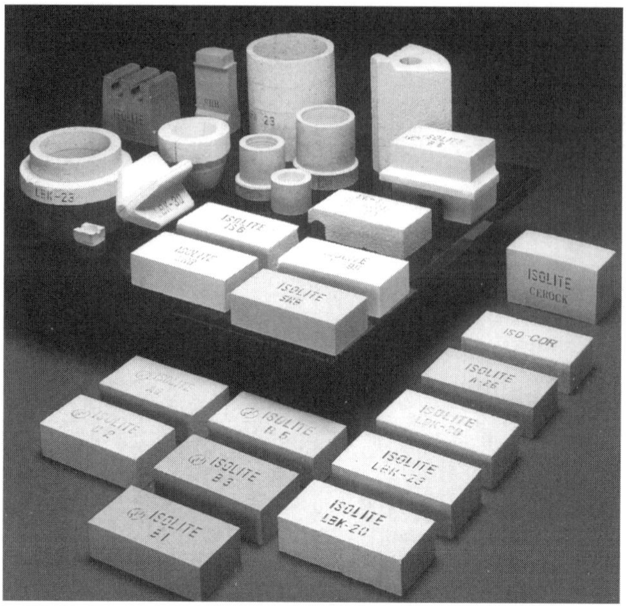

그림 3-17 ▮ 각종 내화 벽돌

3.2 주철 및 주강의 용해

1. 큐폴라에 의한 주철의 용해

주철 용해용 노에는 아크식 전기로 또는 유도 전기로 등도 사용되지만, 대표적인 것은 큐폴라(cupola)가 사용된다. 큐폴라는 조업이 비교적 쉽고 연속 출탕이 가능하며, 쇳물의 탄소량이 비교적 안정되는 등의 이점이 있어 오래 전부터 널리 보급 사용되고 있다. 그러나 좁은 성분 범위나 재질의 균질성이 요구될 때에는 조업할 때 충분한 주의를 기울이고, 계측기 및 자동 제어 장치 등의 이용이 필요하다. 그림 3-18은 한 쌍의 큐폴라로, 조업은 한쪽에서 또는 양쪽에서 동시에 할 수 있다.

(a) 냉풍 수냉식 (b) 열풍 수냉식

그림 3-18 ▮ 큐폴라

1) 큐폴라 용해의 기초

(1) 큐폴라의 주요 구조

큐폴라의 주요 구조는 그림 3-19와 같이, 바깥쪽은 원통형 강판이고 안쪽은 내화 벽돌로 라이닝(lining) 되어 있다.

큐폴라의 위쪽에는 재료를 장입할 수 있는 장입구가 설치되어 있으며, 코크스를 연소시키기 위해 외부에 설치한 송풍기로부터 공기를 불어넣으면 바람 상자에서 풍속을 조절하고, 바람 상자 아래쪽에 설치된 바람 구멍을 통하여 공기를 노 안으로 보낸다. 용해된 금속은 노 밑에 괴게 되고, 적당한 시기에 출탕구를 열어 쇳물을 노 밖으로 빼낸다. 슬래그는 출항 직전에 출탕구보다 조금 높은 곳에 위치한 출재구로부터 빼낸다.

큐폴라의 용해 능력은 표준 작업을 할 때 1시간당의 용해량으로 나타내는 것이 보통이다. 그러나 조업 목적에 따라 용해 속도가 변하게 되므로, 노의 안 지름으로 용해 능력을 나타내기도 한다.

① 노고의 구분

노체의 장입구에서 출탕구까지에는 노 내 재료의 상태로부터 다음과 같이 구분하며, 여기서 노 내의 연소 반응을 일으킨다.

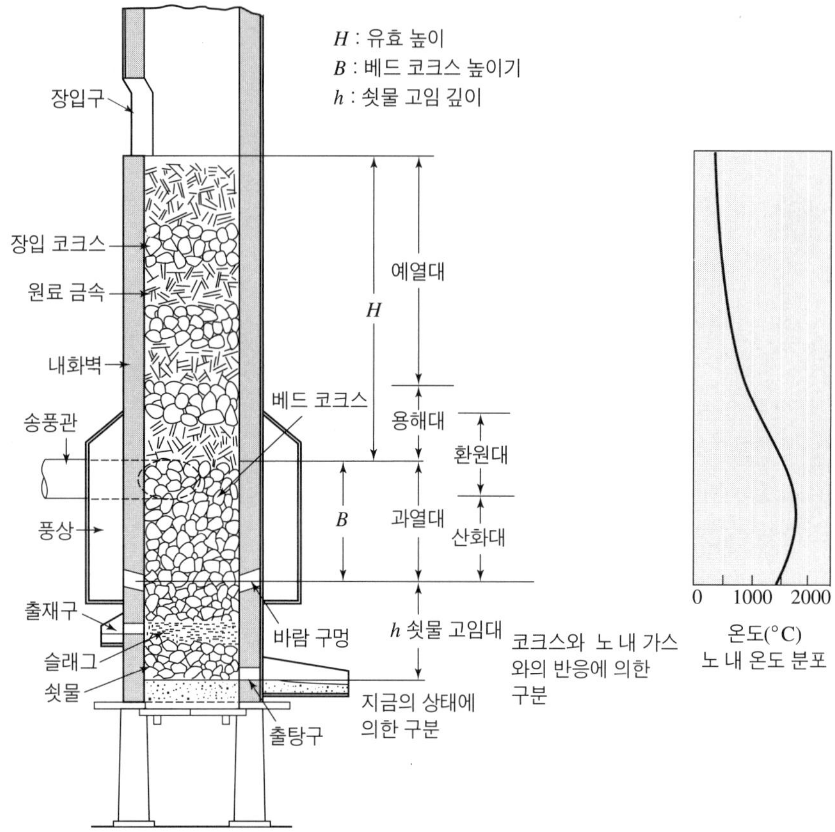

그림 3-19 ▮ 큐폴라의 구조와 구분

◎ 원료 금속의 가열 상태에 따른 구분

a) 예열대(預熱帶) : 장입구에서 용해 금속이 녹기 시작하기 직전까지의 부분, 용해용 금속은 이 사이를 하강하는 과정에서 예열된다.

b) 용해대(溶解帶) : 베드 코크스의 상부로 용해용 금속이 용해되는 부분

c) 쇳물 고임대 : 바람 구멍면에서 노저까지의 부분으로 용융 금속과 슬래그의 일부가 여기에 괸다.

◎ 코크스와 노 내 가스의 반응에 따라 구분

a) 산화대 : 바람 구멍면에서 과열대 중간까지의 부분으로, 바람 구멍에서 취입된 공기가 코크스와 반응하여 $C+O_2 \rightarrow CO_2+8080$ kcal/kg으로 산화 발열 반응을 하며, 노 내의 가스 온도는 산화대의 윗부분에서 가장 높게 된다.

b) 환원대 : 산화대의 윗부분으로, 산화대에서 생성된 이산화 탄소의 일부가 $CO_2+C \rightarrow 2CO-3265$ kcal/kg의 환원 흡열 반응을 한다.

② 유효 높이

바람 구멍면에서부터 장입구 밑면까지의 높이를 유효 높이라고 한다. 유효 높이를 H, 바람 구멍면의 노 안 지름을 D라 할때, 유효 높이비는 식 (3-1)과 같다.

$$\text{유효 높이비} = 2.0\,\frac{H}{D} \tag{3-1}$$

로 나타내며, 일반적으로 코크스를 연료로 사용하는 경우 그 값은 4.5~5.0을 기준으로 한다. 장입 재료는 코크스의 연소열에 의하여 예열, 용해 및 과열되므로, 유효 높이가 높을수록 열효율이 좋아진다. 그러나 이 높이가 너무 높으면 노 내의 저항이 커져서 송풍기가 과대한 부하를 받거나 송풍량이 적게 되어 코크스가 충분히 연소되지 않게 되며, 또 너무 낮으면 장입된 금속의 예열이 불충분해지므로 알맞은 높이로 조정한다.

③ 노상부

노의 밑면에서부터 바람 구멍까지의 높이를 노상부(爐床部, hearth)하고, 지금의 상태에 의한 구분에서는 쇳물 고임대와 같다.

용해된 금속은 점차 노의 밑으로 떨어져 괴게 된다. 따라서 노상부가 깊을수록 다량의 용융 금속을 저장할 수 있으나, 이 부분에 장입된 코크스는 거의 연소되지 않으므로 지나치게 깊으면 용융 금속의 온도가 떨어져, 고온의 쇳물을 얻기가 어렵다. 또 쇳물과 코크스와의 접촉 시간이 길어져 탄소와 황의 흡수량이 증가되기 쉽다. 일반적으로 전로나 쇳물받이가 있는 큐폴라에서는 이 부분을 얕게 하고, 전로가 없는 것은 깊게 한다.

④ 바람 구멍(tuyere)

코크스를 연소시키기 위하여 노 안으로 공기를 불어 넣는 구멍을 바람 구멍이라 한다. 바람 구멍면에서의 노의 단면적(A)과 바람 구멍의 총단면적(a)과의 비(A/a)를 바람 구멍비(tuyere ratio)라 하는데, 바람 구멍비는 바람 구멍의 크기를 결정하는 기준이 된다.

특히 A/a의 값은 코크스의 연소에 영향을 끼치는 주요한 요인이 되므로, 중심부와 노벽 부근에서 코크스가 균일하게 연소되도록 바람 구멍비를 적당하게 조정한다. 일반적으로, 바람 구멍비는 노의 크기가 코크스의 품질에 따라 달라지지만, $A/a=5\sim10$을 기준으로 한다. 또 노 내의 균등한 송풍을 하기 위해서는 바람 구멍의 수가 많은 것이 좋겠으나, 너무 많으면 바람 구멍의 지름이 작아져 조업 중 보수와 점검이 어렵고, 바람 구멍 주위에 슬래그가 부착되

표 3-8 ▮ 바람 구멍의 수

바람 구멍면의 노의 안 지름	바람 구멍의 수
650 mm 이하	4~6
700 mm 이상	6~10

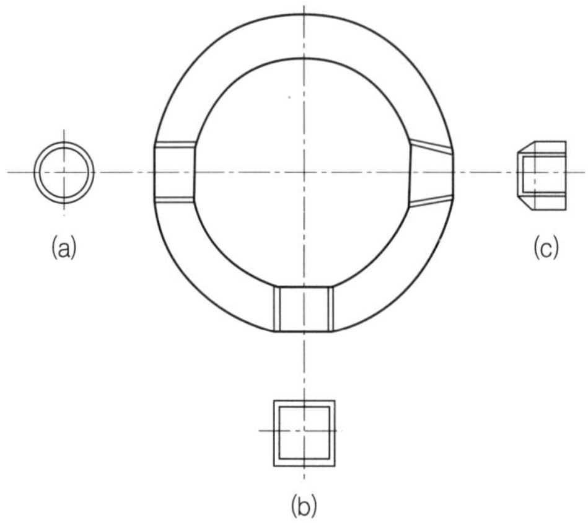

그림 3-20 ▮ 바람 구멍의 형식

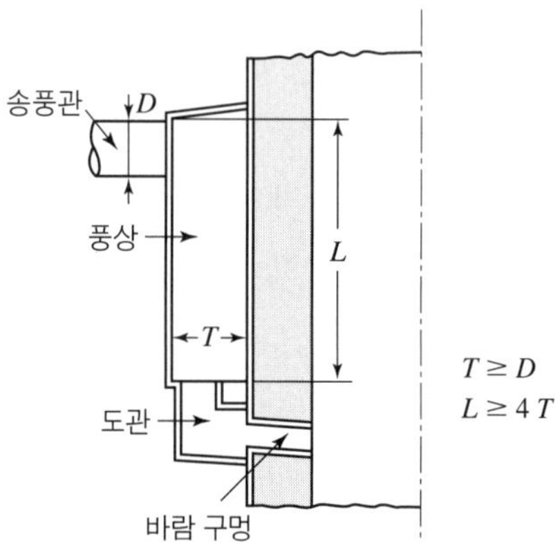

그림 3-21 ▮ 바람통의 구조

어 구멍이 막히기 쉽다. 그러나 바람 구멍의 수가 너무 적으면 바람 구멍의 지름이 커져서 노 중심부까지 공기가 균일하게 들어가지 못하게 된다.

표 3-8은 이러한 점을 고려하여 정한 바람 구멍의 수와 노 안 지름의 관계를 나타낸 것이다.

바람 구멍의 모양은 그림 3-20과 같이 (a) 원통형, (b) 각형, (c) 부채형이 사용된다. (c)는 노 내에 균등하게 공기가 보내지도록 노의 내측을 확대한 것으로, 중형 이상의 노에 사용된다.

5 바람통

송풍관으로부터 공기를 받아 공기의 압력과 방향을 조정하고, 바람 구멍을 통하여 노 내에 균등하게 송풍을 하기 위하여 바람통을 설치한다. 바람통의 너비는 송풍관의 지름과 같게 하고, 세로 길이는 너비의 3~4배 정도로 하는 것이 보통이다.

그림 3-21은 바람통의 구조이다.

(2) 큐폴라의 용해 능력

큐폴라의 용해 능력은 일반적으로 1시간당 용해 중량으로 나타낸다. 이것은 큐폴라의 용해 능력으로 하고 있다. 그러나 1시간당의 용해 능력은 동일한 노의 지름에서도 송풍량, 코

표 3-9 ‖ 노 지름, 코크스비, 용해 속도의 관계

노 지름 D(mm)	단면적 A(m²)	용해 속도 (t/h)					
		실제 코크스비(%)					
		8	10	12	14	16	18
300	0.071	0.74	0.64	0.57	0.52	0.47	0.42
350	0.096	1.0	0.9	0.8	0.7	0.64	0.58
400	0.126	1.3	1.1	1.0	0.9	0.83	0.76
450	0.159	1.7	1.4	1.3	1.2	1.05	0.95
500	0.196	2.1	1.8	1.6	1.4	1.3	1.2
550	0.238	2.5	2.2	1.9	1.7	1.6	1.4
600	0.283	3.0	2.6	2.3	2.1	1.9	1.7
650	0.332	3.5	3.0	2.7	2.4	2.2	2.0
700	0.385	4.1	3.5	3.1	2.8	2.6	2.3
750	0.442	4.7	4.0	3.6	3.3	2.9	2.7
800	0.503	5.3	4.6	4.1	3.7	3.3	3.0
850	0.567	6.0	5.2	4.6	4.2	3.8	3.4
900	0.636	6.7	5.8	5.2	4.7	4.2	3.8
950	0.709	7.5	6.4	5.8	5.2	4.7	4.3
1000	0.785	8.3	7.1	6.4	5.8	5.2	4.7
1050	0.866	9.2	7.9	7.0	6.3	5.7	5.2
1100	0.950	10.0	8.6	7.7	7.0	6.3	5.7
1150	1.039	11.0	9.5	8.4	7.6	6.9	6.3
1200	1.131	12.0	10.3	9.2	8.3	7.5	6.8
1250	1.227	13.0	11.2	10.0	9.0	8.1	7.4
1300	1.327	14.0	12.1	10.8	9.7	8.8	8.0
1350	1.431	15.1	13.0	11.6	10.5	9.5	8.6
1400	1.539	16.3	14.0	12.5	11.3	10.2	9.3
1450	1.651	17.5	15.0	13.4	12.1	11.0	10.0
1500	1.767	18.7	16.1	14.3	13.0	11.7	10.6

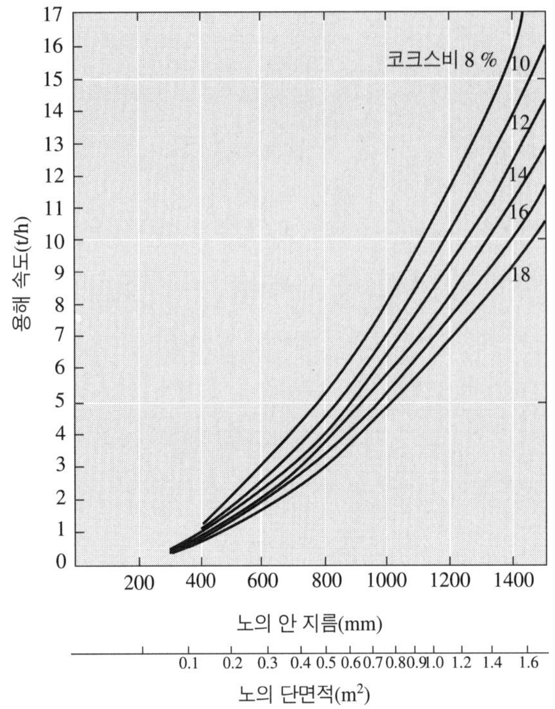

그림 3-22 ‖ 큐폴라의 용해 능력

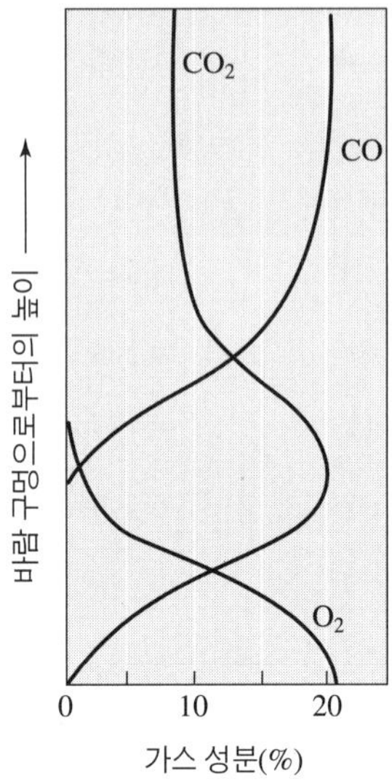

그림 3-23 ‖ 큐폴라 내의 가스 분포

크스비, 그 밖의 조업 조건에 따라 변동되므로, 정확한 규정은 어려우나 표준적으로는 표 3-9 및 그림 3-22와 같다.

(3) 큐폴라 용해 이론

① 노 내 연소 반응

큐폴라 용해는 노 내에 보내진 공기 중의 산소와 연소 코크스 중의 탄소와의 발열 반응에 의해 생기는 열로 용융 금속 재료의 용해, 불순물의 슬래그화, 산화물의 환원이 이루어진다. 그림 3-23은 큐폴라 내의 가스 분포를 나타낸 것으로, 바람 구멍으로부터 유입된 공기 중의 산소는

$$C+O_2 \rightarrow CO_2 \qquad (3-2)$$

의 산화 반응에 의해 코크스를 연소시켜, 노 내 온도가 최고에 달한다. 이 부분의 산화대는 베드 코크스의 중간에 이른다.

이보다 상부에는 산화대에서 생성된 CO_2 가스의 일부가

$$CO_2+C \rightarrow 2CO \tag{3-3}$$

의 환원 반응에 의해 CO로 변한다.

이 반응은 흡열 반응(吸熱反應)으로, 고온일수록 잘 진행되나, 노의 상부에 갈수록, 반응의 진행과 더불어 온도는 저하되고, 머지 않아 그 진행은 정지된다. 이때의 CO, CO_2량이 노정 가스의 조성이 된다.

식 (3-2), 식 (3-3)의 반응은 노 내의 송풍된 공기와 코크스와의 접촉에 의한 것으로, 이 것이 활발히 이루어지는 위치와, 노 내 가스 분포는 코크스의 형상, 송풍량, 바람 구멍의 크기 등과 많은 요인의 영향을 받는다. 큐폴라 용해에서는 이들 산화대, 환원대의 위치가 중요하다.

② 슬래그 반응과 용탕의 성분 변동

큐폴라에서 나오는 슬래그는 석회석, 용융 금속 재료의 산화물, 코크스 중의 회분(灰分), 침식된 노벽 재료 등이 녹아서 형성된 것이다. 석회석은 생성하는 슬래그의 유동성을 좋게하여 용융 금속과 분리되기 쉽게 할 목적으로, 투입 금속 재료량에 3~4 %를 배합한다. 이렇게 하여 생성되는 슬래그의 성분 조성은 표 3-10과 같은 것들이다. 일반적으로 SiO_2이 많은 슬래그는 산성이고, CaO나 MgO가 많은 슬래그는 염기성이며, 슬래그 중의 CaO는 주로 석회석($CaCO_2$)의 투입량에 의해 변동된다.

SiO_2를 많이 갖고 있는 내화 벽돌이나 모르타르를 노벽에 사용한 산성 조업 큐폴라에서는, 염기성인 CaO가 많은 슬래그에는 심한 침식이 이루어지므로, 염기성 조업을 하기 위해서는 CaO나 MgO를 많이 함유한 돌로마이트나 마그네시아계의 내화재를 사용한다.

③ 코크스와 송풍량 및 송풍압

◎ 코크스

과잉 송풍, 장입 코크스의 감소는 베드 코크스의 위치의 저하를 가져와 용융 금속 재료는 강산화성의 분위기에 감싸여 용융 금속은 산화된다. 따라서 저온시의 산화 방지, 고온 용해의 목적에도 베드 코크스는 알맞은 높은 위치를 유지하는 것이 필요하다. 장입 코크스는 초

표 3-10 ‖ 큐폴라 슬래그의 성분 조성

구별	SiO_2(%)	CaO(%)	MgO(%)	Al_2O_3(%)	FeO(%)	MnO(%)	S(%)
산성	40~50	20~35	0~3	5~12	0.5~0.7	0.5~2.0	0.1~0.4
염기성	20~30	30~50	5~20	3~10	0.5~5.0	0.5~3.0	0.4~1.0

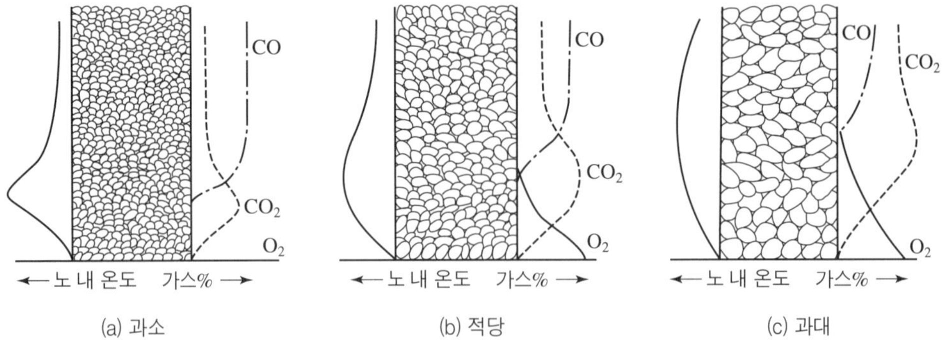

그림 3-24 ▮ 노내의 연소반응에 미치는 코크스입도의 영향

입 코크스의 소모를 보충하고, 베드 코크스의 높이를 일정하게 유지하므로 조업을 장시간 계속할 수 있으며, 목표로 하는 재질의 품종과 사용하는 코크스의 강도, 회분, 유황분 등을 고려하면서 적당한 장입 코크스량을 결정한다. 그림 3-24는 노 내의 연소 반응에 미치는 코크스 입도의 영향을 나타낸 것으로, 그림 3-24 (a)와 같이 코크스의 입도 크기가 작을 때에는 가스의 접촉 면적이 커져 노의 아랫부분에서 반응이 일어나기 쉽지만, 너무 크면 윗부분까지 이산화 탄소가 많아져서 강산화성 분위기로 되어 출탕 온도가 높아지나, 쇳물이 산화되어 수축공이 생기기 쉬우며, 규소의 소모도 많아진다. 코크스의 입도에 대해서도 충분한 고려가 있어야 한다. 일반적으로 노 지름의 1/8~1/10 정도의 입자가 균일한 것이 바람직하다.

◎ 송풍량

송풍량은 노 내에서 코크스의 연소를 좌우하는 매우 중요한 인자이나, 다음의 이론식 (3-4)로 부터 산출되는 풍량이 바람직하다.

$$Q = \frac{1000 \times W}{60} \times \frac{K}{100} \times \frac{k}{100} \times L \times C \quad (3\text{-}4)$$

여기서, Q : 풍량(m^3/min)

W : 용해 능력(t/h)

K : 용융 금속 재료 1 kg을 용해하는 데 필요한 코크스량(kg)

k : 코크스 100 kg 중에 함유하는 탄소량(kg)

C : 보정 계수

식 (3-4)는 코크스 형상의 변화를 고려한 이론식이지만, 경험적으로는 코크스비의 변화에 따른 송풍량의 적정값의 변화폭이 크지 않으므로, 노의 단위 단면적당 환산한 다음식 (3-5)를 이용해도 충분하다.

$$W/A=100\sim110(\mathrm{Nm^3/min\cdot m^2}) \quad (3-5)$$

여기서, W : 송풍량($\mathrm{Nm^3/min}$)
A : 노의 단면적($\mathrm{m^2}$)

◎ 풍압

송풍 압력은 노의 중심부까지 공기가 균일하게 들어가도록 충분한 압력이 필요하다. 그러나 풍압이 지나치게 클 때에는 바람 구멍 부근의 온도가 저하되고, 이와 반대로 지나치게 적을 때에는 중심부까지 송풍할 수 없으므로 균일한 용해가 불가능하다.

노의 용량에 따른 표준 풍압은 그림 3-25와 같다.

풍압은 송풍량을 아는 한 방법이나, 노 안의 상황, 노의 유효 높이, 바람 구멍 등에 따라 변하므로 확실하지는 않다.

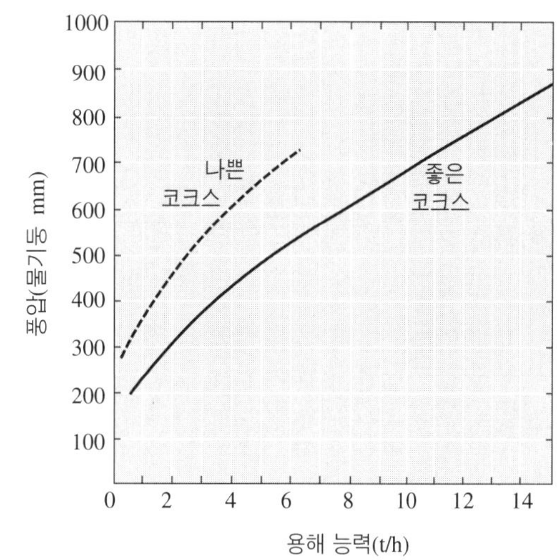

그림 3-25 ▮ 표준 송풍 압력

2) 용해용 장입 재료와 배합

(1) 용해용 장입 재료

큐폴라에서 사용되는 장입 재료는 노 밑에 장입되는 베드 코크스와 그 밖에 장입 재료와 함께 투입되는 장입 코크스, 용재 및 원료 금속 등이 있다.

주철 주물에 사용되는 원료 금속으로는, 첫째로 선철을 들 수 있다. 특히 기계적 성질이 좋고 수축 등의 결함이 없는 주물을 얻기 위해서는 질이 좋은 선철을 사용하는 것이 불가결한 요소로 생각되어 왔다. 그러나 미하나이트 주물과 같이 인장 강도가 높은 고급 주철의 제조에는 그 원료로 강철 파쇠를 많이 사용한다.

강철 파쇠는 값이 선철보다 싸기 때문에 원료값을 낮추는 목적으로도 사용되고 있다. 주물 공장에서 주조할 때의 부산물인 압탕, 탕도 및 불량품 등의 회수철도 용해용 원료로 사용되고 있다.

그 밖에, 성분 조정이나 제 3원소를 첨가할 목적으로 합금철이나 특수 원소 등도 사용된다.

표 3-11 ▮ 코크스의 규격(%)

급별	규격				
	회분	휘발분	황	강도(%)	입도(%)
A	4.0	1.5	<0.75	>50 mm 90	>50 mm 90
B	7.5	1.5	<0.65	>50 mm 88	>50 mm
C	10.0	1.5	<0.65	>50 mm 85	>50 mm

① 코크스와 용제

큐폴라용 코크스의 성질은 일반 연료용 코크스와는 달리 강도, 회분, 고정 탄소량, 발열량 및 입도 등에 따라 큰 영향을 주므로, 강도 및 발열량이 크고 황성분이 적은 것일수록 좋다.

코크스의 크기도 용해에 큰 영향을 주게 되므로, 노 지름의 1/8~1/10 가량의 것을 사용하는 것이 좋다. 기계 장입기를 사용할 때에는 코크스의 강도에 특별한 주의가 필요하다. 코크스의 고정 탄소는 85~90 %, 발열량은 7000~8500 kcal/kg인 것이 좋다.

회분은 많을수록 발열량이 줄어들기 때문에 좋지 않을 뿐만 아니라, 쇳물과 코크스의 접촉을 막아서 가탄을 방해하게 되므로, 표 3-11과 같이 10 % 이하의 것을 사용한다.

큐폴라에 사용되는 용제(flux)로 석회석이 많이 사용되며, 슬래그(slag)의 유동성을 좋게 하기 위해 형석을 첨가할 때도 있다. 이러한 용제는 코크스 중의 황, 회분 및 선철이나 강철 파쇠의 산화물 등에서 생긴 슬래그에 유동성을 알맞게 주어서 큐폴라 밖으로 내보내기 위해 필요하다. 석회석의 표준 크기는 달걀만한 것이 좋다.

② 선철(pig iron)

주물용 원료로서 오래 전부터 이용되어 온 것은 선철이다. 선철은 강이나 주철을 용해 제조할 때 원재료로 사용하는 것으로, 고로선, 전기로선, 재생선 또는 주물용선, 제강용선 등 종류가 매우 많다.

주철용 선철의 성분 범위는 표 3-12와 같다.

◎ 고로선

철광석을 주원료로 용해·환원하여 얻은 가장 일반적인 선철이며, 사용 연료에 따라 목탄선과 코크스선으로 구분한다. 목탄선은 보통 소형 용광로에서 목탄을 연료로 하여 만든 것으로, 불순물이 적고 질이 우수하여 특수용으로 이용된다. 역사는 오래 되었지만, 현재는 목탄을 값싸고 쉽게 구할 수 있는 지방에서만 생산되고 있다.

표 3-12 ▮ 주물용 선철의 화학 성분 예

종류			화학 성분(%)				
			C	Si	Mn	P	S
1종	1호	A	>3.40	1.40~1.80	0.30~0.90	<0.450	<0.050
		B	>3.40	1.81~2.20	0.30~0.90	<0.450	<0.050
		C	>3.30	2.21~2.60	0.30~0.90	<0.450	<0.050
		D	>3.30	2.61~3.50	0.30~0.90	<0.450	<0.050
	2호		>3.30	1.40~3.30	0.30~1.00	<0.600	<0.080

◎ 전기로선

전기로선은 절삭 가루 및 강철 파쇠 등을 원료로 하며, 규모도 적어 우리 나라에서 많이 생산되고 있다. 전기로선은 균질성과 원료로서의 신뢰성이 모자랄 뿐 아니라, 탄소가 낮고 규소가 지나치게 높아 쇳물의 유동성이 나쁜 결점이 있었지만, 요즈음에는 기술의 향상으로 점차 개량되어 인 및 황 성분이 적은 이점이 있다. 그 밖에, 인의 함유량이 0.01 % 가량인 저인선, 15 % 가량의 고인선과, 규소의 함유량이 7~15 % 가량인 고규소선 등이 있다. 이와 같이, 주물용 원료 선철은 여러 종류가 있으므로, 사용할 때에는 특징을 잘 알아 두어야 한다.

③ 강철 파쇠

원료 금속으로 강철 파쇠(steel scrap)를 다량 사용하여 이것을 큐폴라 안에서 가탄시키고, 노전 접종 처리하여 흑연의 형상 분포 및 바탕의 조직을 개량하는 강인 주철 제조법이 사용되고 있다. 그러나 큐폴라의 장입 원료로 사용할 때에는 장입된 후 용해될 때까지 산화성이 강한 분위기 속에 있게 되므로, 너무 얇은 강판은 산화 소모가 크게 되며 산화물이 쇳물에 섞이기 쉽다. 반대로 너무 두꺼우면 베드 코크스의 윗부분에서 용해되지 못한 것이 바람 구멍 근처까지 고체 그대로 내려오게 되면, 쇳물의 온도를 떨어뜨리게 된다. 따라서 큐폴라용 재료는 표 3-13과 같이 두께나 크기 등에 제한이 있다. 또 탄소강 이외의 니켈-크로뮴강이나

표 3-13 ▮ 큐폴라용 강철 파쇠의 크기(mm)

큐폴라 안 지름		<500	600	650	700
형상	두께	4~5	5~8	6~20	6~25
	길이	50~150	100~200	100~200	100~250

특수강의 조각 등이 섞이게 되면, 국부적인 백선화가 일어나게 되어 가공이 어렵게 된다.

④ 파쇠와 회수철

주철 주물의 폐품을 통틀어 파쇠(scrap iron)라 하며, 잉곳 케이스, 주철관을 비롯하여 일반 기계 부품, 화학 공업용 기기의 폐품 등 여러 가지가 있다. 이들을 사용할 때에는 화학 성분을 알기 위해 종류에 따라 구분하고, 사용되었던 상황 등을 알아 두어야 한다.

회수철(return scrap)은 자기 공장의 부산물이기 때문에, 성분이나 그 밖의 성질을 잘 알 수 있으므로 재질에 따라 구분한다.

Ni, Cr 등의 원소를 첨가한 합금 주철은 이들을 되풀이하여 사용함으로써 첨가 원소의 양이 증가하므로 주의한다.

⑤ 합금철 및 기타

합금철(ferro-alloy)은 Si나 Mn 등의 특정한 원소를 많이 함유한 선철의 일종으로, 보통 제 3 원소를 첨가하거나 성분을 조정할 때에는 순 금속보다 용융점이 낮고 산화 소모가 적은 합금철이 사용된다. 특히 원료 금속으로 강철 파쇠의 사용량이 증가됨에 따라 보통 주철의 용해에도 Si나 Mn 등을 노 안에 첨가, 조정할 필요가 있기 때문에 Si-Fe 및 Mn-Fe이 많이 사용되고 있다.

그 밖에 첨가용 합금철로, Cu, C, P, V 등을 함유한 것도 있다.

(2) 주철의 배합 계산

큐폴라 용해에서, 제품의 종류와 용도 등에 알맞는 성분을 가진 쇳물을 얻기 위해서는 적절한 조업과 용해 관리가 필요하지만, 그 전에 장입 재료의 배합 비율을 결정하는 일이 매우 중요하다. 배합법에는 경험에 따르는 방법과 분석한 성분량을 기초로 하여 산출하는 방법이 있다.

주철의 배합 계산에서는 용해 중에 일어나는 원소들의 증감을 미리 알고 보정할 필요가 있으며, 각 원소의 증감은 장입 재료의 성질이나 조업 조건 등에 따라 변하게 된다. 이 점이 큐폴라의 큰 결점이다.

일반적으로 표준 조업을 할 때, 탄소의 증감은 원재료의 탄소량, 코크스비와 조업 조건 등에 따라 영향을 받게 된다. 원 재료의 탄소량이 3.8 % 가량으로 높을 때에는 탈탄되어 3.5 % 가량으로 감소하고, 2.6 % 가량으로 낮을 때에는 3.1 % 가량으로 가탄되어 증가되며, 3.3 % 가량에서는 탄소의 증감이 비교적 적다. 강철 파쇠는 보통 탄소량이 0.2 % 정도로, 가탄되면 코크스 등의 조건에 따라 다르지만, 2.0~2.8 %까지 증가한다.

규소는 용해 중에 산화 손실되어 자체의 함유량이 10~15 % 가량 감소되며, 규소를 첨가하기 위해 규소철을 큐폴라 안에 장입하면 노벽에 부착되거나 산화되어 20~25 %가 손실된다.

Mn도 Si와 같이 함유량으로부터 10~20 %가 손실되며, 망가니즈철을 보충할 때에도 20~30 %의 손실을 가져온다.

S은 함유량 중의 약 25 %가 산화 감소되지만, 반대로 코크스 중의 S의 30 % 가량이 쇳물 중에 흡수되므로, 결과적으로 원재료의 황 함유량의 50~100 %가 증가하게 된다.

P은 용해 중 거의 변화가 없다.

이상과 같은 화학 성분의 증감과 사용할 장입 재료의 성분 및 조업 조건 등을 고려하여 장입 재료의 배합을 결정한다. 배합 계산을 할 때에는 가장 영향이 큰 탄소와 규소를 목표로 지정하여 계산한 다음, 성분에 부족이 생길 때에는 합금철로 보충한다.

표 3-14는 배합 계산의 예를 보여준 것인데, 그 결과와 실제와는 여러 조건에 따라 다르게 되므로, 경험에 의한 수정이 필요하다.

표 3-14 ▮ 배합 계산 예

목표 성분(%)		C=3.20		Si=1.60		Mn=0.80		P<0.30		S<0.10	
배합 원료	%	%	kg	%	kg	%	kg	%	kg	%	kg
선철 A	10	3.42	0.342	1.81	0.181	0.80	0.080	0.35	0.035	0.04	0.004
선철 B	10	3.53	0.353	2.05	0.205	0.66	0.066	0.38	0.038	0.06	0.006
선철 C	20	3.62	0.724	2.09	0.418	0.35	0.070	0.12	0.024	0.02	0.004
파쇠	40	3.20	1.280	1.65	0.666	0.75	0.300	0.25	0.100	0.08	0.032
강철 파쇠	20	0.20	0.040	0.18	0.036	0.48	0.096	0.05	0.010	0.04	0.003
계	100	–	2.739	–	1.500	–	0.612	–	0.207	–	0.054
노 내 증감		–	+0.44	−15	−0.225	−20	−0.124	±0	0	–	+0.038
합계		–	3.179	–	1.275	–	0.490	–	0.207	–	0.054
부족		–	−0.021	–	−0.325	–	−0.310	–	−0.093	–	−0.008
첨가 Fe-Si (Si=45 %, 환원 75 %)		–	–	45	0.325	–	–	–	–	–	–
첨가 Fe-Mn (Mn=75 %, 환원 70 %)		–	–	–	–	75	0.310	–	–	–	–
예정 성분		–	3.179	–	1.600	–	0.800	–	0.207	–	0.09

3) 큐폴라 조업의 실제

(1) 노의 준비

용해 작업 종료시는 보통 바람 구멍에서 500~700 mm 정도 사이에는 노벽이 침식되어 있다. 따라서 SK33번 이상의 중성 또는 약산성 내화 벽돌, 또는 내화성 모르타르를 내화 점토와 반죽하여 바르는 수리를 한다.

내화 점토는 사용전 최소 24시간 이상 가습하여 성숙한 다음 사용한다.

① 노벽

노벽(furnace wall)을 라이닝(lining)할 때는 융착한 슬래그를 바람 구멍면상의 800 mm 정도까지 정으로 제거하여야 한다.

바람 구멍의 아랫부분에는 점차 흑연질의 내화물을 사용하고 있다.

장입구 부근은 장입물을 장입할 때 파손되기 쉬우므로, 주철제 벽돌을 사용하면 좋다.

조업 후 손상된 라이닝 보수는 침식 부분을 바꾸든지, 내화물 표면의 슬래그층을 끌이나 그 밖의 연모로 본바탕이 나올 때까지 깎아 내고, 내화 벽돌이나 모르타르 등으로 메워 소정의 치수가 되도록 보수한다. 이때 사용 수분은 될 수 있는 대로 적게 하고 잘 다져서 메워야 하며, 특히 바람 구멍, 출탕구의 치수와 각도 및 모양 등에 주의하여 보수한다.

노벽의 모양은 그림 3-26과 같이 몇 가지의 형식이 있는데 일반적으로 그림 (a), (b)의 것이 많다.

② 노저

전노(前爐)가 없는 큐폴라에서는 그림 3-27과 같이 노상을 기준으로 바람 구멍의 높이, 출

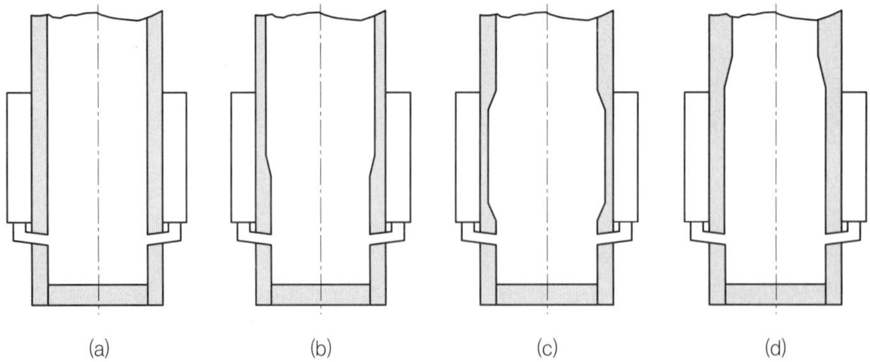

그림 3-26 ▮ 큐폴라 안 지름의 형식

탕구와 슬래그 구멍의 모양과 위치 등을 고려한 노저(爐底)의 보수가 필요하다.

◎ 바람 구멍면에서 노저까지의 높이

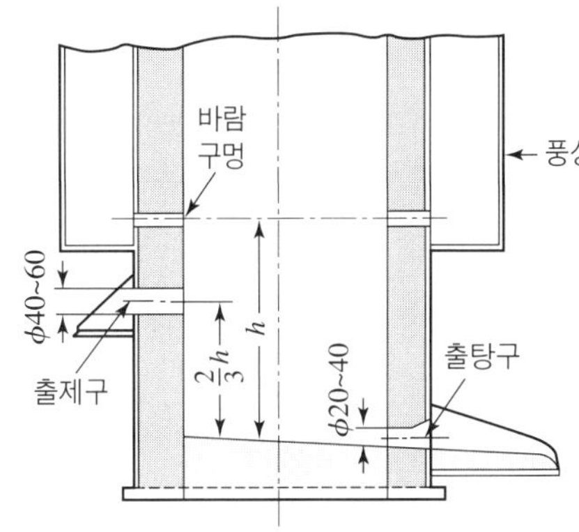

그림 3-27 ‖ 전로가 없는 노상의 구조

전로가 없으면 쇳물을 고이기 위한 공간의 높이가 필요하다. 너무 높으면 쇳물의 온도가 낮아지고, 코크스와의 접촉 시간이 길어져, 코크스 중의 S과 C를 흡수하여 쇳물의 화학 조성을 변화시킨다. 따라서 10~15분 간격으로 출탕하는 높이가 좋다. 전로가 있는 큐폴라에서는 높이를 되도록 낮게 한다.

노저는 표 3-15와 같이, 강모래, 규사, 내화 점토 또는 내화 모르타르 등과 수분 8~10 %를 배합하여 알맞은 두께로 깔아서 다지며, 출탕구의 방향에 (5~10)/100 가량의 기울기를 주어 쇳물이 유출되기 쉽게 한다. 보수가 끝나면 노 안에 장작을 쌓고, 자연 통풍으로 충분히 건조시킨다. 새로 라이닝을 하였을 때에는 2~3일 자연 건조시킨 다음, 장작이나 코크스 등으로 24시간 이상 충분히 건조해야 한다.

표 3-16은 노상 모래의 배합 보기를 나타낸 것이다.

표 3-15 ‖ 노저 모래의 배합 예

배합예	배합량 (%)				
	강모래	샤모트 벽돌 가루	점토	내화 모르타르	코크스 가루
A	40	7	3	–	50
B	20	40	40	–	–
C	70~80	–	–	20~30	–

표 3-16 ‖ 노상 모래의 배합 예

<table>
<tr><td rowspan="2">보기 1</td><td>주물사</td><td>샤모트 벽돌 가루</td><td>목절 점토</td><td>코크스 분</td></tr>
<tr><td>40 %</td><td>7 %</td><td>3 %</td><td>50 %</td></tr>
<tr><td rowspan="2">보기 2</td><td>대립 규사</td><td>목절 점토</td><td colspan="2">샤모트 벽돌 가루</td></tr>
<tr><td>20 %</td><td>40 %</td><td colspan="2">40 %</td></tr>
</table>

◎ 출탕구와 슬래그 출구

출탕구(出湯口, tapping hole)는 노저에 1개 또는 예비로 2~3개를 설치한다.

지름은 20~40 mm로, 출탕과 쇳물 막기가 용이한 구조로 되어 있다.

슬래그 출구(slag hole)는 장입 금속 재료의 2회분의 쇳물을 저장할 수 있는 높이로 한다. 노저에서 바람 구멍까지의 높이는 h의 약 2/3 정도로 한다.

3 출탕구와 출재구의 형식

노저의 출탕구와 출재구는 큐폴라에서 쇳물과 슬래그를 유출시키는 방식에 따라 출탕구와 출재구의 형상 배치가 다르다.

◎ 간헐 출탕, 출재 방식

용탕과 슬래그를 그림 3-28과 같이 노 안에 고이고, 필요할 때 출탕구와 출재구를 열어 출탕 또는 출재하는 방식이다. 쇳물은 코크스와 슬래그와 같이 노 안에 잠겨 있으므로 성분 변동이 크다.

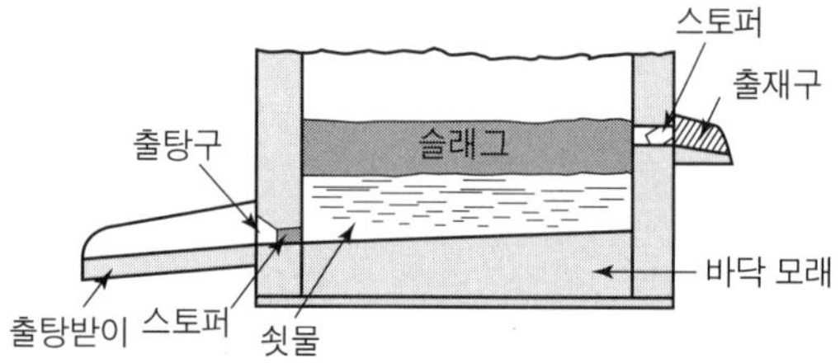

그림 3-28 ▮ 간헐 출탕, 출재 방식

◎ 연속 전방 출재 방식

노저부에서 연속적으로 쇳물과 슬래그를 유출시켜, 동시에 이들을 분리하는 방식으로, 노 안의 쇳물, 슬래그는 항상 일정량이 유지되므로, 성분 변동이 적어 매우 양호한 방식이다. 그림 3-29는 그 보기다.

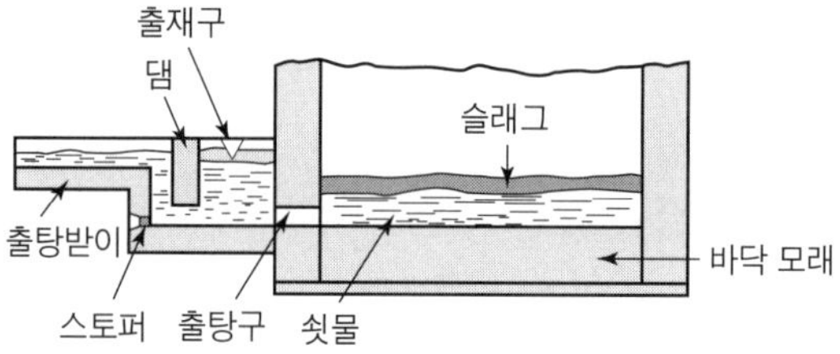

그림 3-29 ▮ 연속 전방 출재 방식

◎ 연속 후방 출재 방식

출탕과 출재구가 따로 있으며, 출탕구에도 슬래그가 혼입되지 않으므로, 슬래그를 분리하지 않아도 된다. 그림 3-30은 그 방식의 보기다.

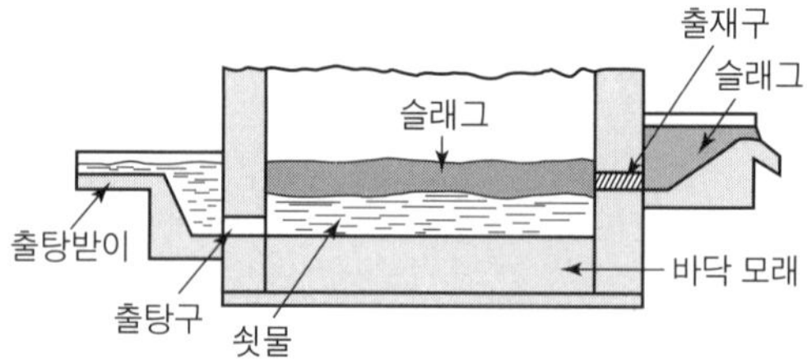

그림 3-30 ▮ 연속 후방 출재 방식

또한 쇳물과 슬래그를 연속하여 출탕, 출재하는 큐폴라는 그림 3-31과 같이 전로(前爐, fore hearth, receiver)에 쇳물을 출탕 유지하고 레이들에 의해 필요량을 출탕하는 방식이다.

(2) 조업법

① 점화와 조업 개시

그림 3-31 ▮ 큐폴라용 전로

노의 보수와 건조 및 장입 재료의 배합 계산 등 조업 준비가 끝나면, 출탕 개시 예정 시간의 약 2~4시간 전까지 점화 준비를 끝내야 한다. 즉 노 밑에 장작을 쌓은 다음, 그 위에 코크스를 알맞은 높이로 넣어 기름 걸레나 오일 버너 등으로 점화하고, 자연 통풍으로 코크스를 적열시킨다. 점화용 가스나 오일 버너를 사용할 때에는 베드 코크스에 직접 점화시키는 데, 장작을 사용하는 것보다 시간을 단축시킬 수 있으므로, 많이 이용되고 있다. 베드 코크스는 균일하게 점화되지 않으면 조업에 지장을 가져오게 되므로 주의하며, 천천히 예정된 베드 코크스 높이의 윗단 부근까지 코크스를 채우고 그 위로 불꽃이 올라오면 충분히 송풍하여 노 안의 먼지나 회분 등을 날려 보낸 다음, 베드 코크스의 높이를 다시 조정한다. 또 큐폴라의 몸체는 이상과 같이 베드 코크스의 불꽃이 상승되는 동안 예열되지만, 전로나 출탕구 등은 따로 장작이나 버너 등으로 충분히 예열하여 용해 초기에 쇳물의 온도가 내려가지 않게 한다. 표 3-17은 베드 코크스의 표준 높이의 보기다.

② 재료의 장입법

1회의 장입 금속의 양은 보통 큐폴라의 용해 능력의 1/10~1/15로 하는 것이 표준이며, 1회의 장입 시간은 5~6분 간격으로 해야 작업이 이상적이다.

추가되는 코크스량의 결정은 표 3-18과 같이 큐폴라의 크기와 조업 목적, 요구되는 쇳물의 온도 및 용해 속도 등을 고려하여 코크스비로부터 산출한다. 석회석의 사용량은 산성 큐폴라에서는 장입 코크스의 약 25~35 %가 적당하며, 산화물과 모래 등 불순물이 많이 부착된 장입 재료를 사용할 때에는 석회석의 사용량을 늘려야 한다. 그러나 단순히 슬래그의 유

표 3-17 ▮ 베드 코크스의 표준 높이(mm)

노의 크기(t/h)	일반 용해	고온 용해
1	800	1000
2	900	1100
3	1000	1200

표 3-18 ‖ 큐폴라의 안 지름과 용해 속도의 표준

번호	안 지름 D (mm)	단면적 A (m^2)	용해 속도 W(t/h)			
			V/A (m^3/min-m^2) =141~160	V/A =120~140	V/A =101~120	V/A =81~100
1	300	0.071	0.4	0.3	-	-
2	350	0.096	0.5	0.4	-	-
3	400	0.126	0.7	0.6	0.5	-
4	450	0.153	1.0	0.8	0.7	0.5
5	500	0.196	1.3	1.1	0.9	0.7
6	550	0.238	1.6	1.4	1.2	1.0
7	600	0.283	2.0	1.8	1.6	1.3
8	650	0.332	2.5	2.2	2.0	1.7
9	700	0.385	3.0	2.7	2.4	2.1
10	750	0.442	3.5	3.2	2.9	2.5
11	800	0.503	4.1	3.7	3.4	2.9
12	850	0.567	4.7	4.3	3.9	3.4
13	900	0.636	5.3	4.9	4.4	3.9
14	950	0.709	5.9	5.5	5.0	4.4
15	1000	0.785	6.6	6.1	5.6	5.0
코크스비(%)			17~22	12~17	10~12	8~10
코크스 중의 회분(%)			<10	<10	10~12	10~12
출탕 온도(℃)			>1500	1450~1500	1400~1450	<1400
조업 목적			고온 용해와 강철 파쇠를 주원료로 할 때	정상 조업	경제적 조업	경제적인 조업이나 이중 용해를 할 때

동성을 좋게 할 목적으로 양을 늘리면, 노벽의 침식이 커지므로 주의할 필요가 있다.

장입 순서는 베드 코크스 위에 석회석, 강철 파쇠, 선철, 회수철, 장입 코크스, 석회석의 순으로 하며, 1회의 장입이 끝나면 똑같은 순서로 반복하여 장입한다. 규소철과 같은 합금철을 노에 첨가할 때에는 노벽에 붙거나 산화 · 손실되는 것을 막기 위하여, 코크스층 위쪽의 중앙에 장입하는 것이 좋다.

선철의 크기는 행깅에 큰 영향을 주지 않으나, 강철 파쇠나 회수철에는 가늘고 긴 것이 섞

표 3-19 ▮ 장입 재료의 크기 및 무게 기준

큐폴라 용량(t/h)	선철		회수철 및 파쇠	
	크기(mm)	무게(kg)	크기(mm)	무게(kg)
1	80×60×150	4	120×100×130	6
3	80×70×250	8	120×100×150	10
5	80×80×350	12	120×100×350	15

여 있어 그 원인이 되므로, 장입 전에 이런 것은 제거해야 한다. 장입 재료의 크기와 무게는 되도록 고르게 하며, 표 3-19를 표준으로 한다.

③ 송풍

장입구의 높이까지 장입을 끝낸 후, 약 30분 동안 노의 모체와 장입 재료를 충분히 예열시킨 다음 송풍을 시작한다. 너무 빠르게 송풍하면, 예열이 되지 않아 쇳물이 내리는 데 시간이 걸리고 쇳물의 온도도 떨어지게 된다. 반대로 너무 느리면, 그동안의 베드 코크스의 연소로 용해대가 내려가 쇳물의 저온화를 방지하기 어렵게 되므로 주의한다. 또 송풍이 시작된 후 얼마 동안은 출탕구와 슬래그 구멍을 열고 노 밑에 남아 있는 재나 먼지 등을 제거하는 것이 좋다. 송풍 개시 후, 바람 구멍으로 노 안을 관찰하면, 노의 조건이 정상이면 5~10분만에 쇳물 방울이 떨어지고, 10~15분만에 출탕구에서 쇳물이 흘러 나오기 시작한다. 보통, 처음에 나오는 쇳물은 온도가 낮으며 가탄도 적으므로, 요구되는 배합 성분의 쇳물을 얻으려면 송풍 개시 후 30분 이상 걸린다. 따라서 지정된 성분을 가진 주조물은 조업 초기의 쇳물 사용을 피하는 것이 좋다.

④ 출탕과 용해

전로를 사용할 때에는 그림 3-32와 같은 연속 출탕 슬래그 제거 방식을 사용하여 쇳물을 전로에 연속 유입하게 되므로, 출탕이 끝날 때마다 출탕구를 막지 않아도 된다.

보통의 소형 큐폴라에 이용되는 단속 출탕 방식은 처음에 쇳물과 슬래그가 흘러 나오기 시작하면 막고, 15분 가량의 간격으로 슬래그 구멍으로 슬래그를 유출시킨 다음 출탕한다. 슬래그 구멍을 열었을 초기에는 슬래그만이 유출되나, 조업이 계속되면 쇳물이 점차로 노 안에 괴게 되어 슬래그와 함께 나오게 된다. 이때 슬래그 구멍을 막고 조금 두었다가 출탕시키면 된다. 송풍이 시작되어 용해 작업이 진행되면 장입물도 아래로 내려오기 시작하므로, 장입 재료를 보충하여 항상 장입구 아랫단까지 차 있는 상태가 유지되도록 한다. 조업 시간이 길

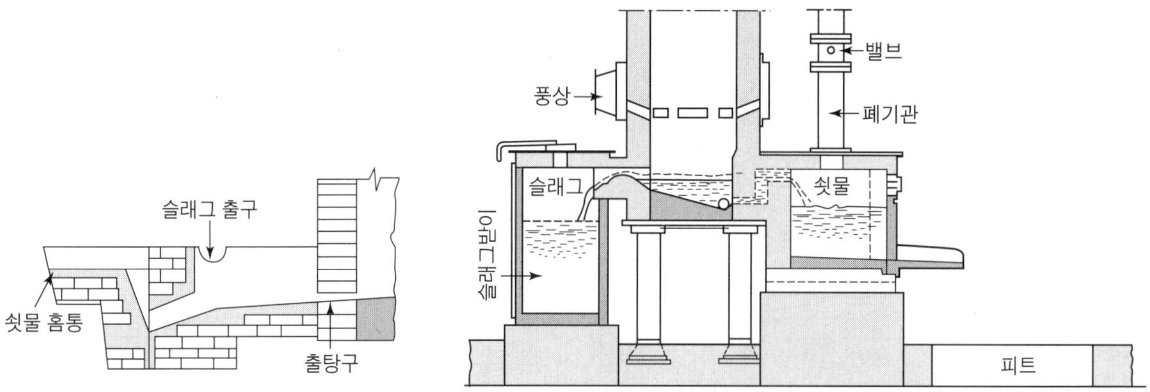

(a) 연속 출탕 슬래그 제거법 (b) 슬래그와 쇳물의 분리법

그림 3-32 ▮ 출탕구의 형식

어지면 노벽의 침식에 따른 베드 코크스의 높이가 내려가는 것을 피할 수 없으므로, 알맞은 시기에 적당량의 베드 코크스를 추가 투입하여 용해대의 높이가 일정하게 유지되도록 한다.

⑤ 조업 종료

마지막 장입이 끝난 다음에도 조업이 계속되면, 장입물의 높이가 점차 내려가 노 안의 송풍에 대한 저항이 감소되므로, 풍량 조절 장치가 없으면 과잉으로 송풍되어 쇳물이 산화되기 쉽다. 뿐만 아니라 노벽의 침식이 심하게 되므로, 장입물이 2~3회분 남아 있는 상태에서 송풍을 정지시키는 것이 좋다. 송풍이 정지되면, 바람 구멍을 개방하고 탕구를 열어서 노 안에 남아 있는 쇳물과 슬래그를 완전히 유출시킨 다음, 노 밑을 열고 노 안에 남은 것을 떨어뜨린다. 이때 장입물이 떨어질 위치에 습기가 있으면 폭발할 위험이 있으므로, 완전히 마른 모래를 깔아 준다.

(3) 조업 중의 사고와 대책

① 행깅

용해 작업이 진행됨에 따라 장입물은 노 밑으로 계속 내려앉게 되는데, 장입물이 서로 엉키거나 노벽의 파손부에 걸리면 장입물이 내려가지 못하게 되어, 그 밑에 공간이 생겨서 베드 코크스의 보급이 중단되는 상태가 된다. 이러한 사고를 행깅(hanging)이라 하며, 장입물 크기의 관리가 불충분하거나, 노의 수리를 게을리 한 데 원인이 있다.

행깅이 생기면 지체 없이 장입구에서 긴 강철봉을 사용하여 장입물의 하강을 돕고, 잘 되지 않을 때에는 송풍을 일단 정지하여 장입물이 걸린 것을 떨어뜨려야 한다. 사고를 해결한 다음에는 장입 코크스량을 특별히 증가시켜 될 수 있는 대로 빨리 용해가 정상화되도록 노력한다.

② 바람 구멍의 폐쇄

조업 중 바람 구멍에 슬래그가 붙게 되면 노 안에의 송풍이 어려워지며, 심하면 바람 구멍이 막혀 버린다. 이것은 석회석의 품질이 나쁘거나 장입량의 부족 등으로 슬래그의 유동성이 나빠진 때문이다. 예방책으로는 용제의 장입량을 늘리거나 형석을 첨가하고, 때때로 바람 구멍을 관찰하여 바람 구멍이 막힐 것 같으면 즉시 철봉으로 쳐서 떨어뜨리든지, 바람 구멍을 잠시 밀폐시켜 얼어붙은 슬래그를 녹여 내는 방법을 이용한다.

③ 출탕구가 열리지 않을 때

출탕구에 쇳물이 얼어붙어 열리지 않는 수가 있다. 이것은 용해 초기에나 조업 중 오랫동안 송풍을 정지한 뒤에 일어나기 쉽다. 이와 같은 사고를 방지하려면 노의 건조와 예열을 충분히 하고, 조업 초의 쇳물의 온도를 높일 수 있도록 한다. 이러한 사고가 발생하게 되면 굵은 출탕용 로드를 사용하여 열고, 열리지 않을 때에는 예비용 출탕구를 사용하여 저온의 쇳물을 뺀다. 따라서 예비 출탕구를 만들어 두면 편리하다.

④ 폭발

송풍을 개시할 때 바람 구멍에서 일산화 탄소가 역류하여 이것이 공기와 혼합되면 갑작스런 연소가 일어나 폭발하는 수가 있다. 이 사고는 용해 도중 잠깐 송풍을 정지하였다가 송풍을 시작할 때 일어나기 쉬우므로 특히 주의한다. 따라서 송풍 개시 전에 바람 구멍을 들여다 보는 핍 홀(peep hole)을 열어 두면 안전하다.

⑤ 장시간의 조업 중지

정전이나 송풍기의 고장, 조업 중 노 밑에서 쇳물이 새어 나올 때, 또는 그 밖에 작업상의 원인 등으로 장시간 조업을 정지할 때가 있다. 이때 될 수 있는 대로 빨리 바람 구멍을 전부 막고 쇳물을 모두 빼내어 출탕구를 막으면, 어느 정도 장시간 조업을 중지할 수 있다. 다시 조업을 시작할 때에는 그 사이에 소모된 베드 코크스를 보충하면 된다.

(4) 적정 조업의 조건

큐폴라 용해에서는 일정한 조건으로 조업을 하고 있어도 노황의 변화로 쇳물의 성상에 변화를 가져온다.

따라서 노황의 변화에 따른 적정한 조건으로 한 다음과 같은 조업이 필요하다.

1 높은 출탕 온도

① 노의 유효 높이를 높인다.
② 충분한 송풍량(적당한 바람 구멍비)을 사용한다.
③ 회분이 적은 경질 코크스를 사용한다.
④ 베드 코크스를 높인다.
⑤ 조업 전 충분한 공전 송풍을 한다.
⑥ 충분한 추입 코크스, 보충 코크스를 장입한다.
⑦ 노 지름에 알맞는 용융 금속 재료(무게, 크기)를 사용한다.
⑧ 노 지름에 알맞는 용해 속도로 조업한다.

2 산화되지 않는 청정한 쇳물

① 베드 코크스를 적정 높이로 유지한다.
② 충분한 추입 코크스를 장입한다.
③ 노 지름에 알맞는 용융 금속 재료를 사용한다.
④ 과잉 송풍, 고풍압을 방지한다.

3 소정의 화학 성분을 가진 균일한 재질

① 화학 성분이 확실한 선철을 사용한다.
② 고철류의 분류 관리를 한다.
③ 노 지름에 알맞는 크기의 용융 금속 재료를 사용한다.
④ 균등 송풍형 바람 구멍을 사용한다.
⑤ 전로를 사용한다.

4) 큐폴라 조업의 개선

큐폴라 조업에서 노벽을 수냉하거나, 냉풍 대신에 열풍을 보내는 등의 방법으로 큐폴라 조업의 개선을 꾀하고 있다.

(1) 수냉식 큐폴라

큐폴라를 오랫동안 운전하게 되면 용해대(melting zone) 부근의 노벽이 침식되어 안전 조업

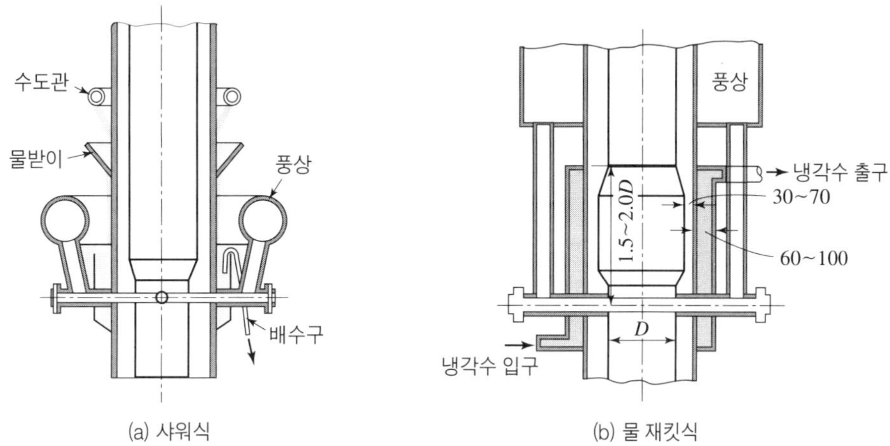

그림 3-33 ‖ 수냉식 큐폴라

이 어렵게 된다. 특히 열풍식 큐폴라에서는 용해 온도가 높기 때문에, 노벽의 침식도 커지며, 때로는 내화물의 손상으로 노벽 강판이 녹아 조업을 중단하는 사례도 발생한다. 그러므로 내화물을 절약하고, 슬래그의 조정을 쉽게 하기 위해 노벽을 물로 냉각시킬 수 있게 한 노를 수냉식 큐폴라(water cooled cupola)라 한다.

냉각 기구로는 그림 3-33 (a)와 같이 노벽의 위쪽에서 샤워(shower) 물을 흘러내리게 하는 방법과, 그림 3-33 (b)와 같이 노벽 안에 물 재킷(water jaket)을 부설하여 여기에 냉각수를 순환시키는 방법 또는 이를 병용한 것도 있다. 수냉식은 쇳물의 온도 저하와 사용 횟수 및 설비비를 생각할 때, 용량이 1.5 t/h 이상이 되는 것에 알맞다.

(2) 열풍식 큐폴라

예열된 열풍을 노 안으로 보내어 열효율과 용해 속도를 증가시키고, 고온의 쇳물을 얻을 수 있게 한 노를 열풍식 큐폴라(hot blast cupola)라 한다. 쇳물의 산화가 비교적 적기 때문에, 규소와 망가니즈 등의 소모가 적어 용탕의 질이 향상되고, 가탄량(加炭量)이 늘어 강철 파쇠의 사용량을 늘릴 수 있을 뿐만 아니라, 코크스를 절약할 수 있다.

열풍식 큐폴라는 송풍 및 예열 장치의 구조, 가열관의 내열성 등으로 시설비가 높고, 관리에도 많은 기술적인 문제가 따른다. 그림 3-34는 열풍식 큐폴라의 보기다.

(3) 염기성 큐폴라

일반적으로 큐폴라에는 SiO_2가 주성분인 산성 내화물을 많이 사용하고 있지만, 황의 제거와 탄소의 흡수를 쉽게 하고, 질이 떨어지는 용해용 재료도 사용할 수 있도록 MgO이나 CaO

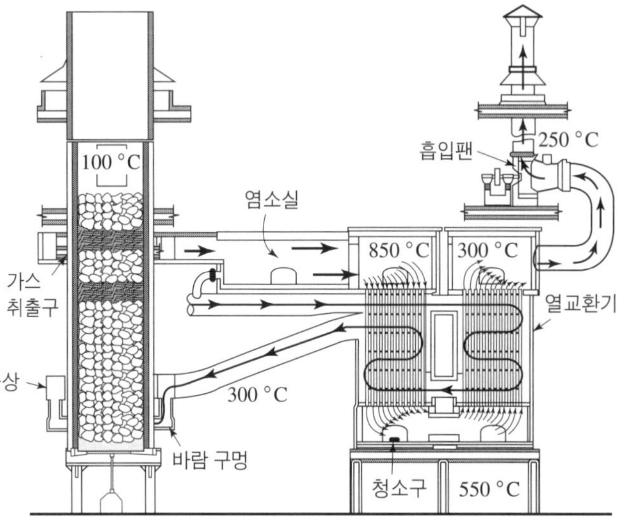

그림 3-34 ‖ 열풍식 큐폴라

를 주성분으로 한 노벽 재료를 사용하는 큐폴라를 염기성 큐폴라(basic cupola)라 한다. 염기성 큐폴라는 노벽의 소모가 심하고 값도 비싸지만, 탈유(脫硫, desulphuriging) 능력이 크므로, 고급 주철과 구상 흑연 주철을 제조할 때 알맞다.

그러나 출탕 온도, 코크스비 등에 따라 쇳물의 성분 변동이 많으므로 용해 관리에 충분한 고려가 있어야 한다.

(4) 산소 부화 조업

코크스가 연소하기 위해서는 산소가 필요하다. 그러나 공기 중의 산소는 21 %에 불과하므로, 코크스의 연소를 새롭게 효과적으로 수행하기 위해서는, 송풍 개시시에 공기에 산소를 보충하여 조업한다. 이 장치를 사용하면 송풍 산소량을 약 5배로 공기량에 환산하여, 그만큼 송풍량을 줄여 송풍하므로, 노 내에 보내진 산소량은 변화가 없다. 따라서 종전에 보내던 공기 중의 산소 이외 것들이 소모하던 열도 감소하므로 그만큼의 열손실이 감소된다.

그림 3-35는 산소 부화 장치의 보기다. 산소 부화 조업의 특징을 요약하면 다음과 같다.

① 연료비는 보통 용해에 비해 1/2~2/3 이하로 조업이 가능하다.
② 저품위의 코크스로 고온 용해가 가능하다.
③ 첫 출탕에서 1400 ℃ 이상의 쇳물을 얻을 수 있다.
④ 조업 시간을 단축할 수 있다.

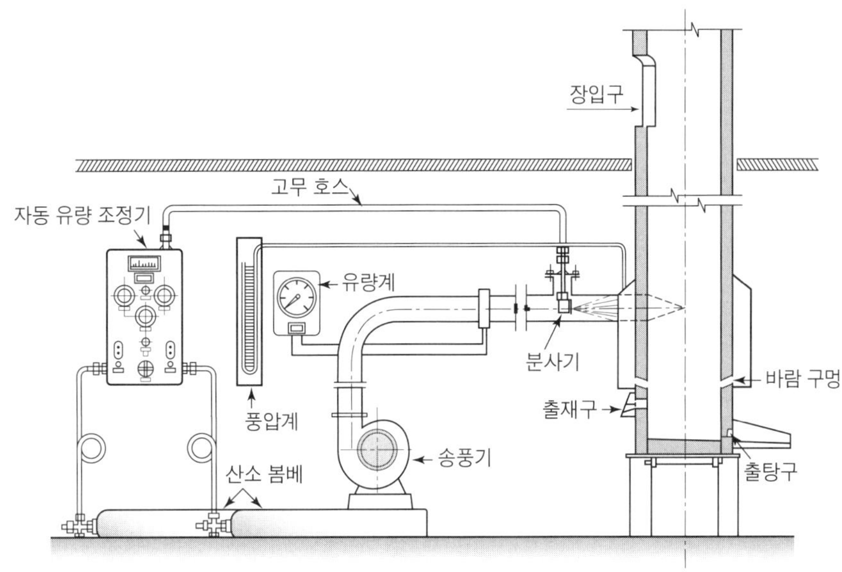

그림 3-35 ▌산소 부화 장치

(5) 칼슘 카바이드 첨가 조업

큐폴라 장입구에서 첨가된 칼슘 카바이드는 노 중에서 가열되면서 강하하여 용해대에 이르면, 최고 온도 영역에서 연화 용융하고, 베드 코크스 중으로 흘러내려가면서 송풍 중의 산소와 반응하여, 송풍 노즐 상부층에서 집중 발열하고, 이 층의 코크스 연소를 활발히 하여, 노 내의 온도를 현저히 높여 출탕 온도와 용해 속도를 상승시킨다. 칼슘 카바이드의 첨가량은 경제적인 고려에서 장입 금속의 2 %가 적당하다.

칼슘 카바이드는 융점이 높으므로, 효과가 나타나기까지 시간적 지체가 나타나므로, 베드 코크스 위에 일정량의 용융 금속 재료에 대해 4~5 %를 용융 금속 투입 20분 정도 전에 첨가하여 조업하면, 출탕 초기부터 고온의 쇳물을 얻을 수가 있다. 이후의 칼슘 카바이드의 첨가는 장입 금속의 2 %를 석회석 투입의 경우와 같은 방법의 첨가로, 온도 상승과 더불어 코크스량을 감소시키면서 이에 비하여 송풍량도 노황에 따라 감소시킨다.

칼슘 카바이드 첨가의 이점은 다음과 같다.

① 출탕 온도의 상승
② 코크스 소비량 절감
③ 쇳물의 황분 저하
④ 석회석의 절약
⑤ 조직 및 재질의 향상

5) 노전 시험과 노전 처리

(1) 주철의 노전 시험

용해로로부터 출탕된 쇳물은 주형에 주입하기 전에 쇳물의 성분이나 성질이 목표값에 일치하는지의 여부를 확인한다. 주철은 그 재질이 같은 화학 조성을 가진 쇳물이라도 주입 온도, 냉각 속도 및 기타 조건에 따라 기계적, 화학적 성질이 다르므로, 용해 즉시 노전에서 쇳물의 적합 여부를 판별해야 하는데, 이와 같은 노전의 즉석 시험을 노전 시험이라 한다. 따라서 노전 시험은 신속 정확하게 할 필요가 있다.

① 주철의 칠 시험

주철은 냉각 속도 및 화학 조성에 따라 칠화 경향이 다르므로, 이 성질을 이용하여 냉각 속도를 빠르게 할 수 있는 주형에 쇳물을 주입하여 시편을 제작한 후, 시편의 파단면의 칠 깊이를 측정하고, 또 파면의 상태를 관찰함으로써 주조하고자 하는 제품에 적합한 쇳물인지의 여부를 사전에 판정하는 방법이다.

◎ 쐐기형 칠 시험

쐐기형 칠 시험은 쇳물을 그림 3-36 (b)와 같은 쐐기형 주형에 주입하고 냉각 후, 시편의 중앙부를 파단하여 쐐기 선단부의 칠부와 회색부와의 경계 너비(완전 칠부의 경계 너비) 또는 칠 깊이를 측정하여 재질을 판단하는 방법이다.

일반적으로 C, Si %이 낮으면, 칠의 깊이가 깊어지며, 역으로 높아지면 낮아진다.

그림 3-37은 C, Si의 총합값을 일원화한 다음 식 (3-6)은 탄소 포화도(炭素飽和度) Sc와 칠 깊이의 관계를 나타낸 것이다.

$$Sc = \frac{C\%}{4.23 - \frac{Si\%}{3.2}} \tag{3-6}$$

이 시험 방법은 두께 변화에 따른 주물 조직을 측정할 수 있으며, 비교적 큰 주물의 시험에 사용된다.

표 3-20은 쐐기형 칠 시험편의 크기의 보기다.

◎ 강재 칠 시험

강재 칠 시험법은 그림 3-38과 같은 주형을 만들어 주형의 밑면에 칠 금속인 냉금을 대

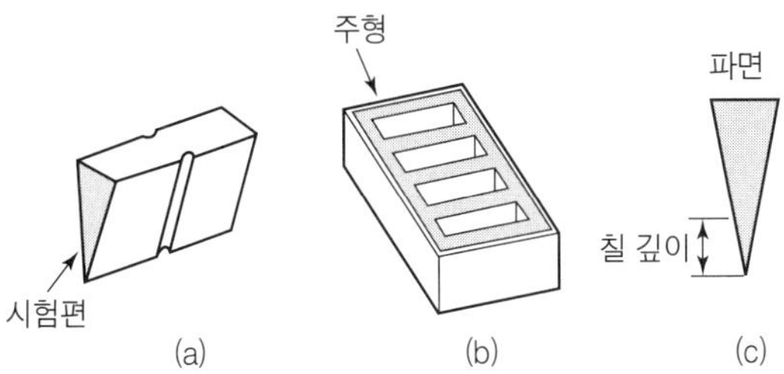

그림 3-36 ▮ 쐐기형 칠 시험편

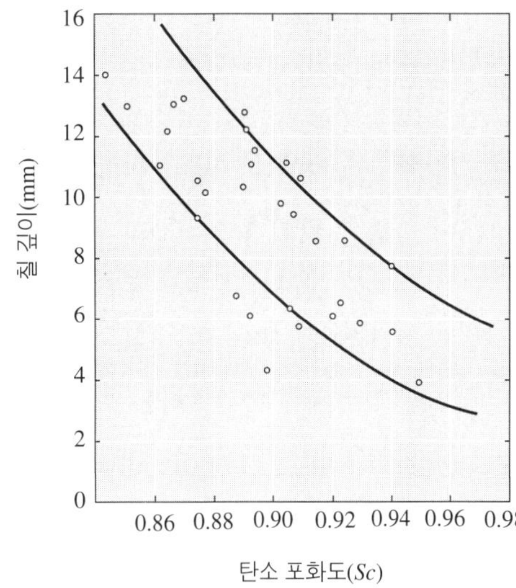

그림 3-37 ▮ 탄소 포화도와 칠 깊이의 관계

표 3-20 ▮ 쐐기형 칠 시험편의 크기

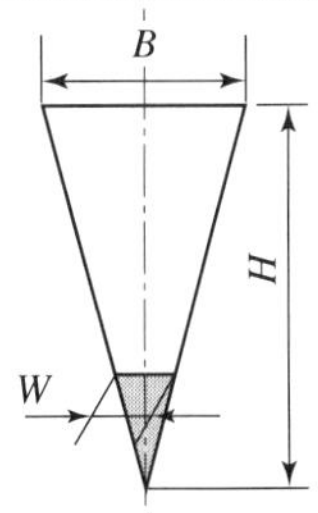

번호	너비 *B*(mm)	높이 *H*(mm)	길이 *L*(mm)
1	6	25	100
2	12	32	100
3	20	38	100
4	32	50	150

표 3-21 ▮ 강재 칠 시험편

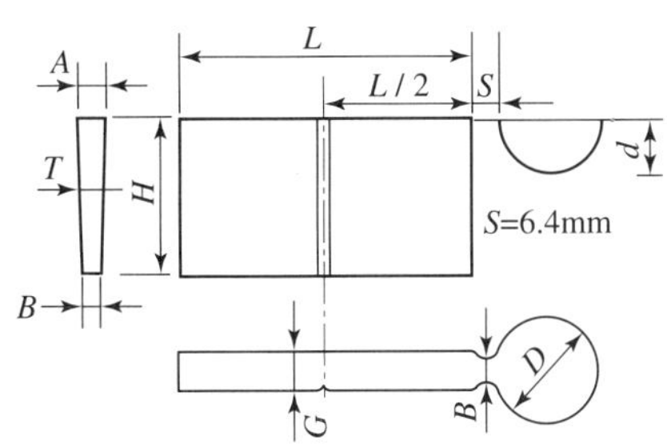

번호	*T*	*A*	*B*	*H*	*L*	*D*	*d*	*G*	칠 깊이
1C	4.8	6.4	3.2	31.8	63.5	19.1	12.7	0.8	2.4~ 9.5
2C	6.4	7.9	4.8	38.1	76.2	22.2	12.7	0.8	3.2~12.7
3C	9.5	11.1	7.9	44.5	88.9	22.2	12.7	1.6	4.8~19.1
4C	12.7	12.7	11.1	50.8	114.3	25.4	15.9	1.6	6.4~25.4
5C	19.1	20.6	17.5	63.5	139.7	25.4	15.9	2.4	19.1~50.8

고, 쇳물을 주입 급랭시켜 주물의 밑면에 발생된 칠 깊이를 측정하여 재질을 판단하는 방법이다. 이 방법은 비교적 연한 재질의 소 · 중형 주물에 이용되며, 냉금은 두께가 25 mm 이상

인 주철, 강철 또는 구리가 사용된다.

표 3-21은 강재 칠 시험편의 규격의 보기다.

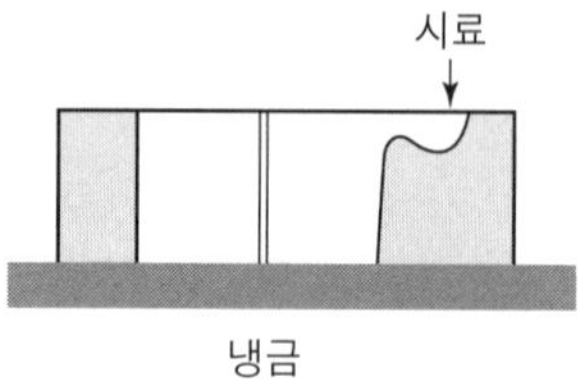

그림 3-38 ▮ 강재 칠 주형

◎ 원통형 강재 칠 시험

이 방법은 그림 3-39 (a)와 같은 연강재 금속 주형의 표면에 흑연을 칠하여 쇳물을 주입, 냉각시킨 후, 주물의 중앙부를 파단하여 단면의 깊이를 측정하고, 또한 머리 부분의 모양을 보아 재질을 판단하는 방법이다.

그러나 시험편의 관찰만으로는 화학 성분을 알 수 없으므로 화학 분석과 기계적 시험을 병용할 필요가 있다. 그림 3-39 (b)는 머리부 형상의 유형과, 탄소량과의 관계를 보여준다.

2 주철의 유동성 시험

주철의 주입 온도는 응고 온도보다 200~300 ℃ 정도 높아 쇳물의 유동성이 매우 좋다. 그러나 얇은 주물이나 고급 주물에서는 유동성이 떨어지므로, 완전한 주물을 생산하려면 주입 전에 유동성 시험을 하는 것이 좋다.

시험 방법으로는 여러 가지가 있으나, 맴돌이형 주형에 쇳물을 주입해서 응고할 때까지 주

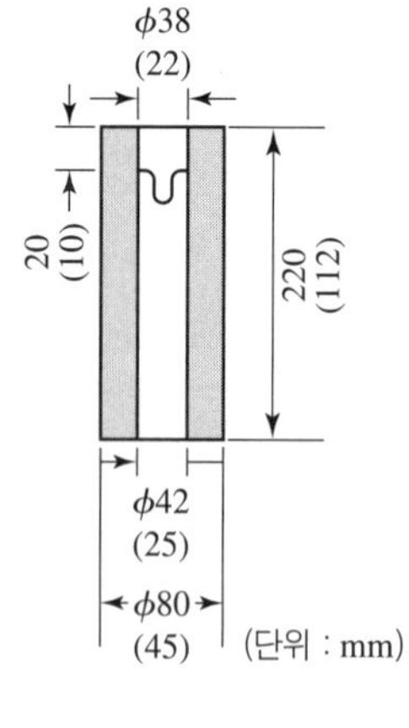

(a) 강재 칠 시험

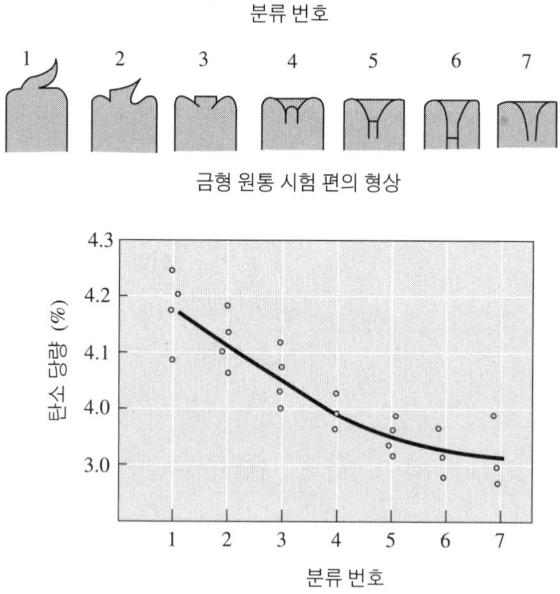

(b) 분류 번호

그림 3-39 ▮ 원통형 강재 칠 시험편과 분류 번호

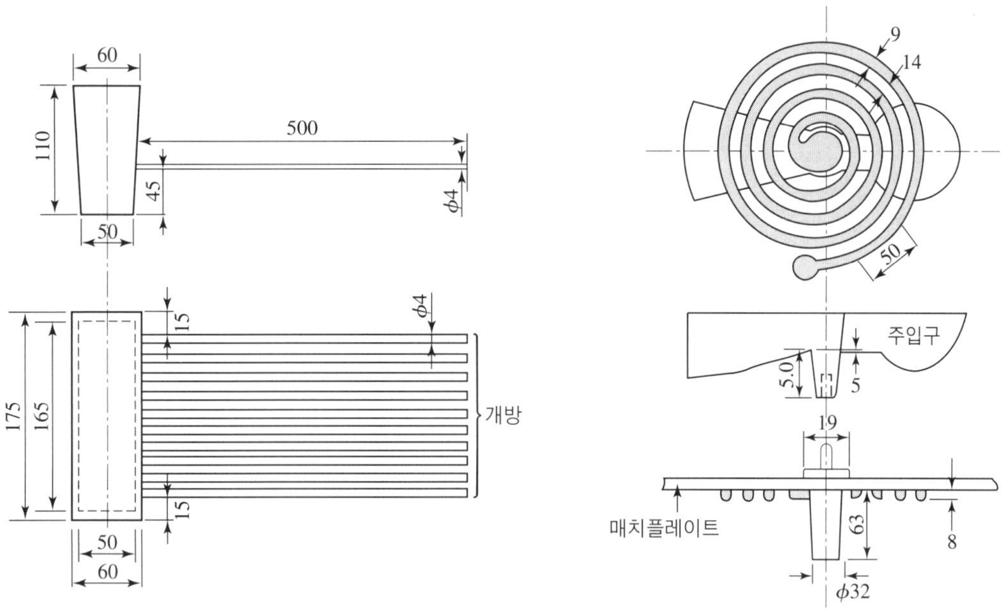

(a) 직선형 시험편　　(b) 나선형 시험편

그림 3-40 ▌유동성 시험편의 종류와 치수

입된 거리를 측정하여, 쇳물의 유동성을 판정하는 시험이 흔히 이용된다. 유동성은 주물사의 성질, 주형의 경도와 표면 상태에 따라 달라지나, 일반적으로 C, Si, Mn 및 P이 많으면 유동성이 향상되고 S이 많으면 나빠진다. 그림 3-40은 유동성 시험편의 종류와 치수의 보기다.

3 쇳물 표면 모양의 판정

주철의 쇳물이 1400 ℃ 이하로 냉각되면 표면에 산화막이 생기는데, 산화막의 모양은 쇳물의 온도나 화학 조성에 따라 다르다.

쇳물 표면 모양 시험은 지름 50 mm, 깊이 50 mm의 생형에 쇳물을 주입하여 표면 모양을 보고 쇳물의 재질을 판별하는 방법이다.

일반적인 쇳물의 표면 모양은 그림 3-41과 같이 귀갑형(龜甲型) 세엽형(笹葉型), 송엽형(松葉型), 부정형(不定型)의 4종으로 크게 구분한다.

귀갑형은 Si와 C가 많을 때 나타나며, 크기도 작으면서 분명하게 나타나는 것이 비교적 산화되지 않은 좋은 쇳물이다. Mn이 많을 때에는 세엽형, Si 및 C가 적으면 송엽형, 더욱 적으면 부정형으로 나타난다.

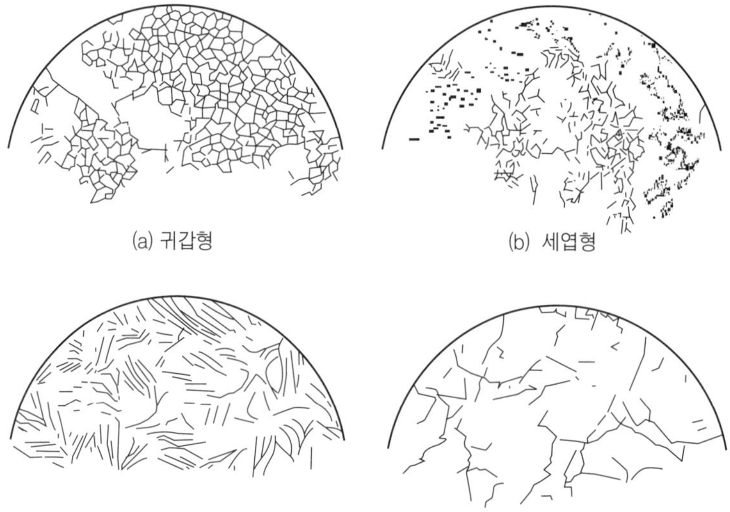

그림 3-41 ‖ 주철의 쇳물 표면 모양

4 화학 성분 분석

◎ 열분석

쇳물은 주입 전에 소정의 화학 조성으로 되어 있는가를 신속하게 확인, 조정할 수 있어야 하며, 이를 위해서는 시료의 채취, 분석, 조정이 신속히 이루어져야 한다.

주철의 성분 분석법으로는 용량법, 중량법, 흡광 광도법 등의 습식 화학 분석법이 널리 사용되어 왔으나, 현재는 새로운 분석기가 개발되어 상세한 분석 결과가 단시간 내에 확인, 대처할 수 있게 되었다.

◎ CE 미터(carbon equivalent meter)

이 방법은 열분석으로 얻어진 냉각 곡선에서 초정 온도를 구하고, 쇳물의 탄소 당량($CE=C\%+1/3Si\%$)으로 환산하는 방법을 「CE 미터」의 이름으로 주조 협장에서 많이 이용되고 있다.

이 방법은 측정 장치의 값이 비교적 싸며, 분석 결과가 신속하고 정확도도 높아 노전 시험용으로 적합하나, 과공정 주철에서는 초정 굴곡점이 나타나기 어려우므로 적용 범위가 아공정 조성의 주철에 한한다.

그림 3-42는 냉각 곡선의 보기를, 그림 3-43은 실험적으로 얻은 검량선의 보기다.

그림 3-44는 CE 미터의 구성을 나타낸 것으로, 분석 방법은 다음과 같다.

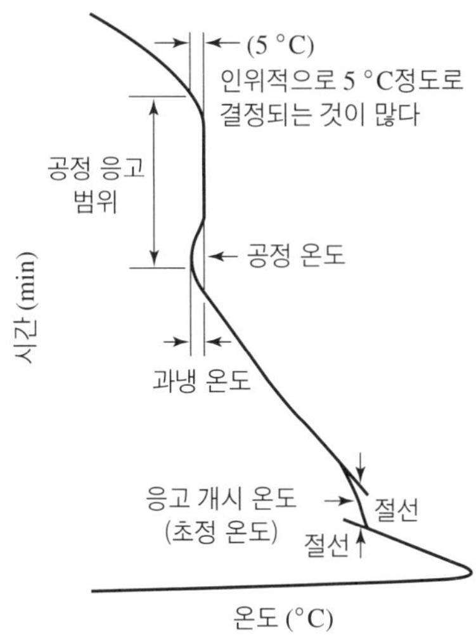

그림 3-42 ▮ CE 미터에서 얻은 냉각 곡선의 보기

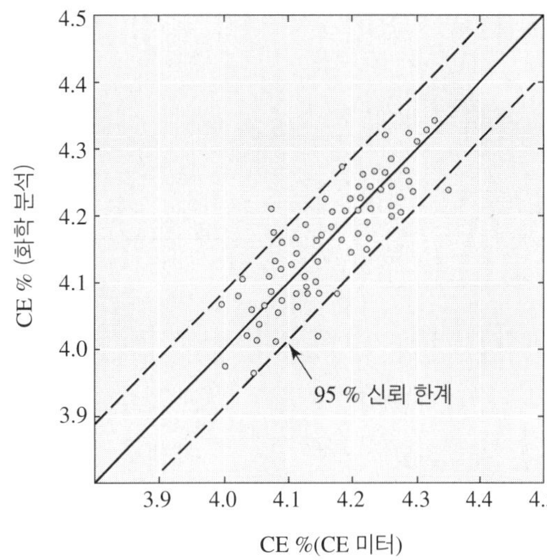

그림 3-43 ▮ CE 미터에 의한 CE값의 측정 예

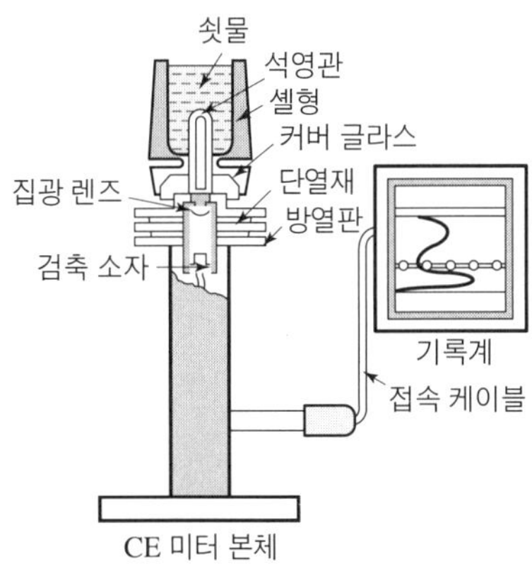

그림 3-44 ▮ CE 미터의 구성

셸형에 분석할 쇳물을 주입하여 냉각 곡선에서 초정 온도를 구하고, 검량선과 대비하여 CE값을 구한다. 검량선은 값이 비슷한 여러 종류의 시료에 대하여 열분석을 한 다음, 각 시료의 CE값을 화학 분석에 의하여 얻어진 CE값과 냉각 곡선에서 구한 초정 온도와의 관계를 도시하여 작성한다. 화학 성분에서 CE값을 구하는 계산식은 여러 가지가 있으나, 보통 다음 식 (3-7)이 사용된다.

$$CE = C\,\% + \frac{1}{3}(Si + P)\,\% \qquad (3\text{-}7)$$

◎ 분광 분석기

이 분석 장치는 분광기, 측광 장치, 발광 장치의 세 부분으로 구성되며, C, P, S 등의 스펙트럼선이 극 자외역에 나타나기 때문에 공기 중의 산소에 흡수되므로 분광기 원부를 진공 (10^{-2} mmHg 이하)으로 하고, 시료 전극부는 Ar 등의 불활성 가스로 하여 방전 발광시키는 방법으로 한다.

이 방법은 분석 속도가 가장 빠른 분석법으로, 시료 채취 및 시료 조정을 합쳐 5분 정도에 결과가 얻어진다. 원칙적으로는 시료를 고압 불꽃 또는 저압 불꽃에 의해 각 스펙터로 분산시켜 이 스펙트럼선을 광전식으로 검출, 강도비로부터 시료의 원소 함유량을 결정하는 것이다. 시료는 지름 25 mm 이상의 원판상의 백선 시료로 하고, 표면은 그라인더로 다듬질한다.

(5) 주철의 노전 처리

1 접종

◎ 접종과 그 효과

주입 직전의 쇳물을 노전에서 화학 성분이 변하지 않을 정도의 소량 금속을, 또는 합금을 첨가하여 주물의 기계적 성질이나 금속 조직을 개선하는 조작을 접종(接種, inoculation)이라 한다.

접종을 실행하면 흑연은 균일하게 분포하여, 무질서하게 배열되며 조질이 개선된다. 그 결과 기계적 성질이 향상되고, 그림 3-45와 같이 인장 강도가 증대되고, 경도는 감소된다. 또는 접종에 의해 주철의 두께가 얇은 부분의 칠(chill)화 경향이 방지되어 살 두께가 다른 주물에 관계없이 거의 같은 균일한 조직을 얻을 수 있다.

표 3-22는 일반적으로 하고 있는 접종법의 개요를, 그림 3-46은 접종 전후의 조직을 비교한 것이다.

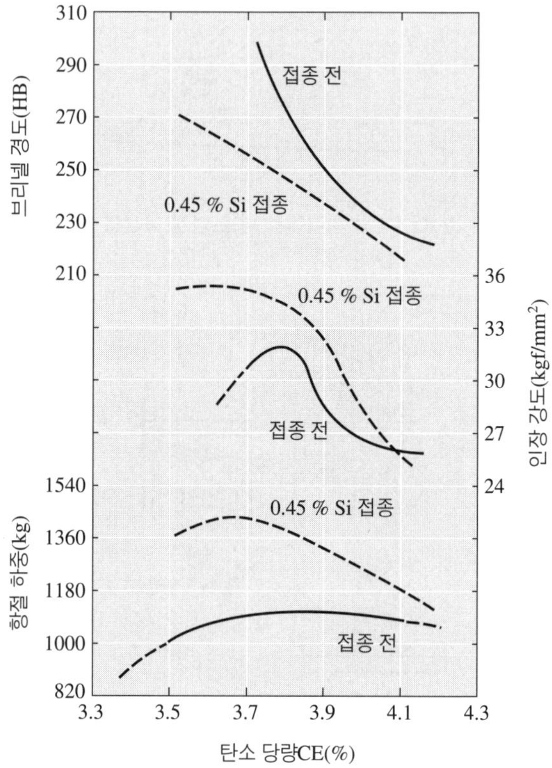

그림 3-45 ▮ 접종에 의한 기계적 성질의 개선

◎ 접종재

흑연화 접종재와 복합 접종재가 있다. 현재 많이 사용되고 있는 대표적인 접종재는 표 3-23과 같다.

이들 중 Ca 30~35 %의 칼슘 실리사이드와 Si 50~75 %의 페로실리콘은 가장 많이 사용된다.

◎ 접종량 및 접종 입도

접종재의 첨가량은 보통 0.2~0.3 %이며, 그 이상의 접종은 강도 저하 또는 접종 생성물의

표 3-22 ‖ 일반적인 접종 방법

접종의 목적	쇳물의 성질	접종제 및 양(%)	주의 사항
얇은 부분의 칠화 방지	산화한 경우	Fe-Si 또는 Ca-Si 0.1~0.2	탄소, 규소가 적고 백선화 경향이 클 때에는 Fe-Si의 양을 0.4 % 정도로 증가(강도는 다소 낮음)
	탄소, 규소가 적은 경우	Fe-Si 0.1~0.2	
강도의 개선	백 주철의 경우	Ca-Si 또는 고 Al Fe-Si 0.2~0.4	과잉 접종이 되지 않도록 주의한다. 접종량이 많으면 강도는 오히려 저하한다.
	회 주철의 경우	Ca-Si 0.2~0.3	
	산화한 경우	Ca-Si 0.2~0.4	
페라이트 석출 억제	탄소, 규소가 많은 경우	Si-Zr, Fe-Cr 0.2	
	두꺼운 부분의 페라이트화	Ca-Si 0.2	

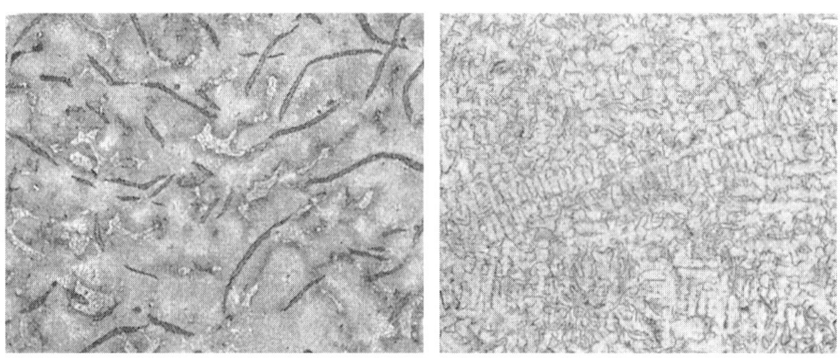

(×100) (×60)

(a) 접종 전 (b) 접종 후

그림 3-46 ‖ 접종 전후의 조직 비교

혼입 등이 원인이 되어, 오히려 주철 주물의 강도와 재질에 나쁜 결과를 초래한다.

접종 효과는 접종재와 쇳물의 반응 정도에 따라 결정되기 때문에, 접종재의 표면적이 클수록 쇳물과의 반응도 잘 일어나고 접종 효과도 향상된다.

그러나 너무 미세하면 쇳물과 반응하기 전에 공기 중의 산소와 반응하거나 슬래그에 싸여서 쇳물과 반응할 수 없게 되므로, 접종재의 입도는 6~12메시 정도가 좋다.

◎ 접종 방법

접종재의 첨가는 큐폴라에서 유출되는 쇳물에, 또는 전로에서 레이들에 출탕되는 쇳물에 일정량의 접종재를 투입하는 것이 가장 간단하고 효과적이다.

표 3-23 ‖ 접종재의 종류와 성분

구분	명칭	기호	성분(%)					
			Si	Ca	Mn	Cr	C	기타
흑연화제	금속실리콘	Si	>98	–	–	–	–	–
	페로실리콘 50S	Fe-Si 50 %	50	–	–	–	–	Fe
	페로실리콘 75S	Fe-Si 75 %	75~80	–	–	–	–	–
	흑연(전극 가루)	C	–	–	–	–	90~100	–
	칼슘 실리사이드	Ca-Si	60~65	30~35	–	–	–	–
	카보런덤	Si-C	45~56	–	–	–	28~46	–
복합제	규소/크로뮴	Si-Cr	30	–	–	50	–	Mo 60
	규소/몰리브데넘	Si-Mo	30	–	–	–	–	–
	규소/망가니즈/크로뮴	Si-Nn-Cr	17~19	–	8~11	–	–	–

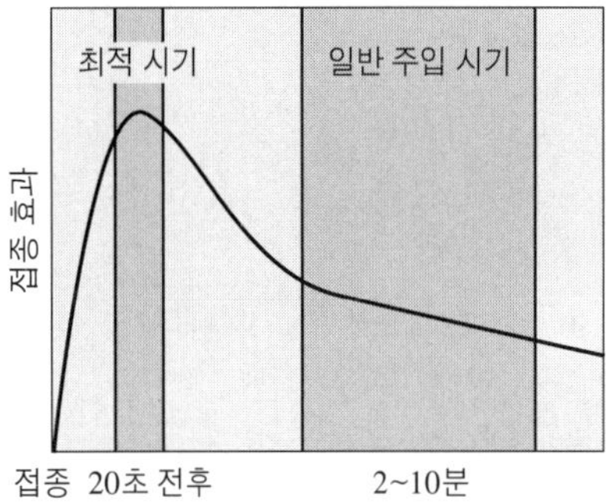

그림 3-47 ‖ 접종 효과와 시간의 관계

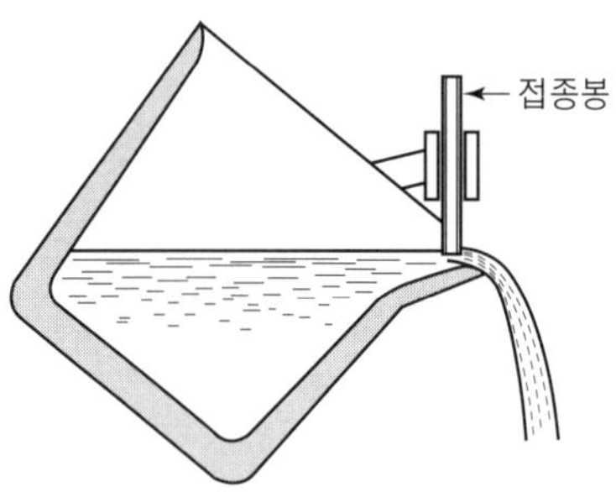

그림 3-48 ‖ 주입 직전 접종법

레이들이 밑에 접종재를 안치하고, 그 위에 쇳물을 출탕하여 혼합하는 방법도 있다. 기계적 성질의 개선을 목적으로 한 접종의 경우, 그림 3-47과 같이 20초 전후가 최적의 시기이나 이때가 지나면 효과는 급속하게 소멸된다. 가장 효과적인 방법은 그림 3-48과 같이 주입 직전에 레이들 출구에서 이루어지는 것이 좋다.

◎ 접종 온도

표 3-24는 접종 효과에 끼치는 쇳물의 온도를 나타낸 것으로, 표에서와 같이 충분한 접종 효과를 얻기 위해서는 고온에서 용해하고, 접종도 높은 온도(1400 ℃ 이상)에서 시행하는 것이 좋다.

표 3-24 ▮ 접종의 효과와 쇳물의 온도와의 관계 실험 예

시료	용해 온도 (℃)	접종 온도 (℃)	Ca-Si 접종량 (%)	인장 강도 (kg/mm^2)	경도 (HB)	현미경 조직	
						수지상 흑연	시멘타이트
A	1400	1400	0.3	32.6	229	없음	없음
B	1500	1500	0.3	33.4	220	없음	없음
C	1600	1600	0.3	36.8	226	없음	없음
D	1600	1500	0.3	33.8	229	없음	없음
E	1600	1400	0.3	31.6	241	약간	없음

주 쇳물의 조정 : C 3.0~2.9 %, Si 1.1~1.3 %, Mn 0.6 %, P 0.08 %, S 0.05 %, Cu 0.25 %, Ca 0.03 %

◎ 접종 후의 주입 시간

쇳물을 접종한 후 그대로 방치하면, 점차 접종 효과가 약해져서 접종 전의 상태로 되돌아가거나, 오히려 더 약화되는 경우가 있다.

일반적으로 접종으로 말미암아 개선된 성질은 약 15분 정도 경과된 후부터는 급격하게 저하된다. 따라서 접종의 목적이 기계적 성질을 개선하는 것이라면 접종 후 적어도 15분 이내에 주입해야 한다. 그러나 칠의 방지를 목적으로 하는 경우에는 약간 시간이 경과해도 무방하다.

② 합금 첨가

주철의 기계적 성질, 내열성, 내식성, 내마멸성, 그밖의 성질 개선을 위해, 노전에서 Ni, Cr, Cu, Mo 등을 소량 첨가하는 노전 처리법이 있다. 첨가 합금은 20 % Fe/Ni, 60 % Fe/Cr, 동선, 60 % Fe/Mo 등이 사용된다.

2. 저주파 유도로에 의한 주철의 용해

전기로에는 아크로, 유도로가 있으며 각기 특징을 갖고 있다. 작업 환경과 조업, 관리의 용이성 등의 점에서 주철 용해에는 유도로가 많이 사용되고 있다. 유도로는 용융 금속 재료를 전자 유도 가열에 의해 용해하는 노로, 사용 전류에 따라 50~60 Hz의 상용 주파수를 그대로 사용하는 저주파로와 전동 발전기나 SCR(Thyristor) 주파수 변환 장치에 의해 500 Hz

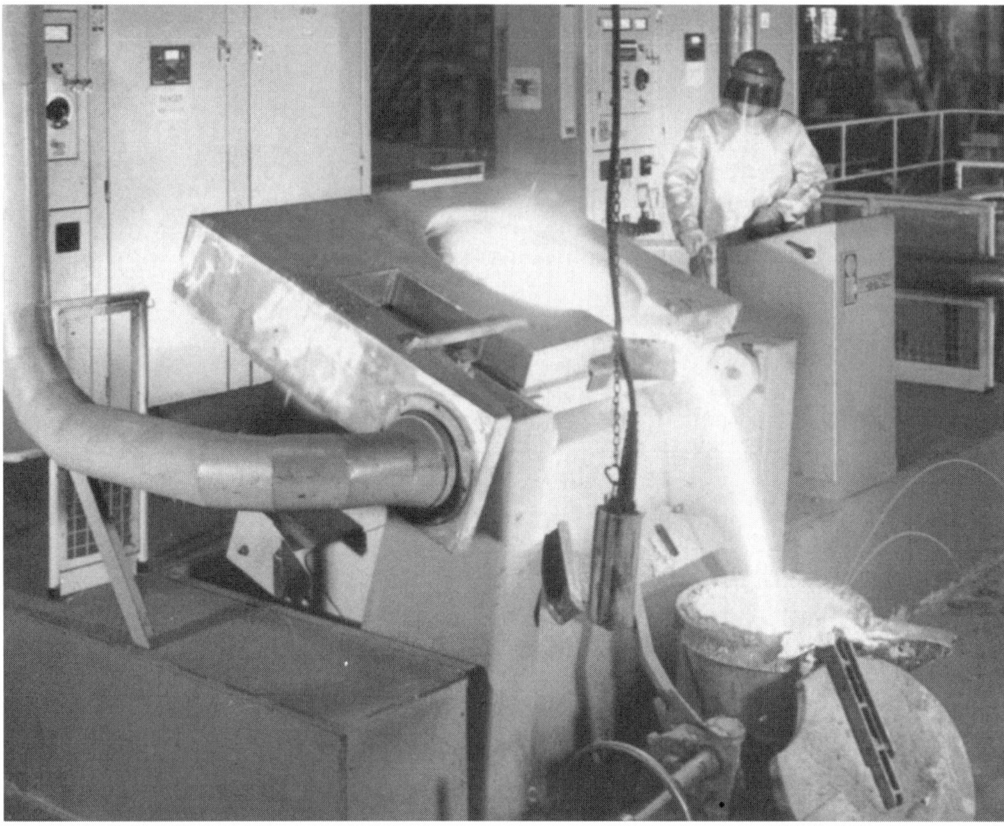

그림 3-49 ▮ 저주파 유도로 용해 작업

이상의 주파수로 변환하여 사용하는 고주파로가 있다.

고주파로는 급속 용해, 승온이 가능하여, 쇳물성분의 변화, 소모에 의한 변동이 적은 이점이 있으나 주파수 변환 장치가 필요하여 설비비가 높다. 따라서 주로 특수 강의 용해에 사용되며, 주철 용해에는 저주파로가 사용되고 있다.

1) 저주파 유도로 용해의 특성

큐폴라 용해와 비교하여 노 내에서의 특징적인 현상은 쇳물의 각반 작용이다. 특히 주파수가 낮은 저주파로는 쇳물이 각반되어, 도가니 중앙부의 쇳물이 솟아올라온다. 이것은 노 내의 쇳물을 균질, 균열로 유지하고 합금 원소를 첨가해도 바로 균일하게 용융되는 이점이 있다. 그러나 장시가 쇳물을 노 안에 보지하면 쇳물의 산화나 노 내벽의 라이닝재가 소모되는 단점도 있다.

큐폴라의 경우, 연료 코크스의 유황, 회분 등이 쇳물에 직접 영향을 끼치는데, 저주파로에서는 그럴 염려는 없다. 그러나 전기로 용해의 장입 재료가 쇳물과 직접 접촉하면서 용해되는 기구는 CO, CO_2 가스의 혼합 분위기에서 예열 용해되므로, 코크스와 접촉하면서 쇳물이 적하하는 큐폴라와는 달리, 용융 금속 재료의 산화물 또는 수분, 기름 등으로 함유된 수소 또는 질소가 흡수되기 쉽다.

한편 노 안에서 쇳물 성분의 변동은 매우 적은 것으로 알려져 있다. 예를 들면 1500 ℃ 전후에서 1시간 유지하였을 때, 탄소가 약간 감소하는 정도로, 그 밖의 성분은 변동이 거의 없다. 그러나 유지 온도가 지나치게 높으면 감소량은 증가한다. 성분 조정용으로 첨가하는 Fe-Si, Fe-Mn의 흡수율도 매우 좋아서 90 % 이상이 된다.

이상의 장점을 갖고 있는 도가니형 저주파로는 단독 용해 외에, 홈형 저주파로를 유지로로 채택한 큐폴라와의 이중 용해, 또는 도가니형과 홈형을 조합한 전기로의 이중 용해법 등이 폭넓게 채용되고 있다.

2) 저주파 유도로 조업법의 실제

(1) 라이닝

유도로 용해의 성공 여부는 라이닝(lining)에 좌우된다고 말할 정도로 라이닝에 사용되는 내화 재료의 선택이 중요하다. 라이닝 재료의 조건으로는

① 고온 용해에 대하여 충분한 내화도가 있다.
② 쇳물, 슬래그에 대해 화학적으로 안전하다.
③ 재료의 장입, 출탕 등에 대해 마멸 강도가 높다.
④ 전기적 절연성이 양호하다.
⑤ 다짐 경도, 충진성이 좋다.

등의 성질이 요구된다.

표 3-25는 보통 많이 사용되는 저주파로용 내화재의 보기다.

표 3-25 ‖ 저주파 유도로용 내화재

분류	내화재	축로 방식	비고
산성	규산, 전융 실리카	건식, 습식	주로 도가니로형 노에 사용
중성	알루미나	습식	주로 홈형 노에 사용
염기성	마그네시아 클링커, 전융 마그네시아	건식, 습식	주로 홈형 노에 사용

표 3-26 ▮ 내화재용 규사의 화학 성분과 입도 분포

화학 성분(%)	SiO_2	Al_2O_3	Fe_2O_3
	98~99	0.5~1.0	0.4~0.6
입도 분포	0~0.1 mm	0.1~0.6	0.6~5.0
	26 %	29	45

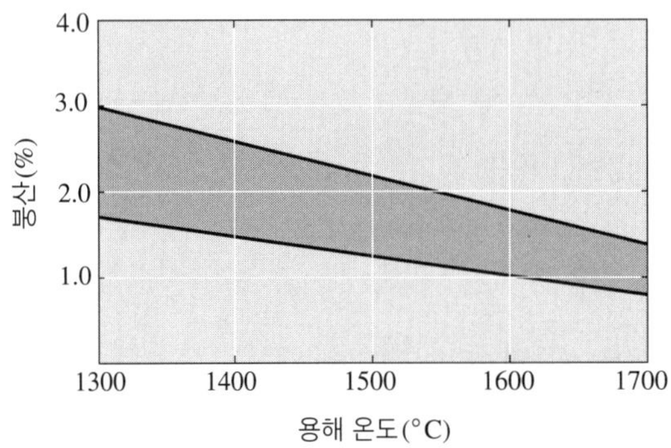

그림 3-50 ▮ 용해 온도와 붕산 첨가량의 관계

축로법은 노의 종류에 따라 다르나, 주로 도가니형에서는 수분을 첨가하지 않는 건조식이, 홈형 노에서는 수분을 가한 습식법이 사용된다.

① 도가니형 노의 라이닝

건식법에서는 라이닝 표면에 경한 소결층을 만들기 위하여 내화재에 붕산(硼酸)을 첨가한다. 붕산의 첨가량은 용해 온도에 따라 조정할 필요가 있다. 지나치게 많아지면 소결층의 성장 속도가 빨라져 열변화에 의한 소결층의 균열이 커지므로, 그림 3-50과 같은 범위가 알맞다.

축로는 먼저 노상부터 시작하여 50~60 mm의 두께만큼씩 다져간다. 다지기에는 노의 치수 형상에 따라 적절한 형상의 축로 용구를 사용한다. 일반적으로는 자동 해머, 샌드 래머(sand rammer), 또는 인력으로 성형하는데, 최근에는 작업성이 좋은 전동 바이브레이터(electric vibrator)가 많이 사용되고 있다. 노상 축로 후, 판 두께 3~10 mm의 원통형 강판 라이너(liner)를 노상에 고정하고, 노벽을 축로한다. 이때 충진성에 유의한다. 이를 위해서는 축로기술뿐 아니라 표 3-26과 같은 균일하고 적당한 입도 분포를 갖는 내화재가 필요하다.

② 홈형 노의 라이닝

노 내 형상이 복잡하므로 습식법으로 축로한다. 첨가 수분은 2.5~3 %의 범위로 하고, 내화재와 수분이 충분히 섞이도록 한다. 따라서 혼련기(混練機)를 사용하는 것이 좋다. 혼련 후에는 수분의 증발이 없도록 하여, 1일 정도 숙성한다.

스탬프 방식은 건식법과 기본적으로는 같은 방법이나, 특수한 틀을 사용하여 노벽이 층상이 되지 않도록 축로한다. 축로 후에는 2~3일 경과한 후 틀을 제거하고, 충분히 자연 건조시킨다.

(2) 라이닝의 소결

① 도가니형 노의 소결 용해

건식 축로에 의하는 도가니형 노에서는 축로 후 바로 통전 소결 용해를 실시하여 라이닝을 소결한다. 우선, 노 안 지름과 거의 같은 바깥 지름을 갖는 스타팅 블록(starting block)을 넣고, 통전을 하는데, 매우 중요한 일은 승온 속도이다. 보통은 100 ℃/h로 승온하는 것이 좋으며, 라이너는 그대로 용융된다.

소결 용해에서는 슬래그 라인을 견고히 하는 뜻에서 통상의 용해량보다 많이 한다. 그리고 통상의 용해 온도보다 높은 온도에서 1시간 이상 유지하여 소결하고, 그 후 출탕한다. 그 후 4~5일은 노를 정지시키지 않고 조업을 하면 더욱 좋은 결과를 얻을 수 있다.

② 홈형 노의 소결 용해

통전을 개시하기 전에 노재 중의 내화재의 수분을 충분히 건조시켜야 한다. 10일 이상 자연 건조 후, 쇳물이 고이는 부분을 가스나 석유 버너 등으로 예열한다. 채널부는 링구상의 금속은 축로할 때 매립하여, 통전에 의해 링구를 용해시켜 소결하는 경우와 목재의 링구를 매립하여, 버너로 소결하는 경우가 있다. 전자의 경우에는 채널부의 용융 금속을 용해시킨 시점에 노 내에 주입하는데, 후자의 경우는 노의 기동에 최초부터 쇳물이 필요하다.

(3) 용융 금속 재료의 배합과 장입

주철용 용융 금속 재료로는 선철(銑鐵, pig iron) 고선(故銑), 강철 파쇠 및 절삭분(切削粉)이 있다. 큐폴라는 강철 파쇠를 다량으로 배합하는 데 기술이 필요하며, 또 그대로의 절삭분을 배합하는 것은 일반적으로 곤란하다. 그러나 전기로에서는 제한이 없다.

표 3-27 저주파로 용융 금속 재료 배합비

용융 금속 재료	배합비(%)
선철	0~20
고선	20~40
강철 파쇠	30~70
절삭분	0~30

이와 같이 전기로 용해에서는 값싼 용융 금속

재료를 대량으로 사용할 수 있다는 점에서 큐폴라에 비해 큰 이점이 있으나, 보통 용융 금속 재료의 배합비는 표 3-27과 같다.

성분 조성용으로는, 큐폴라와 같이, 각종의 합금철이 사용되는데, 코크스에 의한 가탄 형상이 없으므로, 전극봉 부스터기, 코크스분 등의 가탄재를 배합하는 것이 특징이다.

장입 순서는 스타팅 블록(starting block)이 용해되기 시작하면, 강철 파쇠를 장입한다. 이때 가탄재의 2/3 정도를 동시에 넣어 둔다. 그후 선철, 고선, 절삭분을 장입하여, 용융 금속 재료가 녹아 떨어지는 시점에서 합금철을 투입한다. 노 내의 슬래그는 라이닝을 보호하기 위해 되도록 제거해야 하나 통전 중에는 각반 형상에서 쇳물 속에 혼입되어 있으므로, 출탕할 때에는 통전을 정지한 다음 슬래그를 제거하고, 출탕하도록 한다. 다음 용해부터는 노 내에 30~50 %의 쇳물을 남기고 조업하는 것이 전기 효율, 라이닝을 보호하는 점에서 바람직하다. 나머지 쇳물이 30 % 이하가 되면 전기 효율이 악화로, 장입한 용융 금속 재료가 벽걸림 형상이 일어날 염려가 있다.

홈형 노에서는 소결 용해가 끝나면 쇳물을 받아 넣어 연속 조업에 들어간다. 저주파 유도로의 조업에서는 다음 사항에 특히 유념한다.

① 노의 원통부와 채널부의 온도차가 100~150 ℃ 정도이다.
② 라이닝을 보호하기 위해 충분히 슬래그를 제거한다.
③ 노 내의 쇳물 수위가 너무 낮으면 채널부에 슬래그가 혼입되어 용해 효율이 낮아진다.

3. 특수 주철의 용해 작업

1) 고급 주철과 합금 주철의 용해

일반적으로 인장 강도가 25 kg/mm^2 이상인 회 주철을 고급 주철이라 하며, 특수한 목적에 사용하기 위해 일정량의 합금 원소를 첨가한 회 주철을 합금 주철이라 한다.

(1) 고급 주철의 용해

보통 회 주철은 주조하기 쉽고 절삭 가공이 용이하나 강도는 낮다. 따라서 강도가 크고 내마멸성을 가진 고급 주철을 만들게 되었는데, 이러한 주철을 강인 주철이라 한다. 고급 주철의 조직은 그림 3-51과 같이 펄라이트 바탕 조직 중에 흑연이 미세하게 분포된 것이다.

이와 같은 고급 주철은 다음과 같은 방법으로 제조할 수 있다.

① 흑연의 함유량을 감소시킨다.
② 흑연을 미세화시킨다.
③ 흑연을 균일하게 분포시킨다.
④ 바탕 조직을 펄라이트로 한다.

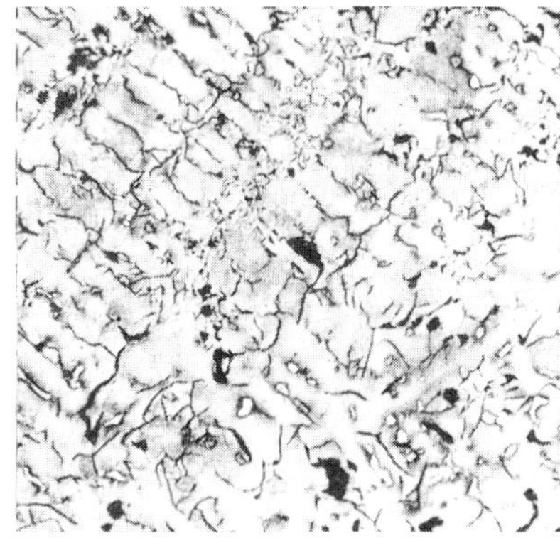

(×100)

그림 3-51 ▌고급 주철

1 란츠법(Lanz process)

이 방법은 규소 함유량이 1 % 정도에서 (C+Si)량을 3.5~4.0 %로 조정한 것으로, 이러한 성분의 쇳물은 적은 양의 규소로 인하여 시멘타이트가 석출되기 쉬우므로, 주형을 가열하여 냉각 속도를 느리게 함으로써 흑연화를 촉진시킨 것이다.

2 에멜법(Emmel process)

강철 파쇠를 50~70 % 배합하여 1500 ℃ 이상의 고온으로 용해하여 흑연을 미세하고 균일하게 정출시키고 펄라이트의 바탕 조직을 가지도록 한 주철이다.

- **코르살리법**(Corsali process)

저탄소 선철과 강철 파쇠를 용해하여 만든 저탄소 주철이다. 용해할 때 코크스를 석회 유액에 담갔다가 사용한다.

- **피보바르스키법**(Piwowarsky process)

큐폴라에서 얻은 쇳물을 전기로에 옮겨 1500~1600 ℃의 고온으로 재가열하고 적당한 온도까지 냉각시킨 다음 주입하면, 흑연 핵이 소실되어 미세한 흑연이 정출됨과 동시에 펄라이트 조직의 주철을 얻는 방법이다.

- **미하나이트**(Meehanite) **주철**

강철 파쇠를 50~80 % 배합하여 탄소의 함유량을 적게 하고, 백 주철 또는 반 주철이 될 1500 ℃ 이상의 주철 쇳물에 Ca-Si 합금으로 접종하여 미세한 편상 흑연을 균일하게 정출시킨 주철이다.

(2) 합금 주철의 용해

회 주철의 기계적 성질을 개량하기 위해, 또는 내열성, 내식성, 내마멸성 및 자성 등의 특

(×100)
(a) Cr−Mo 합금

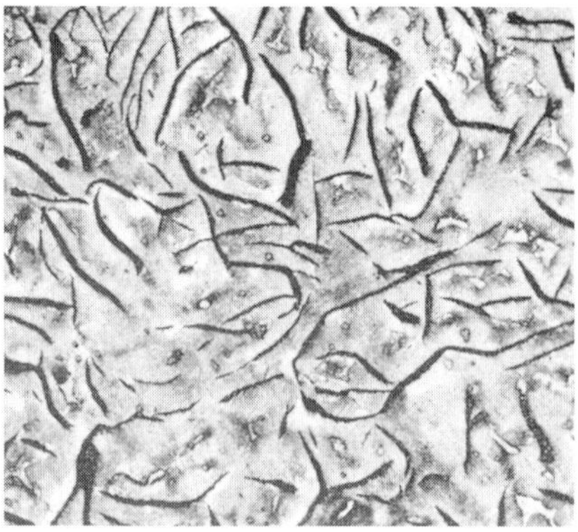
(×100)
(b) Mo 합금

그림 3−52 ▮ 합금 주철의 현미경 조직

수한 성질을 갖게 하기 위해 주철 쇳물에 Ni, Cr, Mo, V, W, Cu, Al 등의 합금 원소를 한 가지 또는 두 가지 이상 첨가하거나, Si, Mn, P 등 본래 회 주철에 함유되어 있는 5원소 중 하나를 특히 다량 첨가한 것을 합금 주철이라 한다. 그림 3−52 (a)는 Cr−Mo 합금을, 그림 3−52 (b)는 Mo 합금의 현미경 조직의 보기다.

주요 합금 원소의 영향은 다음과 같다.

a) 구리(Cu) : Cu는 흑연화 능력이 Si의 $\frac{1}{3}$ 정도이며, 합금 주철에는 0.25~2.5 % 첨가한다. Cu는 회 주철의 경도를 증가시키며, 내마멸성과 내부식성을 증가시킨다. 만일 Cu가 3.75 % 이상 함유될 때에는 고용하지 않고 석출되므로, 주철의 강도가 낮아진다.

b) 크로뮴(Cr) : Cr은 강력한 흑연화 방해 원소이며, 다량으로 첨가하면 Cr_4C, Cr_7C_3과 같은 탄화물이 생긴다. 펄라이트 조직을 미세화시키기 위해 Cr을 0.2~1.5 % 첨가하여 내열성 및 내마멸성을 향상시킨다.

c) 니켈(Ni) : Ni은 흑연화 조장 원소로, 바탕 조직을 미세화하기 위해 0.1~1.0 % 첨가한다. Ni의 흑연화 능력은 Si의 $\frac{1}{2}$~$\frac{1}{3}$ 정도이므로, Ni 첨가량을 증가시킴에 따라 Si를 감소시키는 것이 보통이다. 두께의 변화가 심한 주물에는 Ni을 첨가해서, 얇은 부분에서는 칠을 방지하고 두꺼운 부분에서는 조직이 조대화하는 것을 방지한다. 특히 내열성, 내산성, 내알칼리성, 비자성, 고전기 저항을 가진 오스테나이트 주철을 만들 때에는 Ni을 14~38 % 첨가한다.

d) 몰리브데넘(Mo) : Mo은 약한 흑연화 방해 원소이다. 인장 강도, 굽힘 강도 및 피로 강도가 높은 강인 주철을 만들 때 첨가하는 합금 원소이며, 보통 0.25~1.25 % 첨가한다. 또 Mo은 두꺼운 주물의 조직을 균질화하는 데 효과가 있으므로, Mo 단독으로 첨가하든지

또는 Ni, Cr 등과 조합해서 첨가한다.

e) 타이타늄(Ti) : Ti은 강한 탈산제이며, 소량 첨가하면 흑연화를 촉진하지만, 다량 첨가하면 오히려 방해를 한다. 고탄소, 고규소의 주철에 Ti을 첨가하면 흑연을 미세화해서 강도가 커진다. 그리고 Ti 플럭스로 쇳물을 처리하여 미세한 공정 조직을 얻는 S-H 주철은 내열, 내마멸성이 크다.

f) 바나듐(V) : V은 강력한 흑연화 방해 원소이며, 흑연 조직을 미세하고 균일하게 하기 위해 0.1~0.5 % 첨가하는데, 두께에 대한 감도를 둔하게 한다. 그리고 주철의 내성장성을 증가시키기 위해 0.5~1.0 % 첨가할 때도 있다.

일반적으로 합금 원소의 흑연화 또는 백선화에 작용하는 정도를 종합하면 다음과 같다.

Al, Si, Ti, Cu, Co, P ←───── 흑연화 경향이 큰 순서

W, Mo, Mn, Sn, S, Cr, V ─────→ 백선화 경향이 큰 순서

2) 구상 흑연 주철의 용해

보통 회 주철은 페라이트 또는 펄라이트와 페라이트의 혼합 조직 중에 편상 흑연이 분포되어 있으나, 구상 흑연 주철은 쇳물 중에 Mg이나 Ce을 첨가하여 주조 상태에서 흑연을 구상으로 정출시킨 것이다.

구상 흑연 주철은 강도와 연신율이 높아서 주강에 가까운 성질을 가지므로 덕타일 주철(ductile cast iron)이라고 한다. 또한 흑연이 구상화로 SG iron(spheroidal graphite cast iron)이라 한다.

구상 흑연 주철의 용해 제조에서 화학 성분의 조절은 다음과 같이 한다.

a) 탄소(C) : 구상 흑연 주철의 C 함유량은 3.6~4.0 % 정도이다. C 함유량이 많으면 쇳물의 유동성이 좋아져 주조성이 향상되고, 구상 흑연화를 도와 그 수가 많아져 연성이 향상되나 강도는 약간 저하된다.

b) 규소(Si) : 구상 흑연 주철에서 Si의 함유량은 1.8~2.8 % 정도이며, Si 함유량이 너무 많으면 주물 상부에 탄소가 편석되어 강도가 저하된다.

c) 망가니즈(Mn) : Mn은 탄화물 안정 원소이다. 주조 상태에서 구상 흑연을 페라이트가 둘러싼 벌스 아이(bull's-eye) 조직을 얻으려면 Mn의 양을 0.2 % 이하로 해야 한다.

d) 황(S) : S은 구상 흑연의 정출을 방해하는 원소이다. 특히 구상 흑연 주철을 만들기 위해 Mg을 첨가할 경우 Mg과 화합하여 구상화의 효과를 줄이며, Mg이 표면에 떠오르거나 미

처 떠오르지 못하면 주물 중에 남아서 불량 주물의 원인이 되므로, Mg을 첨가하기 전에 쇳물 중의 황분을 0.03 % 이하로 탈황해야 한다.

e) 인(P) : P은 회 주철에서처럼 구상 흑연 주철에서도 메짐성이 있는 스테다이트 조직을 형성하므로, 인성과 연성을 좋게 하기 위해서는 0.05 % 이하로 제한해야 한다.

(1) 구상 흑연 주철의 제조

회 주철과 구상 흑연 주철의 용해상 차이점은, 회 주철의 C %가 2.8~3.5 %의 범위에 있는 것에 대해, 구상 흑연 주철은 3.3~4.0 %로 비교적 높은 탄소 함유량이다. 또는 회 주철은 S %에 별로 신경을 쓰지 않아도 되나, 구상 흑연 주철은 가능한 한 S %를 낮게 해야 한다.

구상 흑연 주철은 큐폴라 또는 유도로에서 용해하는데, 탈황 처리 및 구상화제의 첨가 등으로 쇳물의 온도가 떨어지게 되므로 충분히 높은 온도로 용해해야 한다.

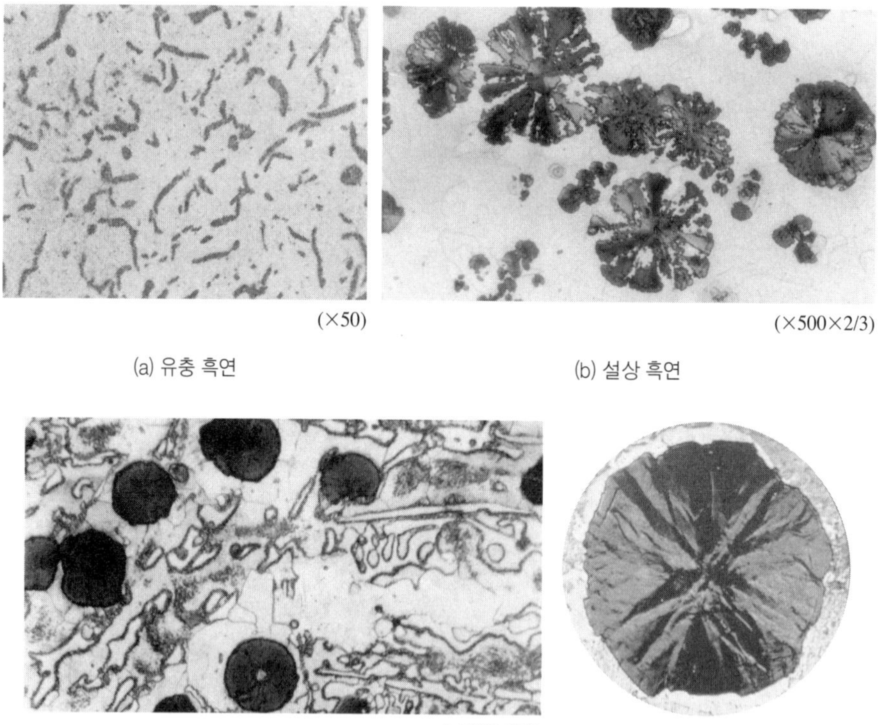

(×50) (a) 유충 흑연

(×500×2/3) (b) 설상 흑연

(×500×2/3) (c) 시멘타이트 바탕의 구상 흑연

(×1250×3/4) (d) 구상 흑연의 확대상

그림 3-53 ▮ 구상 흑연 특수 조직의 보기[1)]

1) 강기주 : 구상 흑연 주철의 기계적 성질에 관한 연구. 1979

또한 구상화 처리를 함으로써 모든 흑연이 완전한 구상 흑연으로 정출되게 하는 것은 매우 어렵다. 많은 경우, 크고 작은 것 그리고 편상 흑연과 구상 흑연의 중간 조직이면서 불규칙적이고 복잡한 조직이 생성된다. 또한 용탕의 조성이 부적당하거나 흑연 구상화제가 부족할 때, 구상화 처리 후 시간이 많이 경과할 때, 그리고 냉각 속도가 느리게 되면 준편상 흑연(準片狀黑鉛, quasi-flake graphite) 또는 그림 3-53 (a)와 같은 유충 흑연(幼蟲黑鉛, vermicular graphite)이라고 하는 흑연 조직이 나타난다. 이러한 미완성 구상화 흑연 조직이 그림 3-53 (b)와 같이 눈의 결정과 같은 모양을 하고 있을 때, 이를 설상 흑연 조직(雪狀黑鉛組織)이라 한다. 그림 3-53 (c)는 시멘타이트 바탕을, 그림 3-53 (d)는 구상 흑연의 고 배율 현미경 조직의 보기다.

① 큐폴라 용해

산성 큐폴라의 경우에는 코크스 중의 S %를 흡수하여 0.05~0.1 %의 높은 S %로 되므로, 출탕 후 탈류(脫硫)해야 한다. 그러나 염기성 큐폴라의 경우에는 슬래그의 염기도를 조절하여 낮은 S %의 쇳물을 얻을 수가 있으나 C의 흡수가 고르지 않고, Si의 소모도 커지므로 용탕 성분이 불안정하게 되는 경향이 있으므로 조업 관리에 기술과 경험이 요구된다.

또한 사용하는 염기성 내화재도 고가이므로, 상당량을 정상적으로 생산하는 경우가 아니면 쇳물 단가도 높아 채용되는 사례가 많지 않다.

② 아크로 용해

아크로의 경우 사용하는 슬래그의 배합에 따라 염기도를 조정하는 것으로 S %를 자유롭게 조정될 수 있어 쇳물 성분, 온도의 관리도 용이하나 나쁜 작업 환경 등의 점에서 채용이 줄어들고 있다.

③ 저주파 유도로 용해

저주파로는 용융 금속 재료를 용해할 뿐, 아크로와 같이 정련 능력은 없으나 배합 금속 재료 중의 황 함유량 이상으로 S %가 증가하는 경우가 없고, 쇳물 온도, 성분 조정이 용이하고, 작업 환경도 좋으므로 구상 흑연 주철 용해에 아주 알맞는 용해로로 많이 채용되고 있으나 설비비가 비싸다. 특히 대량 생산의 경우에는 큐폴라와 연계 조업으로 사용되고 있다.

(2) 구상 흑연 주철의 노전 처리

① 탈황 처리

용융 금속에 흑연 구상화제(Mg)를 첨가할 때 용융 금속 중의 S은 황화 마그네슘(MgS)으로 되어 구상화제의 손실을 가져온다. 따라서 쇳물을 탈황 처리하여 S의 함유량을 0.03 % 이하로 낮춘 후 구상화제를 첨가해야 한다. 탈황제로는 탄산 나트륨, 칼슘 카바이드(CaC_2), 석회 등이 이용되고 있다.

◎ 정치법

처리 쇳물량의 2 % 전후의 CaC_2를 출탕 전이나 출탕 중에 레이들에 투입하여 충분한 각반 작용을 가하는 방법이다. 극히 손쉬운 방법이기는 하나 탈황률이 낮고 불안전한 방법이다.

◎ 분사법

CaC_2를 질소 가스에 의해 쇳물 속으로 분사(噴射, injection)하는 방법으로, 0.02 % 이하의 탈황이 가능하다. 그러나 쇳물의 온도가 급속히 저하된다. 그림 3-54 (a)는 분사법의 보기다.

◎ 포러스법

레이들의 쇳물에 CaC_2를 투입하고, 레이들 저부의 포러스 플러그(多孔質通氣性耐火材, porous plug)를 통하여 질소 가스나 압축 공기를 불어넣어, CaC_2와 쇳물을 각반시키는 기구다. 분사법과 같이 탈황 효과는 좋으나 온도 저하가 크다. 그림 3-54 (b)는 포러스법의 보기다.

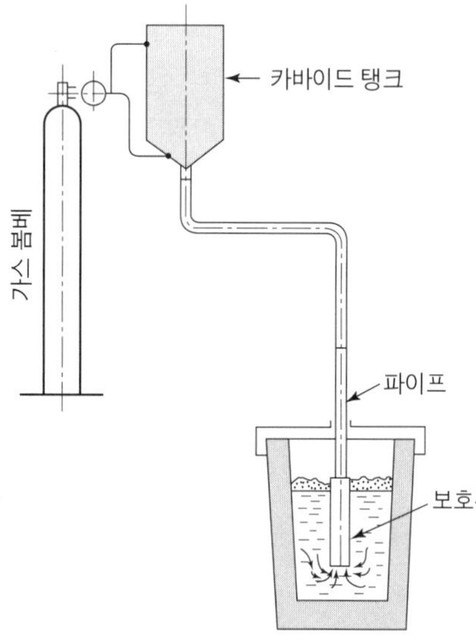

(a) 분사법

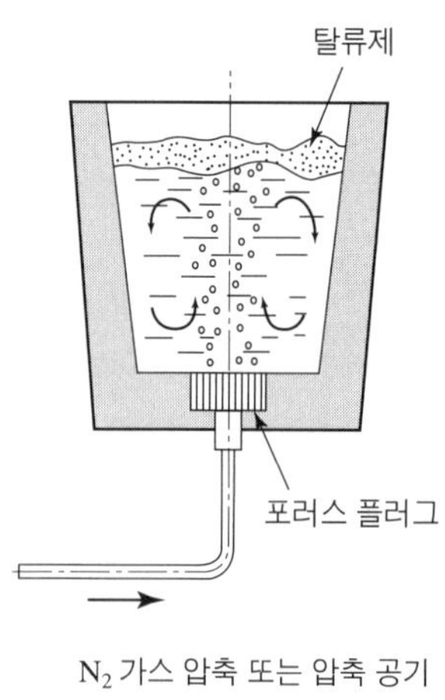

(b) 포러스법

그림 3-54 ‖ 분사법과 포러스법

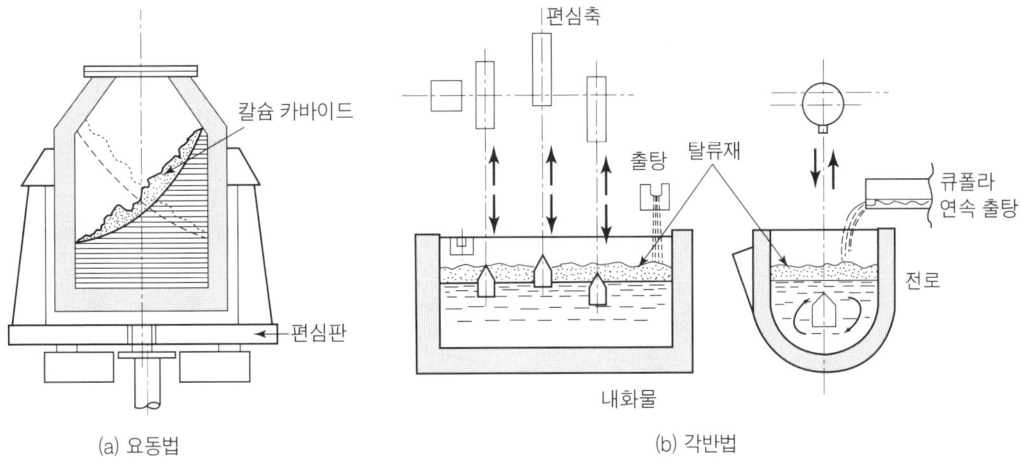

그림 3-55 ‖ 요동법과 각반법

◎ 요동법

레이들을 그림 3-55 (a)와 같이 편심 회전 대상에 놓고 요동하여, 첨가한 CaC_2 쇳물을 각반하여 탈황하는 방법이다.

◎ 기계적 각반법

레이들 또는 전로 중의 쇳물과 CaC_2를 기계적 장치를 사용하여 강제적으로 각반하는 방법으로, 그림 3-55 (b)는 전로의 쇳물을 연속적으로 처리하는 보기다.

이상과 같은 CaC_2 첨가에 의한 탈황법은 쇳물의 온도 저하를 피할 수 없으나, 이와 같은 온도 저하를 되도록 피하기 위해 CaC_2에 발열제를 배합하는 방법도 시행되고 있으며, 또 흑연 구상화 처리 전에 탈황 후의 쇳물을 저주파 유도로에 주입하여 승온시키는 등의 방법도 채택되고 있다.

② 흑연 구상화 처리

흑연 구상화제에는 Mg, Ca, 여기에 Ce 등의 희토류 원소(希土類元素, R.E) 등의 합금이 사용되는데, 이들 중에서 가장 많이 사용되고 있는 것은, 값이 싸고 흑연 구상화능이 큰 Fe-Si-Mg 합금이다.

그 성분은 Mg 4~30 %, Si 40~60 %, Fe 나머지로 되어 있으나 여기에 수 %의 R.E.나 Ca이 보조 구상화제로 배합되는 경우도 있다.

표 3-28은 구상화 첨가 합금의 종류와 첨가량 및 반응 정도를 나타낸 것이다. 마그네슘계 흑연 구상화제를 첨가할 경우에는 용융 금속 중에 마그네슘이 0.04~0.08 % 정도 잔류되어

표 3-28 ‖ 구상화 첨가 합금의 종류, 첨가량, 반응 정도

첨가 합금의 종류	Mg 첨가량(%)	Mg 회수율(%)	반응 정도	비고
순 Mg	0.6~1.0	5~10	매우 큼	
Cu-Mg (50 : 50)	0.6~1.0	5~10	매우 큼	
Cu-Mg (70 : 30)	0.4~0.6	10~20	큼	
Cu-Mg (80 : 20)	0.2~0.5	10~20	작음	
Ni-Mg (50 : 50)	0.5~0.7	5~10	매우 큼	
Ni-Mg (80 : 20)	0.2~0.5	10~20	작음	
Fe-Si-Mg (45 : 45 : 10)	0.2~0.4	10~30	작음	일반적으로 실용되고 있음
Fe-Si-Mg (30 : 50 : 20)	0.2~0.4	10~30	작음	
Ni-Si-Mg (10 : 50 : 20)	0.2~0.4	10~30	작음	
Ca-Si-Mg (30 : 55 : 10)	0.2~0.4	10~30	작음	
Ca-Si-Mg (20 : 45 : 20)	0.2~0.4	10~30	작음	

야 흑연이 구상으로 정출된다. 마그네슘의 회수율은 마그네슘 함유량이 적은 합금을 사용하면 일반적으로 높아지며, 또 첨가되는 방법에 따라 달라진다.

Mg 합금과 쇳물의 반응은 매우 격심하여 형광(螢光)과 쇳물의 비상이 동시에 급격히 일어나므로 그 반응을 줄인다. Mg의 과잉 첨가는 주물집(pin hole)나 칠화 경향을 증대시키며, 또한 처리 비용 절감의 의미에서도, Mg 합금의 첨가량은 가능한 적을 수록 좋다.

◎ 오픈 레이들(open ladle)법

이 방법은 샌드위치(sandwich)법이라고도 하며, 먼저 Mg 합금을 레이들 밑바닥에 놓고 합금 위에 두께 3 mm 정도의 작은 강철 파쇠를 일정량 덮은 후, 이 위에 쇳물을 받으면서 처리하는 방법이다. 오픈 레이들은 지름에 비하여 높이를 높게 하며, 높이와 지름의 비가 2 : 1이 되도록 설계되었다. 이 방법은 시설이 간단하고 쇳물 손실이 적은 방법이나, 마그네슘 회수율이 비교적 적은 방법이다.

그림 3-56 (c)는 샌드위치법의 보기다.

◎ 플런징(plunging)법

그림 3-56 (d)와 같이 구멍이 뚫린 흑연 또는 강판제의 도가니를 뒤집어 플런징 로드(plunging rod)에 고정시키고, 이 속에 흑연 구상화제를 넣고 쇳물 속에 집어 넣는 방법이다.

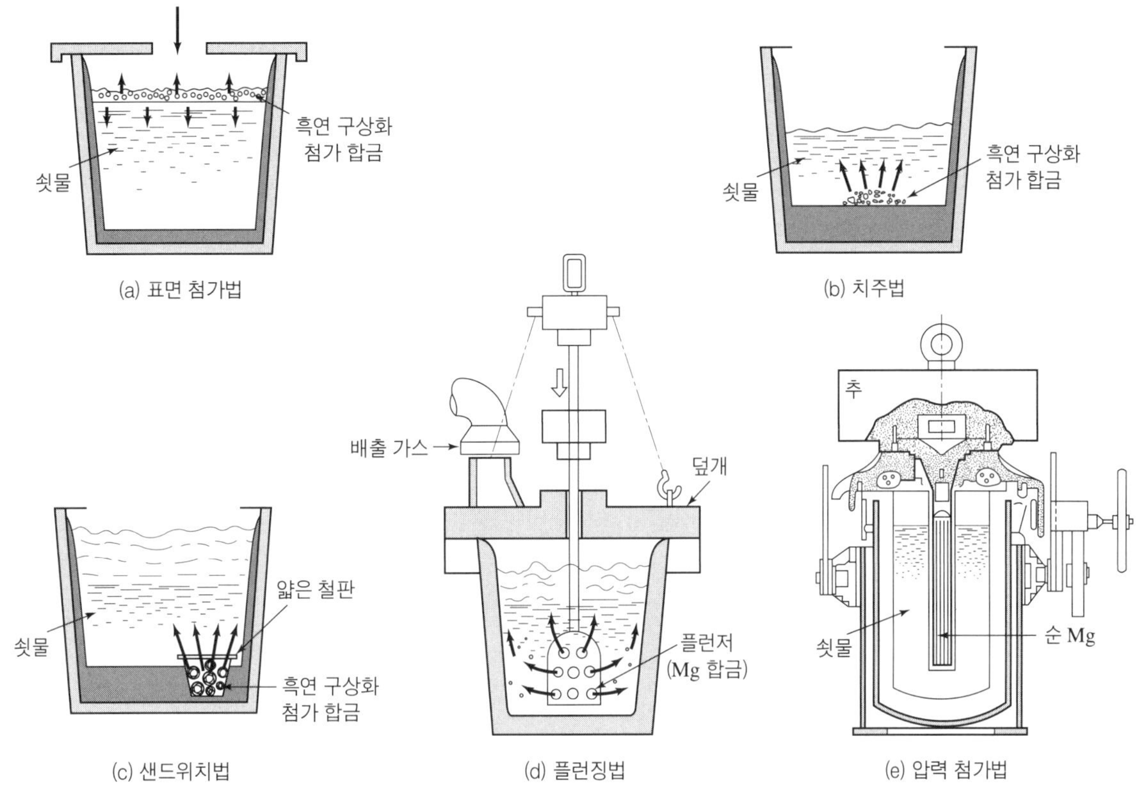

그림 3-56 ▮ 샌드위치 및 플런징법

흑연제 용기의 경우에는 반복 사용이 가능하다.

◎ 캔디(candy)법

일정한 크기로 주조한 마그네슘 합금을 플런징 로드로 쇳물 중에 삽입하는 방법으로, 비교적 정확하게 구상화 처리를 할 수 있다.

◎ 압력 첨가법

그림 3-56 (e)는 순 Mg를 첨가할 때에 사용되는 방법으로 압력 용기의 레이들을 사용해서 순 Mg를 첨가하는데 용탕 위 레이들 내의 틈새가 적고, Mg를 첨가하는 동시에 Mg의 증기압이 커지며 다량의 Mg를 용탕 속에 압입할 수 있는 방법이다. 이 방식으로 Mg 농도가 높은 구상 흑연 처리용 쇳물을 만들고, 별도로 탈산, 탈황한 쇳물을 준비하여 혼합하는 방법이 사용되고 있다. 이 밖에도 레이들에 5~8 atm 정도의 질소 가스 등을 압입하고 그 위의 순 Mg를 첨가한 뒤 증발을 억제하고 압입하는 방법도 사용되고 있다.

이 방법은 어느 것이나 수톤 이상의 대량 처리 방법으로 사용되고 있는데 대기압으로 되돌

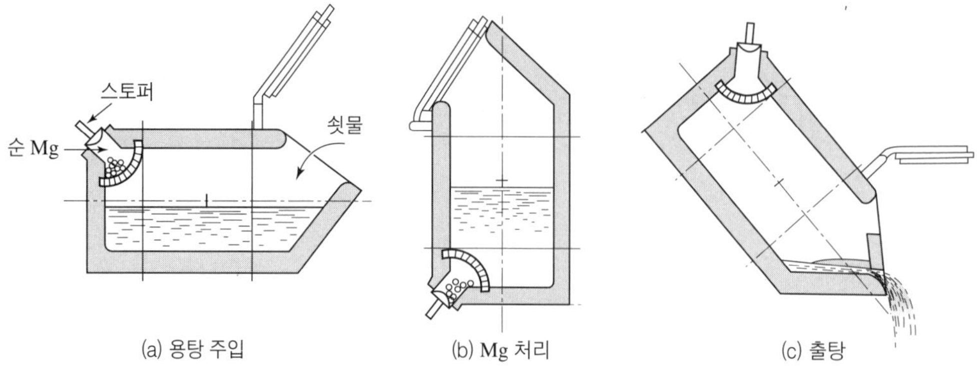

그림 3-57 ▮ 전로법

려서 주입할 때 Mg가 몹시 증발하게 되므로 그 관리에 충분히 주의해야 한다.

◎ 전로법(轉怒法)

전로의 저부에 구멍이 뚫인 내화물로 가공된 반응실이 있는 방식으로 이를 컨버터법(converter)이라고도 한다. 여기에 Mg를 장입한 다음 스토퍼(stopper)로 막아 놓고, 처리 쇳물을 주입한 다음 그림 3-57 (b)와 같이 컨버터를 바로 세워 반응시킨다. 이 방식은 반응실 주 덮개의 구멍 면적을 조정하여 반응 속도를 제어할 수 있어, 순 Mg를 사용할 수 있다. 그리고 쇳물의 각반도 이루어지므로 탈황과 흑연 구상화 처리를 동시에 할 수 있다.

이 방법은 쇳물의 S %를 안전하게 할 뿐만 아니라, Mg의 반응이 강도와 시간을 최적의 일정 조건으로 유지하는 일이 관리의 요령이며, 쇳물을 연속적으로 대량 처리하는 데 알맞다.

◎ 인몰드법

앞에서 다룬 각 구상화 처리법은 주입 전의 처리인데 비해, 이 방법은 주형 내의 처리인 것이 특징이다.

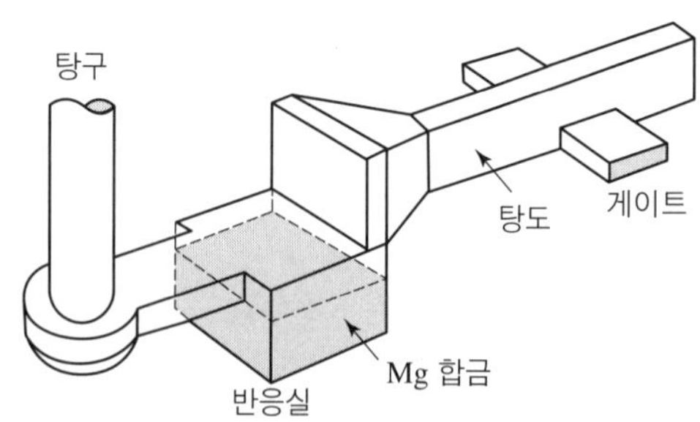

그림 3-58 ▮ 인몰드법

그림 3-58과 같이 주형 내 탕도의 도중에 Mg 합금을 투입하는 반응실을 만들어, 이 중에서 주입되는 쇳물이 Mg 합금과 반응하여, 흑연이 구상화 처리되는 방식이다. 이 방법은 복잡한 쇳물 처리 없이 간단한 방법이지만, 반응실의 크기와 모양, Mg 합금량의 결정에는 상대가 되는 주물의 종류와 주조 방안에 따라 기술이 요구된다. 특히 S %를 중심으로 하는 쇳물의 성분과 주입 온도의 관리가 중요하다.

3) 가단 주철과 칠드 주철의 용해

(1) 가단 주철의 제조

보통 주철보다 C와 Si의 양이 적어, 응고 온도가 높고, 쇳물의 유동성이 나쁘므로 보통 주철보다 고온인 1420~1460 ℃에서 주입한다.

또 주물은 백 주철이기 때문에 수축이 크므로 대책이 필요하다. 예를 들면 여러 곳에 압탕을 두는 것도 한 대책이다.

가단 주철은 백선 주물을 흑연화 열처리를 하여 조직을 변화시켜 연성을 부여한 주철이다. 열처리 방법에 따라 백심 가단 주철과 흑심 가단 주철이 있다.

백심 가단 주철은 백선 주물을 탈탄하여 순철에 가깝게 연성을 가지고 있으며, 흑심 가단 주철은 백선 주물의 시멘타이트를 고온에서 장시간 풀림 열처리를 하여 괴상 흑연과 페라이트로 분해하여 연성을 갖도록 한 주철이다.

① 가단 주철의 용해와 화학 조성

가단 주철의 용해에는 큐폴라나 아크로, 저주파로가 각기 단독으로, 또는 조합하여 이중 용해의 형식으로 사용된다.

가단 주철의 용해에 있어서 특히 유의할 점은 용융 금속 재료의 선택이다.

선철에 있어서는 가단 주철용으로 제조한 저크로뮴, 저황의 것을 사용해야 한다.

강철도 Cr, Va, Mo, W, Te 등을 함유하고 있는 것은 흑연화를 현저히 방해하므로 그 사용을 피하는 것이 좋다.

표 3-29는 가단 주철의 일반적인 화학 조성을 나타낸 것이다. Cr은 흑연화 열처리 시간을 길게 하는 원소이므로, 선철과 강철 파쇠는 Cr이나 S의 함유량이 적은 가단 주철용 선철을 사용한다. 그리고 강철 파쇠는 용융 금속 중의 탄소량을 감소시키기 위해 사용되나, Cr을 함유하지 않은 저탄소 압연 강재의 고철 또는 철판 등을 사용하는 것이 좋다. 탄소 함유량이 많으면 유동성이 좋고 주철의 흑연화가 용이하며 가공성도 좋아지나, 주조 상태에서 백선화가

표 3-29 ∥ 가단 주철의 화학 조성(%)

종류 \ 원소	C	Si	Mn	S	P
흑심 가단 주철	2.3~3.2	1.0~1.6	0.3~0.6	0.05~0.15	0.03~0.10
펄라이트 가단 주철	2.3~2.8	1.0~1.5	0.3~1.2	0.05~0.20	0.03~0.10
백심 가단 주철	2.8~3.4	0.3~1.0	0.2~0.8	0.05~0.25	0.03~0.10

어렵게 된다. 특히 흑심 가단 주철에서는 강도와 연신율이 낮아진다.

Si는 흑연화를 촉진하는 원소이다. 그러므로 흑심 가단 주철에서는 주조한 상태에서 완전히 백선이 될 수 있는 범위 안에서 Si의 양을 증가시킨다. 그러나 백심 가단 주철에서는 흑연화가 빠르게 되면 탈탄이 방해되므로 Si의 양을 적게 한다.

Mn은 탄화물을 안정시키는 원소이나 탈황 작용이 있으므로, S을 중화시킬 목적으로 약간 첨가한다.

P은 쇳물의 유동성과 흑연화를 약간 돕는 원소이지만 메짐성이 커지므로, 일정량 이하로 억제하는 것이 좋다.

② 가단 주철의 열처리

◎ 백심 가단 주철의 열처리

백선 주물과 충전 재료(철광석 또는 산화 철)를 풀림 상자 속에 함께 넣고, 이것을 가열로에 장입한 후 1000~1050 ℃에서 40~70시간 유지하였다가 천천히 냉각시키면, 가열 도중 백선은 표면에서부터 탈탄하기 시작하여 순차적으로 내부에 미친다. 이 탈탄 반응은 먼저 풀림 상자 속의 공기와 주물 표면층의 탄소에 의해서 이산화 탄소가 생기고, 이산화 탄소가 다음과 같은 반응에 의하여 탈탄되어 일산화 탄소로 된다.

$$Fe_3C+CO_2=3Fe+2CO \tag{3-8}$$

그리고 일산화 탄소는 산화 철에서 산소를 공급받아 이산화 탄소로 되고, 산화 철은 다음 반응에 의해 환원한다.

$$\left.\begin{array}{c} Fe_2O_3+3CO=2Fe+3CO_2 \\ Fe_3O_4+4CO=3Fe+4CO_2 \\ FeO+CO=Fe+CO_2 \end{array}\right\} \tag{3-9}$$

따라서 산화 철이 없으면 이탈탄 반응은 곧 정지하여 탈탄은 진행되지 않는다. 그러므로 탈탄 상자 내의 분위기는 CO : CO_2=30 : 70 정도로 보존되어야 탈탄이 잘 진행된다.

그림 3-59은 백심 가단 주철의 열처리 과정을 나타낸 것인데, 그림 (a)는 표준 백심 가단 주철, 그림 (b)는 고력 백심 가단 주철에 대한 열처리 과정을 나타낸 것이다.

◎ 흑심 가단 주철의 열처리

그림 3-60은 흑심 가단 주철의 열처리를 예로 든 것이다.

제 1단 흑연화 열처리 온도가 높으면 단시간 내에 흑연화를 완료시킬 수 있으나, 너무 높으면 풀림로의 수명, 풀림시의 변형 및 기계적 성질에 나쁜 영향을 끼친다. 제 2단 흑연화 열

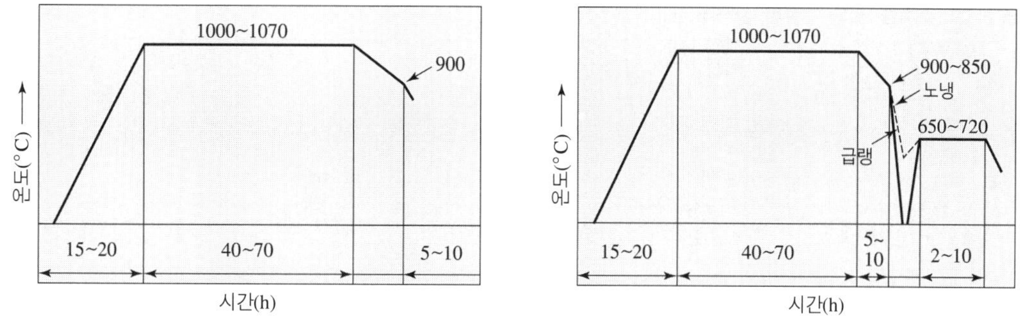

(a) 표준형

(b) 고력형

그림 3-59 ‖ 백심 가단 주철의 열처리

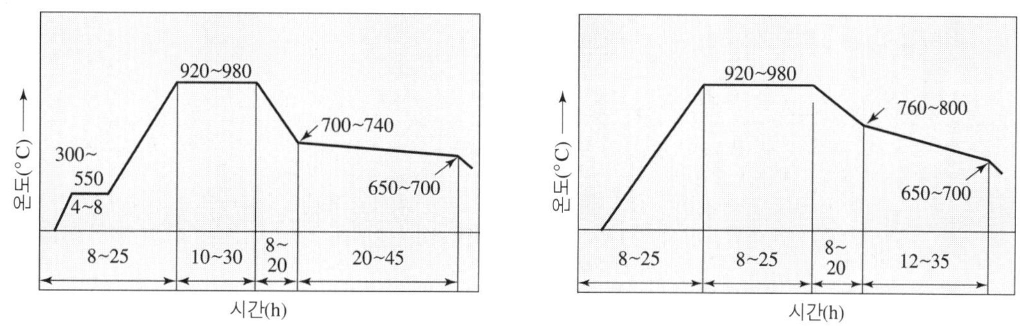

(a) 소형로

(b) 대형로

3-60 ‖ 흑심 가단 주철의 열처리

처리는 펄라이트 중의 Fe_3C를 분해시키는 것이므로, 720~750 ℃에서 장시간 유지시켜야 한다. 즉 721 ℃ 이하에서는 급속히 펄라이트 변태가 일어나기 때문에 냉각 속도를 느리게 해야 한다.

③ 가단 주철의 노전 시험

출탕시의 쇳물은 주입하면 반드시 백선 주철이되고, 풀림을 하면 흑연화가 용이한 조성이어야 한다. 또 같은 쇳물을 주입하여도 주물의 살 두께, 형상에 따라서는 냉각이 늦어지는 부분에 반선철(班銑鐵, mottled pig iron)이 생기는 경우도 있다.

따라서 주입하기 전에 여러 가지 살 두께부가 있는 단부 시험편(緞付試驗片)이나 지름이 다른 환봉에 주입하여, 600 ℃에서 수냉하여, 파면의 반선철 유무나 상황, 결정의 조밀, 색조, 정부(頂部)의 수축 상황으로부터 쇳물의 성분, 성상을 판단하고, 필요하면 조정 후 출탕한다.

표 3-30 ▮ 각종 칠드 주물의 성분과 용도

		칠드 롤					일반 주물	
		합금 칠드 롤			보통 칠드 롤			
경도(Hs)		75~90	70~75	65~70	65~70	55~65	–	–
화학 조성	C	2.8~3.8	2.8~3.8	2.8~3.8	3.3~3.8	2.8~3.3	3.4~3.6	3.3~3.6
	Si	0.3~1.0	0.3~1.0	0.3~1.0	0.3~0.8	0.3~0.8	0.7~0.9	0.3~0.4
	Mn	0.2~0.6	0.2~0.6	0.2~0.6	0.2~0.6	0.2~0.6	0.6~0.7	0.6~0.65
	P	<0.5	<0.5	<0.5	<0.5	<0.5	0.1~0.15	–
	S	<0.1	<0.1	<0.1	<0.6	<0.06	0.06~0.07	–
	Ni	3.0~5.0	<4.0	<2.0	–	–	–	–
	Cr	0.5~2.0	<1.2	<0.7	–	–	–	–
	Mo	~0.3~	~0.3~	~0.3~	~0.3~	~0.3~	–	–
용도		강판 냉간 및 열간 스트립 마무리 비철 금속판 냉간 마무리	강판 냉간 및 열간 스트립 마무리 중후판 마무리 편강, 소형 선재 마무리 비철 금속 냉간 마무리	강판 냉간 마무리 선재 마무리 비철 금속판 마무리 제지, 제분용 롤	박판, 중판, 후판 마무리 편강, 중소형 형강, 선재 마무리 비철 금속판 마무리	박판 열간 조강용	차바퀴	플레이트, 회전기 등

(2) 칠드 주철의 제조

칠드 주물은 금형에 의해 급랭시켜 주물 표면을 백선화시켜 경도를 높이고, 마멸과 압축력에 잘 견디게 한 주물이다. 주물의 내부는 비교적 강인한 회 주철로 되어 있어 주물 전체가 취약해지는 것을 막는다.

일반적인 칠드 주물의 종류와 화학 조성은 표 3-30과 같다.

① 칠드 주물의 조성

칠드 주물의 조직은 금형의 냉각 효과에 따라 여러 가지로 변한다. 즉 외곽층은 유리 시멘타이트와 펄라이트로 된 칠드층이며, 완전 칠드부라 한다. 완전 칠드부로부터 내부로 들어감에 따라 유리 Fe_3C는 점차 감소하고, 그 대신 펄라이트 중에 미세한 편상 흑연이 나타나는데, 이 부분을 반선부(班銑部, mottle)라 한다. 그리고 주물의 중심부에는 유리 Fe_3C가 전

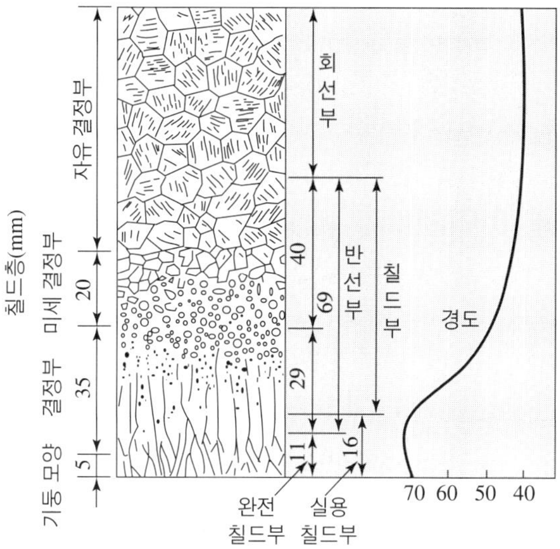

그림 3-61 ▮ 칠드 롤 파면의 조직

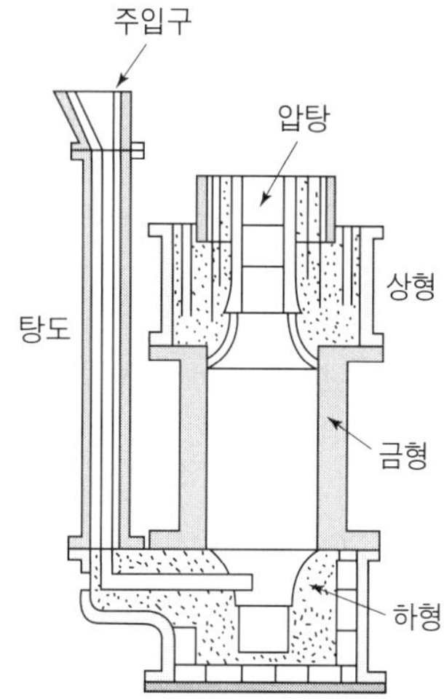

그림 3-62 ▮ 칠드 롤의 주형

혀 없고 편상 흑연과 펄라이트의 바탕으로 된다. 이 회 주철 부분이 칠드 주물의 강도를 유지한다.

특히 경도나 강도를 높이기 위해 Ni, Cr, Mo 등을 합금시킨 고합금 칠드 주물이 있다. 이 경우에는 바탕 조직이 펄라이트가 아니라 트루스타이트(troostite), 베이나이트(bainite), 마텐자이트(martensite) 등의 조직으로 나타난다.

완전 칠드부도 두 부분으로 구분된다. 즉 최외층은 쇳물 주입시 금형의 냉각 효과로 말미암아 방향성이 없는 미세한 결정으로 된 층이며, 다음 층은 결정이 열이동의 영향을 받아 표면과 직각 방향으로 평행하게 성장하여 굵은 기둥 모양으로 발달한 결정부가 있다.

그림 3-61은 칠드층의 보기다.

② 칠드 주물의 주형

칠드 주물의 주형은 그림 3-62와 같이 롤의 양단의 지지부는 모래형으로, 롤의 몸체부는 금형으로 한다.

금형의 두께는 롤 지름의 약 1/3~1/2 정도로 한다.

칠의 깊이는 금형의 온도에도 관계가 있다. 주입은 하주법(下注法)이 보통이다. 게이트(gate)는 절선 방향에 두고, 쇳물이 회전하면서 주입되는 방식이 좋다. 슬래그나 여러 가지 가스는 중심부에 모이며, 표면이 양호한 주물을 얻을 수 있다.

표 3-31 ▮ 칠 효과에 미치는 주요 원소의 영향

원소	완전 칠 깊이	반선부 깊이	표면 경도		비고
			증감	증순위	
C	감	감	증	3	
Si	감	감	감	–	1 % 이상 칠 깊이와 경도
Mn	증	증	증	2	
P	감	증	증	4	다량 사용하면 취약화
S	증	감	불변	–	Fe_3C를 더욱 경화시키지 못함.
Ni	감	감	급증	1	3.5 % 이상이면 페라이트를 마텐자이트화하여 강화
Cr	증	증	증	5	
Mo	증	증	증	6	
Al	감	감	감	–	

③ 칠드 주물의 주조법

칠드 주물의 용해는 주로 전기로 및 큐폴라 등에서 용해한다. 소형 주물은 큐폴라가 사용되는데, 화학 조성의 조절이 곤란하므로 배합에 충분한 주의가 필요하다. 대형 주물은 반사로가 편리하다. 반사로는 용해량에 따라 달라지나 용해에 6~10시간이 소요된다. 노 내 용융금속이 용해되면 시료를 받아 칠 상태를 검사한다.

출탕 온도는 1350~1400 ℃이며, 주입 온도는 1250~1300 ℃ 정도로 한다. 특히 칠 효과는 주로 탄소 함유량에 따라 다르게 되나, 다른 첨가 원소의 영향도 크다.

표 3-31는 칠드층의 깊이와 표면 경도에 미치는 주요 원소의 영향을 나타낸 것이다.

4. 주강의 용해

종래에는 주강의 용도가 극히 한정되었으나, 염기성 전기로가 개발되면서 강의 용해법이 급속히 발달하여 주강의 이용이 점차 많아지고 있다. 또 특수 원소의 첨가에 의하여 특수 목적에 알맞은 주강품이 개발되어 여러 곳에 사용되고 있다.

1) 주강의 용해법

(1) 염기성 아크 용해

주강은 염기성 아크로에서 용해하고, 그 특징은 다음과 같다.

① 원료 중의 불순물인 P, S을 제거할 수 있으므로 원료의 제한을 받지 않는다.
② 일정한 조성 및 온도의 쇳물을 얻을 수 있다.
③ 비교적 작은 용량에서 큰 용량까지 용해로가 다양하다.

염기성 용해법에서는 석회와 같은 염기성 물질을 첨가하여 슬래그를 만든 다음, 산화기에서 Si, P, Mn, C 등을 산화, 제거시킨 후 환원기에서 탈산과 탈황 및 가탄시켜 화학 조성을 조정할 수 있다. 이 용해법은 완전 산화 용해법, 반산화 용해법 및 무산화 용해법 등으로 분류할 수 있다.

보통 주강의 경우에는 완전 산화 용해법을 이용하는데, 이 용해법의 특징은 산화기에 철광석 또는 산화 철을 투입하거나 산소를 취입하여 탈인, 탈탄시키는 것이다. 즉 산화기에서는 불순물을 충분히 산화, 제거시킬 수 있으므로 장입 원료의 품질에 구애를 받지 않는다. 보통 강철 파쇠만 장입하고 있으나, 용융 금속의 탄소 함유량이 적을 때에는 선철을 5 % 정도 배합한다. 그리고 노상에는 노 바닥의 보호 및 용해한 금속의 교반과 슬래그를 쉽게 형성하기 위해 석회석을 깔아 주고 그 위에 원료 금속을 장입한다.

용해할 때 가장 중요한 것은 신속한 용해이다. 즉 용해 초기에는 전류의 변동이 심하므로 낮은 전압으로 전류를 보내고, 전극 밑에 쇳물의 풀(pool)이 생겨서 아크가 안정되면 높은 전압으로 빨리 용해시킨다. 그리고 풀의 부분적 과열을 방지하여야 노 내 온도를 균일화시키고, 쇳물의 과산화를 방지할 수 있다.

용해할 때 플럭스로 사용되는 석회석은 장입 강재의 2~3 % 정도이며, 아크(arc)의 안정을 위하여 풀 위에 여러 차례 투입한다. 용락된 다음에는 용강의 과산화를 방지하기 위하여 Fe-Mn을 투입할 때도 있다. 즉 용락할 때의 탄소 함유량을 0.85 %, 망가니즈 함유량을 0.3 %로 유지시킬 필요가 있다.

산화 용해법에서는 제 1산화 정련기, 제 2산화 정련기 및 환원 정련기로 분류하며, 기능은 다음과 같다.

1 제 1산화 정련기

제 1산화 정련기란 용락이 끝난 후 저온에서 산화 정련하는 시기를 말한다. 비교적 저온인 쇳물에 철광석, 석회석, 형석 등을 장입하고 산소를 공급시키면 슬래그의 유동성이 향상되면서 탈인 반응이 일어난다. 즉 용락된 후 쇳물의 온도가 1530 ℃ 정도에서 철광석을 투입하면 몇 분 후에 쇳물이 다소 부풀어오르고, 잠시 후에는 끓으면서 탈인된다. 제 1산화 정련기가 끝날 무렵에는 C와 Mn이 산화하여 감소되고, P은 0.08 %에서 0.02 % 이하로 줄어든다. 이들의 산화 정련에 요하는 시간은 15~20분 정도이다. 제 1산화 정련기에서 탈인 반응을 충분히 진행시키려면 산소, 염기성 슬래그 및 저온의 세 가지 조건이 필요하다.

P이 슬래그로 변하여 제거되는 과정은 다음과 같다.

$$\left.\begin{aligned} 5FeO+2Fe_3P &\rightarrow P_2O_5+11Fe \\ 3FeO+P_2O_5 &\rightarrow (FeO)_3P_2O_5 \\ (FeO)_3P_2O_5+3CaO &\rightarrow (CaO)_3P_2O_5+3FeO \end{aligned}\right\} \quad (3-10)$$

② 제 2산화 정련기

제 1산화 정련기에서 쇳물의 온도가 상승되고 끓음 현상이 약해지면 60~80 %의 슬래그를 유출시킨다. 이때부터 제 2산화 정련기에 도달된 것이다. 이때 온도를 상승시키면 다시 쇳물이 끓으면서 탈탄 반응이 일어난다. 이것은 수소 가스를 제거하며, 또 미세한 비금속 개재물의 제거를 목적으로 시행하는 조작이다.

탈탄 반응은 다음과 같다.

$$\left.\begin{aligned} Fe_3C+FeO &\rightarrow 4Fe+CO\uparrow \\ 4Fe_3C+Fe_3O_4 &\rightarrow 15Fe+CO\uparrow \end{aligned}\right\} \quad (3-11)$$

③ 환원 정련기

산화가 끝난 후 슬래그를 제거하고 망가니즈철 및 규소철을 투입하여 탈산 처리를 한다. 다음에, 석회석, 형석을 투입한 후 칼슘-규소 및 탄소 가루를 첨가하여 약한 카바이드 슬래그(환원 슬래그)를 만들고 탈산 정도를 점검한다. 탈산이 충분하면 슬래그를 제거하고, 다시 백색 슬래그를 만들어 탈황한다.

일반적으로 카바이드 슬래그를 만들 때에는 석회석 : 코크스 : 형석의 비율을 6 : 2 : 1의 비율로 첨가한다. 카바이드 슬래그를 만든 후에는 점차 전류의 전압을 낮추어 쇳물의 온도와 슬래그의 유동성을 조절한다. 대개 출탕 온도는 1620 ℃ 정도이며, 환원 정련기의 반응은 다음과 같다.

a) 카바이드 슬래그의 환원 반응

$$\left.\begin{aligned} CaC_2+3FeO &\rightarrow CaO+2CO+3Fe \\ CaC_2+3MnO &\rightarrow CaO+2CO+3Mn \end{aligned}\right\} \quad (3-12)$$

b) 카바이드 슬래그의 탈황 반응

$$\left.\begin{array}{r}2CaO+CaC_2+3FeS \rightarrow 3CaS+2CO+3Fe \\ 2CaO+CaC_2+3MnS \rightarrow 3CaS+2CO+3Mn\end{array}\right\} \quad (3-13)$$

c) 백색 슬래그의 탈황 반응

$$\left.\begin{array}{r}CaO+C+FeS \rightarrow CaS+CO+Fe \\ CaO+C+MnS \rightarrow CaS+CO+Mn\end{array}\right\} \quad (3-14)$$

(2) 고주파 유도로 용해

고주파 유도로 용해에서는 원료 금속을 잘 선택해서 사용해야 한다. 즉 유도로에서는 정련 효과를 기대할 수 있으므로 P, S 및 산화물이 적은 원료를 사용한다.

원료 금속을 치밀하게 노 내에 장입하고, 장입이 완료되면 커버를 닫고 전류를 보낸다. 이 노는 원료 금속이 유도 전류에 의한 저항으로 발열하여 용해되며, 또 쇳물이 자장으로 인하여 심하게 교반 작용을 한다. 이 때문에 용융 금속이 산화되기 쉽다. 고주파 유도로에서는 정련할 수는 없으나, 장입된 원소의 회수율이 높으므로 특수강의 재용해에 매우 유리하다.

2) 주강의 주입

(1) 주입용 레이들

용해로에서 출탕한 용강은 레이들에 받아 주형에 주입한다. 레이들의 단면은 보통 원형으로 지름과 깊이는 거의 비슷하다. 그림 3-63은 스토퍼식 레이들의 구조로, 이밖에 소형(소용량)의 레이들은 경주식이 사용된다. 레이들의 라이닝은 샤모트 또는 내화 벽돌을 사용하는 것이 보통이나 일반적으로 저기공율(低氣孔率), 저수축성, 균질 조직의 내구성이 높은 벽돌을 사용하여, 강제(슬래그)에 의한 라이닝의 소모를 방지하고 레이들의 수명을 연장하도록 한다. 그리고 스토퍼는 내화 벽돌 외에 흑연질의 벽돌을 사용하여 내식을 높여, 쇳물이 유출되는 노즐과의 점착(粘着)에 의한 소모를 줄이는 것도 시도되고 있다. 노즐의 길이는 지름에 비해 충분히 길게하여, 용탕이 분산되지 않고 부드럽게 낙하하도록 한다. 특히 레이들은 라이닝이 완성되면 중유 또는 가스 버너 등으로 충분히 건조시켜 사용한다.

(2) 주입 작업에서 유의할 사항

주요한 점은 주입 온도, 속도 및 방법이다. 주입 온도는 용강의 탄소량에 의해 다르므로 그림 3-64를 참고로 한다.

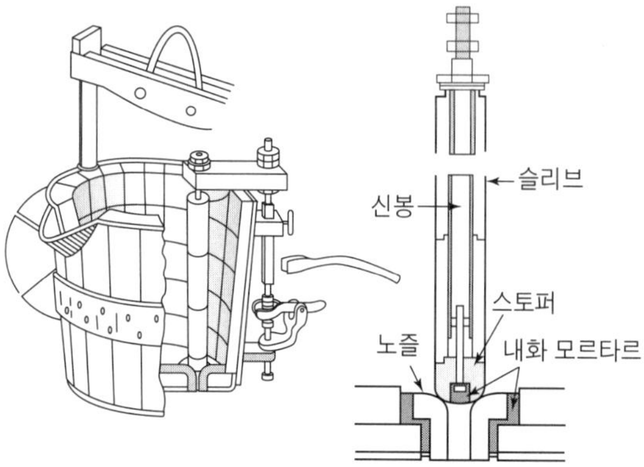

3-63 ▮ 하주 스토퍼식 레이들의 구조

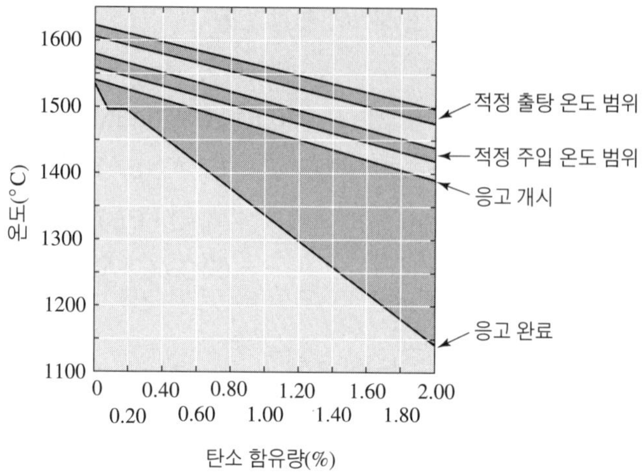

그림 3-64 ▮ 적정 주입 온도

또한 주입 속도는 보통 서서히 하는 것이 균열 등의 주강품 결함을 방지하는 데 필요하다. 그러나 너무 느려도 유동성을 나쁘게 하여 가스의 혼입과 공기에 의한 산화가 일어나기 쉬워, 제품의 표면 정도를 나쁘게 한다. 따라서 강종이나 주물의 크기 모양에 따라 적절한 주입 속도를 선택한다.

주입 방식은 크게 상주식과 하주식이 있다. 상주식은 쇳물이 주형의 상부를 통하여 하부로 흘러 들어, 점진적으로 쇳물이 주형 내를 채운다. 그러나 하주식은 쇳물의 입구가 주형의 하부를 통하게 되므로, 쇳물은 하부에서 들어가 주형을 채워나간다.

하주식은 쇳물의 상승 속도가 느리고 조용히 주입된다. 이에 비해, 상주식은 주입 속도가 빨라져 쇳물의 충격에 의한 주물 표면의 불량 원인이 되기도 한다. 따라서 상주식의 경우에는 초기에는 느리게 주입하고, 쇳물이 어느 정도 주형 내에 채워지면 스토퍼를 완전히 열어준다.

3.3 비철 합금 주물의 용해

1. 동 합금 주물의 용해

1) 황동 및 청동 주물의 용해

(1) 황동 주물의 용해

황동은 일반적으로 도가니로, 반사로, 저주파 유도로에 의하여 용해하며, 과열의 위험성과 아연의 용해 손실이 많으므로 용해로 선택에 유의해야 한다. 용해할 때에는 먼저 원료 금속을 노 내에 장입하고, 피복 플럭스로 붕사를 원료 금속의 0.25 % 정도 첨가한다. Cu가 용융하여 1130~1150 ℃에 도달하면 쇳물의 0.3~0.4 % 되는 Cu–P으로 탈산한다. 탈산 후 150~200 ℃까지 예열한 Zn을 첨가하여 용해시킨 후 잘 교반하고, 회수재 등을 장입하여 용융한다.

그림 3-65 ▮ 고정식 도가니로

특히 황동 주물은 Zn을 다량 함유하고 있어 용융 온도가 높아지면 Zn의 증기압이 매우 높아져 수소 가스의 용해도를 감소시키므로, 황동 주물을 용해할 때에는 아연이 끓는 온도까지 가열하여 수소 가스를 제거하고 주입 온도는 1050~1100 ℃까지 낮추어 주조한다. Zn은 목표 조성보다 1~3 % 더 장입한다.

(2) 청동 주물의 용해

청동 주물은 동 합금 중에서 가장 많이 제조되며, 그 용해에는 도가니로가 많이 사용된다. 그러나 일회의 용해량이 많은 경우에는 반사로가 사용된다.

용해할 때에는 먼저 흑연 도가니를 적열시키고, 이 속에 전기 구리를 넣어 산화성 분위기 중에서 가열, 용해시킨다. 원료 금속 중에 수소 가스가 많이 함유되었을 경우에는 기포의 원인이 되므로, 수소 가스가 쇳물에 흡수되지 않도록 유의해야 하며, 산화 구리 0.2 %, 이산화 망가니즈 0.3 % 또는 과망가니즈산 칼륨 0.1 %를 첨가한다. 그리고 1250 ℃에서 Cu–P 합금을 흑연제 포스포라이저(phosphorizer)로 첨가하여 충분히 탈산시킨 후 Sn과 Pb을 첨가한다. Zn은 도가니를 노에서 꺼낸 후에 첨가하는 것이 좋다. 출탕 온도는 1200~1250 ℃이며, 주입 온도는 1100~1500 ℃ 정도이다.

청동은 응고시에 수지상정(樹枝狀晶)이 표면에서 내부로 향하여 성장하는데, 이때 응고가 비교적 느린 수지상정의 상호간에 불순물이나 가스에 의한 기공이 생기기 쉬우며, 여기서 수압 등에 의해 누설의 원인이 되는 망상(網狀)의 홈이 생긴다.

이와 같이 하여 쇳물 중의 수소 가스는 주조품에 기포로 남아있을 뿐 아니라, 주형에 주입 후 응고할 때에도 재질의 열세가 되는 원인이 된다. 상기와 같은 강제 산화 환원 용해법(强制酸化還元溶解法) 외에, 특히 고품질을 확보하기 위해서 진공 용해나 쇳물 중에 불활성(不活性) 가스를 불어넣는 방법이 이루어지고 있다.

2) 그 밖의 동 합금 주물의 용해

(1) 고력 황동 주물의 용해

고력 황동 주물(高力黃銅鑄物)의 용해에는 도가니로, 중유 또는 석탄을 연료로 사용하는 반사로가 사용된다. 우선 배합 계산에 의해, Cu, Mn, Cu-Fe-Mn, Cu-Ni 등의 모합금과 동지금 등을 계산하여 동시에 장입한다. 녹아 떨어지면 목탄분을 가하여, 온도를 상승시킨 다음 Al, Zn, Sn을 투입한다. 출탕 온도는 1050~1100 ℃로 주입 온도는 주조품의 크기에 따라 다르나 일반적으로 다음과 같다.

살 두께 12 mm 이하 1030~1050 ℃
12~25 mm 1000~1030 ℃
25~35 mm 980~1000 ℃

특히 이 쇳물은 수축이 많으므로 압탕의 크기와 모양 등 주조 방안에 충분한 고려가 필요하다.

(2) 인 청동 주물의 용해

인 청동 주물의 용해에는 도가니로, 중유로, 전기로 등이 사용되는데, 이중에서도 설비비가 저렴하고 조업이 용이한 도가니로가 가장 많이 사용된다.

동지금(銅池金) 및 회수 금속을 장입하여, 예열을 충분히 한 다음 용해하는 것이 좋다.

또 지금이 수소 가스의 흡착 또는 함유가 많은 경우에는 산화 동, 이산화 망가니즈 등의 산화제를 0.1~0.5 % 정도를 지금과 같이 장입한다. 녹아 떨어지면 인동으로 예비 탈산을 하고 여기서 주석을 첨가한다. 그 후 다시 인동으로 탈산하여, 수분간 진정시킨 다음 출탕한다. 적정한 용해 온도는 1150~1200 ℃ 또는 1050~1100 ℃로 한다.

일반적으로 청동 주물은 응고시에 수축공이 생기기 쉬우며, 기공도 남아있게 되므로 주형에 냉금(冷金)을 사용하든가, 금형을 적절히 사용하여 그와 같은 결함을 없애도록 한다.

(3) 알루미늄 청동 주물의 용해

알루미늄 청동은 4~11 % Al 합금을 기본으로 Fe, Ni, Mn 등을 첨가한 Cu-Al-Fe계, Cu-Al-Ni-Fe계, Cu-Al-Ni-Mn계 등의 합금이다.

따라서 용해를 위해 사용되는 모합금에는 Cu-Al(Al 50 %), Cu-Fe(Fe 10 %), Fe-Ni(Ni 25 %), Mn-Cu(Mn 10~30 %), Cu-Ni(Ni 50 %) 등의 것이 있다. 이들 모합금을 먼저 투입하고, 다음 동을 장입하여 용해한 다음, 잉곳케이스(ingat case)에 유입한다. 이 잉곳에 회수재나 절삭재를 혼합 장입하여 재용해 출탕한다. 다시 장입한 재료가 녹아 내리면 Al_2O_3의 막으로 쇳물이 피복되므로 수소 가스의 흡수는 적으나, 일단 쇳물 중에 가스가 친입되면 제거가 어려우므로 쇳물의 과열을 피하고, 잘 건조된 식염, 붕사 등의 용제를 사용한다. 주입 온도는 두꺼운 것은 1220 ℃, 중간은 1150 ℃, 얇은 주물은 1100 ℃를 표준으로 한다.

Al을 10 % 정도 함유해야 하므로 슬래그가 생성되기 쉽다. 응고 온도 범위가 좁아 주조시 수축이 생기게 되므로, 주조 방안으로 하주법으로 주입하여 슬래그를 제거할 필요가 있다.

2. 알루미늄 합금 주물의 용해

알루미늄은 용융점이 낮으므로 도가니로, 반사로, 전기 유도로, 전기 저항식 도가니로에서 용해할 수 있다. 그러나 알루미늄은 표 3-32와 같이 비열과 용융 숨은열이 크기 때문에, 용융점이 낮은 데 비하여 용융되는 데 필요한 열량이 크다.

알루미늄 합금 주물 공장에서는 보통 도가니로를 사용하고 있으며, 중유를 연료로 사용하는 경우가 많다. 도가니는 주철제가 많이 사용되고 있으나, Al-Si계, Al-Zn계 합금 등과 같이 철이 나쁜 영향을 끼치는 합금은 흑연 도가니를 사용하는 것이 좋다. 주철제 도가니를 사용하는 경우에는 철이 용융 금속으로 확산되는 것을 방지하기 위해 도가니의 내면에 (Al_2O_3 50 %+H_2O 45 %+규산 나트륨 5 %)를 도포하고 건조한 후 사용한다.

표 3-32 ‖ 여러 가지 금속의 용해에 필요한 열량

금속	20℃로부터 용융점까지의 평균 비열	용융점(℃)	1 kg당의 용융열 (kcal/kg)	1 kg을 실온에서부터 용해하는 데까지의 요하는 열량(kcal/kg)
알루미늄	0.25	660	92	250
황동	0.13	약 900	40	140
마그네슘	0.27	650	47	220
주철	0.19	1100~1350	70	350

1) 주원료와 모합금

(1) 알루미늄 잉곳

알루미늄 합금 주물은 화학 성분에 따라 여러 가지 성질을 가지게 되는데, 배합 원소로서 첨가하는 경우를 제외하고는 보통 Fe, Cu, Mg, Mn 등이 불순물의 한도량을 넘어 주물에 함유되면 성질을 떨어뜨리게 되므로, 각각 상당한 순도를 가진 주원료를 사용한다. 특히 Al-Mg 합금은 불순물이 많은 알루미늄 잉곳을 사용하면 기계적 성질이나 내식성을 저하시킨다. 따라서 여러 알루미늄의 파쇠를 다시 용해하여 얻은 재생 잉곳은 기계적 성질을 중요시하는 주물에 사용하면 좋지 못하다.

(2) 모합금

알루미늄 합금 주물의 첨가 원소인 Si, Cu, Ni, Mn, Fe 등은 Al보다 용융점이 높기 때문에, 그대로 첨가 사용하면 균일한 합금의 쇳물을 얻기 어렵고, 산화에 의한 소모가 심하여 합금 조성이 변동되기 쉬우므로, 보통 모합금(mother alloy)을 첨가한다. 이들 모합금의 알루미늄 잉곳은 언제나 Al의 순도가 99.0 % 이상인 것을 사용한다.

표 3-33은 일반적으로 사용되는 모합금의 보기다.

표 3-33 ‖ 알루미늄 합금 주물의 모합금

배합	합금 원소(%)
Al-Cu	Cu 18~22
Al-Si	Si 11~30(18~22)
Al-Mn	Mn 2~4(4~6)
Al-Ni	Ni 9~11
Al-Cr	Cr 1.5~3.5
Al-Fe	Fe 3~6
Al-Ti	Ti 5~10
Al-Be	Be 3~6
Al-Be-Mg	Be 5, Mg 5

2) 용해의 실제

Al은 짧은 시간 안에 용해하여 알맞은 온도로 가열하는 것이 중요하다.

용해로는 온도 조절이 쉽고 연소 가스가 쇳물에 접촉하지 않는 구조이어야 하므로, 코크스에 의한 용해 작업에서는 주의한다.

반사로는 많은 양의 쇳물이 필요할 때 사용되며, 도가니는 주철제나 흑연 도가니가 사용된다. 그러나 Al-Mg의 용해에 주철 도가니를 사용하면 Fe이나 Si 등이 도가니로부터 쇳물에 녹아 섞이기 쉽고 도가니도 상하게 되므로, 석회석, 활석, 산화 알루미늄 및 흑연 등의 분말 또는 이들의 혼합물에 점결제로서 규산 나트륨을 배합하여 만든 도형제를 라이닝하여 사용한다.

또 교반봉과 같이 쇳물에 접촉되는 용해용 기구도 도형하는 것이 좋으며, 언제나 완전히 건조되고 깨끗한 것을 사용해야 한다.

Al을 용해할 때에는 용해 온도를 높이고, 시간을 오래 끌수록 비금속 개재물이 떠오르거나 침전이 잘 되므로, 어떤 면에서는 깨끗한 쇳물을 얻을 수 있으나, 수증기 등에서 흡수되는 수소량은 반대로 많아진다. 뿐만 아니라 산화에 의한 손실도 커져 실제의 용해 조업에서는 용해로, 장입 재료 및 연소 분위기 등에도 영향을 받게 되므로, 산화물의 생성이나 해로운 가스의 흡수를 피하려면 용해 온도를 낮추어야 한다.

또 용해 온도가 너무 높으면 주물의 결정립을 거칠게 하는 원인이 될 수 있으므로, 주물의

표 3-34 ▮ 알루미늄 합금 용해용 용제(%)

종류 \ 배합(%)	Na_3AlF_6	NaCl	NaF	KCl	Na_2CO_3	KF	Na_2SiF_6	K_2SiF_6	$MgCl_2$	$CaCl_2$
	15	60	–	25	–	–	–	–	–	–
A	20	40	–	40	–	–	–	–	–	–
B	23	30	–	–	–	47	–	–	–	–
C	50	35	–	–	15	–	–	–	–	–
D	–	30	15	40	15	–	–	–	–	–
E	–	40	10	–	–	–	–	–	–	50
F	–	30	–	40	15	15	–	–	–	–
G	5	5	–	5	–	–	85	–	–	–
H	–	–	–	–	–	–	50	–	50	–
I	–	–	–	–	–	–	–	60	40	–

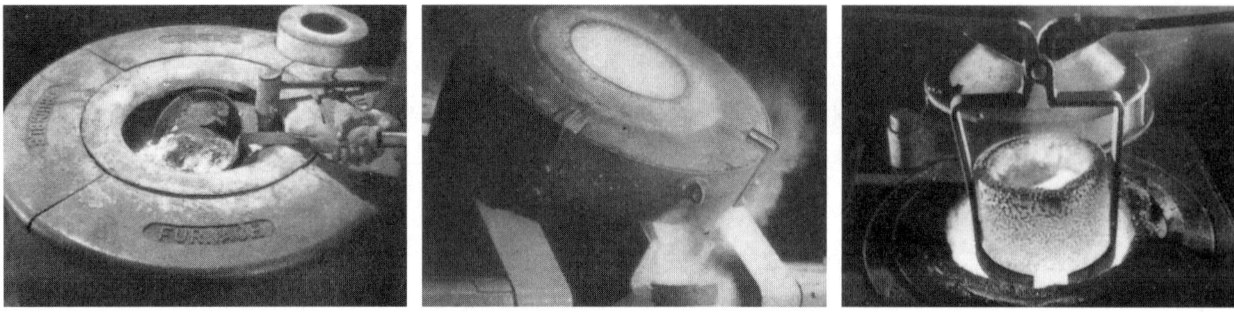

(a) 용융 금속의 장입 (b) 출탕(경주식) (c) 출탕(도가니)

그림 3-66 ▮ 용융 금속의 장입과 출탕

화학 성분에 따라 조절해야 하지만, 보통 750~780 ℃를 최고로 하여 그 이하로 억제할 필요가 있다.

용해용 장입 재료는 순금속을 아랫부분에, 모합금이나 비교적 큰 파쇠는 윗부분에 장입한다. 아주 작은 것은 용해 초기에 넣어주는 것이 좋다. 용해가 시작되면 덜 녹은 부분의 것은 쇳물 속으로 이동시켜 용해를 촉진하고, 용융점이 낮은 모합금이나 첨가 원소는 쇳물 안에 집어 넣는다. 이렇게 하여 전부가 용해되어 쇳물이 약 680 ℃가 되면, 표 3-34와 같은 잘 건조된 용제를 쇳물 표면에 뿌리고 젓는다. 저을 때에는 떠오른 잡물이 다시 쇳물 속으로 들어가지 않게 조용히 저어서 쇳물과 충분히 고루 섞는다. 쇳물 표면에 떠 있는 잡물이 완전히 건조되면 이것을 제거한 다음 탈가스 처리를 한다. 그림 3-66은 용융 금속의 장입, 출탕의 보기다.

3. 비철 용융 금속의 처리

용해로 내의 용융 금속은 여러 가지 유해한 성분을 함유하고 있을 뿐 아니라, 용해 도중에 장입 재료나 분위기로부터 불순 원소나 가스를 흡수하게 된다. 이러한 것들은 응고 후에 주물 내에 남아 여러 가지 결함의 원인이 되어 주물의 성질을 약화시키거나 불량 주물의 원인이 된다. 따라서 용융 금속은 주입 전에 불순물을 제거해야 하며, 또한 좋은 주조 조직이 될 수 있도록 용융 금속을 적합한 방법으로 처리하기도 한다.

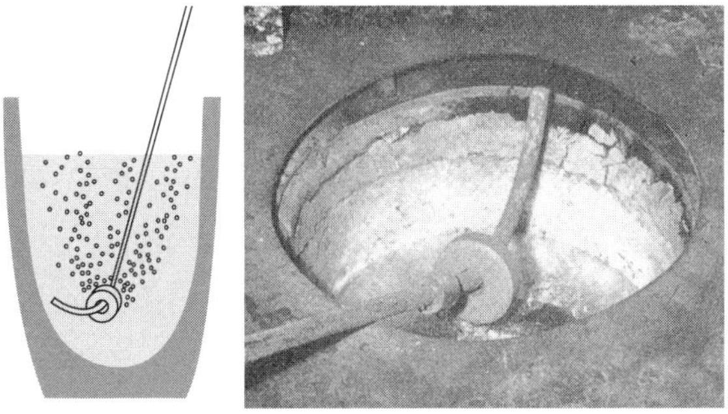

(a) 훅 플런징

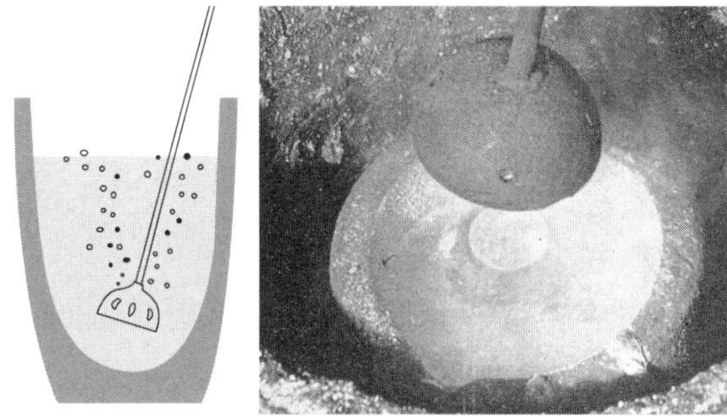

(b) 벨 플런징

그림 3-67 ▮ 탈가스 처리법

표 3-35 ▮ 쇳물 중의 가스의 근원

가스의 종류	가스의 근원
수소	1. 원료 금속 및 장입 재료 중의 수분, 수산화물, 유기물 2. 노 내 분위기 중의 수소, 수분 3. 노 내 첨가물에 부착 또는 함유하는 수소, 수분 유기물 4. 노로부터 출탕시, 주형에 주입시 분위기 중의 수소, 수분 5. 노, 레이들, 주형 중의 수분
산소	1. 원료 금속 및 장입 재료 중의 산화물 2. 정련시에 사용하는 산화제 3. 노 내 분위기 중의 산소 4. 노로부터 출탕시, 주형에 주입시 분위기 중의 산소, 수분 5. 노, 레이들, 주형의 내화재
질소	1. 원료 금속 및 장입 재료 중의 질소 2. 노 내 분위기 중의 질소 3. 노로부터 출탕시, 주형에 주입시 분위기 중의 질소

1) 탈가스

쇳물 중의 가스는 주물의 품질에 크게 영향을 주며, 또한 핀 홀, 기포(blow hole) 및 산화개재물의 혼입과 같은 주물 결함을 발생시킨다. 따라서 쇳물 중의 산소, 수소, 질소 등의 가스는 될 수 있는 대로 제거되도록 하는 것이 바람직하다. 그림 3-67은 탈가스 처리 방법의 보기로 그림 3-67 (a)는 훅 플런징(hook planging)을, 그림 3-67 (b)는 벨 플런징(bell planging)의 사례다.

(1) 가스의 근원과 흡수 방지

쇳물 중의 가스는 원료 금속에 녹이 많은 경우, 수분이나 유기 물질이 부착되어 있는 경우 또는 용해로가 충분하게 건조되지 않은 경우, 그리고 쇳물을 용해로에서 레이들로 옮길 때, 또는 주형에 주입할 때 레이들 및 탕도의 건조가 불충분하면 분위기 중의 습기가 혼입되어 쇳물 중의 수소가 증가한다. 또 용해로의 내화물 등에서 산소, 질소 등이 혼입되기도 한다.

표 3-35는 흡수되는 가스의 근원을 요약한 것이다.

가스 흡수 방지 대책은 다음과 같다.

① 슬래그를 형성시켜 쇳물이 노 내 분위기와 접촉되지 않도록 한다.
② 불활성 분위기 또는 진공 중에서 용해한다.
③ 가급적 저온에서 용해하고 주입한다.
④ 필요 이상의 슬래그 제거, 쇳물의 교반 및 운반 등을 피한다.

(2) 탈가스법

쇳물의 탈가스법으로는 진공 처리에 의한 가스 제거법, 쇳물 중에 불활성 가스를 혼입하여 가스와 함께 다른 유해 가스를 제거하는 법, 탈가스제를 사용하는 법 그리고 재용해법 등이 있다.

① 진공 탈가스법

이 방법은 쇳물 중에 용해되어 있는 가스는 쇳물 주위에 있는 가스 압력이 낮을 때 밖으로 빠져 나오는 원리를 이용한 것으로, 수식으로 표현하면 다음과 같다.

$$V = K\sqrt{p} \qquad (3-15)$$

여기서, V : 용해된 가스량
K : 상수
p : 쇳물 주위의 가스 분압

즉 쇳물 주위의 분위기 중에 수소가 존재하지 않는다면 쇳물 중의 수소가 밖으로 빠져 나오게 된다.

그러나 이 방법은 진공 용해로의 용량 문제, 진공 중에서 주입시 주형 재료와 쇳물과의 반응 등의 문제 때문에 극히 작은 주물 등에만 사용되고 있다.

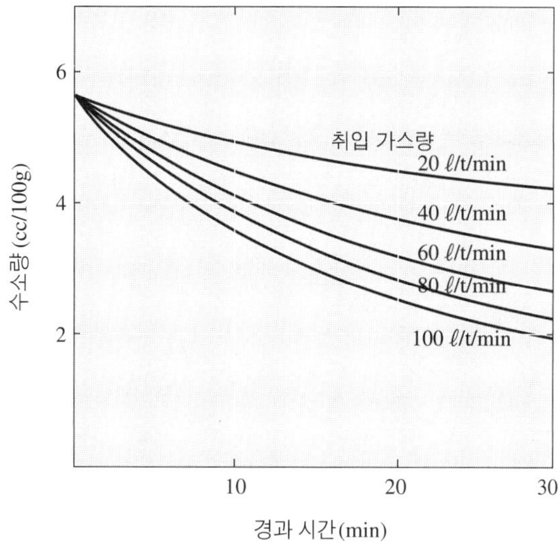

그림 3-68 ▮ 가스 취입량과 쇳물 중의 수소량과의 관계

② 쇳물 중에 불활성 가스를 취입하여 탈가스하는 법

이 방법은 쇳물 중에 아르곤 가스와 같은 불활성 가스를 불어넣어 그 불활성 가스 기포 중에 쇳물 중의 가스를 혼입시켜 밖으로 제거시키는 방법이다. 탈가스에 사용한 불활성 가스량이 많을수록 제거되는 가스량도 많아지나, 쇳물의 끓음에 의해서 온도가 저하된다는 문제가 있다.

그림 3-68은 가스 취입량과 쇳물 중의 잔유 수소량과의 관계를 나타낸 것이다.

③ 탈가스제에 의한 방법

가스와 친화력이 강한 원소를 쇳물에 첨가시키고, 반응 생성물은 별개의 상으로 만들어 쇳물에서 분리하는 방법이다. 이때 특히 주의해야 할 것은 반응 생성물을 완전히 분리 제거해야 한다는 것이다. 탈산제로는 Fe-Mn, Fe-Si, Al, 인동, 규소동 등이 사용되고, 탈질제로는 Ti, Zr 등이 사용되며, 탈수소 가스제로는 Cl_2 가스가 이용된다.

탈산제의 구비 조건은 다음과 같다.

① 산소와의 친화력이 구리보다 클 것
② 탈산 생성물이 용융 금속 중에 용해되지 않고 분리되기 쉬울 것
③ 탈산 생성물이 합금에 나쁜 영향을 끼치지 않을 것

보통 탈산제로는 Cu-P(15 % P), Cu-Mg, 또는 Cu-Mn 등이 사용된다.

4 재용해 응고법

이 방법은 가스의 용해도가 고상 금속에서는 낮아진다는 사실을 이용한 것이다. 즉 고상 금속을 용해한 후 응고시켜 쇳물 중의 가스를 제거시키고, 다시 급속히 가열하여 재용해하여 가스를 함유하지 않은 쇳물을 얻는 방법이다. 그러나 이 방법은 경비와 시간이 많이 소비된다.

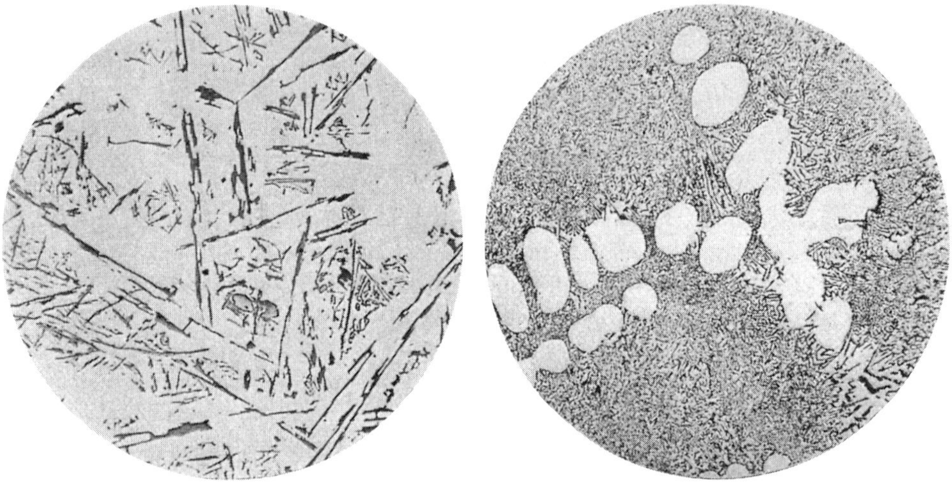

(×100) (×100)

(a) 개량 처리 전 (b) 개량 처리 후

그림 3-69 ▮ 개량 처리 전후 Al-Si 합금의 현미경 조직

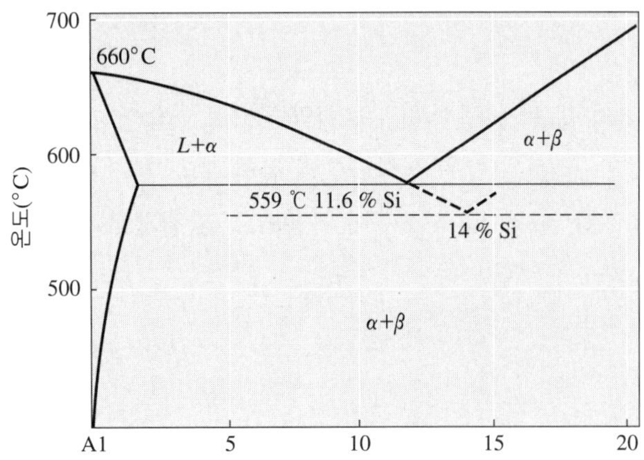

그림 3-70 ▮ Al-Si 상태도

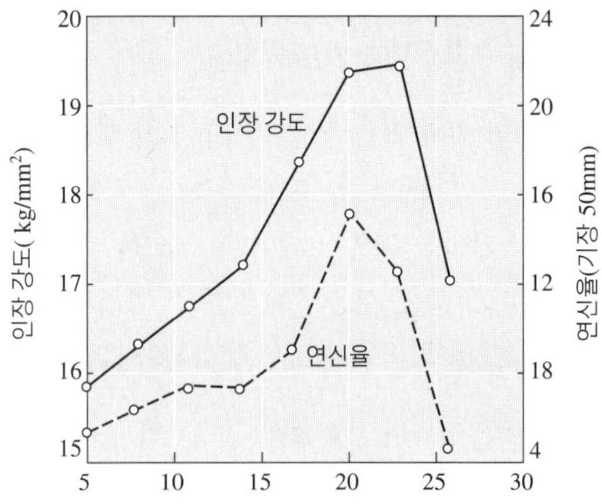

그림 3-71 ▮ 주입 시간에 따른 인장 강도 및 연신율의 변화

2) 개량 처리

일반적으로 공정 합금은 용융 상태에서 급랭시키면 공정 온도가 현저하게 저하된다. 그러나, 어떤 특수 원소가 첨가되면 보통의 냉각 속도에서도 공정 온도가 현저하게 낮아지는 경우가 있다. 뒤의 경우에는 단순히 공정 온도만 낮추는 것이 아니라 공정점의 조성이 이동되고, 공정 조직이 미세화되어 기계적 성질이 개선된다. 이런 효과를 이용한 것을 개량 처리(modification)라 한다.

대표적인 예로 Al-Si 합금(silumin)의 개량 처리를 들 수 있다. 소량의 나트륨 또는 나트륨염을 Al-Si 합금(11.6 % Si)의 쇳물에 첨가하면 그림 3-69 (b)와 같이 주조 조직이 미세하게 된다. 즉 이 경우 그림 3-70과 같이 공정점의 규소 함유량이 11.6 %에서 14 %로 이동되고, 공정 온도도 내려가게 된다.

Na 0.1~0.2 %로 개량 처리한 것과 개량하지 않은 실루민 합금을 모형에 주입 후 기계적 성질을 비교해 보면, 각각 19.5 kg/mm^{2}과 14.3 kg/mm^{2}을 나타낸다.

Na의 첨가량은 금속 Na인 경우에는 0.05~0.1 %를 알루미늄 캡슐에 넣어서 쇳물 속에 넣는다.

그리고 개량 처리한 후 주입할 때까지의 시간도 매우 중요하다.

그림 3-71에 나타낸 바와 같이, 개량 처리한 후 약 20분 후가 인장 강도 및 연신율이 가장 높고, 그 후에는 개량 효과가 소멸되어 가는데, 이런 현상을 페이딩(fading) 현상이라고 한다.

평 가 문 제

3.1 용해로와 연료 및 내화물

1. 큐폴라의 종류와 그 특징을 비교 설명하시오.

2. 도가니로의 종류와 용도를 설명하시오.

3. 저주파로와 고주파로의 다른 점과 용도를 각각 설명하시오.

4. 용해용 고온 측정기의 종류를 들어 특징을 비교하시오.

5. 주물 용해용 연료의 종류와 용도를 표로 작성하시오.

3.2 주철 및 주강의 용해

6. 큐폴라 용해용 장입 재료의 종류와 특징에 대해 설명하시오.

7. 큐폴라 용해에서 전로의 기능과 역할에 대해 설명하시오.

8. 주철 용해에서 노전 시험법과 목적을 설명하시오.

9. 고급 주철과 합금 주철 용해에서 유의할 사항을 비교 설명하시오.

10. 구상 흑연 주철의 구상화 처리법을 요약 설명하시오.

11. 주강의 용해법을 설명하시오.

3.3 비철 합금 주물의 용해

12. 황동 주물의 용해법을 요약 설명하시오.

13. 알루미늄 청동 주물의 용해법을 설명하시오.

14. 알루미늄 합금 주물 용해용 주원료와 모합금에 대해 설명하시오.

15. 비철 금속의 탈가스 처리법과 목적을 설명하시오.

연 구 과 제

1. 주조용 용해로의 종류와 형식, 열원, 용도 및 특성에 대해 표로 정리 작성하시오.

2. 주조용 노와 사용 내화물을 표로 정리 작성하시오.

3. 큐폴라 용해에서 노 내의 연소 반응에 미치는 코크스 입도의 영향에 대해 설명하시오.

4. 큐폴라의 출탕구와 출재구의 형식을 들어 특징과 구조를 그려 설명하시오.

5. 큐폴라의 조업 중에 예상되는 사고와 대책에 대해 설명하시오.

6. 큐폴라 조업의 개선을 위한 사례를 들어 설명하시오.

7. 주철 용해에서 실시하는 노전 시험에 대해 설명하시오.

8. 구상 흑연 주철의 구상화 처리법에 대해 설명하시오.

4장

기타 주조법과 주물의 후처리

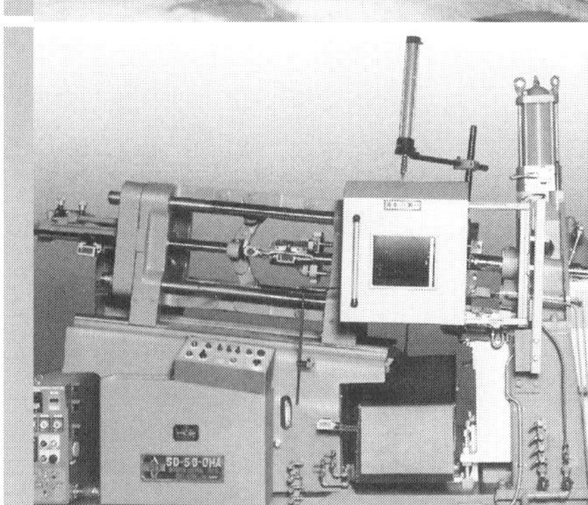

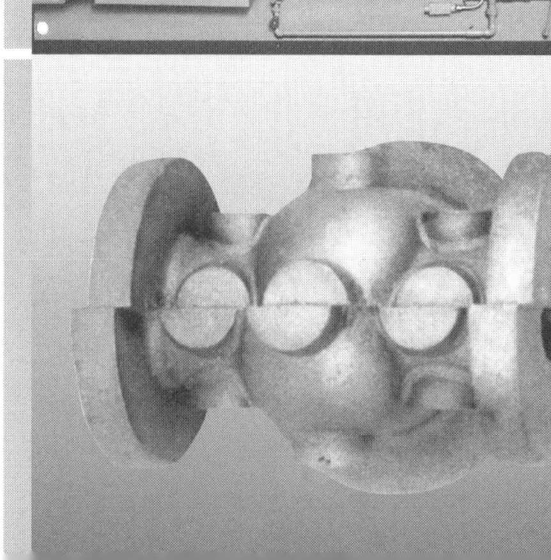

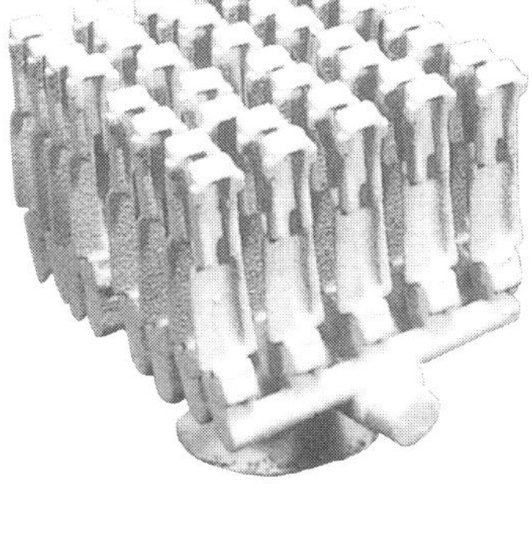

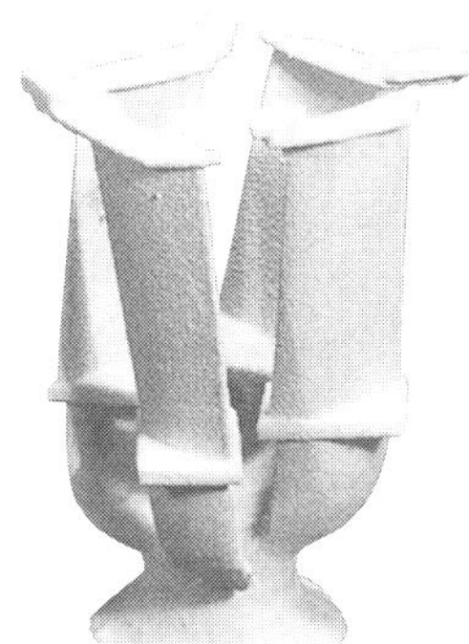

4.1 특수 조형 · 주조법

1. 특수 조형법

보통의 주물사를 사용하는 일반적인 사형(砂型) 외에 특수 점결제를 사용한 모래 주형이나, 특수한 주형 제작법으로 조형한 주형을 특수 주형이라 하며, 그 조형법을 특수 조형법이라 한다.

최근에는 주물을 절삭 가공 없이 주조 상태에서 직접 연삭 가공함에 따라 정밀도가 높은 주물을 요구하게 되었으며, 복잡한 모양의 기계 부품이 주조에 의해 생산되면서 특수 주형이 많이 사용되고 있는 실정이다.

1) 셸 몰드법과 인베스트먼트법

(1) 셸 몰드법

① 셸 몰드법의 특징

셸 몰드법(shell mold process)은 독일의 크로닝(J. Croning)이 제 2차 세계대전 중에 발명하여, 1947년 미국에 소개된 주조법으로, 크로닝법(Croning process) 또는 C법(C-process)이라고도 하는데, 이 원리는 열경화성 수지의 성질을 이용한 방법이다.

즉 가열한 금형을 이용하여 원형을 얇은 셸로 복제하고, 이것을 조합하여 셸 주형을 만들고, 여기에 쇳물을 주입하여 주조하는 방법이다.

셸 주형은 제작 소요 시간이 단축되고, 표면이 아름다우며, 정밀도가 높다. 또 작업에 있어서 숙련이 요구되지 않는 등의 이점도 있어 경량 주물의 대량 생산에 알맞은 주조법이다. 최근에는 소형 자동차용 크랭크 축, 캠 축 등의 대량 생산에 이용되고 있다. 그러나 점결제인 페놀 수지의 값이 비싸고, 기계 장치 및 금형 등이 필요하므로 생산 규모에 따라 이용에 한계가 있다.

② 셸 몰드법의 주조 공정

원형(금형)을 그림 4-1 (a)와 같이 250~300 ℃로 가열한 다음 규사와 열경화성인 석탄산계 합성 수지의 혼합물인 레진 샌드(resin coated send)를 그림 4-1 (d)와 같이 금형에 덮으면 레진 샌드가 소결되어 그림 4-1 (e)와 같이 원형 둘레에 약 4 mm 정도의 소결층이 생긴다.

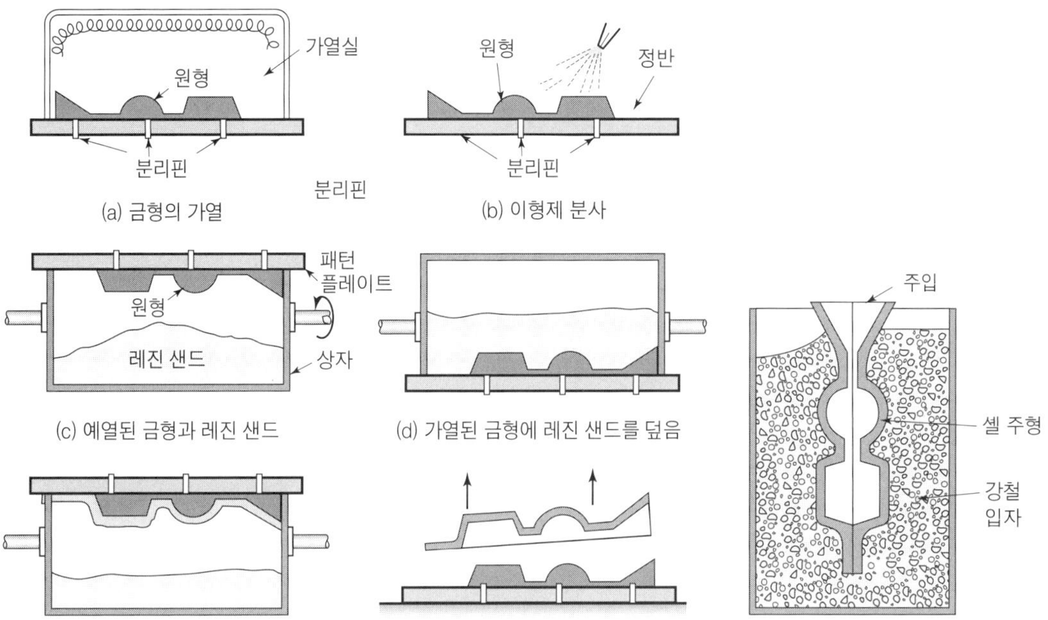

(a) 금형의 가열 (b) 이형제 분사

(c) 예열된 금형과 레진 샌드 (d) 가열된 금형에 레진 샌드를 덮음

(e) 여분의 레진 샌드를 떨어뜨림 (f) 경화된 셸형의 분리 (g) 완성된 셸형

그림 4-1 ▮ 셸 몰드의 제작 공정

(a) 셸형 · 셸중자 · 제품 (b) 캠 축의 셸형과 주조품

그림 4-2 ▮ 완성된 셸형과 주조품

그 다음 300 ℃에서 약 1분 동안 더 가열하면 수지는 경화되어 얇은 두께의 형을 만들게 된다. 이것을 셸(shell)이라 하며, 2개의 셸을 클램프 또는 접합제로 접합시킨다. 셸이 대형이면 이것을 그림 4-1 (g)와 같이 상자 속에 넣고, 셸 주위에 지름 3 mm 정도의 강구를 채운 다음 쇳물을 주입한다. 그림 4-2는 T형 파이프 이음쇠의 완성된 셸형과 캠 축의 셸형 및 주조품의 보기다.

(2) 인베스트먼트법

1 인베스트먼트법의 특징

인베스트먼트법(investment process)은 가용성의 왁스 원형(wax pattern)을 만들고, 이것에 슬러리(slurry) 상태의 주형 재료를 피복한 다음, 원형을 용융 제거하여 공간을 만들고, 여기에 쇳물을 주입하는 주조 방법이다. 이 주조법에서는 왁스로 원형을 제조하므로 로스트 왁스법(lost wax)이라고도 한다.

이 주조법은 기계 가공이 불가능한 재질의 주물이나 모양이 복잡하고, 정밀한 제품 및 고융점 합금 주물의 주조에 널리 쓰인다. 그러나 치수 정밀도나 표면의 평활도 등은 우수하나 생산성이 높지 못하고, 원가가 비싸므로 일반 기계 제품 생산에는 비경제적인 주조법이다.

2 인베스트먼트 주형 제작 공정

일반적인 기본 공정은 다음과 같다.

① 왁스 원형 제작용 금형을 만든다.
② 금형에 왁스를 사출하여 왁스 원형을 제조한다.
③ 왁스 원형을 여러 개 단위로 탕도에 붙여 조립한다. 이렇게 조립한 것을 트리(tree)라 한다.

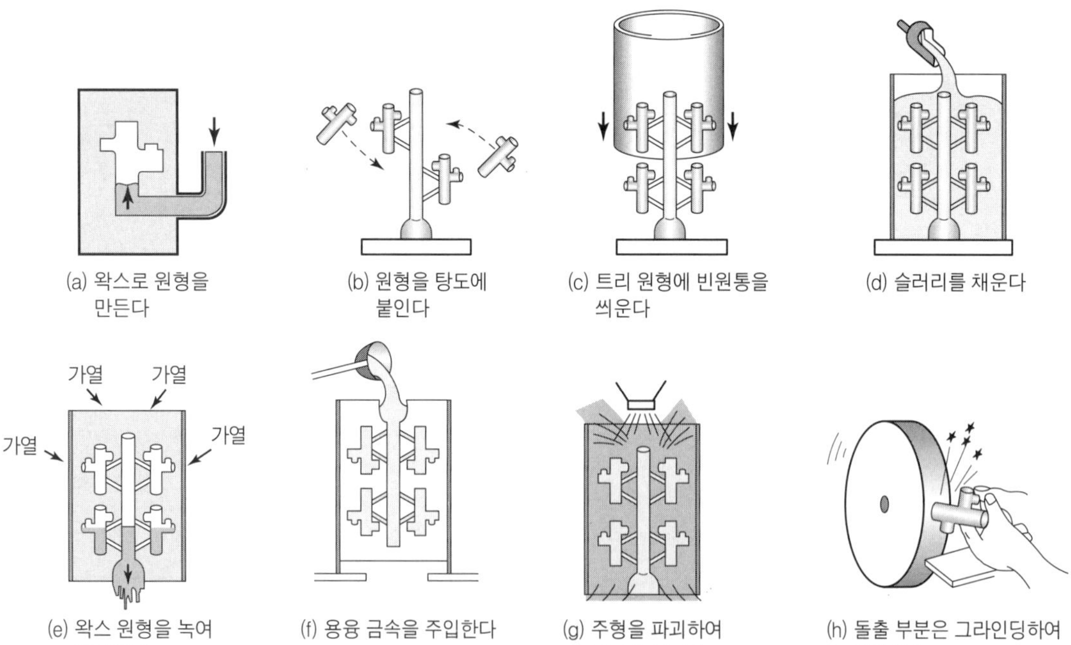

(a) 왁스로 원형을 만든다
(b) 원형을 탕도에 붙인다
(c) 트리 원형에 빈원통을 씌운다
(d) 슬러리를 채운다
(e) 왁스 원형을 녹여 배출한다
(f) 용융 금속을 주입한다
(g) 주형을 파괴하여 주물을 꺼낸다
(h) 돌출 부분은 그라인딩하여 제거한다

그림 4-3 ▮ 인베스트먼트 주형 제작 공정

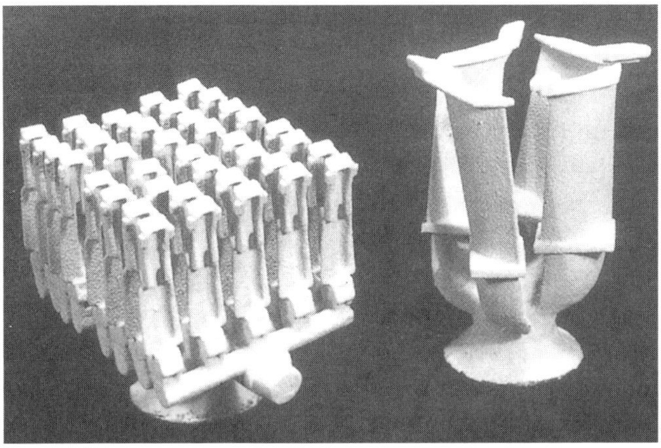

그림 4-4 ‖ 완성된 인베스트먼트 원형

인베스트먼트 주형 주입 작업

④ 미분의 내화물과 점결제를 혼합한 슬러리에 트리를 담갔다가 꺼낸 다음, 슬러리가 마르기 전에 다소 굵은 내화 모래를 그 위에 뿌린다. 이와 같은 방법을 번갈아 실시하여 왁스형 주위에 6~7 mm 정도의 내화물층이 생기게 한다(그림 4-4).

⑤ 100~360 ℃로 가열하여 왁스 모형을 유출시킨다. 이때 주형의 주입구가 밑으로 향하도록 한다.

⑥ 800~1100 ℃에서 주형을 경화시킨다.

⑦ 주형을 바로 세우고 용융 금속을 주입한다.

그림 4-3은 인베스트먼트 주형의 제조 공정을, 그림 4-4는 왁스형을 조합하여 완성된 인베스트먼트 원형의 보기다.

2) CO_2, 쇼주형법 및 풀 몰드법

(1) CO_2법

1 CO_2 조형법

CO_2법(CO_2 process)은 규사에 규산 나트륨(Na_2SiO_3)을 주성분으로 한 점결제 4~6 %를 첨가한 주물사로 주형을 만들고, 여기에 그림 4-5와 같이 이산화 탄소를 약 20초 동안 불어 넣으면 신속하게 경화된 주형을 얻게 된다. 이때 일어나는 화학 반응은 식 (4-1)과 같다.

$$Na_2SiO_3 + CO_2 + H_2O + Na_2CO_3 + H_2SiO_3 \tag{4-1}$$

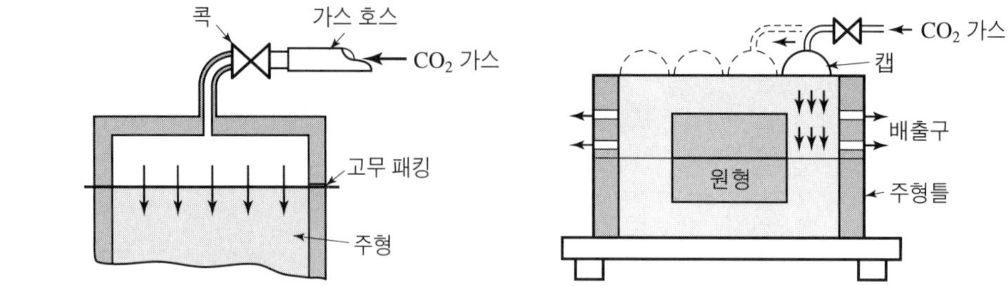

(a) 밀폐식 (b) 캡식

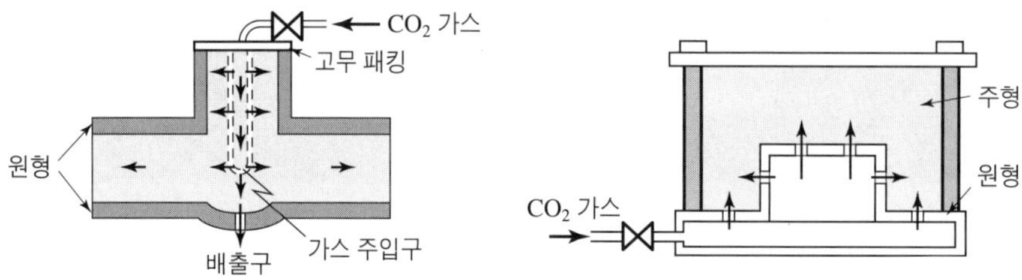

(c) 차입법 (d) 원형 중증식

그림 4-5 ‖ CO_2 가스 주입 방식

(a) 완성된 상하형

(b) 합상한 주형

(c) 주형틀을 제거한 주형

그림 4-6 ‖ 완성된 CO_2법 주형

② CO_2법의 특징

이 방법에 의하면 건조하지 않고도 견고한 주형을 얻을 수 있으며, 작업 시간도 단축할 수 있다. 또 주형의 정밀도도 좋을 뿐만 아니라, 점결제가 비교적 싸므로 공작 기계의 베드(bed)나 산업용 대형 기계 부품을 주조하는 경우 유리한 조형법이다. 그러나 주형은 흡습성이 커서 제작 후 보관이 어려우며, 주입 온도가 높으면 주형 표면이 쇳물과 반응하여 소결이 일어나기 쉽고, 주입 후 모래떨이와 모래의 회수 사용이 어렵다. 그림 4-6은 CO_2법으로 조형한 주형의 보기다.

(2) 쇼 주형법

쇼법(Show process)은 일종의 정밀 주조법으로, 1953년 영국의 Show 형제가 로마 유적의 모방형을 만들려고 발명한 주조법으로 인베스트먼트 주조법과 유사하다. 다른점은 수 톤의 대형 주물을 주조할 수 있는 점이다.

쇼법에서 사용되는 주형 재료는 샤모트 또는 지르콘사 등의 내화재에 점결제로 물유리, 석고 또는 에틸 실리케이트, 그리고 경화 촉진제로 탄산 암모늄 용액을 사용하여 슬러리(slurry)를 만든다. 이 슬러리를 원형 위에 부어 졸(sol) 상태에서 겔(gel) 상태로 굳게 만들고 탄력성이 있을 때 원형을 빼낸 후, 급속히 가열한다. 쇼 주형은 각종 기어류, 라이너, 프레스용 다이, 셸 주형, 플라스틱 사출용 다이, 미술품 등 복잡하고 대형 주조품의 제작에 이용되고 있다. 그림 4-7은 쇼 주형의 제작 공정을 나타낸 것이다.

(3) 풀 몰드법

풀 몰드법(full mold process)을 발포성 폴리스티렌으로 만든 소모성 원형에 내화재를 바른

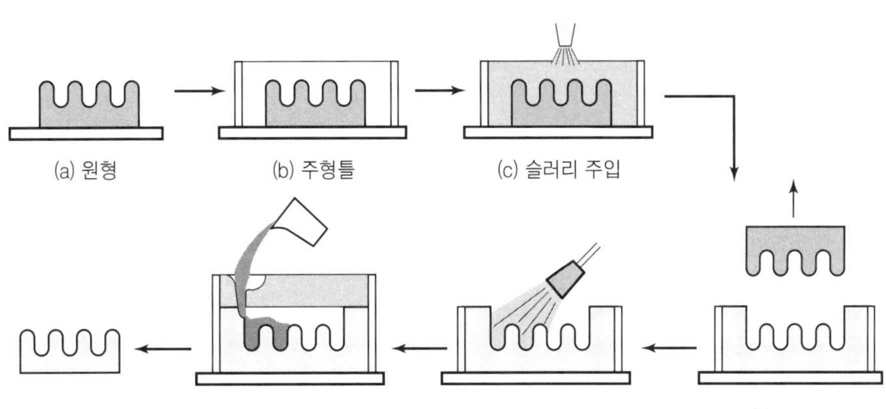

그림 4-7 ‖ 쇼 주형 제작 공정

후 건조하여 원형으로 사용하는 방법으로, lost-foam 또는 lost-pattern 주조법이라 한다. 이 주조법은 조형하여 원형을 주형에서 빼내지 않고 주물사 속에 묻힌 상태에서 주입구를 통하여 쇳물을 주입하면, 그 열에 의하여 원형이 소실되고, 그 자리에 쇳물이 채워져서 주물을 만드는 방법으로 일반 주조 개념과 다른 특징을 갖고 있다.

풀 몰드형은 복잡한 형상의 주물도 원형을 빼내지 않고 만들 수 있으며, 코어도 별도로 만들 필요가 없다. 쇳물은 원형이 주입에 따라 서서히 기화되면서 생긴 주형 내 공간에 주입된다. 풀 몰드법은 쇳물의 유동성이 나빠져서 주물 불량의 원인이 되는 등 주조상에 어려움이

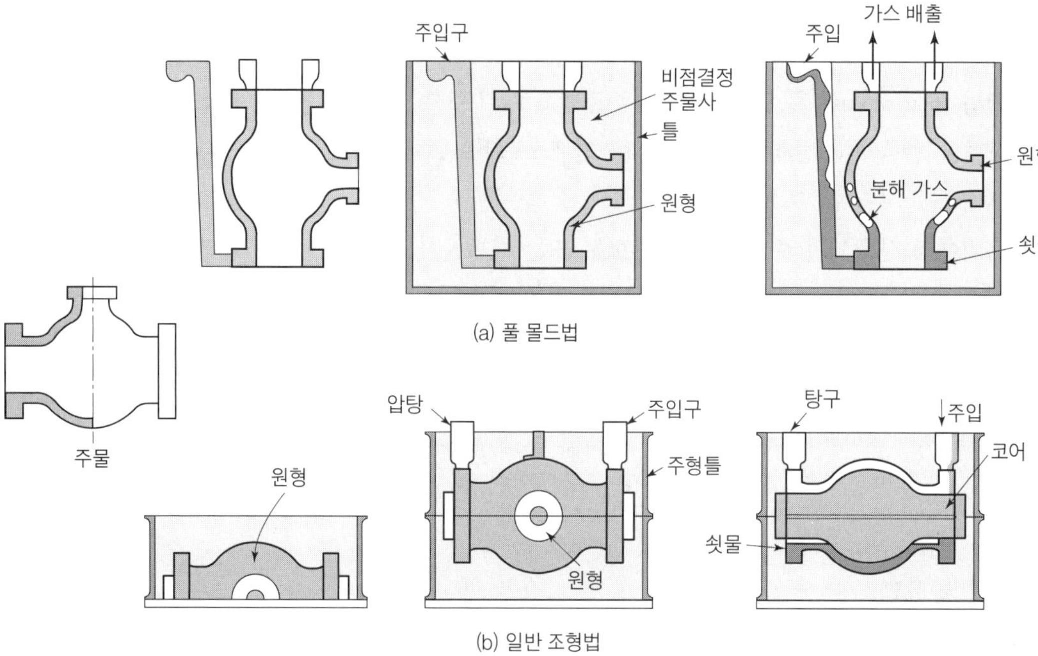

그림 4-8 ▌풀 몰드법과 일반 조형법의 비교

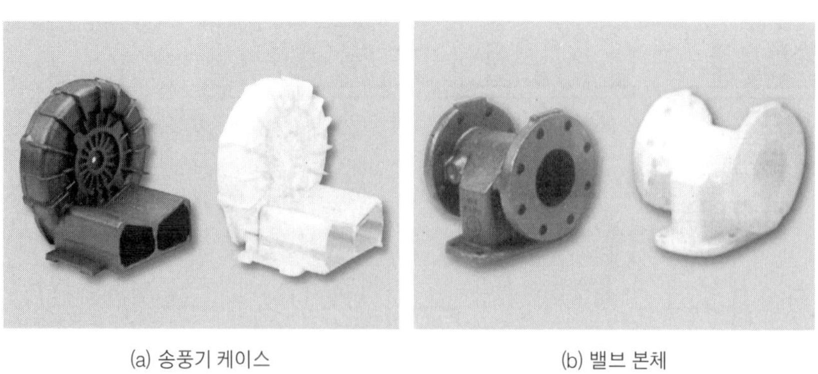

그림 4-9 ▌풀 몰드형과 주조품

있어 비교적 크고 단순한 주물로, 주입 온도가 높은 주철 주물에 이용되고 있으나 최근에는 소형 주물과 경 합금의 대량 생산에 적용하는 방법이 연구 실현되고 있다. 그림 4-8은 일반 조형과 풀 몰드법을 비교한 것이고, 그림 4-9는 비교적 소형이면서 복잡한 제품의 풀 몰드형과 주조품의 보기다. 최근에는 로스트 원형에 의한 정밀 주조법으로, 'The lost foam casting process' 가 개발되어 새로운 주조법으로 실현되고 있다.

3) 그 밖의 특수 조형법

(1) 감압 조형법

진공을 이용하여 점결제 없이 모래 주형을 만드는 조형법을 감압 조형법(減壓鑄造法) 또는 V-process라고 한다. 그림 4-10은 감압 조형법의 조형 공정의 보기다. 원형은 작은 구멍이 많이 뚫려 있고, 원형 정반 속의 공간을 통해 감압 펌프와 연결되어 있다. 그림 4-10 (a)와 같이 원형 위에 가열한 얇은 플라스틱 필름(막)을 덮고 원형에 붙은 진공 파이프를 통해 감압하면 이 필름은 4-10 (b)와 같이 원형에 밀착하게 된다.

다음에, 이중으로 감압을 할 수 있도록 되어 있는 주형 상자를 그림 4-10 (c)와 같이 원형 위에 놓고 주물사를 넣은 다음, 주형 위쪽의 모래를 고르게 하고, 그림 4-10 (d)와 같이 다시 플라스틱의 얇은 필름을 덮는다. 그 후 주형 상자에 붙어 있는 감압 파이프를 통해 감압하면, 주형의 윗부분과 원형에 덮은 플라스틱 필름에 의해 그림 4-10 (e)와 같이 원하는 모양의 주형이 된다.

상형과 하형이 완성되면 그림 4-10 (f)와 같이 합형한 후 쇳물을 주입한다. 쇳물이 주입된

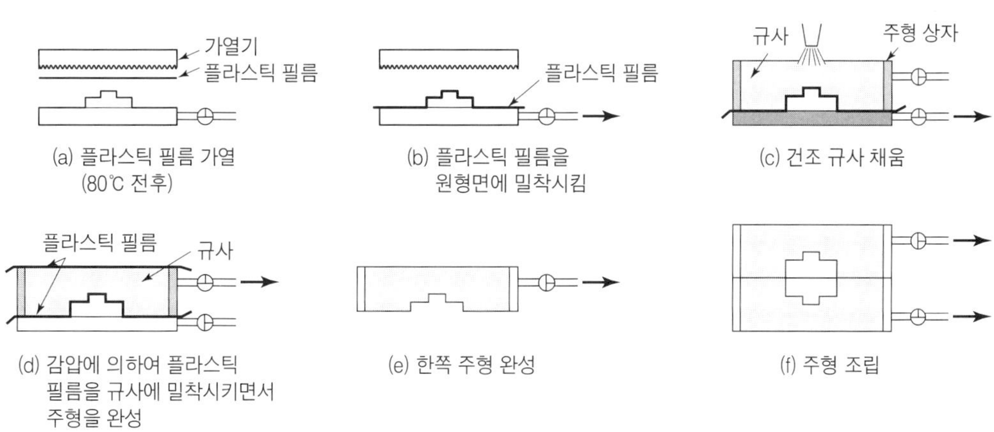

그림 4-10 ‖ 감압 조형법에 의한 주형 제작 공정

후 주물이 응고되면 감압 밸브를 닫고 대기압으로 열어 주면 주형 내의 규사가 결합력을 잃어 붕괴되므로 주형은 쉽게 해체된다.

(2) 자경성 주형법

자경성 주형(自硬性鑄型, self-hardening mold)은 모래에 특수한 점결제와 경화제를 혼련한 다음 조형한 것으로 건조나 가스 취입없이 자연적으로 경화 반응이 진행되어 경화하게 된다. 이와 같은 원리를 응용하여 조형하는 방법으로 적당한 점결제에 의하여 공기 중의 산소를 흡수하여 상온에서 경화하므로 이를 공기 경화 주형(空氣硬化鑄型, air setting mold)이라고도 한다. 또한 프란 수지 및 페놀 수지 등의 합성 유기 점결제에 적당한 경화제를 첨가하면 상온에서 중합(重合)이 진행하므로 상온 경화 주형(常瑥硬化鑄型, cold setting mold)이라고도 한다. 일반적으로 사용되는 점결제로는 수지, 시멘트, 석고, 물유리 등이 사용된다. 이들 점결제는 경화하는 데 시간이 소요되므로, 이를 단축하기 위하여 경화 촉진제가 사용된다.

(3) 유동 자경성 주형

유동 자경성 주형(流動自硬性鑄型)은 조형할 때, 크림 형태의 슬러리(slurry)를 주형틀에 유입하여 어느 정도 경화되면 원형을 빼내어 주형을 경화시키는 방법으로, 주형 재료를 다지거나 압착할 필요가 없어, 조형이 용이하다.

사용되는 슬러리는 수분량이 적으면서 충분한 유동성이 있어야 한다. 이 유동성을 부여하기 위해서는 계면활성제(界面活性劑)를 첨가한다.

유동 자경성 주형에는 상온에서 경화되는 것과 발열에 의해 경화되는 것이 있다. 전자는 경화제로 규산 칼슘($2CaOSiO_2$)을 사용하는 것이 많고, 후자는 규소 또는 그 합금(Fe–Si)을 사용하고 있다.

1 비발열 유동 자경성 주형(FS법 등)

소련의 FS법이 이 주형의 대표적인 것으로, 비발열 유동 자경성 주형(非發熱流動自硬性鑄型)이 있다. 주형 재료는 규사, 크로뮴 마그네사이트, 점결제로 규산 소다, 경화제로 $2CaO-SiO_2$를 사용하고, 여기에 유동성을 주기 위해 발포제(發泡劑)를 첨가한다. 유동성을 위해서는 규산 소다–슬래그계, 자경성 주형에 계면활성제를 첨가한다. 경화제는 $2CaO-SiO_2$을 함유하는 슬라임(sliml), 평로 슬래그, 용광로 슬래그, 페로망가니즈 슬래그, 마그네슘 슬래그, 시멘트 등이 있다.

② 발열 유동 자경성 주형(유동 N-process)

발열 유동 자경성 주형(發熱流動自硬性鑄型)은 유동 N법이 있으며, 종래의 N법에 계면활성제를 첨가하여 유동성을 부여한 방법이다. 첨가하는 계면활성제는 발열 반응을 방해하지 않은 것이라야 하며, 첨가량은 0.075~0.1 %로 충분하다.

실험에 의하면 활성제 첨가량이 0.1 %일 때, Fe-Si량은 4 %로 충분하고, 규산 소다의 몰비는 1.5 정도가 양호하며, 전체 수분량은 7 % 정도로 한다.

유동 N법의 가용 시간은 경화촉진제, 수분량 등에 따라 10~60분 사이에서 조절이 가능하며, 도형(塗型)은 수성도형(水性塗型)으로 충분하다. 이 주형은 800~1000 ℃에 있어서 잔유강도는 보통 N법의 절반 정도로 붕괴성이 매우 좋고 모래털이가 손쉽다.

그러나 이 주형은 발열 반응시에 수소 가스가 발생하므로 발열 중에 주입하면 폭발의 위험이 있다.

2. 특수 주조법

1) 원심 주조법

(1) 원심 주조법의 종류

고속으로 회전하는 원통형 주형에 용융 금속을 주입하고, 주형의 안쪽 면에 밀착한 상태에서 응고시켜, 치밀하고 건전한 원통형 주물을 생산하는 방법을 원심 주조(遠心鑄造, centrifugal casting)라 한다. 이 주조법은 원래 대량 생산을 필요로 하는 주철관과 같은 원통형 주물의 주조를 위해 개발된 것인데, 요즈음에는 소형 실린더 라이너, 또는 구리 합금의 원통형 주물 및 베어링 메탈 등의 주조에도 이용되고 있다.

원심 주조 작업

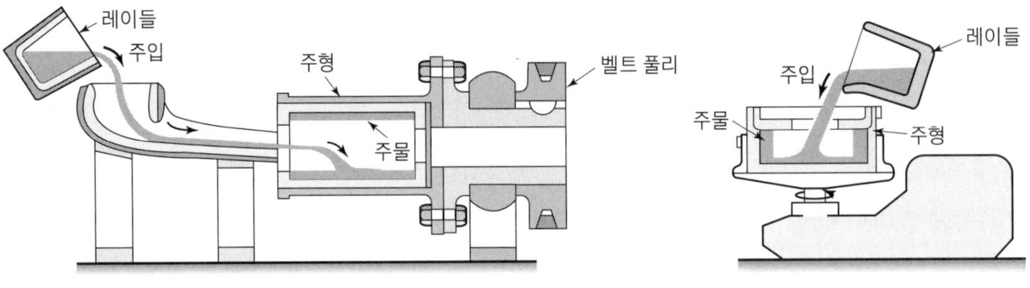

(a) 수평형 (b) 직립형

그림 4-11 ▮ 원심 주조법의 형식

원심 주조법에는 기본형으로 그림 4-11 (a)와 같은 수평형(horizontal type)과 그림 4-11 (b)와 같은 직립형(vertical type)이 있으며, 수평형은 주철관과 같이 긴 원통형 주조에 알맞고, 직립형은 피스톤 링, 기어 등 높이가 낮은 주물, 또는 원통형이 아닌 쇳물을 가압 주조하는 경우에 이용된다. 주형은 원심력에 견딜 수 있게 금형이나 금형의 내부에 규사와 페놀 수지를 혼합한 셸 등으로 라이닝한 것이 사용되며, 때로는 모래나 흑연을 도형한 것이 사용된다.

(2) 원심 주조법의 응용

① 반원심 주조법

차바퀴, 풀리 등과 같은 주물은 대칭축을 그림 4-12 (a)와 같이 직립 회전축으로 하여 주형을 회전시키면서 탕구에 쇳물을 주입한다. 이때 쇳물에 작용하는 원심력으로 탕구로부터 압력을 받아 쉽게 주입된다.

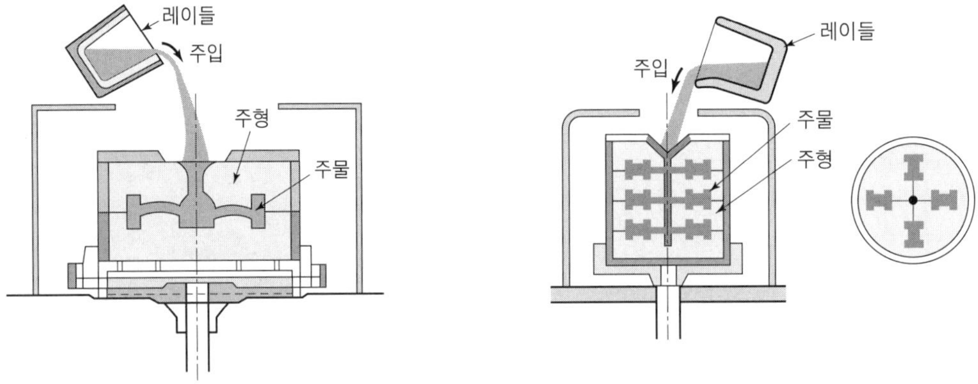

(a) 반원심 주조 (b) 원심 가압 주조

그림 4-12 ▮ 원심 주조의 응용

② 원심 가압 주조법

불규칙한 모양의 주물을 주조할 때 그림 4-12 (b)와 같이 주형을 중앙의 탕구로부터 방사상으로 배치 조형하고, 탕구를 직립 회전축으로 하여 주형을 회전시키면서 쇳물을 주입하는 방법이다.

이 방법은 크기가 작고 간단한 주물을 대량으로 주조할 때 이용할 수 있으며, 크기가 같거나 비슷한 주물을 탕구 주위에 배치하여 회전시 주형의 균형을 맞추는 것이 중요하다.

2) 다이 캐스팅

쇳물 또는 반용융 상태의 금속을 금형에 압입하여 주조하는 방법을 다이 캐스팅(die-casting)이라 한다. 다이 캐스팅은 주물 치수가 정밀하고, 구멍이나 나사 등을 가공하지 않고 주조 상태로 사용할 수가 있으며, 외형의 기계 가공 공정을 크게 절감시킬 수 있다.

요즈음에는 다이 캐스팅 주조 기술이 점차 개선되어 그림 4-13과 같이 비교적 크고 복잡한 제품의 주조도 가능하게 되었으며, 일반 기구나 자동차 부품, 전기 및 통신 부품 등에 그 이용이 확대되고 있다.

(1) 다이 캐스팅 머신

다이 캐스팅 머신은 종류가 많으나, 쇳물의 가압 방법에 따라 수동식, 수압식, 압축 공기식, 유압식 등이 있다. 주입 방법에 따라 열가압실형(hot chamber type)과 냉가압실형(cold chamber type)이 있다.

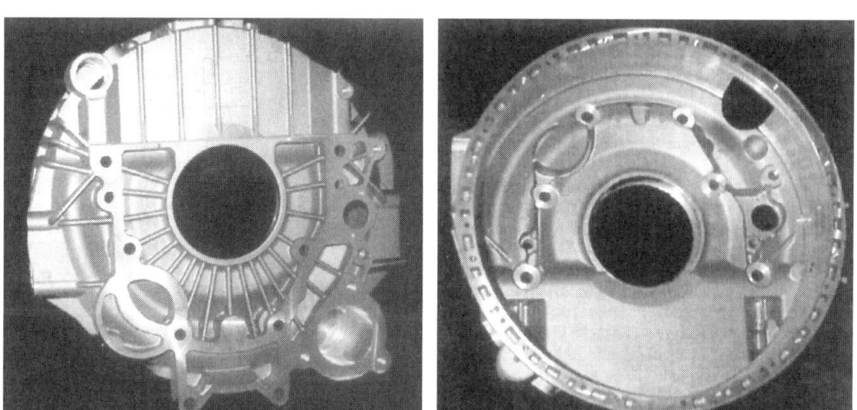

(a) 외면 (b) 내면

그림 4-13 ‖ 자동차 부품의 다이캐스팅 주물

1 열가압실형

가압실이 용해로 안에 담겨져 있어 플런저를 사용하여 공기나 그 밖의 압력으로 쇳물을 금형 속으로 주입하는 방식이다. 가압실은 항상 쇳물 속에 잠겨 있기 때문에 그 재질의 성분이 불순물로 쇳물 속에 녹아 들어갈 위험이 있으며, 가압실의 구조상 큰 압력을 가할 수 없는 결점이 있다. 이 형식의 주조 압력은 30~50 kg/cm^{2}로, 아연 합금과 같이 용융점이 낮은 합금의 주조에 이용된다.

그림 4-14는 열가압실형 사출 기구를, 그림 4-15는 열가압실형 주조 기구를 보여주고 있다.

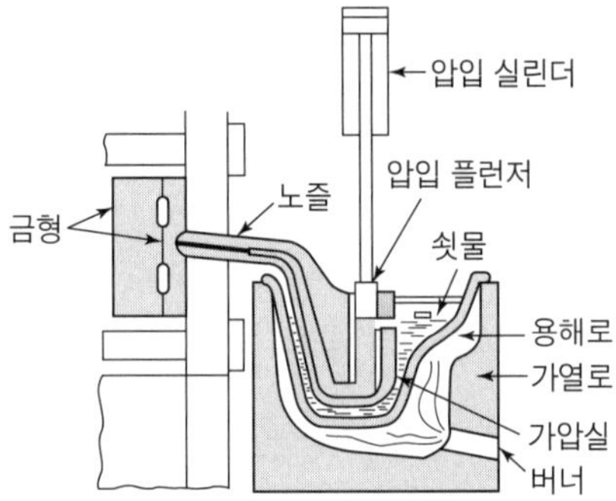

그림 4-14 ▮ 열가압실형 사출 기구

2 냉가압실형

용해로와 가압실이 분리되어 있으므로, 별도의 용해로에서 용융한 쇳물을 그림 4-16 (a)와 같이 냉압 실린더 속에 적당량 주입하고, 그림 4-16 (b)와 같이 피스톤으로 금형 속에 가

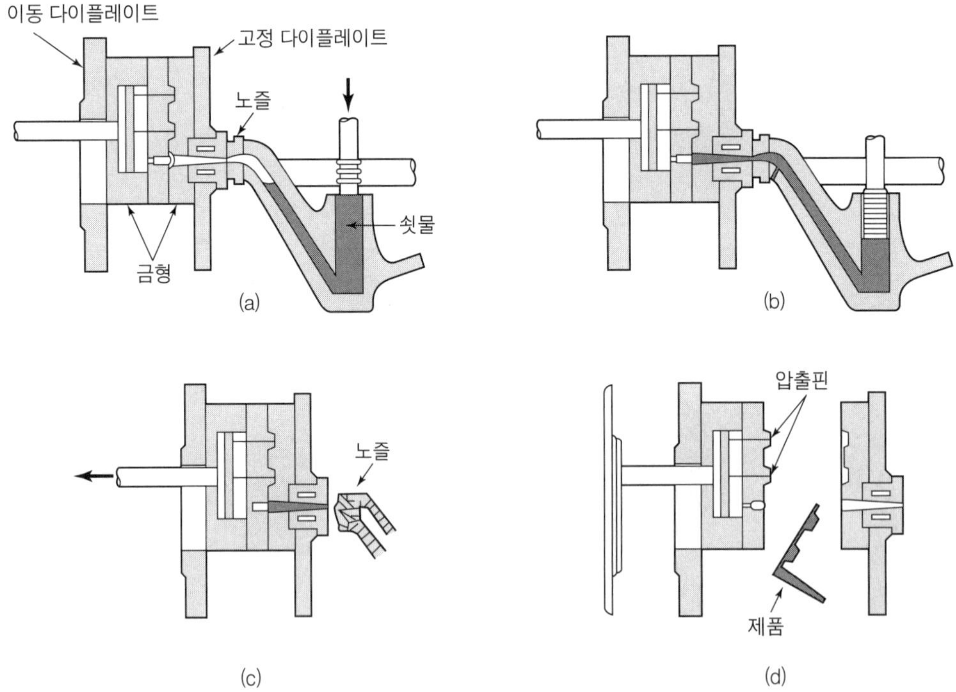

그림 4-15 ▮ 열가압실형 주조 기구

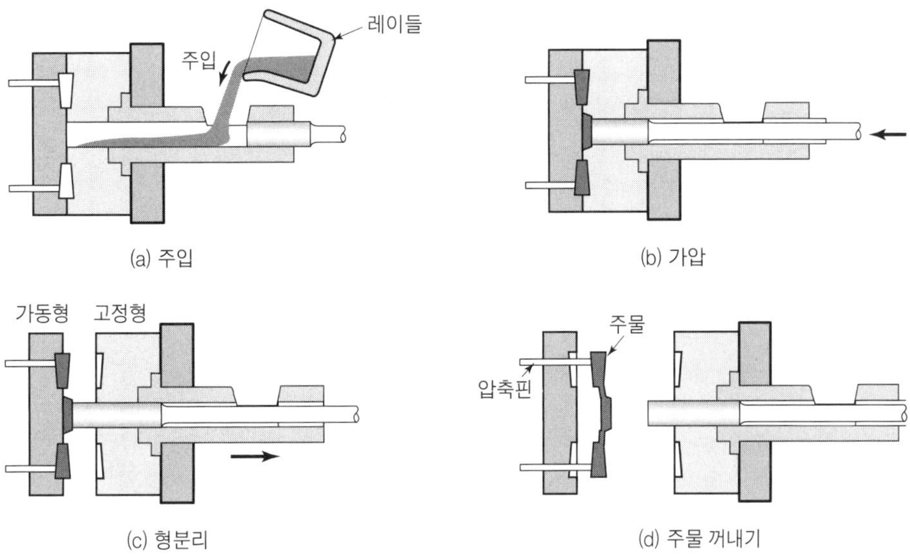

그림 4-16 ▮ 다이 캐스팅 머신의 주조 순서(냉가압실형)

표 4-1 ▮ 다이 캐스팅 머신의 특징

열가압실형	냉가압실형
1. 주조 압력이 작다. 2. 주조 횟수가 많다(최고 750회/h). 3. 가압실이 용융 금속 속에 있으므로 철분의 용해량이 많아진다. 4. 납, 주석, 아연 합금과 같은 저용융점의 합금에 한한다. 5. 주조 압력이 작으므로 주물은 비교적 작다.	1. 주조 압력이 크다. 2. 주조 횟수가 적다. 3. 가압실이 노와 분리되어 있으므로 처리 용해량이 적다. 4. 알루미늄, 마그네슘, 구리 합금 구조가 가능하다. 5. 주조 압력이 크므로 가공이 작고, 대형도 가능하다.

압, 그림 4-16 (c), (d)와 같이 주조하는 방법이다. 냉가압실형은 압력이 100~1000 kg/cm^{2}까지의 고압 주입이 가능하므로, 치밀하고 건전한 주물을 얻을 수가 있으며, 알루미늄계 합금으로 강도와 기밀성이 필요한 제품에 이용된다. 그러나 주입 방식에 문제점이 생기기 쉬우며, 수동식은 주조 속도가 느려 열가압실형의 주조 횟수 750회/h에 비해서 150회/h 정도이다. 요즈음에는 자동화된 주입 기구가 사용되고 있다.

다이 캐스팅 기계의 특징을 비교하면 표 4-1과 같으며, 그림 4-17은 유압식 고속 전자동 열가압실형 다이 캐스팅 머신의 보기다.

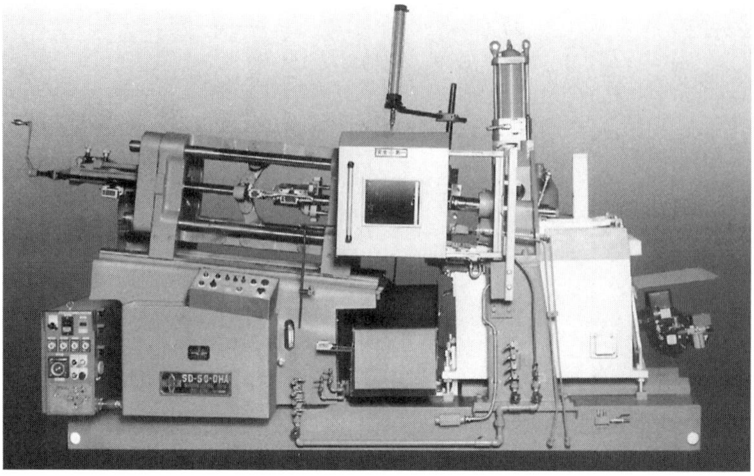

그림 4-17 ▮ 유압식 고속 전자동 열가압실형 다이 캐스팅 머신

(2) 다이 캐스팅 금형

다이 캐스팅 금형은 고온의 쇳물과 되풀이하여 접촉하게 되므로 이에 대응할 수 있는 충분한 강도와 경도를 가진 Cr, Mo, V, W 등을 함유한 내열강을 가공 열처리하여 사용한다. 열처리는 기계 가공 후에 실시하게 되므로, 열처리에 의한 변형이 작은 재료이어야 한다.

금형의 사용 횟수는 설계 및 재료에 따라 달라지는데, 일반적으로 알루미늄계는 약 10만회, 아연계는 50만회 가량 사용된다.

3) 기타 특수 주조법

(1) 저압 주조법

밀폐된 도가니에 저압의 공기, 또는 불활성 가스를 사용하여 용탕면에 0.2~0.7 kg/cm^2 정도의 압력을 가하여 쇳물을 밀어올려서 주입하는 주조법을 저압 주조법(低壓鑄造法, low pressure die casting)이라 한다. 이 주조법은 종래의 모든 주조법과는 달리 쇳물을 주입하는 방향이 중력과 반대 방향이며,

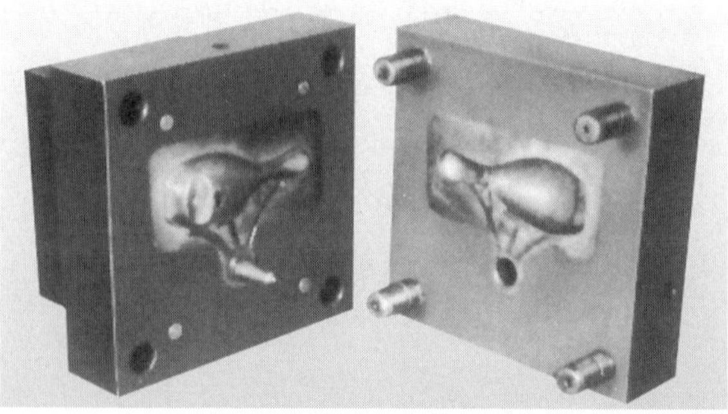

◆ 다이 캐스팅 금형

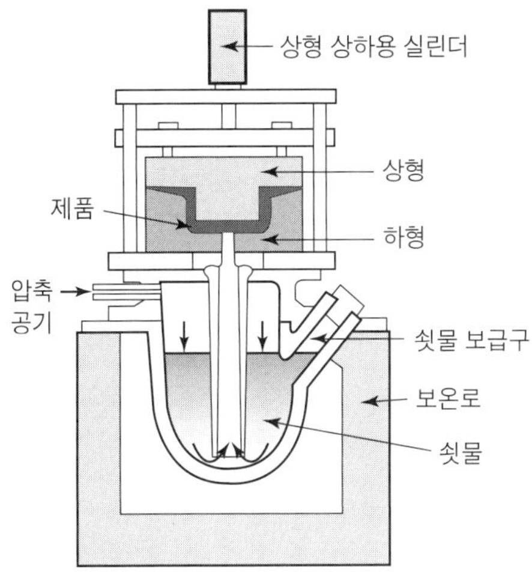

그림 4-18 ▮ 저압 주조법

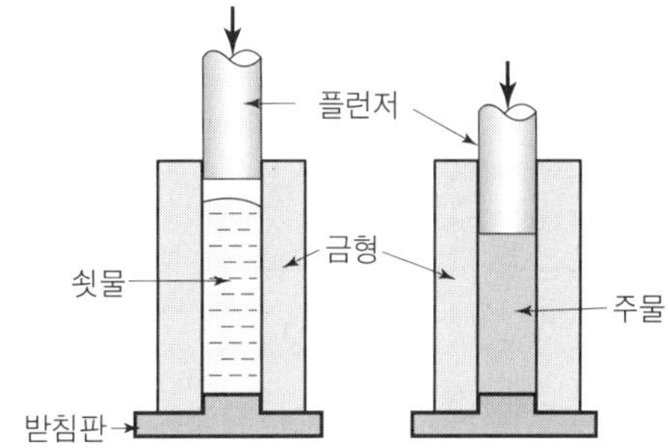

그림 4-19 ▮ 플런저 가압 응고법

주입 속도를 조절할 수 있는 방법이다. 현재 저압 주조법은 알루미늄 합금 주물 제조에 가장 많이 이용되며, 실린더 헤드, 크랭크실, 기어 박스 등의 제조에 적용된다. 그림 4-18은 흑연 주형을 사용한 주강제 차륜의 제작 원리를 나타낸 것으로, 326 kg의 차륜을 20초에 주입 완료하는 사례다.

(2) 고압 응고 주조법

주형 내에 주입된 용융 또는 반용융 상태의 금속을 응고가 완료될 때까지 기계적으로 높은 압력(약 500 Mpa)을 가하여 제품을 성형하는 방법을 고압 응고 주조법(高壓凝固鑄造法)이라 한다. 이 방법은 쇳물을 직접 가압 성형하므로 용탕 단조(熔湯鍛造) 또는 단조와 조합된 주조법이란 뜻에서 단조 주조법(鍛造鑄造法, forging casting)이라고도 한다. 가압하는 방법에 따라 가압 응고법(加壓凝固法, pressure crystallization casting)과 압입 용탕 단조법(押入熔湯鍛造法, extrusion casting)이 있다. 가압 응고법은 잉곳(ingot) 또는 비교적 모양이 단순한 두꺼운 부품의 주조에 적당하다. 현재 알루미늄 합금, 동 합금, 주철, 주강 또는 스테인리스강 등의 주조에 이용되고 있다.

고압 응고 주조법은 가압할 때 쇳물이 이동하지 않는 플런저 가압 응고법과 쇳물이 상대적으로 이동하는 압입 용탕 단조법으로 나누기도 한다. 가압 응고법은 잉곳이나 비교적 모양이 단순하고 두꺼운 주물의 제조에 적합하고, 압입 용탕 단조법은 얇은 제품의 주조에 적당하다. 그림 4-19는 용탕면에 직접 정수적 고압력(靜水的高壓力)을 가하여 가압, 압축하면서 성형 응고시킨다. 그림 4-20 (a)는 직접 압입 용탕 단조법을, 그림 4-20 (b)는 간접 압입 용탕 단조법의 보기다.

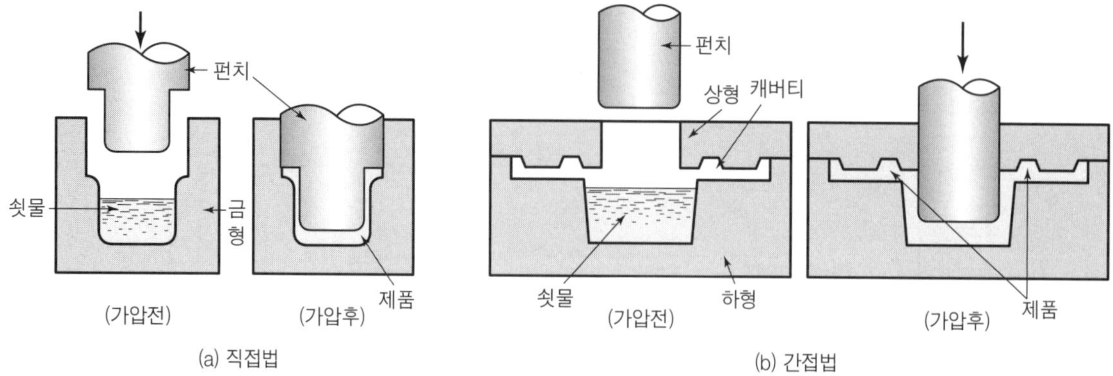

그림 4-20 ∥ 압입 용탕 단조법

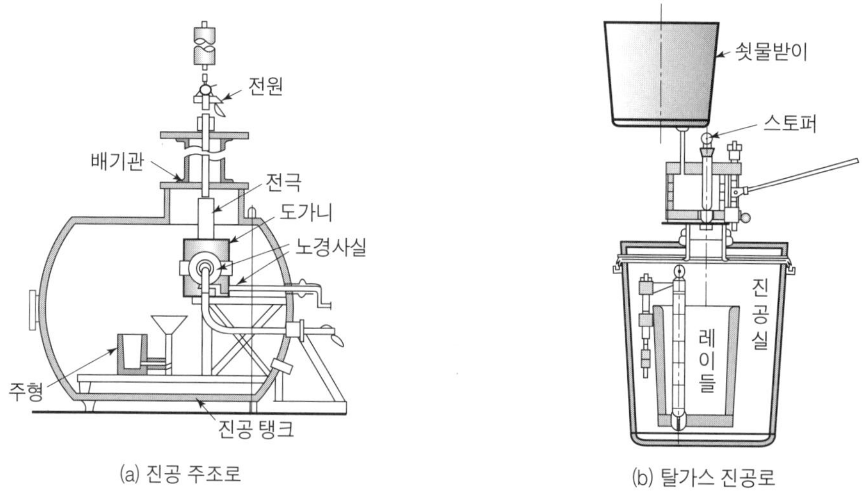

그림 4-21 ∥ 진공로의 구조

(3) 진공 주조법

원재료를 진공에서 용해하고 이것을 계속 진공하에서 주입하거나 대기 중에서 주입 주조하는 방법을 진공 주조법(眞空鑄造法, vacuum casting)이라 한다. 진공 주조는 대기압하에서 용해하고 진공하에서 주입만 하는 경우도 있다. 그 밖의 진공 처리법으로는 대기압하에서 용해한 쇳물을 레이들에 받거나 받은 후에 진공 탈가스 처리하며, 이것을 진공이나 대기압하에서 주입하는 방법도 있다. 진공 주조는 특수 합금의 정밀 주조에 사용되는데, 특히 스테인리스강, 내열강, 공구강, 자성 합금, Ti 합금의 잉곳 주조 또는 인베스트먼트법의 주조를 아크로나 고주파 유도로를 장치한 진공 용기 속(진공 상태)에서 재료의 장입과 용해가 이루어진다.

진공 주조법은 일반 주조법에 비해 쇳물 중에 외기의 영향에 의한 가스나 비금속 개제물이 거의 없는 것이 특징이다. 그림 4-21 (a)는 아크식 진공 주조 장치가 있는 진공로의 구조를, 그림 4-21 (b)는 레이들의 쇳물을 탈가스 처리하는 진공로의 보기를 나타낸 것이다.

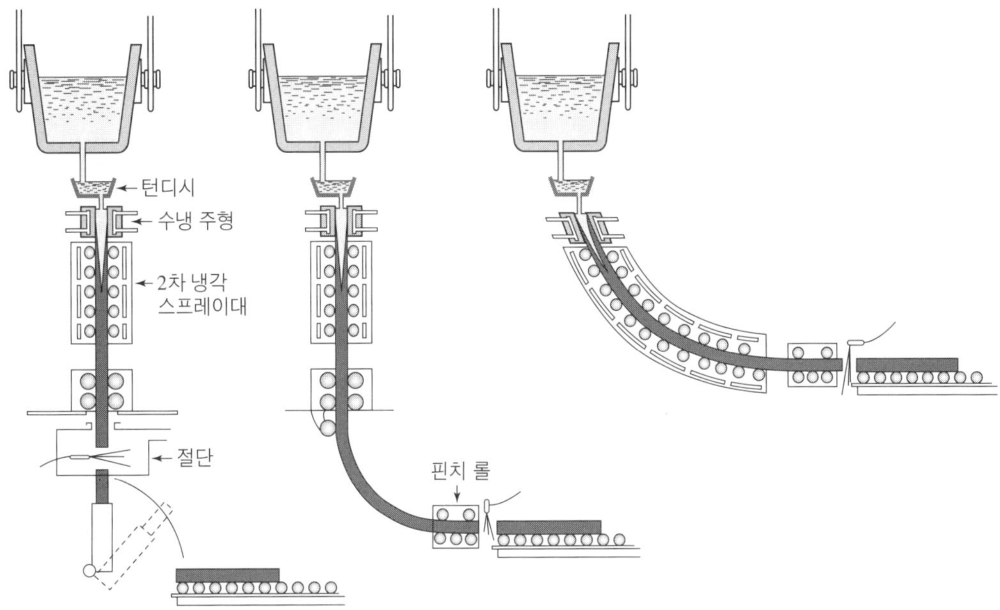

(a) 직립식　　(b) 만곡식　　(c) 곡면식

(d) 연속 주조기

그림 4-22 ▮ 강의 연속 주조

(4) 연속 주조법

제철소에서 제강한 쇳물을 잉곳으로 주조하고 이를 분괴하는 과정을 생략하여, 제강한 쇳물을 주형에 주입하여 연속적으로 주괴 주조하는 방법을 연속 주조법(連續鑄造法, continuous casting)이라 한다.

강의 연속 주조 기본 설비는 그림 4-22과 같이 쇳물을 레이들로부터 받아 각 스트랜드(strand)의 주형에 배분하고, 주입량을 조절할 수 있는 턴디시(tundish), 턴디시 밑의 노즐(nozzle)을 통해 흘러간 쇳물을 응고시키는 수냉 주형, 주형 밑에서 나오는 반응고 주편을 냉각하는 살수 장치, 주편을 안내하는 핀치 롤(pinch roll), 주편(鑄片)의 절단 장치, 운반대차 및 리프트 등으로 구성되어 있다.

수냉 주형은 상하 단면이 열려 있으므로, 쇳물을 주입하기 전에 주형의 아랫부분을 주입 금속과 같은 합금으로 제작된 더미 바(dummy bar)로 막은 후에 쇳물을 주입한다. 이때 더미 바는 핀치 롤 사이에 끼운다.

쇳물이 주형의 상단에 거의 가깝게 주입되었을 때 전동기를 시동시켜 더미 바와 응고된 주물을 핀치 롤로 잡아 끈다.

그림 4-23은 United cast bar limited에서 생산되고 있는 연속 주조봉(continuosly cast iron bar)의 생산 사례를 보여주고 있다.

최근에는 생산성을 높이고 품질을 향상시키기 위해 연주기에서 응고된 주편을 절단하기 전에 높은 온도 상태에서 조압연을 하는 직송 압연(in line reduction)법이 사용되고 있다. 또한 특수 연속 주조법의 개발로 연속 주조법은 일반 조괴법에 비하여 더욱 많은 기계화 자동화가 이루어져 작업 환경의 개선이나 노력 절감의 효과를 얻을 수 있다.

최근 스트립 캐스팅(strip casting) 방법의 급속한 개발과 연속 주조 속도의 고속화는 이 분야의 혁신적인 발전을 이루고 있다.

그림 4-23 ‖ 주철봉의 연속 주조

4.2 주물의 후처리와 검사 및 주조 결함

1. 주물의 후처리

1) 후처리 작업

주물은 재질상의 품질뿐만 아니라, 표면의 깨끗한 정도가 주물 상품으로서의 가치를 결정하는 중요한 요소가 되므로, 주조 후의 후처리 작업은 일반 조형과 용해 작업 못지 않게 중요하다. 주물의 후처리 작업에는 모래떨이와 청정(清淨) 및 탕구계의 절단 작업이 주가 된다.

쇳물을 주형에 주입 후 응고한 다음에 완성품인 주물로 만들려면, 다음과 같은 후처리 작업을 거쳐야 한다. 즉 응고된 주물을 주형에서 꺼내어 코어와 주물사를 털어 내고, 탕구, 탕도, 압탕 등을 절단 제거하여, 재질이나 용도에 알맞는 열처리(heat treatment)를 한다. 필요에 따라 보수(용접)를 하며, 주물 표면을 깨끗이 하고, 그 밖의 후처리를 한다. 그리고 화학 성분 검사, 기계적 성질 시험, 비파괴 시험 등의 검사를 하고, 결과를 기록 관리하며, 주물 결함(불량 주물)의 원인을 파악하고 대책을 세운다. 이와 같은 후처리는 매우 중요하며, 조형 및 용해 작업에 못지 않은 기술과 설비를 필요로 한다.

(1) 주형의 해체

① 주형의 분리

쇳물을 주형에 주입 후, 응고하면 상하형 또는 전후형으로 구성된 주형을 분리하여 주물을 꺼내고, 주형과 주물사를 분리하는 작업을 주형의 해체 또는 주형 상자의 해체라 한다. 주형사 중의 점결제의 소손을 생각하면, 고온의 주물을 주형에서 빨리 분리하는 것이 좋다. 또 주방 상태에서 안전한 페라이트 주철로 하는 경우에는 주형 내에서 서냉 시간이 길어질수록 좋다.

주형에 주물을 꺼내기에는 그림 4-24와 같은 방식이 사용되고 있다.

그림 4-24 (a)는 주형 반송 정반이나 컨베이어 대차 상에서 틀이 없는 주형을 해체하기 위해 진동 컨베이어상에 직접 낙하시키는 덤프(dump) 방식이고, 그림 4-24 (b)는 상형을 제거한 다음, 하형에서 주물을 끌어올리는 픽업(pick up) 방식이다. 그림 4-24 (c)는 상하형을 합상한 상태에 위에서 압입하여 주물이 있는 상태의 주형 부분을 셰이크 아웃 머신에 떨어뜨리는 펀치다운(punch down) 방식이다. 그리고 그림 4-24 (d)는 상하 틀을 합상한 상태에서 밑에

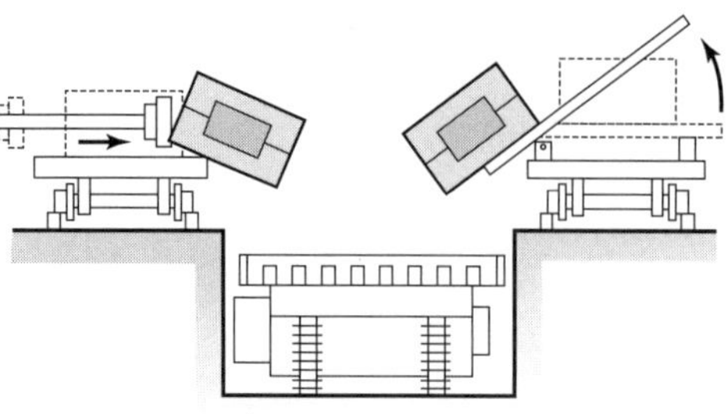

(a) 덤프식

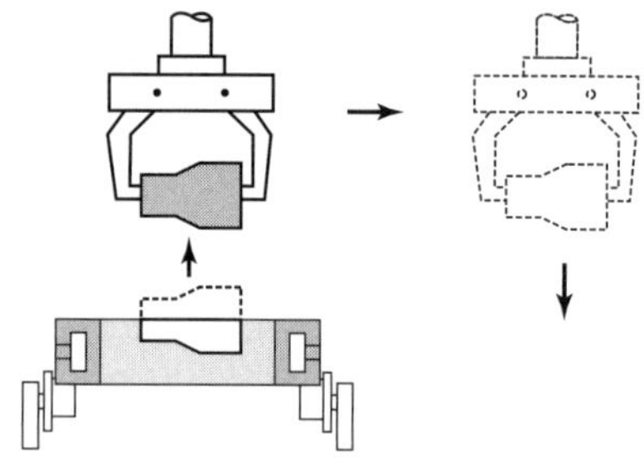

(b) 픽업식

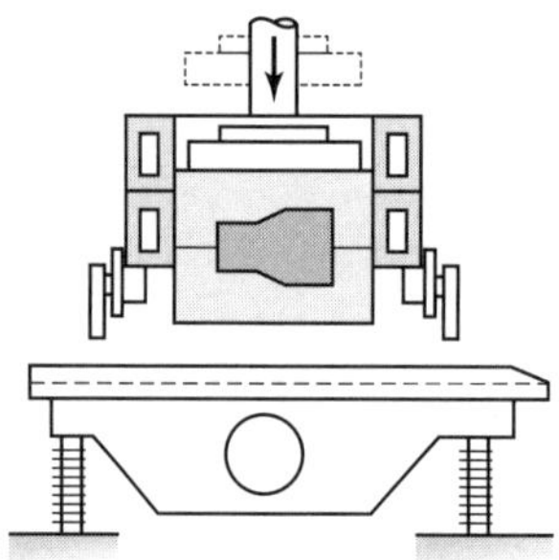

(c) 펀치다운식

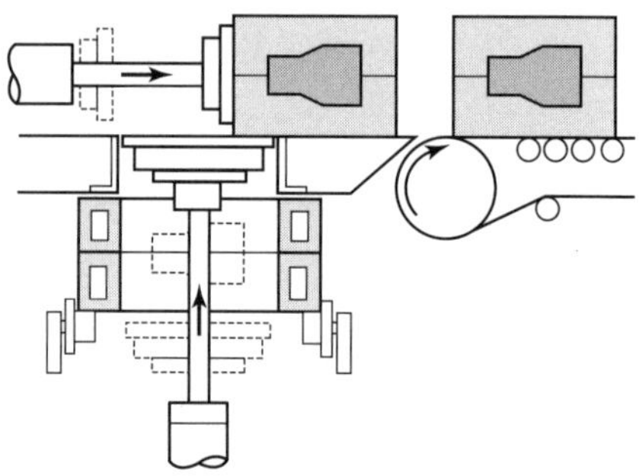

(d) 펀치업식

그림 4-24 ▮ 주형에서 주물 분리 방식

서 압상하여, 별도의 컨베이어에 옮겨 놓고, 주형 내의 냉각을 지속한 다음에 주형은 해체하는 펀치업(punch up) 방식이다.

이상의 주형 해체 방식 중 덤프 방식과 펀치다운 방식은 비교적 소형 주물, 원형 주물, 두꺼운 주물 등 열간 충격에 의한 변형이나 균열이 생길 염려가 없는 주물에 많이 채용되고 있다. 형상이 복잡하거나 두께가 얇은 주물은 픽업 방식이 채용된다.

② 주형틀의 정리

주형틀도 주형 분리와 같이 덤프 방식에 의해 부착한 모태를 떨어뜨리고, 정리하여 조형라인으로 되돌려보내게 된다. 최근에 조형라인이 고속화, 소음 방지, 주형틀의 정밀도 유지 등의 점에서 주형틀의 내면을 브러시(brush)를 사용하여 모래를 떨어뜨리는 방식이 채택되고 있다.

또한 소형 주물이지만 형상, 두께의 관계 등으로 주형 해체 기계에 떨어뜨리지 않고, 그림 4-25와 같은 코어 녹크아웃 머신(core knock out machine)에서 내부의 잔류 모래를 분리 배출한다.

그림 4-26 (a)는 주물이 응고한 다음 주형을 허물어뜨리는 장치로, 다양한 크기의 주물 상자를 단독으로 처리할 수 있으며, 그림 4-26 (b)는 분리 후 주물사와 주형 상자를 운송할 수 있는 셰이크 아웃(shake out)의 연속식 설비이다.

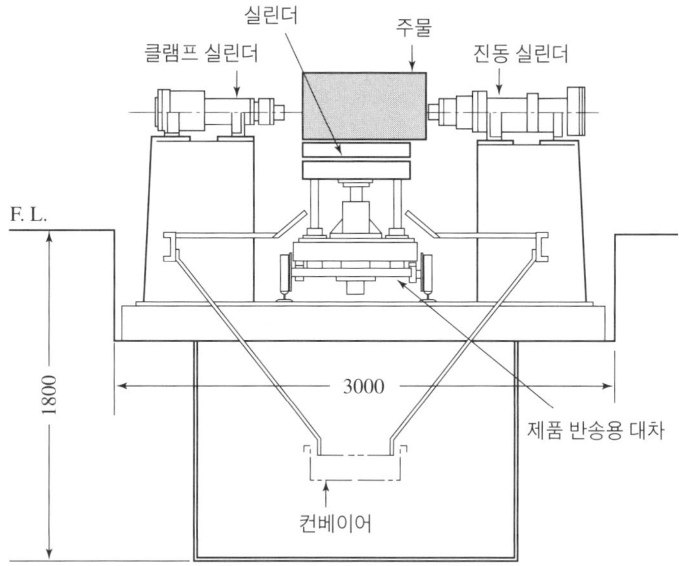

그림 4-25 ▮ 코어 녹크아웃 머신

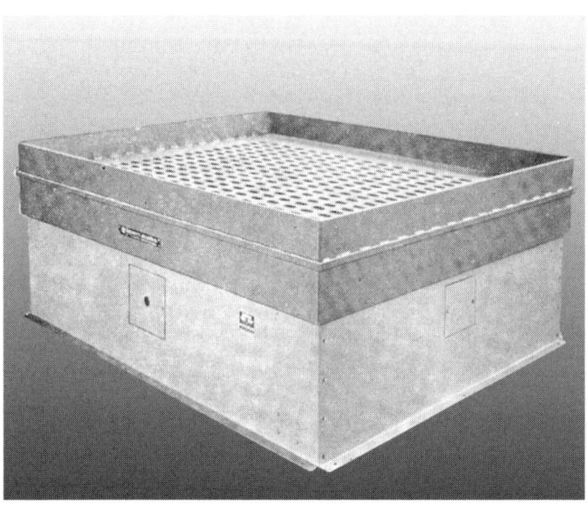

(a) 단동식

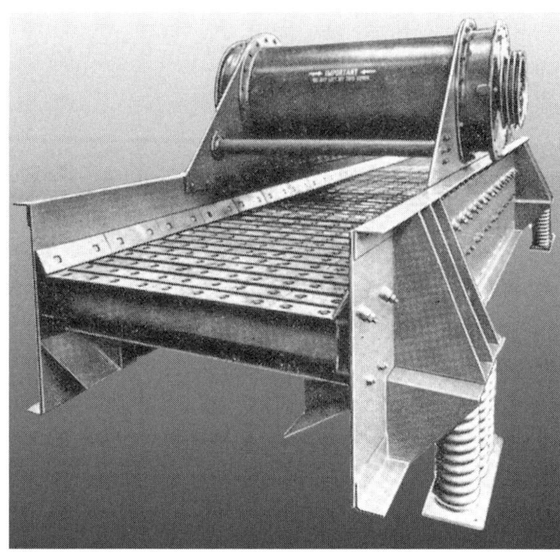

(b) 연속식

그림 4-26 ▮ 셰이크 아웃

(2) 탕구계의 제거

주입 후 응고, 냉각한 주물은 주조 과정에서 필요했던 탕구, 압탕 등은 불필요한 부분으로 남게된다. 이것을 분리, 제거하고 이들 제거물은 용해 공정으로 보낸다.

탕구, 압탕, 탕도 등의 제거 시기와 방법은 재질과 크기, 모양 등에 따라 다르게 되는데,

크게 나누면 파단, 절단, 용단 등으로 구분 시행한다.

① 탕구계의 파단(破斷)

가장 바람직하기는, 주형 해체와 동시에 탕구, 압탕, 탕도 등이 주물에서 분리되는 것이다. 회 주철이나 가단 주철용 백선 주물 등과 같이 취약한 재질의 경우는 셰이크 아웃 머신상에의 낙하와 진동의 충격에 자연적으로 부러지는 경우가 많다. 또한 픽업 방식에서도 주형에서 뽑아올릴때도, 하형에서 들어올린 주물은 클램프한 상태에서 탕구를 실린더로 눌러 분리하는 경우도 있다. 또한 탕도의 형상, 치수를 주조 방안에서 구안하면 주형 분리 과정에서 제거되는 방안이 실현되고 있다.

그림 4-27과 같이 냉각통(cooling drum)이라 불리는 회전 드럼에 주물이 내장된 주형(주형틀이 없는)을 투입하여, 내부 주물이 드럼벽에 따라 상승과 하강을 반복하는 동안 충격으로, 탕구, 탕도가 탈락되어 분리되는 방식이다.

그러나 비교적 단면적이 크거나 구상 흑연 주철이나 가단 주철의 압탕 등은 이상의 방식으로는 완전한 분리가 어려우므로, 컨베이어상에서 인력에 의한 해머로 타격하여 절단 제거한다. 수량이 많을 경우에는 전용 치공구에 얹어 놓고 유압 프레스 또는 에어 해머로 압탕을 제거하는 방법이 채용되고 있다.

다이 캐스팅의 경우는 게이트가 비교적 얇으므로 금형에서 꺼낸 후 해머로 가볍게 쳐서 제거하거나 핀(fin)을 트리밍 프레스(trimming press)로 제거 분리하기도 한다.

② 탕구계의 절단(絕斷)

주조 후 주물에 남아 있는 탕구나 핀(fin) 등은 보통 정이나 그라인더로 자를 수 있지만, 압탕과 같이 단면이 큰 것은 기계로 절단하는 사례도 많기 때문에, 대규모의 공장에서는 압탕 전용 절단기를 설치하여 사용하는 경우가 많다.

그림 4-28은 주입구와 탕도 및 압탕을 절단하는 전단기와 전단 사례의 보기다.

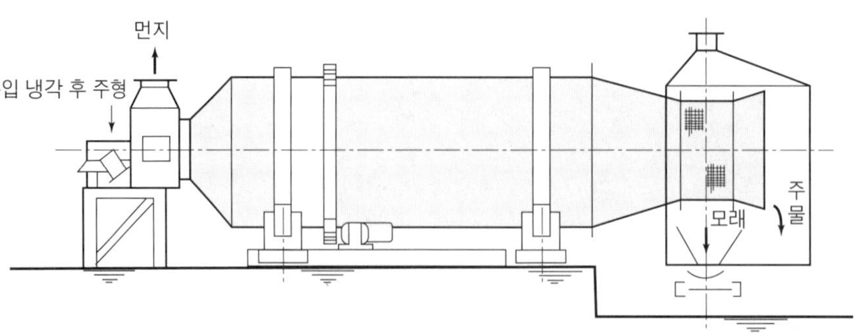

그림 ‖ 4-27 냉각통

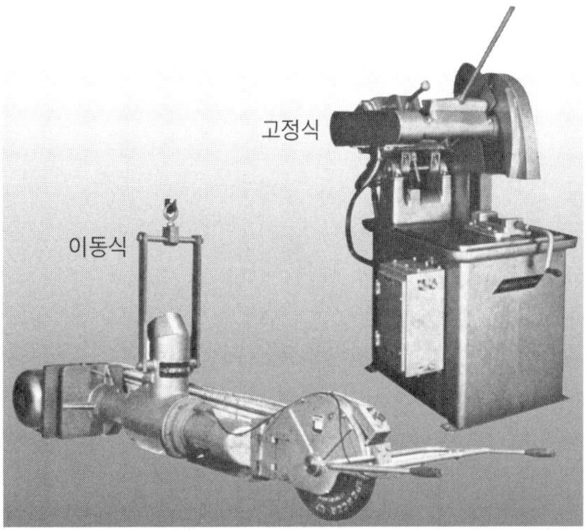

(a) 전단기

(b) 전단 사례

그림 4-28 ▌주입구 및 탕도 · 절단

③ 탕구계의 용단(熔斷)

주강과 구상 흑연 주철에는 비교적 큰 압탕을 필요로 하며, 재질도 강인하므로, 파단이 어렵고, 절단도 능률적이지 못하다. 따라서 산소-아세틸렌 또는 프로판 가스에 의한 가스 절단이 널리 이용되고 있다.

그러나 Mn, Cr의 성분 함유량이 많은 고합금강은 가스 용단시 생성되는 슬래그의 융점이 높아 유동성이 나쁘고, 용단면의 경화나 균열이 발생되므로, 흑연 전극봉을 사용한 아크열에 의한 아크 용단이 사용된다.

(3) 모래떨이와 청정(cleaning)

주형으로부터 꺼낸 그대로의 주물은 표면 모래, 코어 모래 등이 부착 또는 소착되어 있기 때문에 이것을 제거해야 한다. 이러한 부착물은 소형 주물에서는 와이어 브러시(wire brush)나 정으로 떨어 내고, 큰 주물이나 작업량이 많을 때에는 공기 그라인더(air grinder)와 공기 치퍼(pneumatic chipper)를 사용한다. 모래떨이에 사용되는 장비로는 회전하는 원통형 용기를 사용하는 텀블러(tumbler), 압축 공기로 모래를 주물 표면에 뿌려 주는 샌드 블라스트(sand blast)와, 모래 대신 강철 쇼트를 사용하는 쇼트 블라스트(shot blast)가 있다.

① 텀블러에 의한 청정

철제 용기인 원통형 또 다각형으로 되어 있는 텀블러(tumbler)는 처리하려는 주물을 장입하고, 다각형의 철편을 같이 넣은 후, 매분 40~60회의 속도로 용기를 회전시켜 주물 표면의 청

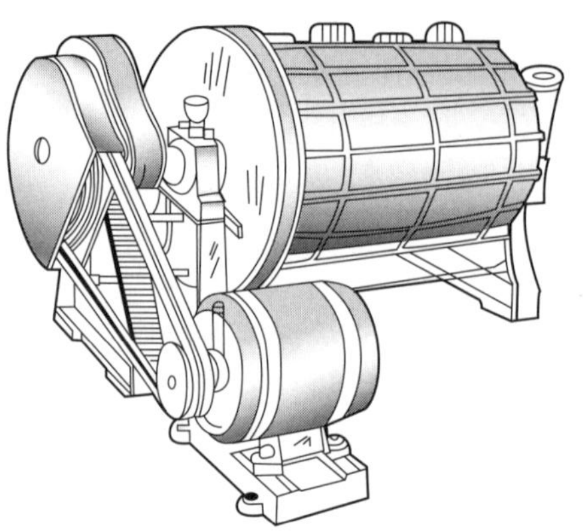

◐ 양두그라인더　　　그림 4-29 ▮ 텀블러

소나 소형 주물의 코어 제거 작업 등을 하는 청정 설비이다.

일반적으로 텀블러의 철제 용기는 원통형 또는 다각통형으로 되어 있으며, 수평축을 따라 회전하게 되어 있고, 구동은 기어에 의한 것이 많다.

청정 작업은 보통 0.5~2.0시간이면 완료된다.

텀블러로 코어 제거를 하는 경우에는 동체에 있는 코어 모래 떨어내기 구멍을 사용하며, 구멍의 지름은 10~15 mm이다. 집진은 동체 부분을 둘러싸고 있는 사이클론(cyclone)으로 한다.

그림 4-29는 주물 공장에서 흔히 쓰이는 텀블러의 보기다.

② 블라스트에 의한 청정

◎ 쇼트와 그릿

쇼트의 연마 청정 작용은 주물의 표면을 작은 망치로 두드리는 것과 같은 작용으로 주물에 충격을 주어, 주물 표면에 묻은 모래나 스케일을 벗겨 내는 것이고, 그릿은 절삭 공구와 같이 작용해서 그릿의 입도에 따라 표면을 다듬게 된다. 쇼트와 그릿의 선택 기준은 주물의 재질이나 크기에 따라 달라진다.

◎ 블라스트의 종류

a) **쇼트 블라스트** : 쇼트 블라스트(shot blast)는 쇼트(shot) 또는 스티일 그릿(steel grit)을 고속 회전하는 임펠러(impeller)로, 주물 표면에 투사하여 주물 표면을 깨끗이 하는 장치이다. 쇼트를 임펠러 중심부에 있는 분배기로 보내면, 쇼트는 회전하는 임펠러 날개의 원심력에 의하여 고속으로 사출된다. 사출하는 쇼트 또는 그릿이 주물의 표면을 때려 주물의 표면을 깨끗이 한다.

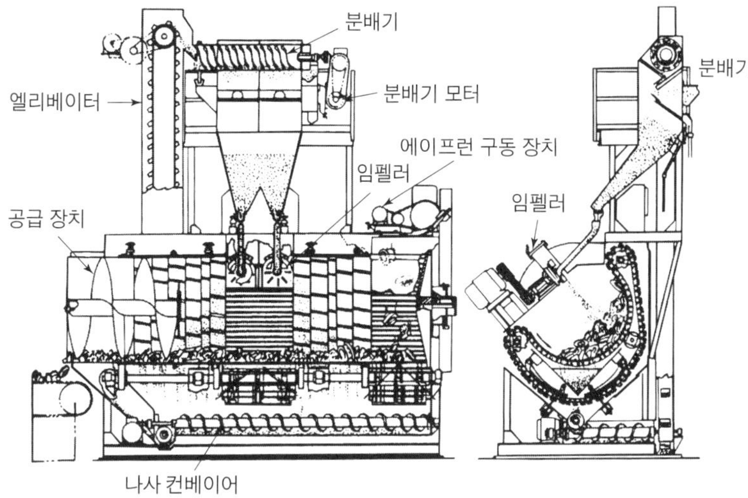

(a) 연속식 베럴형 쇼트 블라스트의 구조

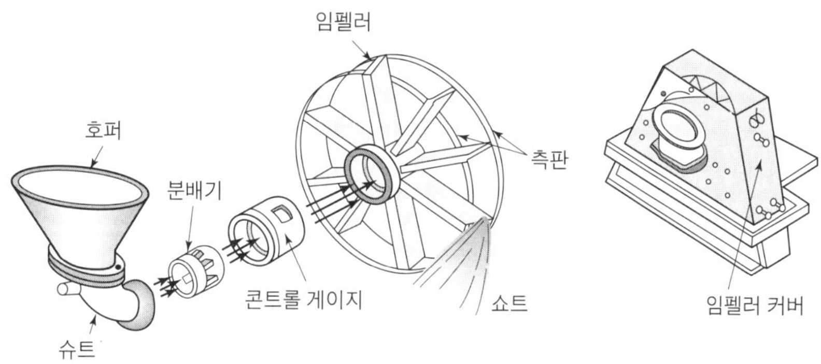

(b) 쇼트 주사 장치

그림 4-30 ‖ 쇼트 블라스트

그림 4-30은 쇼트 블라스트의 구조와 장치의 보기다.

b) 샌드 블라스트 : 샌드 블라스트(sand blast)는 압축 공기를 사용하여 모래를 노즐에서 주물 표면에 분사하여 주물 표면을 깨끗이 하는 장치이다.

샌드 블라스트는 알루미늄 합금과 구리 합금 주물의 표면 청정에 많이 사용된다. 이 장치의 구조는 상부에 모래 저장 탱크가 있고, 그 밑에 모래와 압축 공기의 혼합실이 있으며, 여기서 혼합된 모래가 호스를 통해 노즐에서 분사하게 되어 있다.

그림 4-31은 샌드 블라스트의 구조를 나타낸 것이다.

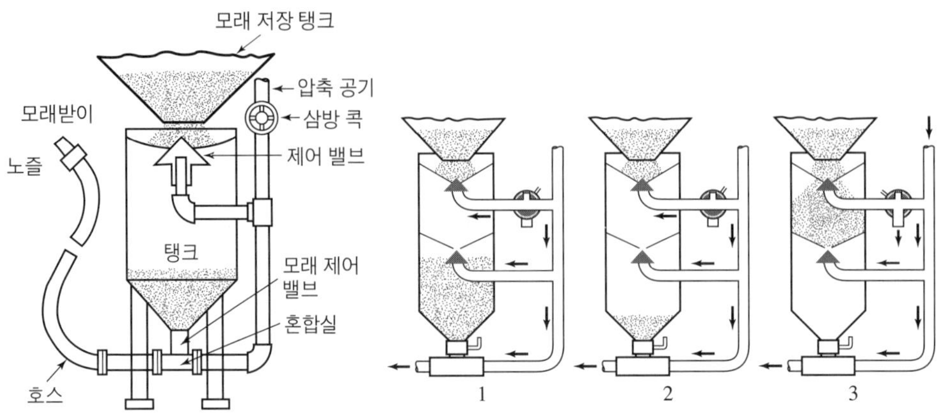

(a) 1단 모래 탱크형 (b) 2단 모래 탱크형

그림 4-31 ‖ 샌드 블라스트

2) 주물의 열처리

주물은 사용 목적에 따라 알맞은 금속 재료를 선택해야 하지만, 알맞은 재료의 선택만으로 사용 목적에 적합한 성질을 충족시키기는 곤란하다.

따라서 주조 후 주물이 요구하는 성질을 부여하기 위해서는 적당한 조건에서 각종 열처리를 실시하게 되는 경우가 많다.

(1) 주철의 열처리

일반 주철 주물은 주조된 상태에서 그대로 사용된다. 그러나 주철 주물에 있어서도 높은 경도가 요구되고, 충격값을 개선하거나, 주물의 바탕 조직을 강인한 조직으로 개선하기 위해서 풀림 열처리를 할 때도 있다.

풀림(annealing)은 주철 제품을 적당한 온도로 가열하고, 이 온도에서 적당한 시간 동안 유지한 다음 서냉시키는 열처리 조작이다.

풀림은 주물의 내부 응력 제거와 절삭성이 좋도록 연화시키는 것을 목적으로 한다.

① 응력 제거 풀림

주조 상태의 모든 주물은 모양과 두께에 따른 냉각 속도의 차이와 주물 수축에 대한 주형의 저항 등으로 인하여 내부 응력이 남게 된다.

이와 같은 주조 응력을 제거하기 위하여 풀림을 하는데, 열처리 과정은 그림 4-32와 같다.

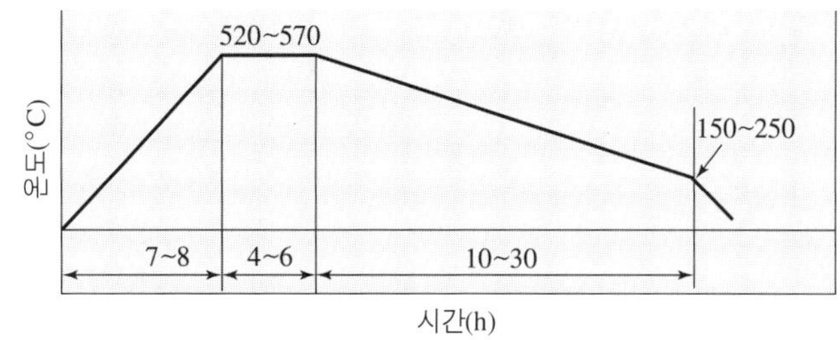

그림 4-32 ‖ 응력 제거 풀림의 과정

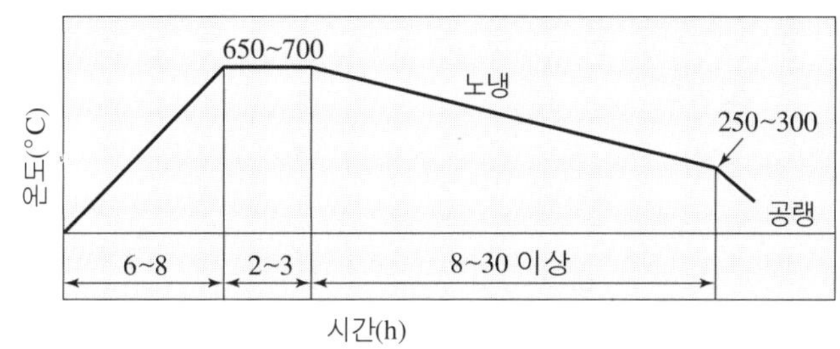

그림 4-33 ‖ 저온 풀림 과정

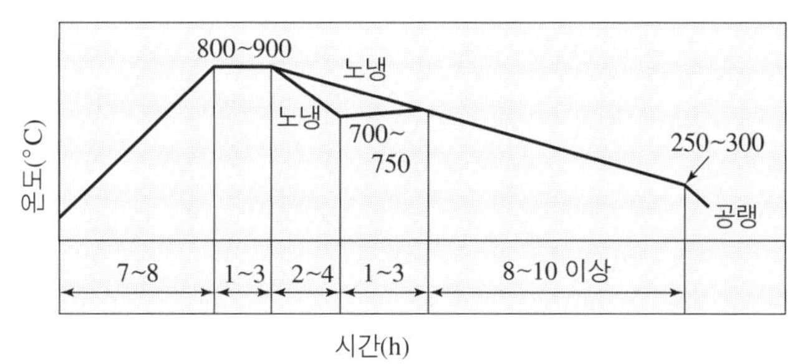

그림 4-34 ‖ 고온 풀림 과정

② 연화 풀림

주철의 절삭성 개선, 연성의 향상 등을 위한 풀림으로, 저온 풀림과 고온 풀림의 두 가지가 있다.

저온 풀림 처리는 그림 4-33과 같은 열처리 공정으로, 유리 시멘타이트(free cementite)를 함유하지 않은 조직의 주물에 적용된다. 주조 상태에서 불필요하게 높은 경도를 알맞고 균일한 경도로 조정하며, 절삭성도 향상시킬 수 있다.

고온 풀림 처리는 그림 4-34에서와 같은 열처리 공정으로, 유리 시멘타이트를 함유하는 조직의 주물에 실시하며, 바탕 조직이 페라이트로 되기 때문에 연성이 좋고 절삭성이 좋은 주물이 된다.

③ 칠 제거 풀림

주조 상태에서 생긴 칠(chill)부를 제거하기 위하여 실시하는 열처리를 칠 제거 풀림이라 한다. 칠부의 유리 시멘타이트의 분해 온도로는 900~930 ℃가 적당하며, 적어도 850 ℃ 이상이 필요한데, 950 ℃를 넘으면 변형이나 산화 스케일의 생성이 커진다. 유지 시간은 살 두께나 칠의 정도에 따라 1~5시간이 필요하다.

칠 제거 풀림 후의 조직을 펄라이트로하며 강도와 경도를 유지하고자 할 때에는 풀림 온도에서 500 ℃ 근처까지 공랭한다.

④ 노멀라이징

주물의 바탕 조직이 부분적으로 불균일한 것을 균일화하거나 페라이트가 많은 조직을 펄라이트 조직으로 바꾸어, 경도나 강도를 높이고자 할 때, 그리고 용접에 의해 변화된 조직을 주조 상태의 조직으로 회복시키려 할 때 실시된다.

노멀라이징 온도는 900 ℃ 전후로, 유지 시간은 살 두께 25 mm마다 1시간을 표준으로 한다. 유지 후, 노에서 꺼내어 방냉한다. 그러나 노 내에서 방랭하기 전에 노 내에서 어느 정도 노냉한 다음, 800 ℃나 750 ℃에서 방랭하면, 어느 정도의 경도 조절이 가능하다.

⑤ 담금질

주어진 주조 상태의 주철 주물에 높은 경도와 강도를 부여할 목적으로 시행하는 열처리로, 그 목적을 위해서는 열처리 효과를 높이는 Ni, Cr, Mo 등을 단독 또는 조합하여 함유한 합금 주철로 하는 것이 일반적이다.

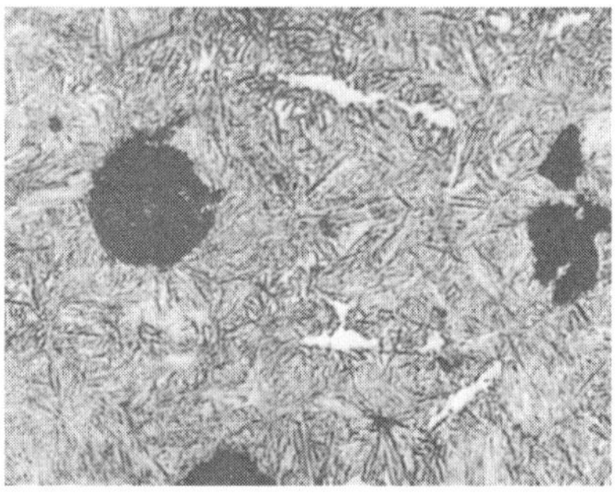
그림 4-35 | 구상 흑연 주철의 담금질 조직

주철을 담금질하려면, 우선 주철의 바탕 조직을 오스테나이트화하기 위해 고온으로 가열하여, 소요 탄소량이 오스테나이트 중에 고용되도록 온도를 유지하고, 그 다음에 물이나 기름에 담그어 급랭한다. 담금질 온도는 840~900 ℃의 범위가 많이 채용되고 있다. 그러나 형상이 복잡한 주물은 650 ℃ 전후로 예열한 다음 담금질할 때 급속히 가열하는 배려도 필요하다. 온도 유지는 두께 25 mm당 20분으로 충분하다. 그림 4-35는 구상 흑연 주철의 담금질 조직의 보기다.

⑥ 뜨임

담금질한 상태의 주물은 균열이나 변형되기 쉬운 상태에 있다. 따라서 냉각 중 상온까지 오기 전에 담금질 노중에서 150 ℃ 전후로 온도가 내려가면 노에서 꺼내어 곧바로 뜨임로에 넣는다. 뜨임 온도는 200~600 ℃ 범위에서 목적에 따라 선택하는데, 회 주철로 인장 강도, 충격값을 높이려면 370~510 ℃에서 시행한다.

뜨임 온도에서 유지 시간은 목적으로 하는 최종 경도에 따라 다르나 두께 25 mm마다 1시간으로 하는 것이 보통이다.

(2) 주강의 열처리

보통 주강에 있어서는 주철과 마찬가지로, 주조 응력의 제거, 조직의 균질화 및 결정립의 미세화로 요구되는 기계적 성질을 얻기 위해, 풀림 또는 노멀라이징을 주로 하는 열처리를 실시하게 된다.

저합금 주강의 제조 공정 중의 열처리 시기와 방법을 나타내면 그림 4-36과 같다.

그리고 주강에 열변화를 주었을 때 일어나는 강의 변태 온도와 명칭 및 각 열처리 공정의 온도는 그림 4-37과 같다.

① 풀림

주강의 풀림은 주강품의 연화, 결정 조직의 조정, 내부 응력의 제거, 냉간 가공성과 절삭성의 개선 및 기계적 성질의 향상을 위해 주강품을 적당한 온도까지 가열한 다음, 적당한 속도로 냉각하는 열처리법으로, 목적에 따라 완전 풀림, 확산 풀림, 응력 제거 풀림으로 분류한다.

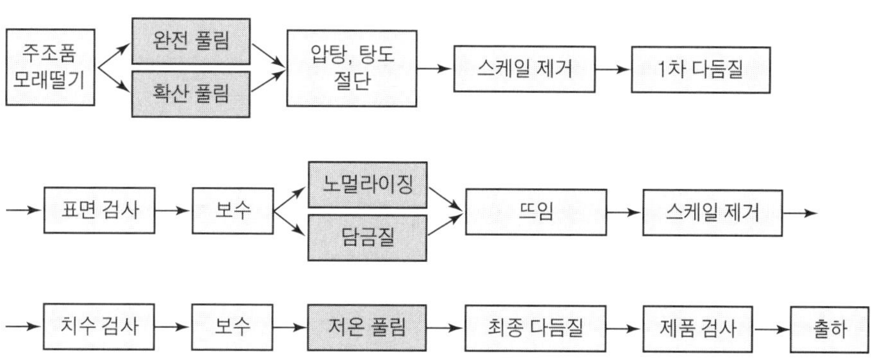

그림 4-36 ‖ 저합금 주강의 제조 공정

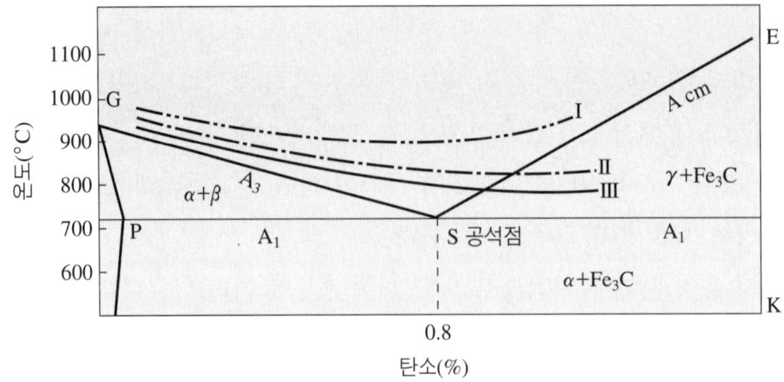

(조직) γ: 오스테나이트, α: 페라이트, Fe_3C: 시멘타이트
(열처리) I: 노멀라이징, II: 담금질, III: 풀림

그림 4-37 ▮ 주강의 변태 온도 및 열처리 온도

◎ 완전 풀림과 확산 풀림

주강의 풀림이란 보통 완전 풀림을 뜻한다. 가열 온도는 A cm 변태점 또는 A cm 변태점보다 20~50 ℃ 높은 온도로 하고, 가열 시간은 주물의 두께 25 mm에 대해서 30~60분을 표준으로 한다. 완전 풀림은 주강을 연화시켜 기계 가공, 소성 가공을 쉽게 한다. 주강에 심한 화학 성분의 편석이 있는 경우에는 1000~1050 ℃의 고온에서 장시간 가열한 후 냉각하여 조직을 균질화시키는 확산 풀림을 실시한다. 확산 풀림은 주로 대형 주강에 대해서 실시한다.

◎ 내부 응력 제거와 균일화 풀림

a) 내부 응력 제거를 위한 풀림 : 주강 주물은 주입 후 주물 각부의 냉각 속도가 다르면, 내부에 응력이 남게 된다. 또한 뜨임하였을 때 냉각 속도의 차이, 담금질 후에도 내부 응력이 남아 있다. 주강품은 주조뿐만 아니라 용접 등에 의한 보수 과정에서도 내부 응력이 발생된다. 이 응력은 피로나 충격에 약하며, 특히 고탄소나 합금 주강에 있어서는 유해하므로, 이를 제거하기 위해서 550~650 ℃ 정도로 가열하여 일정 시간 온도를 유지하여 대기 중에서 서냉하여 각부가 균일하게 냉각되도록 풀림 열처리를 한다.

b) 균일화 풀림 : A_3 변태점 이상 50~100 ℃로 가열하고 노중에서 냉각하면 균일화 풀림 열처리가 된다.

균일화 풀림의 목적은 편석(偏析)을 최소화하는데 있으며, 다음에 담금질할 합금 주강에는 꼭 필요한 열처리이다. 그림 4-38은 주강의 균일화 풀림 온도의 보기다.

주방 상태의 주강품, 고온에서 균일화 풀림 처리를 한 주강품은 조직이 조대하므로, 이것을 미세화하여 인장, 조리기, 충격값 등을 개선해야 한다.

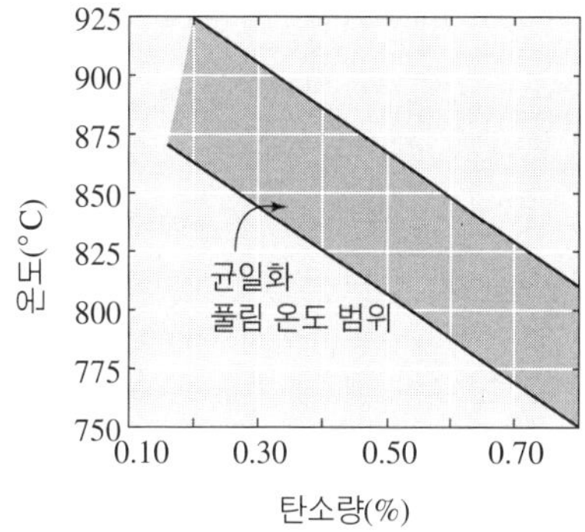

그림 4-38 ▮ 주강의 균일화 풀림 온도

② 노멀라이징

노멀라이징(normalizing)이란, 주강을 A_3 변태점 또는 A cm 변태점보다 20~50 ℃ 높은 온도로 가열해서 균일한 오스테나이트 조직으로 한 다음, 공기 중에서 냉각시켜 조직을 미세하고 균일한 페라이트-펄라이트(ferrite-pearlite) 조직으로 만드는 열처리이다.

노멀라이징은 온도 유지 시간에서 냉각 속도가 빠르므로 층상 펄라이트와 페라이트의 혼합된 조직이 보다 미세하고 균일화되어 그 결과 그림 4-39와 같이 풀림 상태보다도 기계적

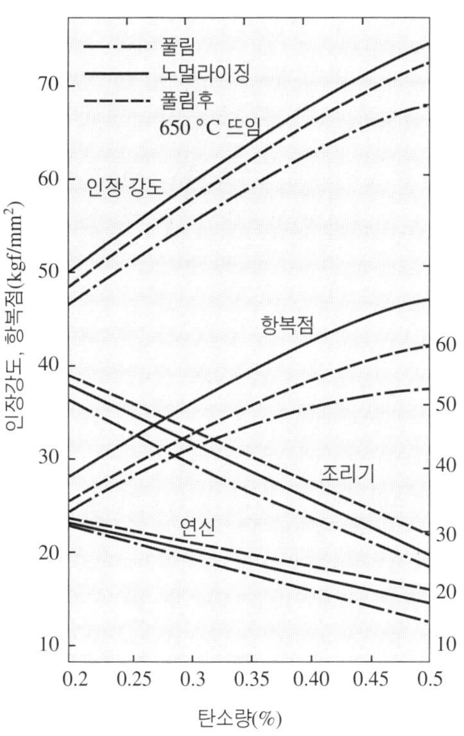

그림 4-39 ▮ 탄소 주강의 열처리에 의한 기계적 성질의 변화

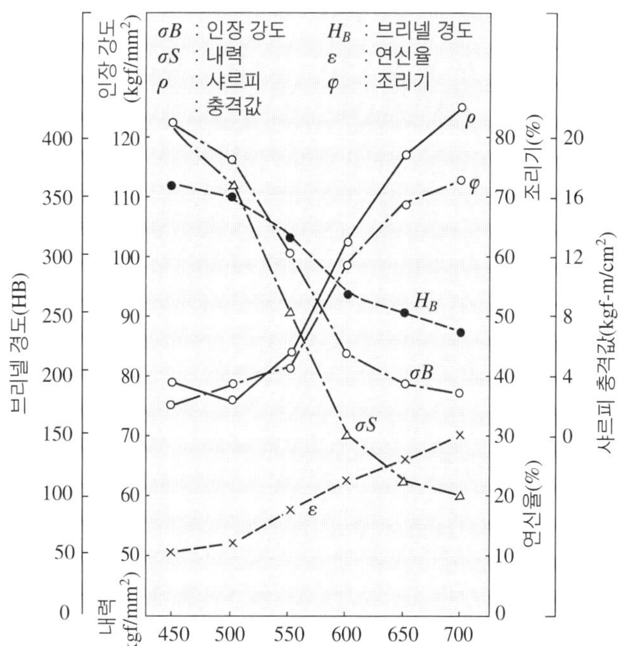

성분	C	Si	Mn	P	S	Cr
%	0.31	0.19	0.86	0.020	0.011	1.13

그림 4-40 ▮ Mn-Cr 주강의 뜨임 성능 곡선

성질이 향상된다. 그러나 형상이 복잡하고 두께의 변화가 심한 대형 주물에 있어서는 공랭 중에 부분적으로 냉각 속도의 차에 따른 경도차나 열처리 변형이 생기게 되므로 유의해야 한다.

③ 담금질과 뜨임

주강도 일반 강제품과 같이, 담금질 · 뜨임을 하여, 재질을 개선한다. 담금질 전에 풀림이나 노멀라이징을 하는 열처리가 필요하다.

주강의 열처리 효과는 C %이 높을 수록, 담금질성을 높이는 Mn, Mo, Cr 등의 합금 원소를 많이 함유할수록 커진다.

담금질은 A_3 변태점 이상 30~50 ℃로 가열, 유지 후 물 또는 기름 속에서 급냉하는 것이 보통이다. 그러나 대형 주물은 액랭(液冷)으로는 균열과 변형의 우려가 있으므로, 충풍(衝風) 또는 분무(噴霧)에 의한 담금질이 이루어지고 있다.

또한 국부적으로 높은 강도나 내마멸성을 높일 목적으로 화염 담금질나 고주파 담금질을 한다. 이 경우에는 표면층만의 경화로 그 밖의 부분의 재질 변화없이, 담금질 응력도 적으므로 뜨임 조작이 필요없게 되는 경우가 있다.

일반적으로 담금질한 그대로의 주강은 극히 경하고 취성을 갖는다. 따라서 A_1점 이하의 알맞는 온도에서 많게는 550~650 ℃에서 주물 두께 25 mm마다 1시간 이상 가열, 유지 후 노냉 또는 공랭하는 뜨임 처리로 인성을 회복시킨다. 뜨임 온도가 높을 수록, 인장 강도, 내력, 경도가 저하되며, 연신율, 조리기 충격값이 향상되는 현상이 보이는데, 그 보기로, Mn-Cr 주강의 뜨임 온도와 기계적 성질의 관계를 그림 4-40에서 보여주고 있다.

3) 비철 합금 주물의 열처리

(1) 동 합금 주물의 열처리

동 합금 주물도 다른 주물과 마찬가지로 열처리에 의해서 기계적 성질과 기타 성질을 개선시킬 수 있다.

동 합금 주물의 열처리는 크게 다음과 같이 균질화 처리, 풀림, 시효 처리로 나눌 수 있다.

① 균질화 처리

동 합금에서는 구리와 합금 성분인 주석, 아연, 납 등이 용융점에 큰 차이가 있고, 잘 고용되지 않기 때문에 주조 상태에서 편석이 존재하는 경우가 많다. 이것은 주물의 균열 원인이 되기 때문에, 주물의 조직을 균질화시키기 위해서 풀림의 최고 온도보다 약 100 ℃ 높은 온도로 가열하는 처리다.

② 풀림

내부 응력의 제거, 변형 방지를 위해서 동 합금의 재결정 온도보다 약간 낮은 온도로 가열 공랭한다.

③ 시효 처리

알루미늄 합금 주물의 경우와 마찬가지로 용체화 처리, 급랭 및 시효 처리를 한다.

(2) 알루미늄 합금 주물의 열처리

알루미늄 합금 주물은 냉각 수축에 따른 주조 변형을 제거하기 위해, 또는 조직의 균질화, 가공에 의해 생긴 응력의 제거 등을 위해 열처리가 필요하다.

열처리는 풀림과 시효 처리의 두 가지로 크게 구분된다.

① 풀림

주물의 살 두께의 변화, 냉각의 불균일에서 오는 잔류 응력 제거를 위한 처리다. 동 합금 주물을 280~350 ℃로 가열하여 2~10시간 유지한 후 서냉하면 된다.

② 시효 처리

이 열처리는 용체화 처리, 담금질, 뜨임의 순서로 이루어진다.

- **용체화 처리**

두 상을 가지는 합금을 약 500 ℃로 가열, 4~12시간 유지하여 균일한 고용체로 만드는 처리를 말한다.

- **담금질**

용체화 처리로 얻어진 균일한 고용체를 제 2의 상이 석출되는 것을 피하면서 실온에서 과포화 고용체로 하기 위해 고용체 처리 온도에서 급랭하는 처리다. 수냉, 공랭의 두 가지 방법을 쓰는데, 소형 주물, 얇은 주물은 공랭으로도 급랭이 된다. 냉각 속도가 클수록 시효 처리 후의 기계적 성질은 좋아진다. 내식성은 냉각 속도에 따라 차이가 생긴다.

◎ 뜨임

급랭으로 얻어진 과포화 고용체를 실온에 장시간 방치하든지, 또는 100~200 ℃로 가열하여 과포화 고용체 중에 과잉으로 존재하는 용질 원자를 제 2상으로 석출시켜 평행 상태로 되돌아가게 하는 것으로, 이 과정에서 주물은 경화된다. 상온에서 장시간 뜨임하는 것을 상온 효과, 저온에서 가열하는 것을 인공 시효 또는 뜨임 시효라 한다.

2. 주물의 검사와 주조 결함

주조 후 주물 제품의 검사는 치수의 오차, 기포, 주물 표면 및 조직 불량, 편석, 주조 후 내부 응력의 발생, 강도 부족, 주입 불량 등 주물 결함의 종류에 따라 그 방법도 여러 가지가 있지만, 일반적으로 직접법과 간접법으로 크게 나뉜다.

직접 검사에서는 기본적인 외관 검사, 치수의 오차나 모양 및 외부의 결함을 검사한다. 간접 검사에서는 파면, 조직, 재질 및 수압 검사를 하며, 화학 분석도 한다.

주물의 결함은 우연히 발생되는 것은 아니다. 주조 과정에서 작은 실수라 하더라도 주물에는 매우 큰 결함이 발생되는 원인이 되기 때문에, 주물의 품질 관리를 철저히 해야 한다.

제작된 주물의 품질은 사용자의 요구에 적합해야 하기 때문에 제품에 대한 검사를 철저히 하여 결함의 발생 요인을 근본적으로 규명하여 원인을 제거해야 하며, 노출된 결함은 보수하여 품질에 결격 사유가 없도록 하는 등 주조품을 안전하고 저렴하게 생산할 수 있도록 관리하는 것이 중요하다.

1) 주물의 검사

(1) 외형 검사

① 외관 검사

제품 표면에 생긴 이상 요철(凹凸)과 더불어 쇳물이 완전하게 채워졌는지, 주물 표면의 거칠기, 주물사의 부착 또는 균열, 수축에 의한 파이프, 외부에 나타난 기포 등 주로 주물 표면에 발생하는 결함을 검출하는 검사로, 주체는 육안 검사이나 상황에 따라서는 테스트 해머로 타격하여 균열 등의 검사도 한다. 이때 결함이 발견되면 그 부분에 표시를 하여 사용 가능 여부를 판정한다.

② 치수 검사

제작도에 따라 중심선에 대한 관계 위치와 주요 치수, 살 두께, 가공 여유, 휨, 변형, 주형 합상면, 코어의 위치 등을 조사한다. 신제품의 경우에는 제품에 금긋기(layout)를 하여 치수 검사를 한다. 치수의 결함은 원형 제작도의 오류, 원형 제작의 오류, 원형의 중자 등에 대해서도 오류 여부를 확인한다.

(2) 내부 결함 검사

제품 내부에 생기는 기포, 핀 홀, 수축공, 균열, 개재물 등을 파괴없이 발견하는 검사법으로 제품은 타격하는 타음으로 결함을 검출하는 관능적 방법에서 초음파, 자기, 방사선 등을 이용한 각종 검사법이 있다.

① 타음 검사

제품을 테스트 해머로 타격하였을 때의 음색에 의해 결함을 검출하는 방법으로, 균열의 유무, 재질의 판단 선별이 주된 검사 대상이다. 음색의 판별은 청각에 의한 경우와 오실로그래프(oscillograph)를 사용하는 경우가 있다. 균열이 있는 제품은 정상품에 비해 탁음(濁音)이 나고 짧다. 재질의 판정은 연하고 강도가 낮은 것은 저음이고, 경도 강도가 증가함에 따라 고청음(高淸音)이 된다.

② 침투 탐사 검사

주물 표면의 균열, 수축공 등의 결함 검출에 사용된다. 방법에는 염색액을 사용하는 염색

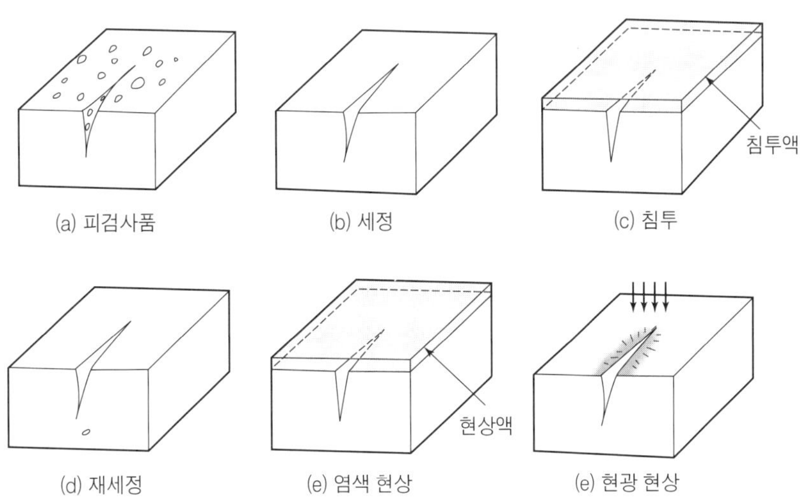

그림 4-41 ‖ 침투 탐상법의 원리

침투 탐상법과 형광액을 사용하는 형광 침투 탐상법이 있다.

침투 탐상법은 주물 표면에 형광 물질의 용액 또는 붉은색 염료의 용액을 발라 흠이 있는 부분에는 용액을 침투시키고, 표면의 여분의 용액을 닦아낸 다음 자외선을 비춰, 결함에서 번져 나오는 용액에 의해 흠집을 발견하는 방법이다. 그림 4-41은 침투 탐상법의 원리를 나타낸 보기다.

③ 자기 탐상법

주철과 같은 자성 재료는 내부에 기공, 균열, 불순물의 개재 등이 있으면 자력선에 불연속 부분이 생겨 그 부분에는 누설 자속의 변화가 일어난다. 이 현상을 이용하여 결함부를 검출하는 방법을 자기 탐상법이라 한다.

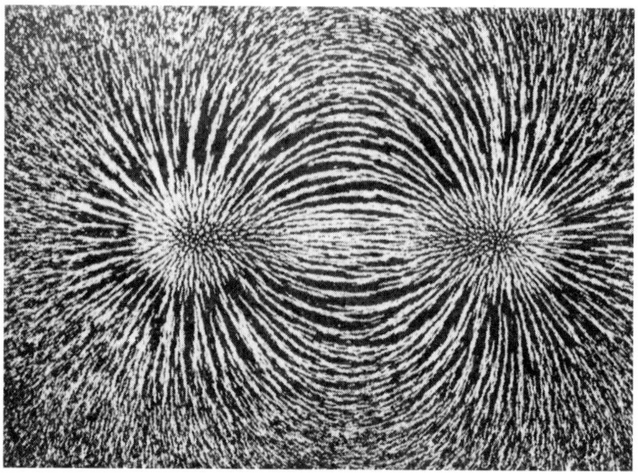

⬆ 자장의 형성

그림 4-42와 같이 결함 부위에는 자극(磁極)이 생기므로, 철분을 살포하면 이 부분에 흡착하여 철분이 응집하게 되므로, 육안으로 검출이 어려운 미소 결함도 쉽게 검출된다.

즉 그림 4-43 (b)와 같이 주물 내부의 균열이 자력선 통로에 놓이게 되면 자속선의 방향에 변화가 생겨 균열부에 미세 철분이 집중되어 내부의 결함을 알 수 있다.

검사할 때에 특히 유의할 점은 제품의 자화 방법으로, 자력선이 결함에 대해 수직이 되도록 자화하였을 때 검출 정도가 높다. 결함이 평행선상에 있으면 누설 자속이 생기지 않아 자분을 흡착하지 않게 된다. 따라서 결함 위치가 불분명할 때에는 직교하는 2방향 이상의 자화

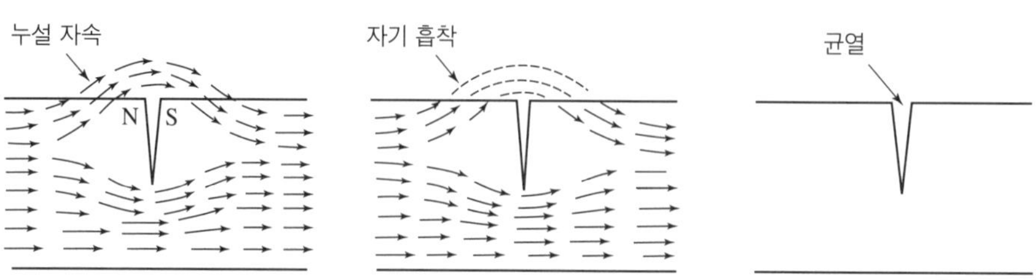

그림 4-42 ▌자기 탐상 검사의 원리

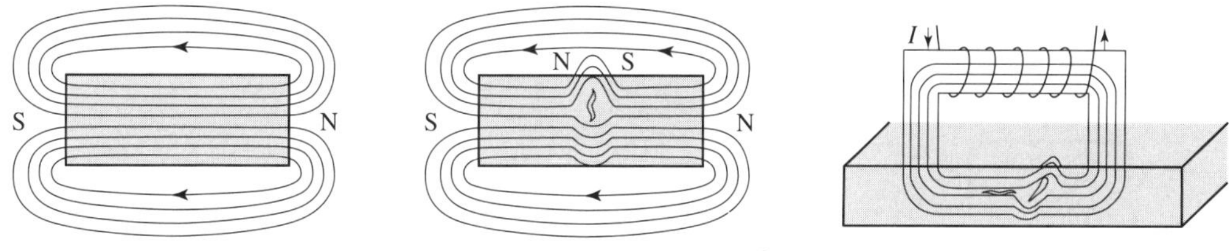

(a) 정상　　(b) 누설 자장(1)　　(c) 누설 자장(2)

그림 4-43 ▮ 자기 탐상

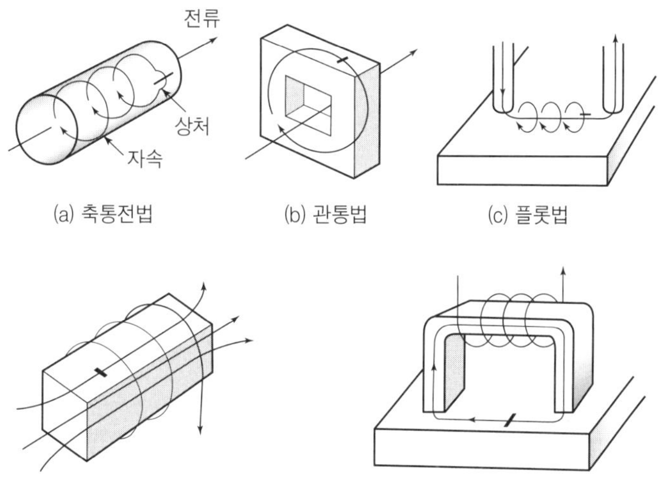

(a) 축통전법　　(b) 관통법　　(c) 플롯법

(d) 코일법　　(e) 극간법

그림 4-44 ▮ 자화 방식의 종류

가 필요하다. 그림 4-44는 각종 자화 방법을 보여주고 있다. 제품 형상, 결함 위치에 따라 적절한 자화 방법을 선택하여 사용한다.

4 초음파 탐상 검사

그림 4-45와 같이 초음파 진동자를 재료의 한 면에 대고 초음파 진동을 주면, 진동은 재료 내부를 통하여 반대면까지 전파되었다가 반사하여 다시 진동자에 돌아온다. 재료 내부에 기공 또는 터진 부분이 있으면, 반사파는 거기로 되돌아온다. 이 성질을 이용한 것이 펄스(pulse) 탐사법으로, 초음파 탐상법에 채용되고 있다. 즉 반사파가 진동자에 작용하므로 유도 전압이 계기에 나타나며, 결함이 있는 부분과 없는 부분에는 반사파에 시간적인 차가 있으므로 결함의 유무와 위치를 알 수 있다.

이 방법은 회 주철의 경우에는 조직 중의 흑연에 의해서도 반사하므로 유효하게 사용하기가 어렵다. 그림 4-46은 초음파 탐상 시험의 보기다.

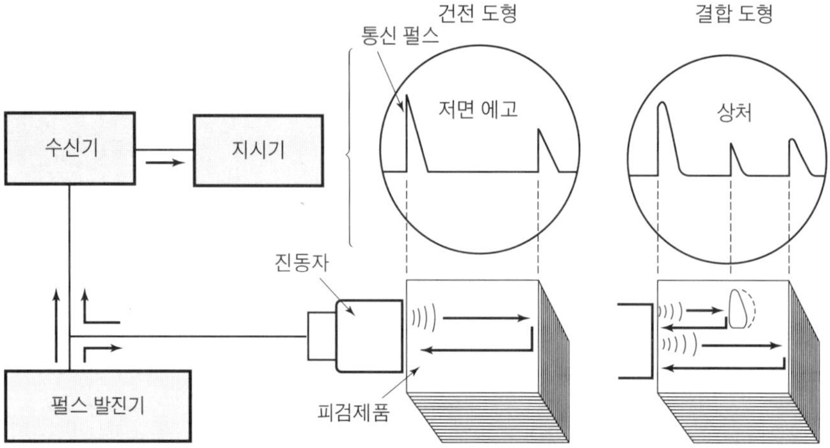

그림 4-45 ▮ 초음파 탐상법의 원리

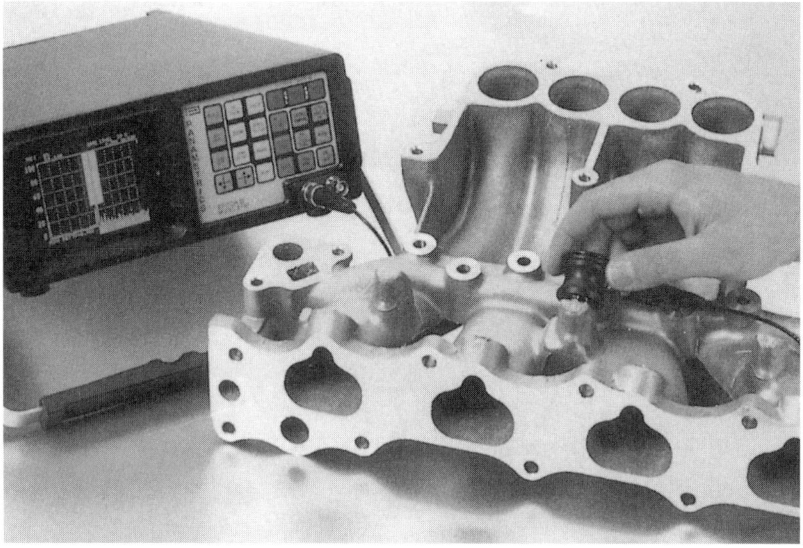

그림 4-46 ▮ 초음파 탐상 시험

⑤ 방사선 침투 검사

X선이나 γ선과 같은 방사선은 빛과 같은 전자파로 파장이 매우 짧아 금속과 같은 물체를 투과하는 성질이 있으며, 투과율은 물체의 재질과 두께, 밀도 투사하는 에너지에 따라 다르다. 그림 4-47은 내부에 결함이 있는 두께가 다른 피검사물의 방사선 투과 상황을 도해한 것으로, 투과 방사선은 얇은 부분일수록 커지므로 I_0, I_1, I_2의 순으로 투과 방사선은 약하다. 그러나 I_3 부분과 같이 결함이 있으면 두께는 I_2와 같으나 방사선의 투과량은 I_3의 쪽이 크다.

따라서 주물에 방사선을 투과시키면, 내부에 흠이나 결함이 있을 경우 건전한 부분과의 사이에 투과량의 차가 생긴다. 방사선을 사진으로 촬영하여 결함의 유무, 결함의 종류 및 그 정도를 검출한다. 그러나 상당히 숙련되지 않으면 판정을 잘못하는 경우가 많다.

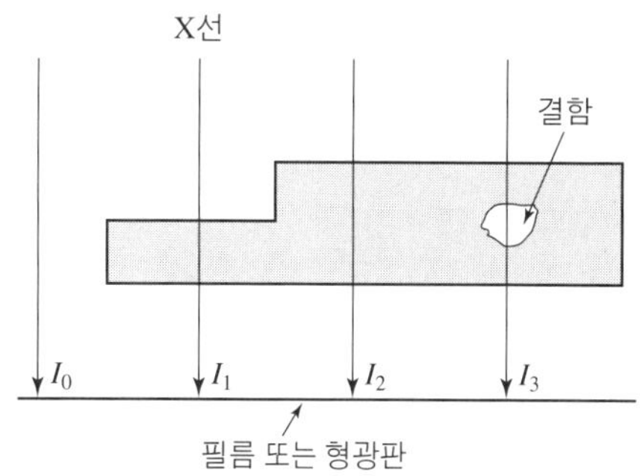

그림 4-47 ‖ X선 투과 검사의 원리

6 수압 및 공기압 검사

기압 및 수압 시험은 주물 제품이 사용 목적에 따라 소정의 기압이나 수압에 견딜 수 있는지를 검사하고, 아울러 기공, 터짐, 그 밖의 결함 유무를 검사한다.

이 검사는 내압성이 요구되는 제품의 내벽면에서 외벽면에 연속되는 결함 검출에 적용된다. 방식으로는 액압, 공기압, 진공식 등이 있으나 보통은 수압, 공기압식이 사용된다. 수압 검사는 내부 공동부(內部空洞部)를 완전 밀폐하고, 수압을 걸어, 결함부로부터의 누수를 검출한다. 공기압 검사는 내부 공동부를 밀폐한 제품을 물속에 넣어, 압축 공기를 공동부에 보내어 결함부로부터 누설되는 기포의 부상으로 부터 결함부를 검출한다.

이 검사는 보통 기계 가공 완료 후에 실시한다. 그림 4-48은 수압, 공기압 검사의 결함 검출 방식을 보여주고 있다.

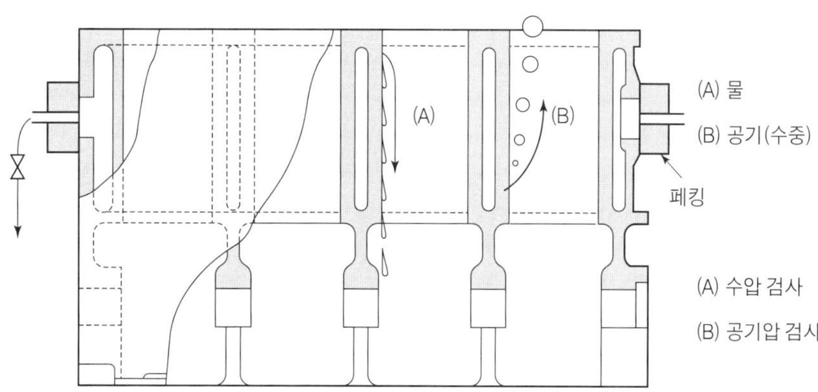

그림 4-48 ‖ 실린더블록 수압, 공기압 검사

(3) 재질 검사

① 기계적 시험

◎ 경도 시험

기계 재료의 경도(hardness)는 외력에 대한 단단한 정도를 나타내는 척도로서 인장 강도와 함께 널리 사용된다. 경도 시험은 간단하고 단시간 내에 측정과 동시에 결과를 얻을 수 있으므로 열처리에 따른 금속 재료의 성질 변화를 판단하는 수단으로 이용되고 있다.

경도 시험에는 브리넬 경도 시험(Brinell hardness test ; HB), 록웰 경도 시험(Rockwell hardness test ; HR), 비커스 경도 시험 및 쇼어 경도 시험(Shore hardness test ; HS) 등이 있다.

브리넬 경도 시험은 주물의 경도 시험에 가장 많이 사용되며, 일정한 지름 D(mm)의 강구 압입체에 일정한 하중 P(kgf)를 가하여 시험편 표면에 압입한 다음, 그때 나타나는 압입 자국의 접촉 면적, 즉 압자가 시험 재료에 접촉한 면적을 구면의 일부로 보고, 이 면적 A(mm^2)으로 하중을 나눈 값을 경도로 한다.

브리넬 경도값 HB는 다음 식으로 구할 수 있다.

$$\mathrm{HB} = \frac{P}{A} \tag{4-2}$$

시험편(test piece)은 양면을 평행하게 가공하고, 특히 윗면을 잘 연마한다.

◎ 인장 시험

인장 시험은 기계적 시험 중에서 가장 기본이 되며 그 규격은 KS B 0801 및 KS B 0802로 정하고 있다. 인장 시험에서는 인장 강도, 연신율, 단면 수축률 등이 있으며 이 밖에도 항복점, 비례 한도, 탄성 한도, 내력, 응력 변형 곡선을 구할 수 있다.

주조품의 인장 시험은 시험편의 제작에 유의한다. 즉 시험편의 주입 방안, 주방 치수, 기계 가공 치수가 기준화되고 있다. 이와 같이 기준화되고 있는 이유는 냉각, 응고 조건의 경향 등을 통일하기 위함이다. 제품과 유사한 값을 얻기 위해서는 제품에서 시료를 직접 채취하는 것이 좋으나 유사의 냉각 조건에 의해 시험편을 주조, 시험하기도 한다.

◎ 충격 시험

a) **샤르피 충격 시험** : 시험편의 양끝을 지지한 상태에서 중앙부에 해머로 충격적인 외력을 가하여 파괴시켜 시험하는 형식의 충격 시험을 샤르피 충격 시험(charpy impect test)이라 한다.

b) 아이조드 충격 시험 : 아이조드 충격 시험(izod impect test)의 측정 원리는 샤르피 방식과 같으나 펜듈럼 해머가 시험편을 타격하는 위치와 시험편의 치수 및 그것을 고정시키는 방법이 샤르피형과 다르다.

◎ 그 밖의 시험법

a) 피로 시험 : 재료가 영구히 파괴되지 않은 응력 중에서 가장 큰 것을 피로 한도(疲勞限度, fatigue limit)라 하고, 이 값을 구하는 시험을 피로 시험(疲勞試驗, fatigue testing)이라 한다. 그림 4-49는 축의 피로 시험 파단면의 보기다.

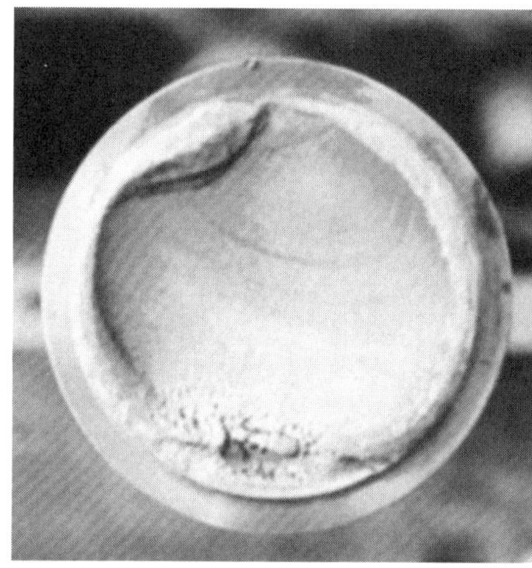

그림 4-49 ▮ 축의 피로 시험 파단면

b) 크리프 시험 : 크리프에 관한 시험에는 매우 긴 시간을 요하는 크리프 시험법(creep testing)과 비교적 짧은 시간으로 행하는 크리프 파단 시험법(creep rupture testing)이 있다.

c) 마멸 시험 : 마멸 시험은 마멸에 대한 강도, 즉 내마멸성(또는 내마모성)을 시험하는 것이며, 마멸은 접촉하는 상대 재료의 재질 및 표면 상태 등에 따라 영향을 받는다. 기계는 회전 또는 왕복 등의 반복 운동을 하는 곳이 많다. 기계 부품의 파손 원인은 마멸에 의해 일어나는 경우가 많으므로 재료의 내마멸성을 알아보는 것은 대단히 중요하다. 마멸 현상은 재료의 운동 상태에 따라 미끄럼(sliding) 마멸과 굴림(rolling) 마멸로 분류하며, 마멸 시험은 표준화된 방법이 없기 때문에 각 현상에 적합한 시험 기구를 선택하여 사용한다.

2 분석 및 조직 시험

◎ 화학적 검사

금속은 화학 성분에 따라 조직과 기계적 성질 등이 달라지므로, 품질 관리, 이상품 조사(異狀品調査)를 위해 여러 가지 분석 장치를 써서 쇳물과 주조품의 화학 성분을 정량 분석한다. 또 육안으로는 발견할 수 없는 흠이라도 산성 용액에 담가서 표면을 깨끗이 씻으면, 건조 후에 흠의 유무를 발견할 수도 있다.

◎ 파단면 검사

검사할 재료의 끝부분 또는 목적한 부분에 정이나 쇠톱으로 자극을 낸 다음 해머로 쳐서

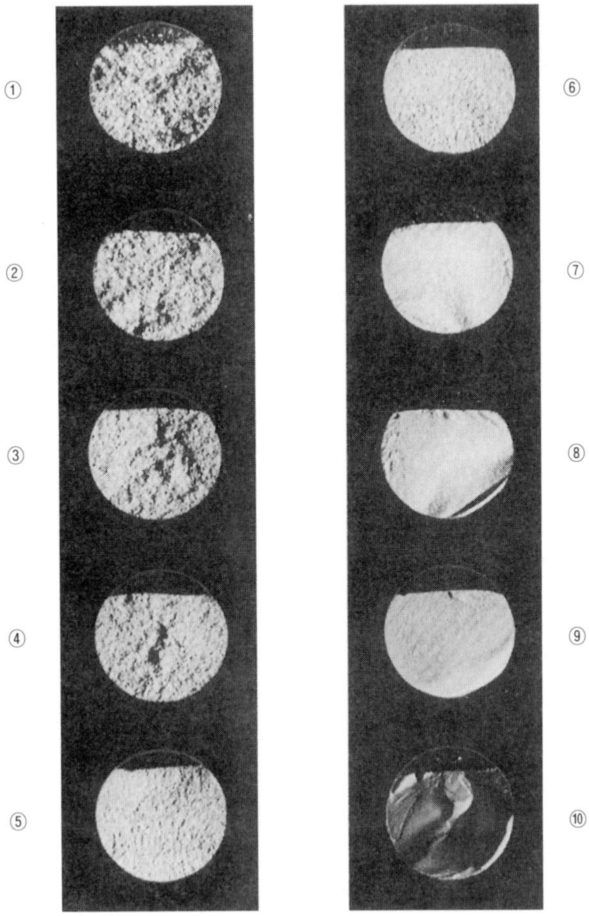

그림 4-50 ▮ 파단면의 표준 입자의 크기

파단하고, 파단면의 결정 상태, 열처리의 상태, 백점의 유무, 피로 파면 등을 검사하는 방법이다. 또한 재료가 사용 도중에 파손되면 가장 먼저 파단면을 조사하게 된다. 이때 파단면을 관찰하면 재질적인 측면 외에도 파괴 기점의 위치와 방향, 인장과 전단 하중의 종별, 그리고 피로 파괴, 취성 파괴 등에 대한 판별이 가능하다. 이 밖에도 파단면에 생긴 슬래그, 가스 구멍(blow hole), 조대한 입자도 발견할 수 있다. 그림 4-50은 파단면의 표준 입자 크기 시험편의 보기로, 가장 거친 ①에서 가장 고운 ⑩의 순서로 나열되어 있다.

또한 주철에서는 회 주철과 백 주철의 구분 그리고 조직의 밀도 등을 판정할 수 있으며, 가단 주철에서는 침탄 상태와 열처리의 결과를 판정하는 데 응용된다. 파면 검사의 기준은 파면입도의 조밀, 색과 균일성 등으로 정한다.

그림 4-51은 보통 주철의 파단면의 보기다.

◎ 조직 검사

a) 매크로 조직 시험 : 매크로 조직 시험(macro structure detecting)은 단조 또는 압연한 강재 등의 시험편을 가공 연마하고 적당한 부식액으로 부식하여 표면의 흠, 수지상 조직, 가공에 의한 결정립의 흐름, 기포, 편석, 개재물, 모세 균열 등을 육안 또는 확대경으로 검출하는 시험법이다. 매크로 조직 시험은 사용하는 부식액의 종류에 따라 여러 가지가 있으나 KS에서 규정하고 있다. 표 4-2는 강재의 매크로 조직 시험법의 몇 가지 보기를 나타낸 것으로 동 합금, 알루미늄, 합금 등의 금속 재료에도 이용할 수 있다.

b) 마이크로 조직 시험 : 금속의 조직은 그 화학 성분이 같은 경우에도 응고 조건, 압연, 단

(a) 조대 파면 (b) 보통 파면

(c) 세밀 파면 (d) 칠드 파면

그림 4-51 ▮ 보통 주철의 파면

표 4-2 ▮ 매크로 조직 시험법

목적	부식액	시험편 준비	조작
기포, 개재물, 파이프, 수지상정, 균열, 섬유 조직 등	25 % 유산수 용액	연삭면	상온 8~16 h 담금
	50 % 염산수 용액	기계 가공, 연삭면	70~80 ℃, 30 min 담금
	농유산 2, 농염산 1, 물 3	기계 가공면	70~80 ℃, 30 min 이상 담금
수지상정, 섬유 조직, 재결정 조직, 열처리 조직 등	1액 [제 2염화 동암모니아 120 g, 물 1000 mL] 2액 [제 2염화 동암모니아 120 g, 농염산 50 mL, 물 1000 mL]	사포 연마	상온 조작 1액에 5~10 min 2액에 30~60 min 담금 후 세척 건조
	1액 [염화 동 5 g, 염산 40 mL] 2액 [알코올 25 mL, 물 30 mL]	사포 연마	상온 조작 30~60 min 담금 후 수세 건조

조 등의 가공의 열처리 방법에 따라 현저한 차이가 있으며, 금속의 여러 성질과도 연관된다. 따라서 조직 검사에 의해 금속의 종류, 화학 성분, 기계적 성질, 열처리와 가공의 정도, 재료의 결함 등을 알아낼 수 있다. 또한 금속의 조직을 시험 조사함으로써 금속의 재질 개선 · 연구뿐 아니라 품질 관리에도 응용할 수 있으며, 금속의 종류, 열처리나 가

공의 상태를 알 수 있는 중요한 시험이다.

금속을 대상으로 하는 마이크로 조직 시험(microscopic testing)에는 일반적으로 광학 금속 현미경(光學金屬顯微鏡)에 의한 시험 방법이 많이 사용되고 있으며, SUMP법은 대형의 부재에 대해, 그리고 전자 현미경은 특별하게 상세한 관찰이 요구될 때 사용된다.

2) 주물의 결함과 보수

(1) 주물의 결함

주물에는 여러 가지 결함이 발생하는 경우가 많다. 주물의 재질, 종류에 따라 근본적으로 다르게 나타나는 경우는 그리 많지 않으며, 공통적으로 보게 된다. 따라서 대책도 공통적이며, 어떤 결함의 원인이 확인되면, 재료에 대해서 대책을 수립할 수가 있다. 그러나 주물을 주조할 때, 많은 작업 공정을 거치게 되고 그 중에 결함을 발생하는 요인이 많으므로 이를 확신하는 것은 매우 어렵다. 따라서 많은 기술적인 경험이 필요하며, 또· 각기 공장에서의 기술과 작업을 표준화하여, 결함과의 관련성을 예측할 필요가 있다. 즉 실제의 작업이 표준과 비교하였을 때, 이와 차이가 있는지를 조사하여, 원인을 예측할 필요가 있다.

여기서 매우 중요한 일은 사실에 근거한 판단이다. 사실을 등한시하는 판단은 위험이 뒤따르게 된다.

일반적인 주물 결함의 외관적 분류는, 크게 ① 기포, ② 수축공, ③ 균열, ④ 주탕 불량과 쇳물 경계, ⑤ 개재물, ⑥ 코어의 떠오름 ⑦ 표면 결함 등으로 하고 있다.

이들 결함은 설계에 의한 것, 사용 재료에 의한 것(용해재, 주물사 등) 작업에 의한 것(용해, 주물, 사관리, 조형, 주입 등) 주조 방안에 의한 것이 있다. 같은 결함일지라도 원인은 다를 수 있다.

표 4-3은 일반적으로 나타나는 주물 결함과 특징을 도식화한 것이다.

주철 주물의 결함 사례는 다음과 같다.

1 기포(blow hole)

〈특징〉

◎ 가스 구멍(blow hole)

둥근 모양의 가스 구멍으로, 쇳물 속에서 가스가 발생되거나 공기가 말려 들어가서 생긴다. 쇳물 중의 가스가 발생되어 생긴 것은 주형 옆면이나 위쪽에 나타나며, 코어에 의한 가스 구멍은 코어에 가까운 표면이나 근처에 생긴다. 칠 메탈이나 채플릿 근처에도 생긴다. 그림 4-52는 가스 구멍의 보기다.

표 4-3 | 주물의 결함

결함	그림	결함	그림
1. 가스 구멍	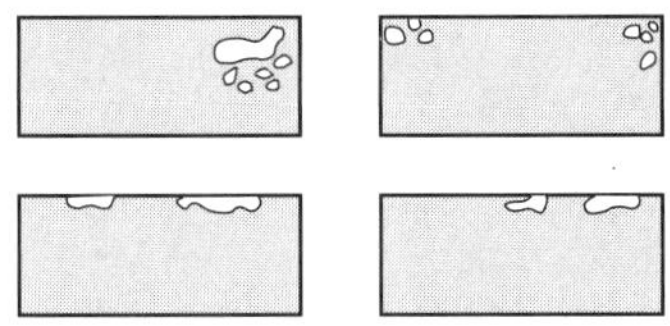	8. 스캡	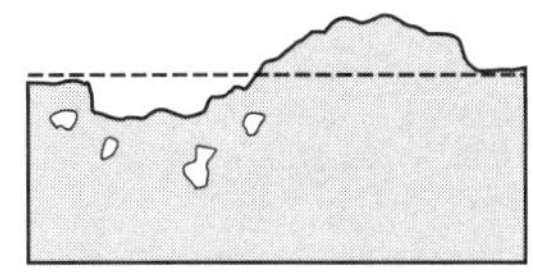
2. 핀 홀	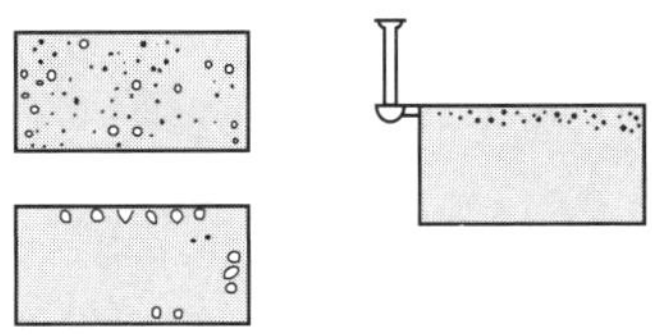	9. 버클	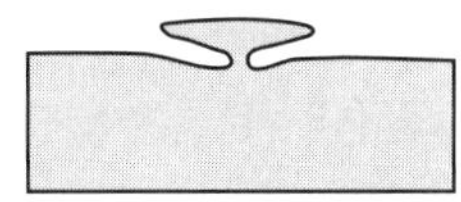
3. 끓음	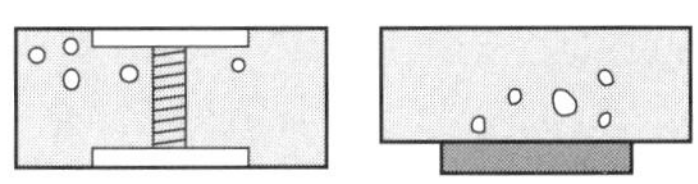	10. 파임	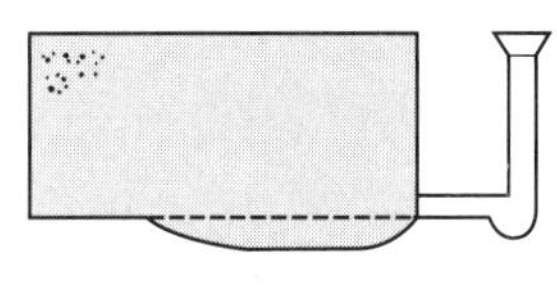
4. 수축	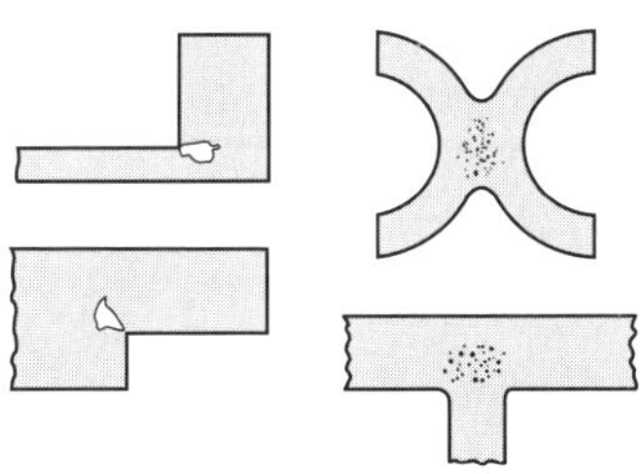	11. 밀림	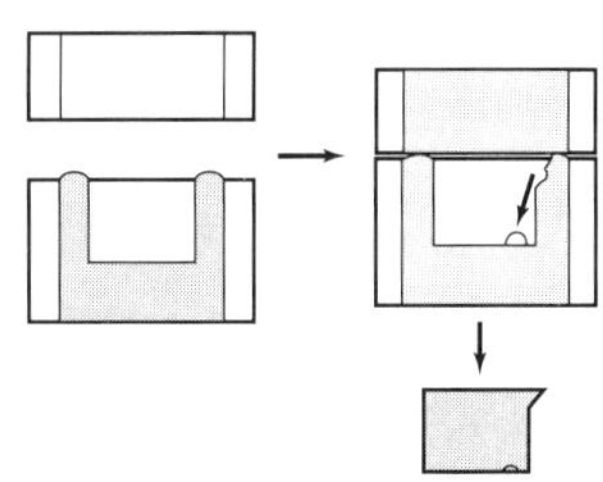
5. 개재물	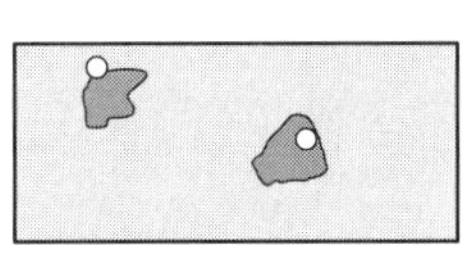	12. 탈락	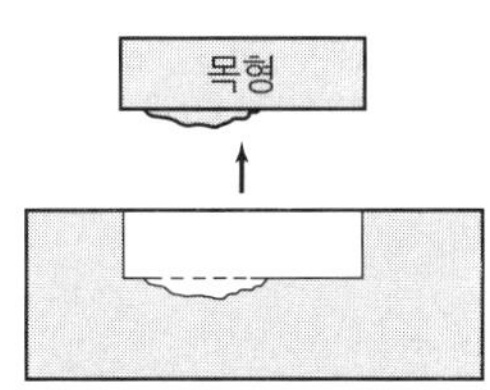
6. 주탕 부족	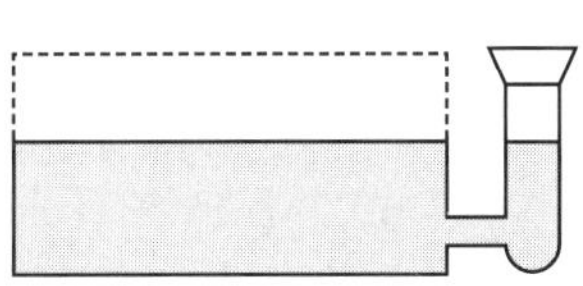	13. 균열	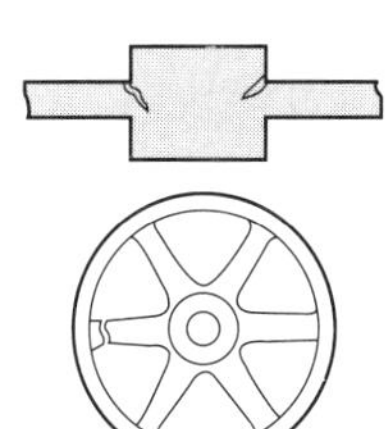
7. 경계			

그림 4-52 ▌가스 구멍

그림 4-53 ▌핀 홀

◎ 다공질(porosity)

주형 표면에서 생기 수증기나 가스가 쇳물 속에 들어간 것으로, 모래 또는 슬래그 등의 개재물이 끼이는 수가 있다.

◎ 핀 홀(pin hole)

주물 표면의 일부 또는 안쪽에 미세한 구멍이 산재되어 있는 것이다. 그림 4-53은 핀 홀의 보기다.

◎ 주물집(blister)

얇은 금속의 피막으로 둘러싸인 기포로, 보통 주물의 표면에 많이 나타난다.

〈원인과 방지〉

기포의 원인은 일반적으로 다음의 여러 경우에 생기기 쉽다.

① 코어의 건조가 불충분하거나 통기도가 나빠서 가스 배출이 잘 안 될 때, 또는 배출 구멍의 연결이 불완전할 때
② 주형의 수분이 많고, 습태 강도가 높아 통기도가 나쁠 때
③ 주물사에 탄소계 물질이나 가스 발생 재료가 많을 때
④ 조형할 때 냉한 것과 열기가 있는 것을 조합했을 때
⑤ 주입 온도가 낮거나 유동성이 나쁠 때, 또는 산화 용해로 쇳물이 산화되거나 가스를 함유

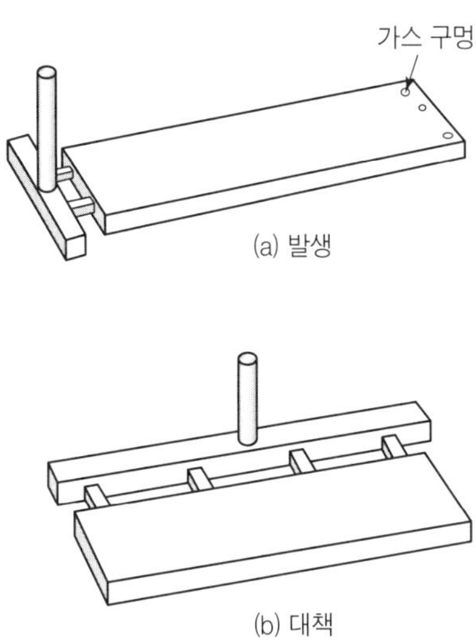

그림 4-54 ‖ 탕구의 위치를 바꾼 보기(1)

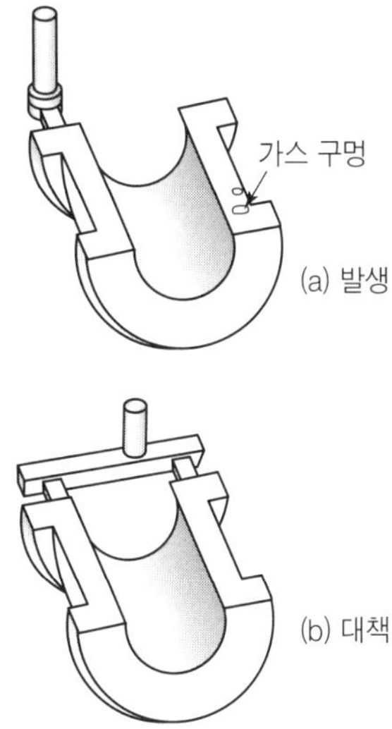

그림 4-55 ‖ 탕구의 위치를 바꾼 보기(2)

하고 있을 때

⑥ 레이들의 건조 및 예열이 불충분하여 쇳물이 가스를 흡수하였을 때

⑦ 압탕 효과가 없을 때

⑧ 채플릿, 냉금의 불량으로 생긴 기포

〈대책〉

쇳물의 가스량을 줄이기 위해 장입 재료를 엄격히 선택하고 용해 작업을 철저히 관리해야 하며, 필요에 따라 쇳물을 탈가스 처리한다.

주물사는 잘 선택하여 배합 조정을 정확히 하고, 조형할 때 지나친 다지기를 금하며, 주형과 코어의 배기가 잘 이루어져야 한다. 특히 칠 금속을 사용할 때에는 미리 청정, 건조한 후 사용한다.

그림 4-54 및 그림 4-55는 탕구와 탕도의 위치를 변경함으로써 핀 홀을 제거하는 방안의 보기다. 또한 그림 4-56은 가스빼기를 개선한 보기이고, 그림 4-57은 압탕을 설치하여 개선한 방안의 보기다.

2 수축공(shrinkage cavity)

〈특징〉

큰 것이나 작은 것이나 주입 후 쇳물이 응고할 때 쇳물의 수축에 의하여 생긴 것으로, 수지상 결정(dendrite)이라 부르는 거친 구멍이다.

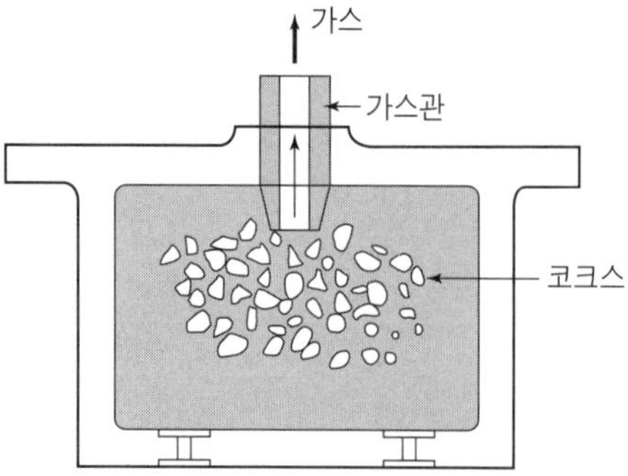

그림 4-56 ‖ 가스빼기 개선으로 가스 구멍을 제거한 보기

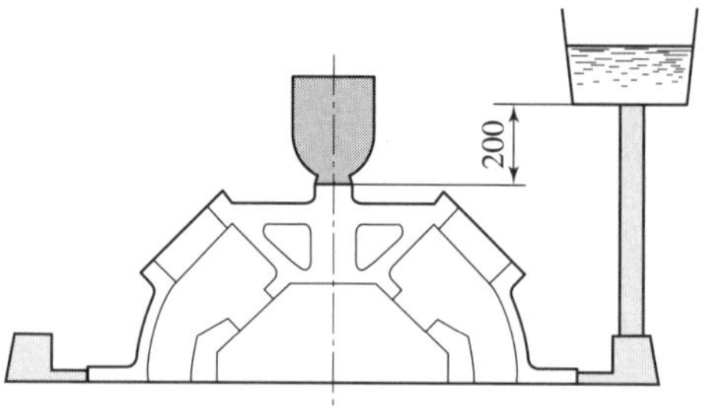

그림 4-57 ‖ 압탕 방안으로 가스 구멍을 제거한 보기

수축공은 주물 속에 나타나는 경우와 그림 4-58과 같이 외부에 오목한 모양으로 나타나는 것, 그림 4-59와 같이 탕구의 밑에 나타나는 것 등이 있다.

〈원인과 방지〉

① 주물의 단면 변화가 급격하거나, 필릿이 두껍고 고립된 부분에 쇳물의 보급이 곤란할 때
② 탕구 방안이 적당하지 못할 때, 특히 압탕의 크기가 작을 때
③ 주물의 필릿 두께에 대한 화학 성분 조정이 부적당할 때
④ 주입 온도가 낮거나 고온의 쇳물이 압탕에 보급되지 못할 때

〈대책〉

수축공을 압탕으로 유도되도록 주조 방안을 결정하며, 주물의 두께를 될 수 있는 대로 균일하게

그림 4-58 ‖ 수축공(1)

그림 4-59 ‖ 수축공(2)

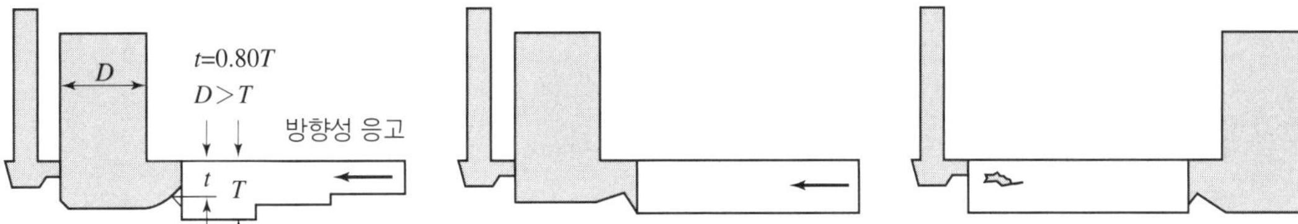

(a) 방향성 응고를 한다 (b) 방향성 응고를 한다 (c) 방향성 응고를 하지 않는다

그림 4-60 ▮ 탕구, 압탕의 위치와 압탕 효과

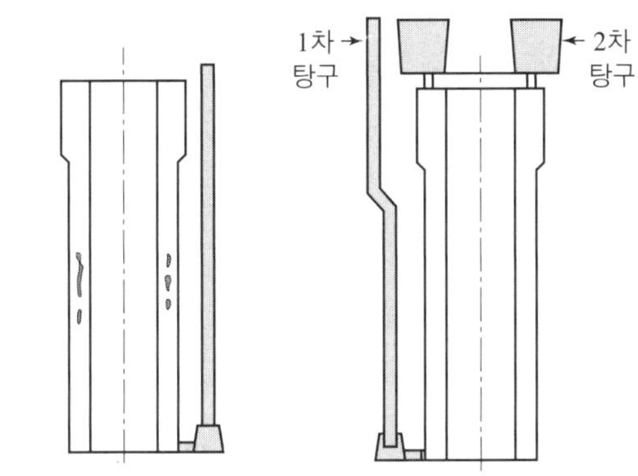

(a) 제품 중간에 수축집 발생 (b) 제품 양호

그림 4-61 ▮ 실린더라이너의 결함과 압탕 효과

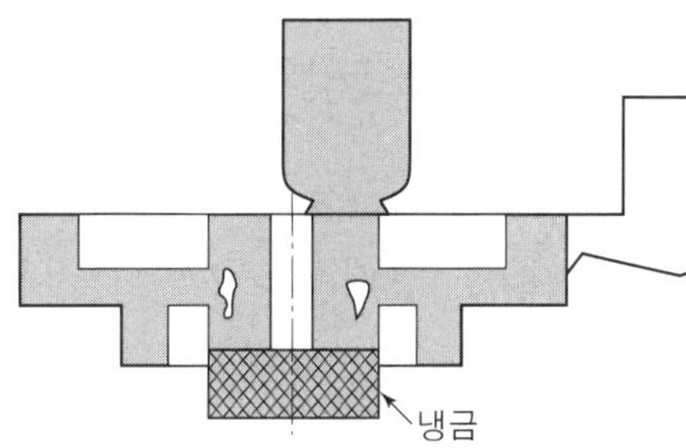

그림 4-62 ▮ 냉금이 없으면 보스부에 수축집이 생긴다

하고, 주입 온도를 과도하게 높이지 말아야 하며, 주형 속의 용융 금속에 충분한 정압을 주도록 알맞은 크기의 주입구와 게이트를 사용해야 한다. 그림 4-60은 탕구와 압탕의 위치와 압탕 효과를 보여주는 보기를, 그림 4-61는 실린더라이너의 탕구와 결함의 보기다. 그리고 그림 4-62는 냉금이 없으면 보스에 수축이 생기는 사례다.

③ 균열

〈특징〉

주물이 응고될 때, 또는 응고된 다음에도 주물에 주조 응력이 작용하여 주물에 금이 생기는 것이며, 이를 고온 균열(shrinkage crack or hot tear)이라고도 한다. 그림 4-63은 고온 균열의 보기다.

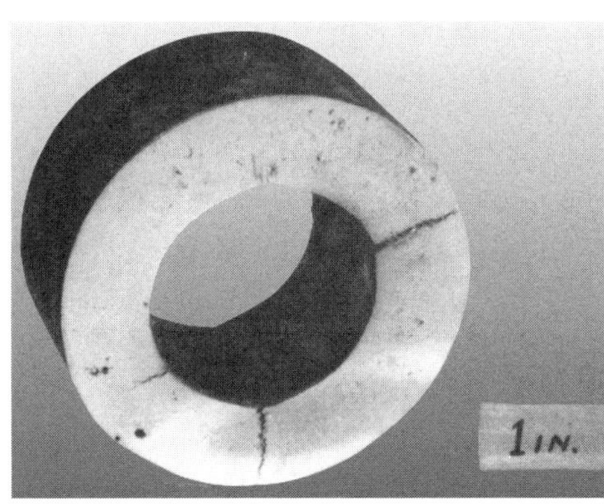

그림 4-63 ▮ 균열

〈원인〉

① 주물의 필릿 두께가 고르지 못하거나 냉각 속도에 큰 차이가 생길 때
② 주형 및 코어의 강도가 너무 강하여 신축성이 나쁠 때
③ 쇳물의 화학 조성이 부정당하거나 불순물이 많을 때
④ 고온의 주물을 주형으로부터 꺼내어 물속에 넣거나, 또는 찬 공기 속에서 급랭하였을 때

〈대책〉

대형 주물은 주형이 수축성을 가지도록 주물사에 피치, 나뭇가루 등을 첨가하고, 주물의 두꺼운 부분에는 칠 금속을 사용하여 얇은 부분과 균일하게 냉각되도록 한다.

4 주탕 불량(misrun)과 쇳물 경계(cold shut)

〈특징〉

주탕 불량은 쇳물이 완전하게 주형 내를 채우지 못한 것으로, 살이 얇은 주물에서 많이 볼 수 있다. 그림 4-64는 주탕 불량의 보기다.

쇳물 경계는 주형 안에서 두 줄기 이상의 쇳물의 흐름이 합류하는 점에서 완전히 융합되지 않은 것이다.

〈원인과 방지〉

① 주물의 설계가 나쁘거나 탕구 방안이 불량할 때
② 주형 내의 수분이 많아 쇳물을 끓게 하거나 다른 원인으로 유동성을 해칠 때
③ 주입 온도가 낮아 유동성이 나쁘거나 쇳물이 산화되었을 때

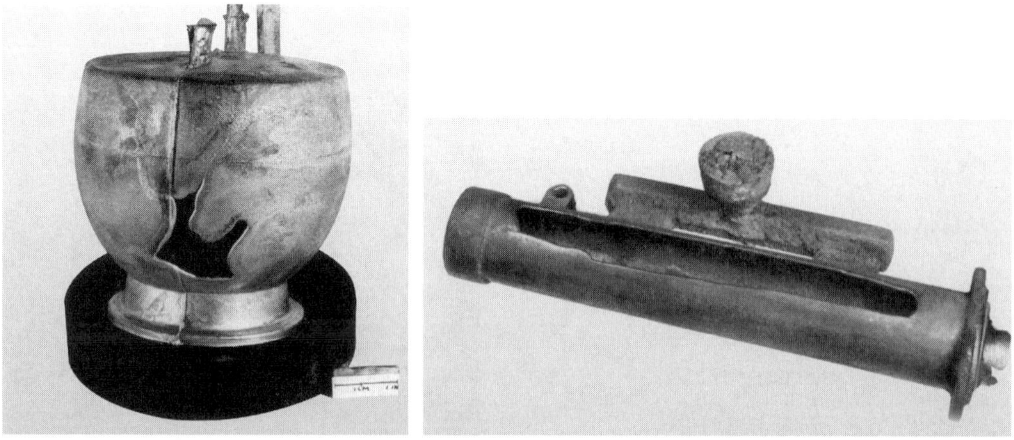

(a) 측면 (b) 상면

그림 4-64 ▮ 주탕 불량

④ 주입 속도가 느리거나 주입이 단속되었을 때

〈대책〉

쇳물의 유동성 관리는 적당한 주입 온도와 주입 속도를 지키며, 주입 온도가 떨어지지 않도록 주의한다.

탕도계에서는 탕구나 게이트의 단면적을 적절히 조절해 쇳물의 유입이 잘 되도록 한다. 주형의 통기성이 나쁜 경우에도 주입시 주형 내에서 발생된 가스 압력이 높아져 쇳물의 유입을 방해하는 경우가 있으므로, 주형의 통기성을 좋게 한다.

5 개재물(inclusion)

〈특징〉

모양이나 크기가 불규칙하며, 모래나 슬래그 등의 불순물이 쇳물 속에 말려 들어가 주물 안에 남은 것으로, 개재물이 제거된 것은 기포와 혼동되기 쉽다. 그림 4-65는 개재물의 보기다.

개재물의 종류에 따라 모래 구멍(sand hole), 슬래그 개재물(slag inclusion) 등으로 구분한다.

〈원인과 방지〉

① 탕구가 알맞지 못하고, 주입할 때 슬래그나 잡물의 제거 방안이 나쁘거나 제거되지 않았을 때

② 코어 및 주형의 강도가 충분하지 못하여 주형의 일부가 쇳물의 압력에 씻길 때

③ 주형 경도가 고르지 않거나 주형 안에 모래가 떨어져 있을 때

④ 내화도가 낮은 도형제나 이형제를 사용했을 때

⑤ 합금을 첨가하거나 접종을 할 때, 쇳물의 온도가 낮아서 첨가물이 덜 녹거나 슬래그로 남아있을 때

⑥ 주입 온도가 낮거나, 주입이 단속적으로 이루어져 개재물이 말려 들어갈 요인이 있을 때

⑦ 레이들에 라이닝한 재료의 내화도, 열간 강도 및 건조 강도가 낮은 것 또는 슬래

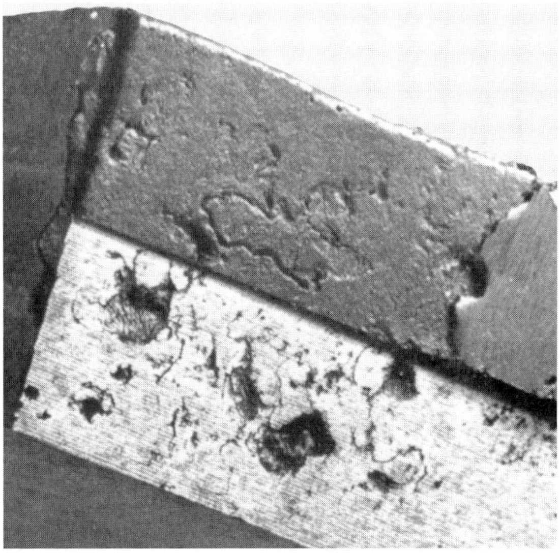

그림 4-65 ‖ 개재물

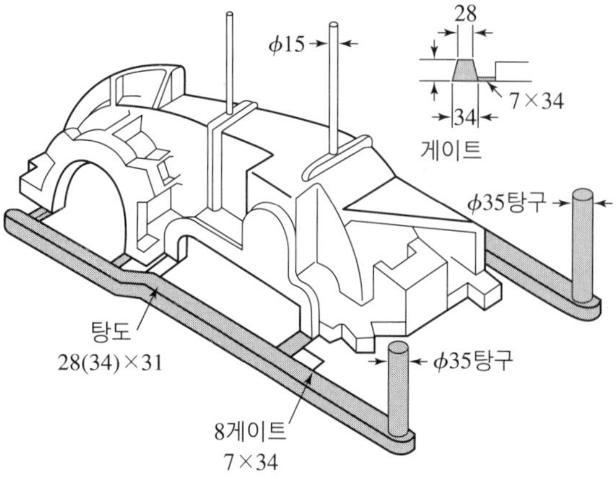

그림 4-66 ▮ 탕도의 개선 방안 보기

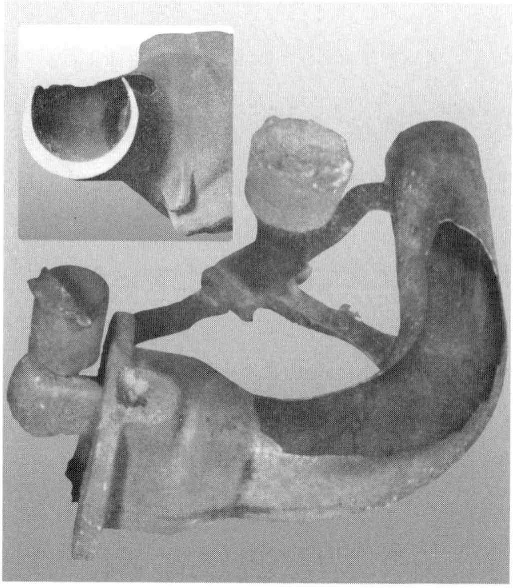

그림 4-67 ▮ 코어의 떠오름

그가 붙은 것을 그대로 사용했을 때

〈대책〉

알맞은 탕도계를 채택하고, 슬래그가 쇳물 표면에 떠오르도록 주입 온도를 높이며, 슬래그의 제거를 충분히 한 다음 주입한다. 그림 4-66는 탕도를 상형에, 게이트를 하형에 두어 탕구로부터의 슬래그 진입을 막아준 보기다.

⑥ 코어의 떠오름(core raise)

〈특징〉

쇳물의 부력으로 코어를 상형면으로 밀어 올려 필릿의 두께가 고르지 않게 된 것이다.

〈원인과 방지〉

① 코어 프린트의 지지 방법이 나쁘거나, 코어 받침이 코어 프린트보다 클 때
② 채플릿의 재질 또는 지지 방법이 좋지 않거나, 탕구 방안이 나빠서 채플릿이 빨리 녹아 버릴 때
③ 코어 메탈이 약하거나, 코어의 열간 강도가 불량할 때

예를 들면, 그림 4-67은 채플릿을 사용하지 않았을 때에 일어나는 결함으로, 이 결함부의 단면이 보여주는 것과 같이 아래쪽의 필릿 두께가 두껍다.

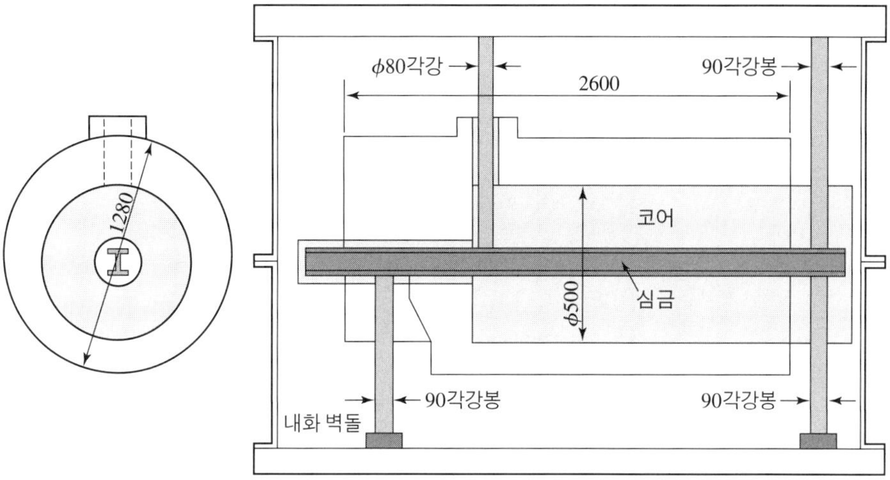

그림 4-68 ▮ 중자의 부력 대책 보기

〈대책〉

코어의 크기가 코어 프린트보다 큰 경우에는 주형의 일부가 눌리거나 심하면 파손된다. 반대로, 코어 프린트가 작을 때에는 코어와 주형(코어 프린트) 사이에 틈이 생기므로, 주입 후 코어가 부력에 의해 떠오르거나 이동하게 되어 불량 주물의 원인이 된다. 따라서 코어가 있는 원형은 코어 프린트와 코어형의 크기가 일치해야 한다. 그림 4-68은 주물 중량이 18 t이나 되는 대형 실린더 주형의 보기다. 중자에 가해지는 부력이 7 t이 되는 보기로, 이 경우 중자의 부력은 중자의 심금(心金)이 유지하도록 설계한다.

7 그 밖의 결함

그 밖의 주물 결함으로는 그림 4-69와 같은 거친 표면(rough surface), 소착(fusion) 및 흠집(scab) 등의 표면 결함과 그림 4-70과 같은 어긋남(mismatch), 그림 4-71과 같이 주입 후 쇳물이 새어 생긴 결함이 있다. 이 밖에 치수 불량, 재질 경화 등 종류가 많으며, 각각 다른 특징 및 복잡한 원인이 있다.

따라서 이러한 주물 결함을 줄이는 문제가 주조 기술의 중요한 부분을 차지하고 있다.

(2) 주물의 보수

결함이 없는 완전한 주물은 보수할 필요가 없다. 그러나 실제로는 크고 작은 여러 가지의 결함이 발생하게 되므로, 주물 제품 생산 과정에서 보수 작업을 하는 사례가 많다. 특히 용접성이 좋은 주강에서는 중요한 공정 중의 하나다.

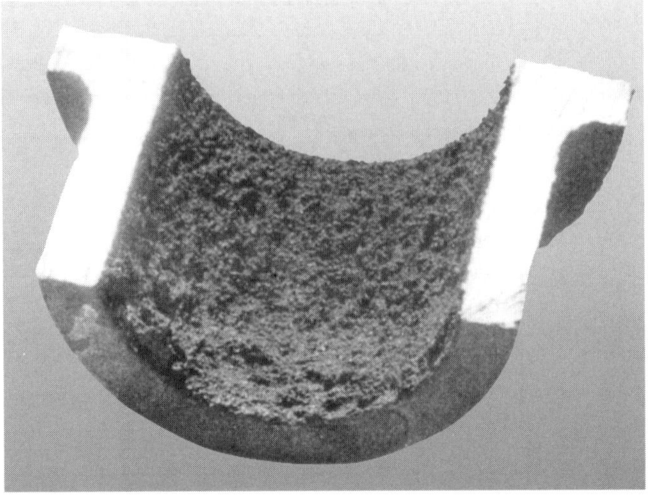

그림 4-69 ▮ 거친 표면

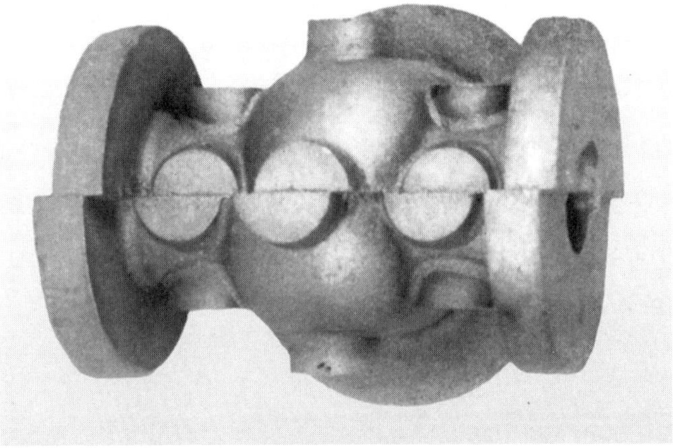

그림 4-70 ▮ 어긋남

보수 작업은 주로 용접으로 이루어지며, 용접이 끝나면 잔류 응력이나 용접 부분의 재질 변화를 방지하기 위해 풀림 처리 등을 할 필요가 있다. 따라서 기계 가공 후에 발견되는 결함 부분의 보수는 어려움이 많으므로, X선이나 그 밖의 방법으로 가공 전에 결함이 있고 없음을 확인해야 한다.

주강을 용접할 때에는 아크 용접(arc welding)이 많이 이용되는데, 용접봉은 수분 함유량이 적은 저수소계의 것이 좋다.

주철의 보수에는 그렇게 큰 강도가 요구되지 않은 결함 부분이나 표면 결함의 보수에 아크

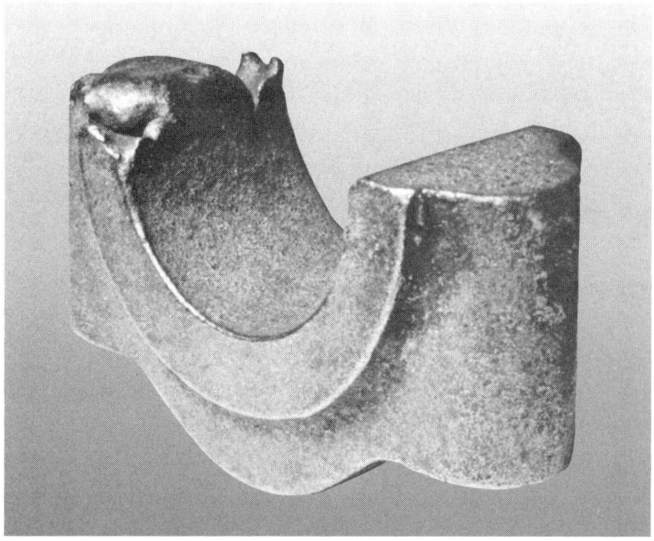

(a) 한쪽

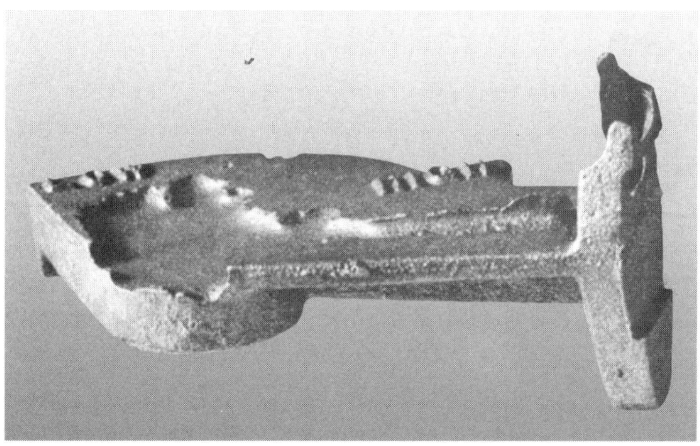

(b) 상부

그림 4-71 ‖ 쇳물이 새어 생긴 결함

용접법을 이용하며, 보통 Ni, Ni-Fe, Ni-Cr 등의 합금 용접봉을 사용한다. 그러나 일반적으로 가공을 필요로 하는 주철 주물의 용접 보수에는 주물의 일부 또는 전체를 예열하여 가스 용접하는 것이 좋다.

평 가 문 제

4.1 특수 조형 · 주조법

1. 셸 몰드법과 인베스트먼트법의 특징을 비교 설명하시오.

2. 다음의 특수 조형법을 요약 설명하시오.

   ① 쇼 주형법

   ② 풀 몰드법

   ③ 감압 조형법

   ④ 자경성 주형법

3. 다이 케스팅 머신의 형식과 특징을 비교 설명하시오.

4. 고압 응고 주조법과 용도에 대해 설명하시오.

4.2 주물의 후처리와 검사 및 주조 결함

5. 모래떨이와 청정 설비의 종류 및 특징을 설명하시오.

6. 다음 주철의 열처리에 대해 요약 설명하시오.

   ① 응력 제거 풀림

   ② 연화 풀림

   ③ 칠 제거 풀림

   ④ 뜨임

7. 다음 알루미늄 합금 주물의 열처리에 대해 요약 설명하시오.

   ① 용체화 처리

   ② 풀림

   ③ 시효 처리

   ④ 담금질

8. 주물의 수압 및 공기압 검사법에 대해 설명하시오.

9. 주물의 매크로 조직 검사와 마이크로 조직 검사를 비교 설명하시오.

10. 다음 주조 결함의 특징과 방지책을 열거하시오.

   ① 다공질

   ② 핀 홀

   ③ 수축공

   ④ 개재물

연 구 과 제

1. CO_2법의 원리와 조형 공정을 설명하시오.

2. 원심 주조법의 응용 사례를 들어 설명하시오.

3. 연속 주조법의 형식과 응용 사례를 들어 설명하시오.

4. 주형에서 주물 분리 설비 방식에 대해 설명하시오.

5. 주물의 내부 결함 검사법을 들어 설명하시오.

6. 대형 주물의 중자에 대한 떠오름의 대책을 사례를 들어 설명하시오.

7. 주물의 보수 사례를 들어 설명하시오.

5장

주조 공장의 기계화와 자동화

5.1 주조 공장의 설비

1. 주조 공장의 운반 설비와 원형 제작용 기계
2. 주물사 처리 및 조형 설비의 기계화
3. 용해, 장입 및 주입 설비의 기계화
4. 주조 공장의 환경 위생 설비와 안전 대책

5.2 주조 공장의 자동화와 레이아웃

1. 로봇과 컴퓨터의 이용
2. 주조 공장의 레이아웃

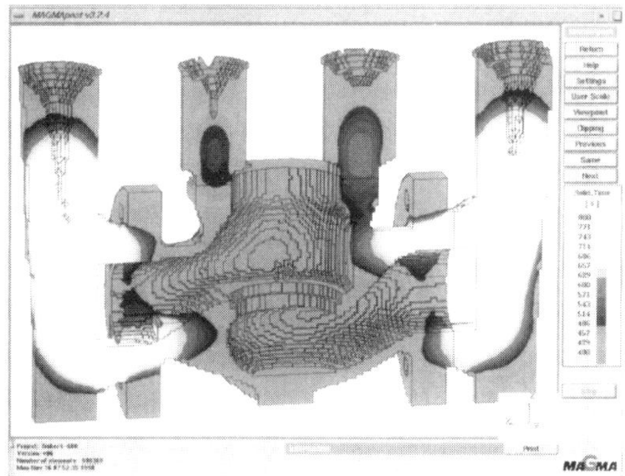

5.1 주조 공장의 설비

주조 공장의 설비는 주물을 제조하는 주조 공정에 필요한 운반, 조형 및 코어 제조, 주물사 처리, 용해, 주입, 후처리, 열처리, 공해 방지, 검사 등의 기계화를 포함하는 의미가 있고, 또한 로봇과 컴퓨터를 등장시킨 미래의 무인 주조 공장을 생각할 수 있을 것이다.

주조 공장의 설비를 기계화함으로써 얻는 이점을 살펴보면

① 능률의 향상
② 불량률의 감소
③ 취급 조작의 간편
④ 균일 · 균질의 품질
⑤ 생력화

등을 들 수 있다.

1. 주조 공장의 운반 설비와 원형 제작용 기계

1) 주조 공장의 운반 설비

(1) 동력 운반차

1 포크 리프트

그림 5-1과 같은 포크 리프트(fork lift truck) 트럭은 주조 공장에서 중형물 이하의 주물, 주형상자, 원형 등의 운반 및 보관 관리에 사용된다. 동력으로 엔진 또는 축전지가 사용된다.

2 버킷 리프트

버킷 리프트(bucket lift)는 그림 5-2와 같이 포크 리프트의 포크 대신에 버킷(bucket)을 사용해서 주물사의 운반, 새모래의 혼사장 반입, 패사 및 찌꺼기의 폐기 작업에 이용된다.

그림 5-1 ▮ 포크 리프트

그림 5-2 ▮ 버킷 리프트 트럭

(2) 컨베이어와 엘리베이터

① 컨베이어

컨베이어(conveyer)는 주로 주조 공장에서 원재료, 반제품, 제품 등의 운반에 사용되며, 대규모 공장에서는 혼사장, 조형장, 형분리장 및 주물 뒤처리장에서 원료사, 조형된 주형, 주입 후의 제품 및 고사 등을 운반하는 데 사용되고 있다.

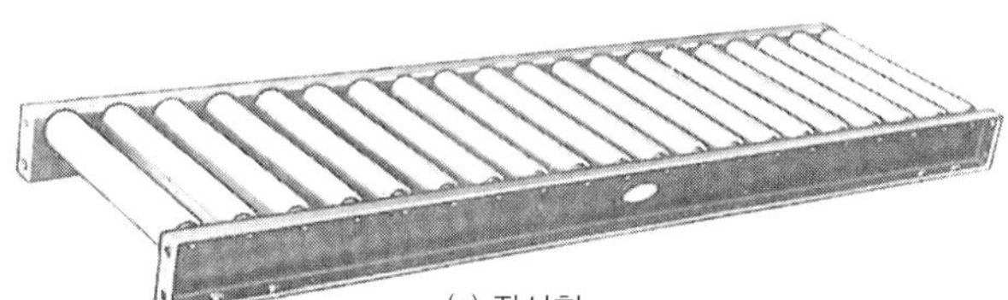

(a) 직선형

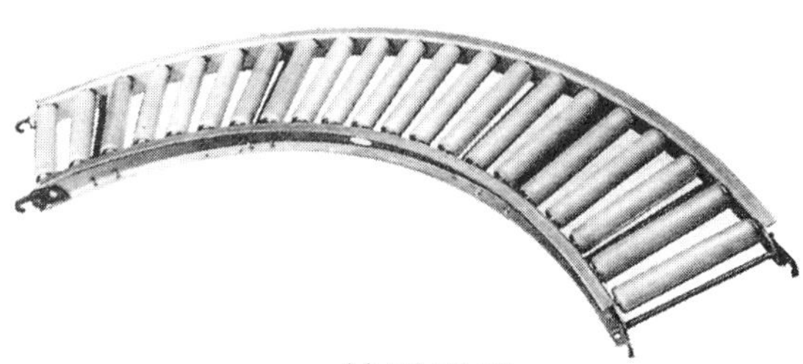

(b) 45° 커브형

그림 5-3 ▮ 롤러 컨베이어

◎ 롤러 컨베이어

롤러 컨베이어(roller conveyer)는 앵글재로 만든 틀에 자유로이 회전하는 롤러를 적당한 간격으로 장착한 것이다. 길이는 1.2~2.4 m 정도이며, 이것을 몇 개 이어맞춰서 사용한다. 조형 공장에서 주형의 운반에 사용되며, 주물 다듬질 공장에서는 소형 제품을 상자에 넣고 운반하는 데 사용한다.

그림 5-3 (a)과 같은 직선형과 그림 5-3 (b)와 같은 45° 커브형이 있다.

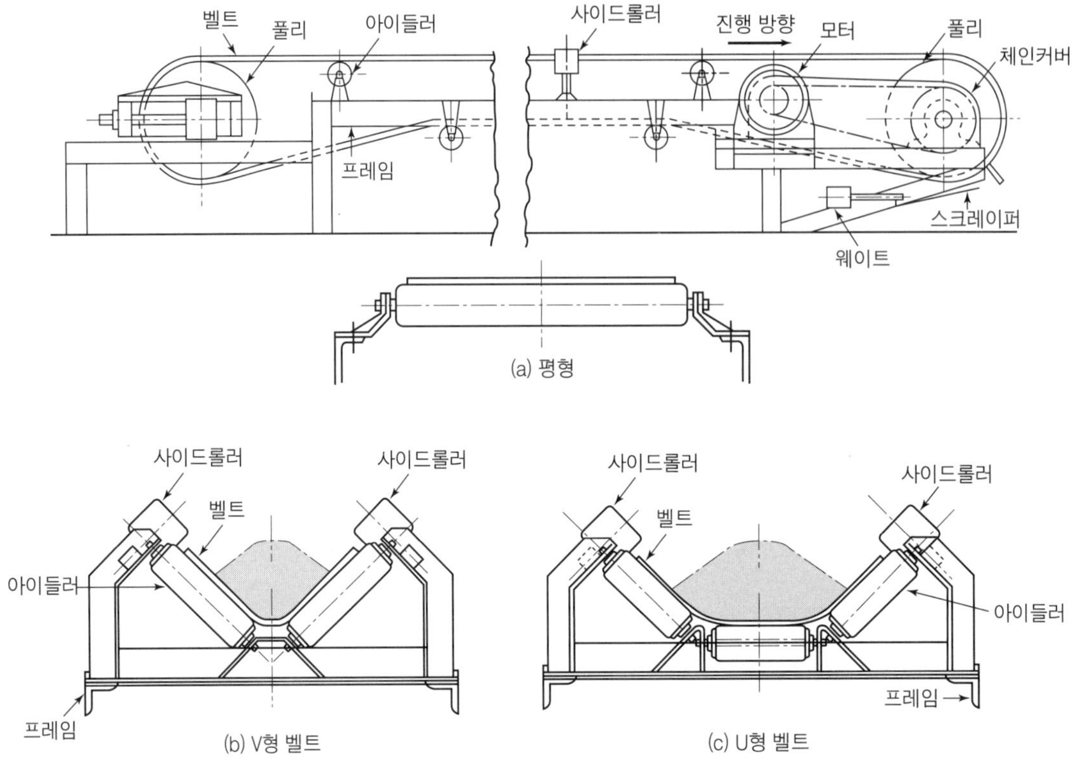

그림 5-4 ▮ 벨트 컨베이어

◎ 벨트 컨베이어

벨트 컨베이어(belt conveyer)는 고무 벨트 및 스틸 벨트 등이 있으며 정치식과 가반식이 있다. 정치식은 주조 공장의 기계화에 많이 사용된다. 조형기에 보내는 표면사, 이면사 또는 주입 후 형분리한 고사를 고사 처리기에 보낼 때 혹은 코어 등의 운반에 사용된다. 주물 다듬질 공장에서는 반제품의 운반에 사용하는 등 용도가 넓다. 벨트 컨베이어는 그림 5-4 (a)와 같이 벨트의 단면이 평탄한 것과 그림 5-4 (b), (c)와 같이 홈통형인 V형과 U형이 있다. U형은 벨트를 지지하는 롤러가 세 부분으로 되어 있는데 가운데 것은 판판하고 양단의 2개는 15~20° 의 각도를 유지하며 벨트가 그 위에 놓여 홈통형으로 되어 있다. 평탄한 것은 벨트를 지지하는 롤러가 1개이며 판판하게 되어 있다. 모래 등을 운반하는 데는 홈통형이 평탄한 것의 2배 정도를 운반할 수가 있고 또 흘리는 것도 적다. 벨트를 느슨하게 하는 데는 일단의 아이들러 풀리의 축을 긴 방향으로 이동하는 방법 또는 양단의 도중에 테이크업 풀리를 넣는 방법이 있다.

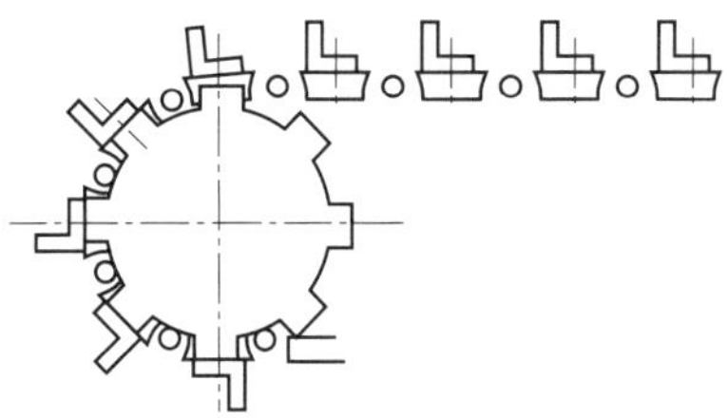

그림 5-5 ▮ 날개 컨베이어

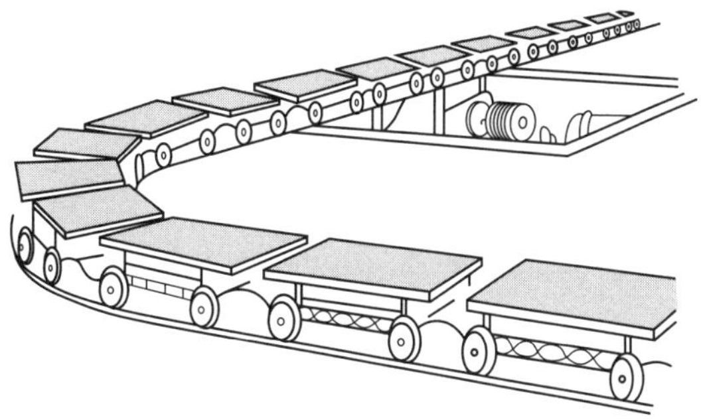

그림 5-6 ▮ 팰릿 컨베이어

◎ 날개 컨베이어

그림 5-5와 같이 벨트 또는 체인에 일정 간격마다 날개를 붙이고 이것을 홈통 속을 통해서 분말 또는 모래 등을 밀어 내는 것으로 주물사의 이동에 사용된다.

◎ 팰릿 컨베이어

팰릿 컨베이어(pallet conveyer)는 주형장에서 주형 운반에 많이 사용되므로 몰드 컨베이어(mould conveyer)라고도 한다. 그림 5-6과 같이 일정한 궤도 위에 상면을 평판상으로 만든 다수의 일정한 대차(台車)를 놓고 이 궤도를 따라서 체인을 갖춘 뒤 체인의 일정 간격마다 위에 대차를 핀으로 연결하여 체인휠에 의해 체인을 조작함으로써 대차를 운반하는 것이다. 속도는 보통 30 m/min 정도다.

◎ 에이프런 컨베이어

에이프런 컨베이어(apron conveyer)는 그림 5-7과 같이 강판제 또는 목판제의 판자를 일정한 링크에 붙이고 링크를 스프로켓으로 조작하는 것으로 주형 제작 공장에서는 형분리 후의 주물의 운반, 또는 주물 후처리에서는 주물 기타 부품 등의 운반에 사용된다. 속도는 15~30 m/min 정도다.

◎ 나사 컨베이어

나사 컨베이어(screw conveyer)는 단면의 아랫부분이 반원형인 통 또는 원통 속에서 나사 날개를 회전시켜 나사면을 따라 주물사를 운반하는 데 사용된다.

그림 5-8 (a)는 나사 컨베이어의 나사 날개 모양의 보기로 운반하는 물품의 형상에 따라 그 모양이 다르다. 그림 5-8 (b)는 나사 컨베이어의 설치 사례다.

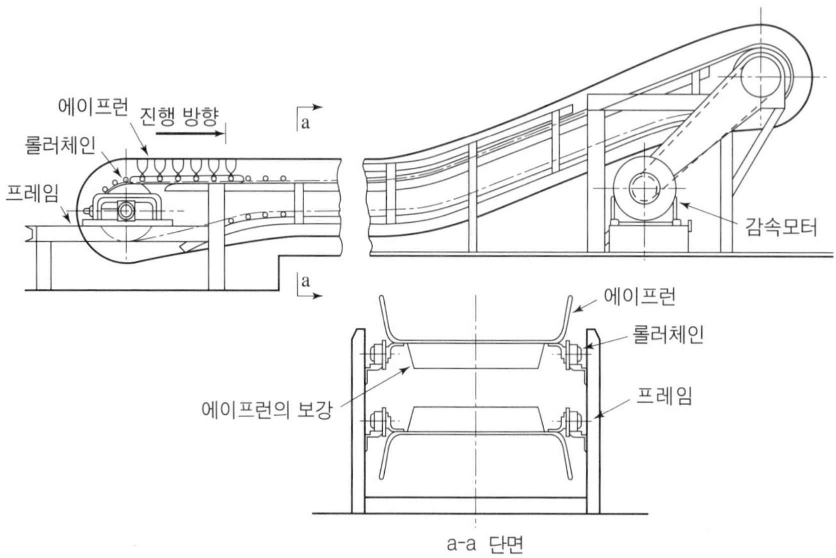

그림 5-7 ▮ 에이프런 컨베이어

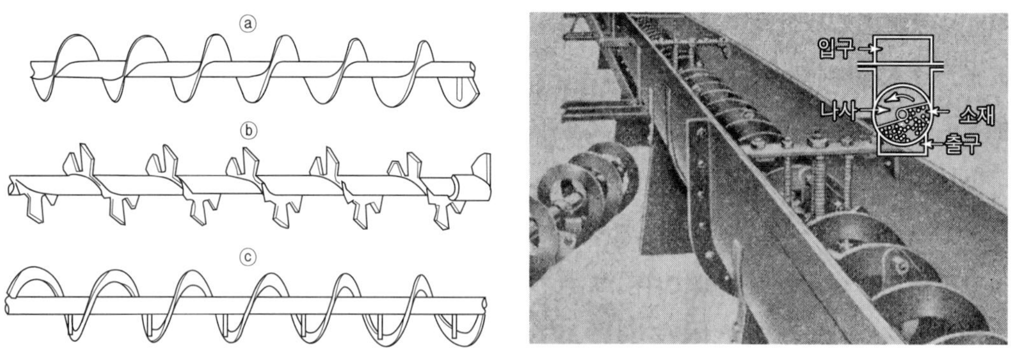

(a) 나사 날개의 종류

(b) 설치 사례

그림 5-8 ▮ 나사 컨베이어

◎ 진동 컨베이어

진동 컨베이어(vibrating conveyer)는 트래프에 진동을 가하여 상부에 올려 놓은 재료를 수송하는 방식으로 드래프의 진폭, 진동수 등은 목적에 따라서 선정한다. 진동 발생 구동부(振動發生驅動部)는 모터에 의한 크랭크 운동, 전자식(電磁式) 바이브레이터 등에 의해 구동된다.

그림 5-9는 판 스프링 및 코일 스프링으로 트래프를 지지하고 편심축에 의해 진동을 부여하는 구조다. 트래프의 전진 행정(前進行程)에서 재료는 트래프에 의해 가속되어서 전진하고 복귀 행정(復歸行程)에서 재료는 트래프 전면에 대하여 앞쪽으로 미끄러져서 왕복마다 재료는 조금씩 전진한다.

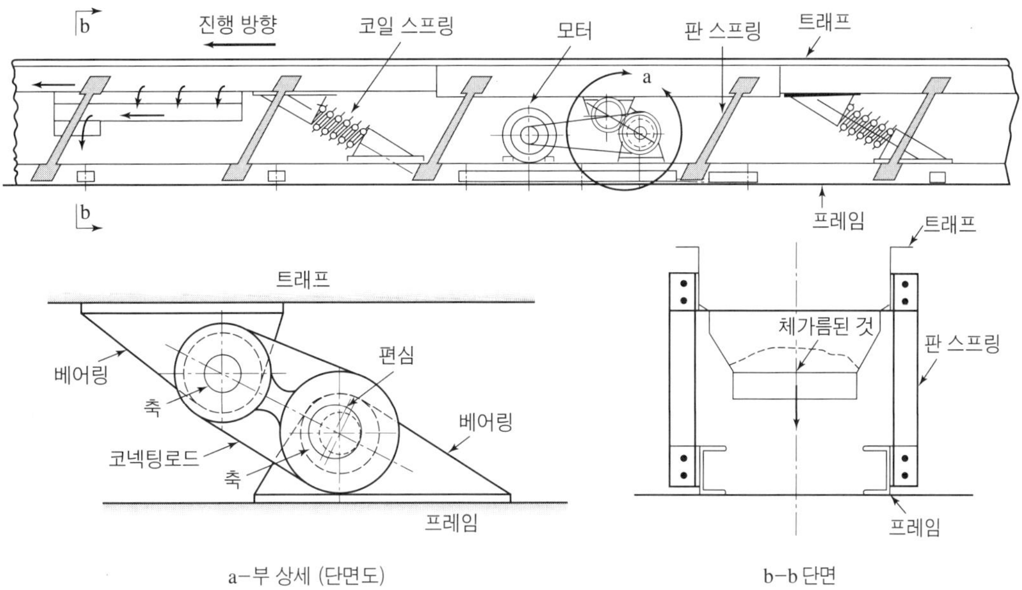

그림 5-9 ▮ 진동 컨베이어

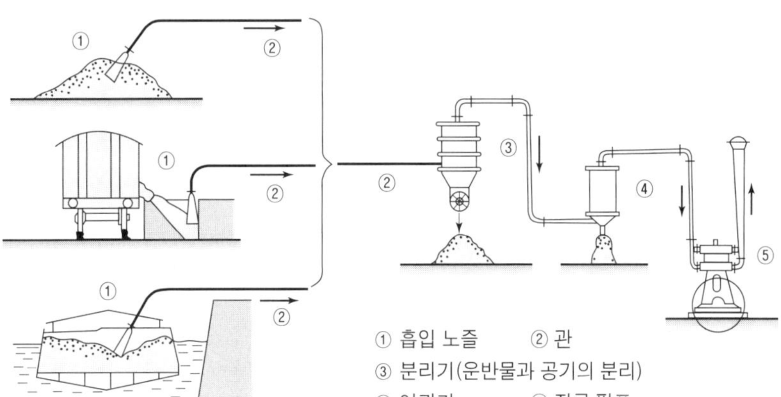

그림 5-10 ▮ 공기 컨베이어(흡입식)

◎ 공기 컨베이어

공기 컨베이어(air conveyer)는 진공 펌프 또는 공기 압축기에 의해 수송관 내를 진공 또는 압축 공기에 의한 고속도의 기류를 생기게 하여 주물사를 운반하는 장치다.

이것에는 흡입식(眞空式), 압송식(壓送式), 흡입 압송식(吸入壓送式) 등이 있다. 그림 5-10은 흡입식 공기 컨베이어의 보기다.

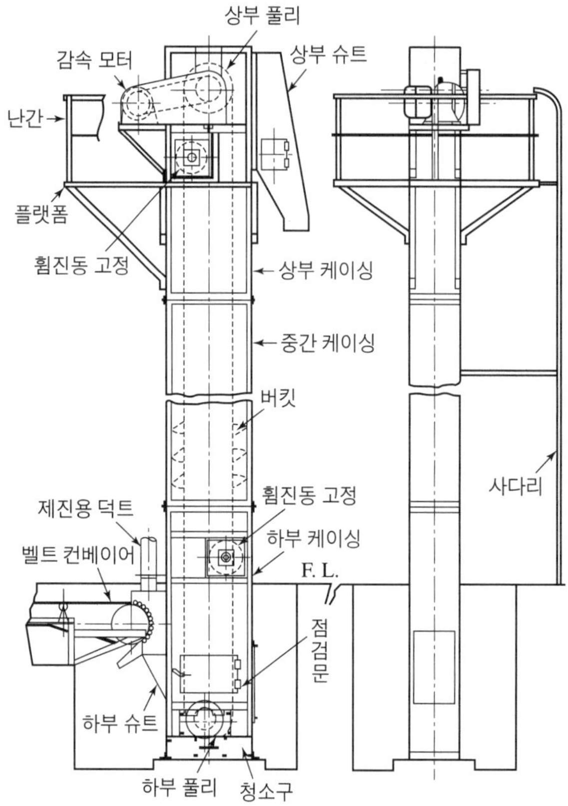

그림 5-11 ▌버킷 엘리베이터

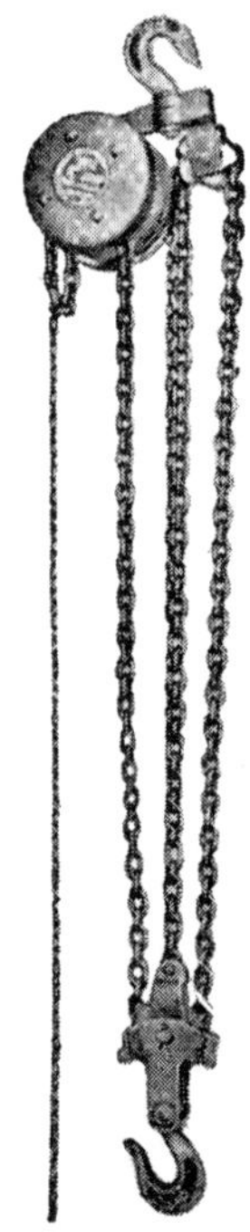

그림 5-12 ▌체인 블록

② 버킷 엘리베이터

버킷 엘리베이터(bucket elevator)는 체인 또는 벨트에 여러 개의 버킷을 일정 간격으로 장착하여 이것을 스프로켓 또는 풀리로 회전시켜 주물사를 높은 곳에 올리는 장치다. 주조 공장에서는 모래 처리 장치, 청정 장치 등에서 주물사 또는 쇼트를 이송하는 데 사용된다.

그림 5-11은 버킷 엘리베이터의 구조다.

(3) 체인 블록과 호이스트

① 체인 블록

체인 블록(chain black)은 조형 작업에서 주형을 조작할 때 사용하면 편리하다. 구조는 그림 5-12와 같이 체인과 체인 휠(chain wheel)을 활차의 원리를 이용한 것이다.

이 장치로 올릴 수 있는 높이는 체인의 길이를 조절하면 되며 주형 작업에서 사용된다.

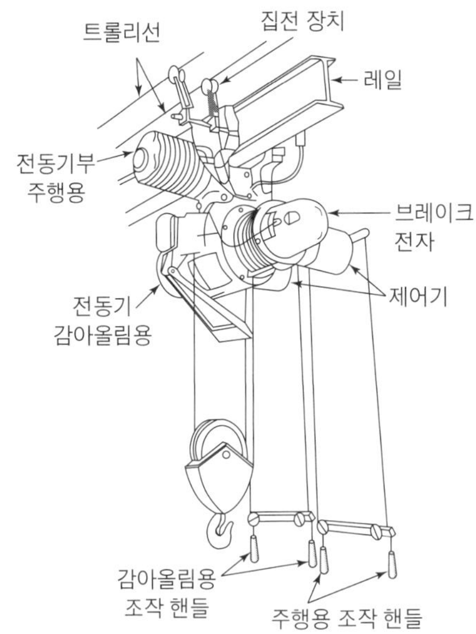

(a) 구조

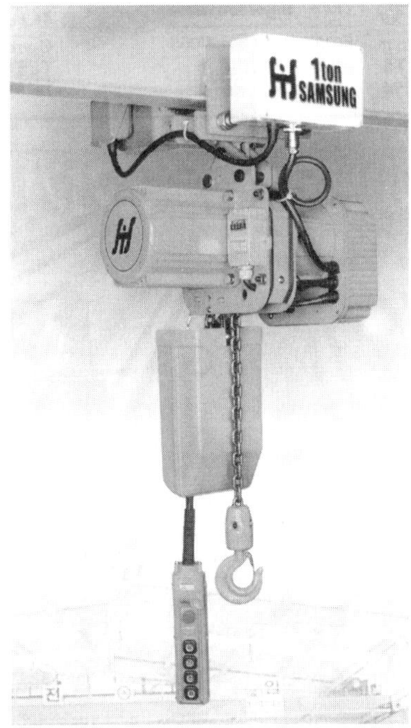

(b) 외형

그림 5-13 ▮ 전기 호이스트

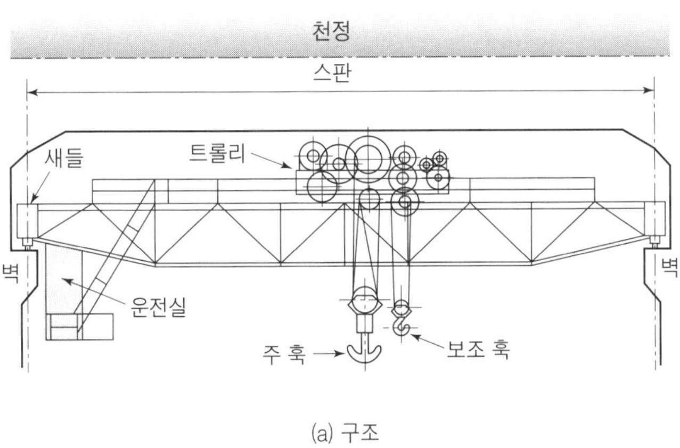

(a) 구조

(b) 설치 사례

그림 5-14 ▮ 천장 크레인

② 호이스트

호이스트(hoist)는 전기 호이스트(electric hoist), 공기 호이스트(pneumatic hoist) 등이 있다. 전기 호이스트는 그림 5-13과 같이 공장의 상부에 I빔을 설치하고, 여기에 늘어뜨려 설치하여 이동시키거나 상 · 하강을 조작 핸들로 이동시키는 장치로 대형 조형 작업에서 많이 사용된다.

(4) 크레인

크레인(crane)은 주조 공장에서 중량물을 끌어올리거나 이동시키는 기계 설비로, 호이스트나 체인 블록에 비하여 한층 무거운 물건을 다루는 데 사용된다.

1 천장 크레인

천장 크레인(overhead traveling crane)은 그림 5-14와 같이 주조 공장이나 창고의 천장 공간을 이용하여 양 벽에 설치한 레일(rail) 위를 주행할 수 있도록 한 장치로, 감아올림, 길이, 가로 방향 주행 장치가 장착되어 있다. 크레인에는 전동기가 설치되어 조작할 수 있게 되어 있으며, 감아올리는 능력은 5~50 t의 것이 많다.

이것은 주조 공장 내에서 대형 주물, 자재의 운반 또는 대형 주형의 조립 · 해체 이동 작업에 이용된다.

그림 5-14 (a)는 천장 크레인의 구조를, 그림 5-14 (b)는 천장 크레인의 설치 사례다.

2 갠트리 크레인

옥외에서 중량물을 취급할 경우 사용되며, 구조는 천장 크레인과 같이 양쪽 다리 부위에 트러스(truss)를 조립하고, 그 뒤에서 감아올림 장치가 이동할 수 있는 구조로 되어 있다.

트러스의 양쪽 다리부는 모두 지상에 부설된 레일 위를 이동하는 것과 고정된 것이 있다. 그림 5-15는 갠트리 크레인(gantry crane)의 보기다.

그림 5-15 ▮ 갠트리 크레인

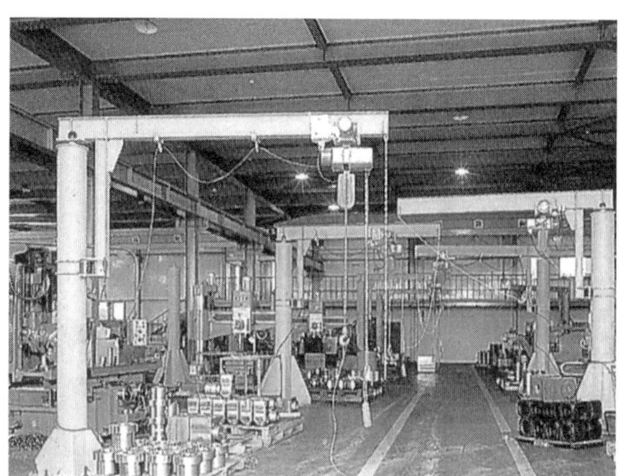

그림 5-16 ▮ 지브 크레인

③ 지브 크레인

고정된 기둥을 중심으로 하여 어떤 원호를 그리는 범위의 주형 작업에서 주형의 조립 분해에 사용된다. 그림 5-16는 철골로 된 탑형에 지브라고 하는 팔이 있는 지브 크레인(jib crane)의 보기다.

2) 원형 제작용 기계

원형 제작용 목공 기계에는 여러 가지가 있으나, 그 중에서 목형 제작에 주로 사용되는 목공 기계는 다음과 같다.

(1) 기계 톱

① 기계 띠톱

기계 띠톱(band sawing machine)은 그림 5-17과 같이 띠 모양의 톱을 위아래 2개의 바퀴 사이에 끼운 다음, 이것을 고속으로 회전시켜 목재를 켜거나 자르는 목공 기계로, 목형 제작에 많이 사용된다.

기계 띠톱은 나뭇결의 방향에 관계 없이 전달할 수 있으므로 곡선을 따라 오려 낼 수도 있고, 종류에 따라 테이블을 45°까지 기울일 수 있는 것도 있다. 이것은 경사면도 자를 수 있

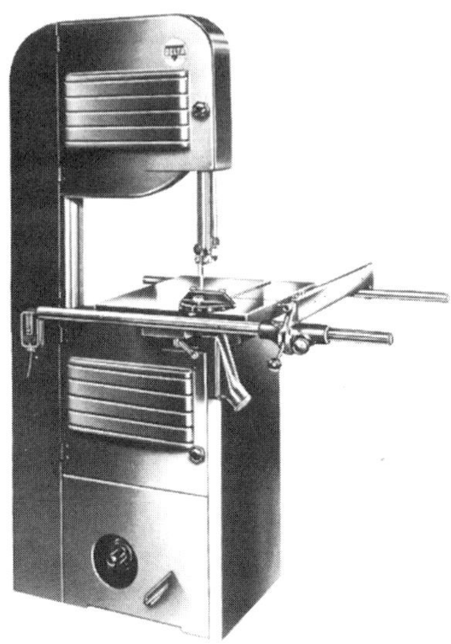

그림 5-17 ▮ 기계 띠톱

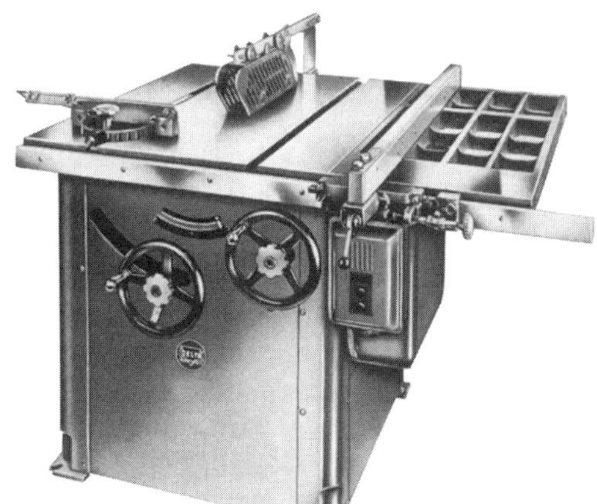

그림 5-18 ▮ 둥근 기계톱

다. 기계 띠톱의 크기는 띠톱날의 너비와 바퀴의 지름으로 나타낸다.

② 둥근 기계톱

둥근 기계톱(circular sawing machine)은 그림 5−18과 같이 회전축에 원형 톱날을 끼운 다음, 고속으로 회전시켜 목재를 자르거나 켜는 목공 기계이다.

구조는 톱의 축이 고정되어 있고, 테이블은 재료의 두께나 자르는 각도에 따라 테이블을 위아래로 이동시키거나 45°까지 기울일 수 있으며, 새로운 것은 이와 반대로 톱의 축을 위아래로 이동시키거나 기울일 수 있는 구조로 되어 있다.

테이블 위에는 안내판과 이동판이 있으며, 이동판은 홈에 따라 앞뒤로 이동할 수 있게 되어 있어, 짧은 재료의 켜기, 자르기, 각도 자르기 등에 편리하다.

기계의 크기는 끼울 수 있는 톱날의 최대 지름으로 나타내며, 일반적으로 목형용에 쓰이는 것은 톱의 지름이 200~400 mm, 회전수가 300~3000 rpm의 것이 사용된다.

③ 기계 실톱

기계 실톱(thread sawing machine)은 길이가 약 150 mm이고 너비가 0.7~3 mm 정도의 가느다란 실톱을 양쪽에서 긴장시킨 상태로 당겨, 위아래로 운동시켜 판재를 오려 내는 데 사용된다.

기계 띠톱은 가공물의 일단에서 자르기 시작하는 데 비해, 기계 실톱은 오려 낼 위치에 송곳으로 작은 구멍을 뚫고, 구멍에 실톱을 넣어 오려 낼 수 있어, 주로 판재의 중간 부분이나 복잡한 모양의 부분을 오려 내는 데 쓰인다. 톱날의 왕복 회전수는 700~1000 rpm 정도이며, 사용할 때에는 톱니가 아래로 향하게 고정하여 날의 긴장 상태를 조절한다. 기계 실톱의 크기는 가공할 수 있는 가공물의 최대 두께로 나타낸다.

(2) 기계 대패

목공용 기계 대패(wood planer)는 2~4개의 대팻날이 고정된 날축을 고속도로 회전시켜, 재료를 여기에 이송시키면서 평면을 깎는 기계다.

기계 대패의 종류에는 목재를 이송하는 기구에 따라 손으로 이송하는 수동식과 자동 이송기를 갖춘 자동식이 있는데, 목형용에는 수동식 기계 대패가 일반적으로 많이 쓰인다.

기계 대패는 판재 또는 각재의 평면이나 두 직각 면을 깎을 때에 사용된다. 수동식 기계 대패의 구조는 대팻날의 앞뒤에 2개의 테이블이 있으며, 이들을 핸들로 상하 조절하여 깎이는 두께를 조절할 수 있다. 또 일감의 깎일 각도를 조절할 수 있는 안내판이 있다. 대팻날의 회전수는 3000~3600 rpm이고, 날의 수는 2, 4, 6개이며, 날의 너비는 200~400 mm의 것이

(a) 기계 목공 대패의 외형

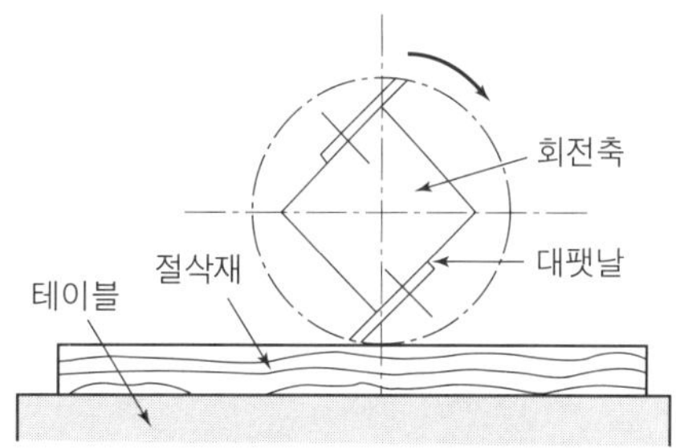

(b) 기계 대패의 기구

그림 5-19 ▮ 기계 대패

일반적이다. 기계의 크기는 가공할 수 있는 판재의 너비, 즉 유효 절삭 너비로 나타낸다.

그림 5-19 (a)는 기계 대패이고, 그림 5-19 (b)는 그 기구를 나타낸 것이다.

(3) 목공 선반

목형 재료를 회전시키면서 원통, 또는 원판형으로 가공하는 기계를 목공 선반(wood table)이라 하며, 목형 제작에서 매우 중요한 기계다.

목공 선반의 구조는 그림 5-20과 같이 베드(bed), 주축대, 심압대, 공구대, 다리 및 전동기 등으로 되어 있다. 주축의 회전은 직결하거나 벨트에 의해 전달된다. 새로운 목공 선반은 일감이 커서 베드에 닿아 공작이 불가능한 경우를 생각하여 그림과 같이 주축의 왼쪽 끝에 면판을 붙일 수 있도록 되어 있다. 선반의 크기는 베드의 길이로 나타낸다.

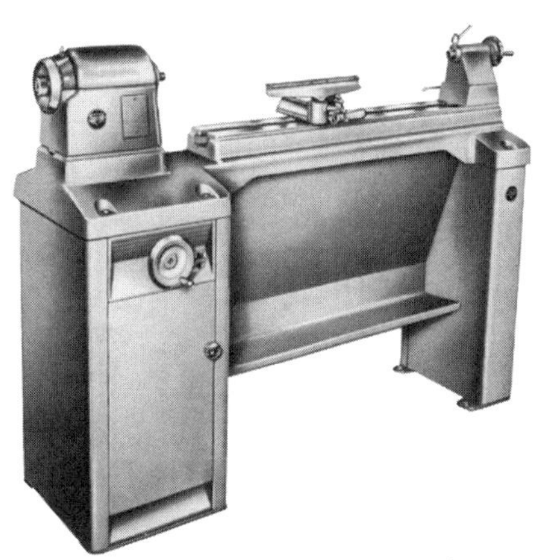

그림 5-20 ▮ 목공 선반

(4) 목공 밀링 머신

회전축에 고정시킨 커터(cutter)를 고속으로 회전시켜 테이블에 고정한 일감을 여러 가지 모양으로 가공하는 기계를 목공 밀링 머신(wood milling machine)이라 하며, 대표적인 것을 로우터(routor)라 한다. 로우터의 테이블은 상하, 좌우, 전후 등으로 이동하면서 고정된 일감을

그림 5-21 ▮ 로우터의 사용 사례

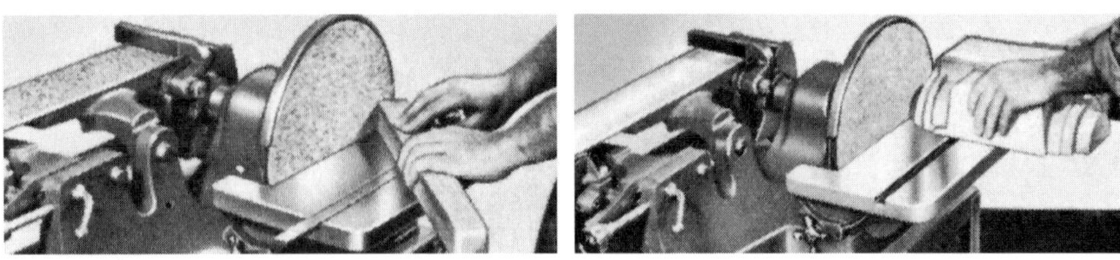

(a) 디스크 샌더 가공

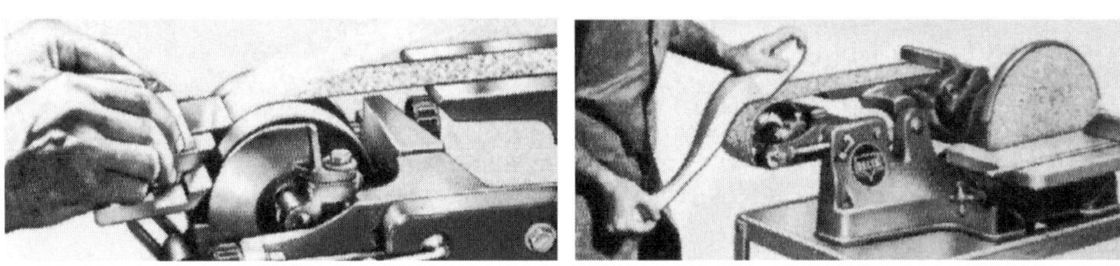

(b) 벨트 샌더 가공

그림 5-22 ▮ 원형용 샌더의 사용 사례

여러 가지 모양으로 가공할 수 있는 구조로 되어 있어 원형 제작에 편리하다. 특히 특이한 모양의 홈이나 구멍을 뚫기에 능률적이다. 그림 5-21은 CNC 로우터를 사용한 대형 원형 가공 사례다.

(5) 샌더

원형의 표면을 매끄럽게 다듬질할 때에 쓰이는 기계를 일반적으로 샌더(sander) 또는 원형 연마기라 한다.

샌더에는 용도에 따라 여러 가지 형식의 것이 있는데, 그 중에는 양쪽의 벨트 풀리(belt pulley) 사이에 연마 벨트를 걸어 놓은 벨트 샌더, 원판 또는 원통에 샌드 페이퍼를 붙인 디스크 샌더(disk sander)와 드럼 샌더(drum sander), 이 밖에 스핀들에 샌드 페이퍼를 붙인 스핀들 샌더(spindle sander) 등이 있다.

그림 5-22는 원형용 샌더의 사용 사례를 나타낸 것이다.

2. 주물사 처리 및 조형 설비의 기계화

1) 주물사 처리용 설비의 기계화

주물사의 혼련이나 묵은 모래의 처리 등을 기계화하는 것은 단순히 인건비를 절약할 뿐만 아니라, 작업을 일정하게 하여 주물사의 관리 효과를 높이려는 데 있다.

현대화된 주조 공장에서는 이와 같은 목적으로 주물사 처리 시설의 자동화가 이루어지고 있다.

그림 5-23 ▌주물사 배합 처리 장치

(1) 주물사 처리용 설비

① 주물사 종합 처리 장치

대규모의 주조 공장에서는 많은 양의 모래를 처리하기 때문에, 모래의 분리, 분류, 배합, 혼사 등의 개별 작업이 연속적이면서 종합적으로 이루어지는 그림 5-23과 같은 종합 처리 장치를 이용한다.

② 주물사 처리용 기계

소규모 공장이나 부분적으로 주물사를 배합 처리할 때에는 주물사 처리용 기계 설비가 사용된다.

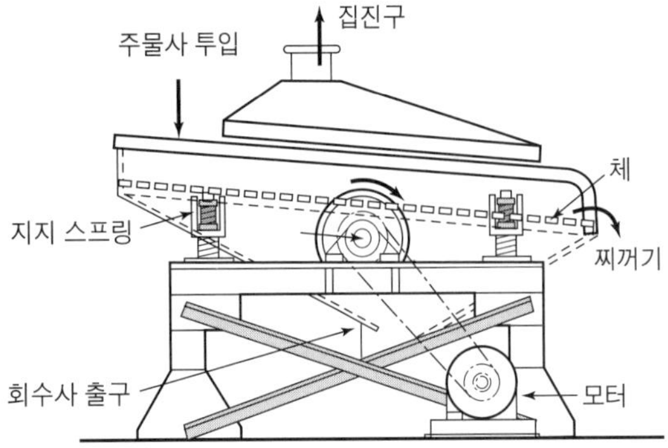

(a) 진동식 체기계

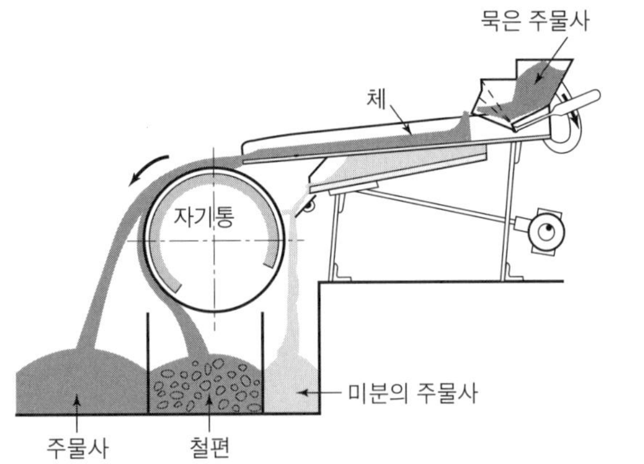

(b) 자선기

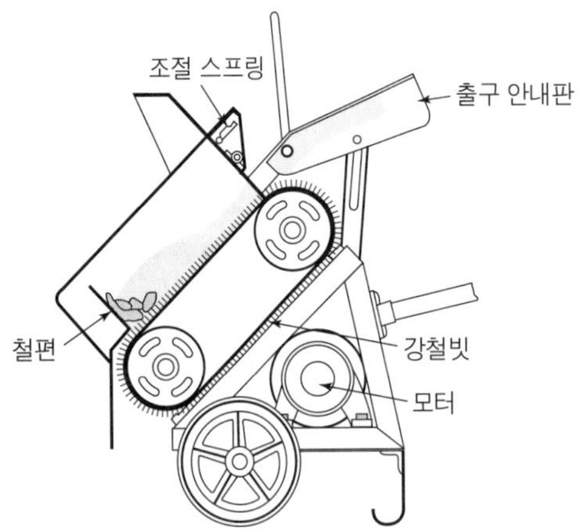

(c) 샌드 블렌더

(d) 신속 혼련기

(e) 이동식 샌드 믹서

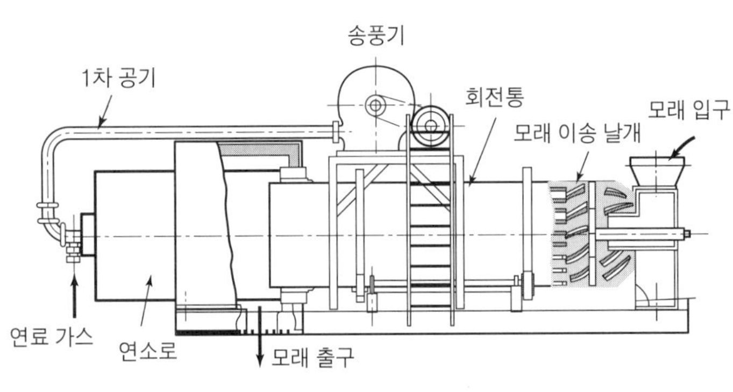

(f) 가로형 건조기

그림 5-24 ▮ 주물 처리용 기계 설비의 종류

a) 모래 체기계 : 주물사로부터 이물질을 제거하고 모래의 입도를 조정 분리하는 기계로, 회전식, 진동식, 요동식 등이 있다. 그림 5-24 (a)는 진동식 체기계(sand screen, sand shifter)의 보기다.

b) 자선기(磁選機, magnetic seperator) : 그림 5-24 (b)와 같이 전자석을 이용하여 주물사에 혼입되어 있는 쇳조각, 못 그리고 볼똥 등 철 계의 불순물을 제거하는 기계다.

c) 샌드 블렌더(sand blender) : 주물사의 통기성을 좋게 하고, 주물사의 품질을 균일하게 하여 혼입물을 제거하기 위해 사용하는 장치다. 대부분은 그림 5-24 (c)와 같이 이동할 수 있도록 바퀴가 달려 있다.

d) 혼련기 : 다량의 주물사를 처리할 때 사용되며 주물사와 점토 및 점결제의 배합용으로 사용된다. 그림 5-24 (d)는 신속 혼련기(speed muller)로 수분 첨가 장치 및 자동 장입 장치가 되어 있어 작업 능률을 높일 수 있다.

e) 샌드 믹서(sand mixcer) : 그림 5-24 (e)는 이동식으로, 코어 모래와 CO_2법 모래 및 특수사의 혼합 시험에 이용된다.

f) 주물사 건조기 : 새 모래나 회수된 모래는 배합에 앞서 건조시킨다. 대규모의 건조기는 그림 5-24 (f)와 같이 연료열에 의해 건조시키며, 연속 작업이 가능하도록 되어 있다.

g) 샌드 쿨러(sand cooler) : 모래를 냉각하려면, 냉각용 공기와 모래알의 접촉이 잘 이루어져야 한다. 샌드 쿨러는 이를 위하여 각종 기구를 활용하고 있다. 그림 5-25는 모래를 교반하면서 공기를 통과시키는 구조다. 그리고 그림 5-26은 모래가 위에서 용기 내에 낙하시켜, 낙하 도중에 날개차로 비산시켜, 그곳에 공기를 통과시켜 냉각하는 장치다. 그림 5-27은 모래를 다공판(孔板)상에 놓고, 아래로부터 공기를 통과시켜 냉각하는 장치다. 이때 다공판을 진동시켜 모래를 부유(浮遊)시키면 냉각 효과가 커진다.

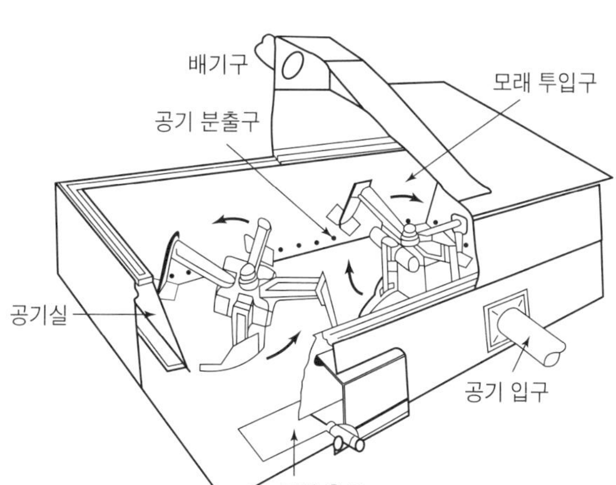

그림 5-25 ‖ 교반식 샌드 쿨러

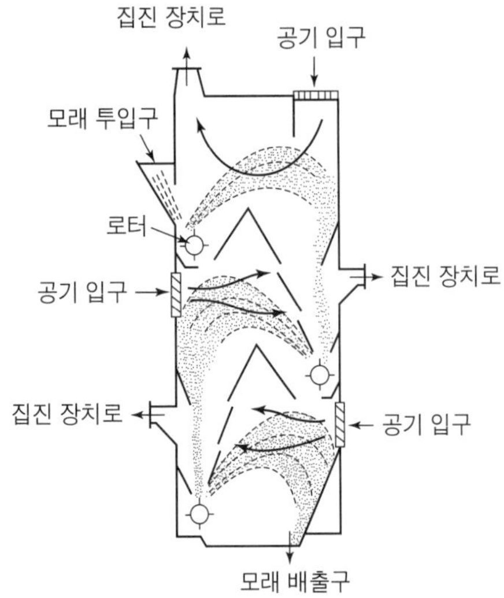

그림 5-26 ‖ 입형 샌드 쿨러

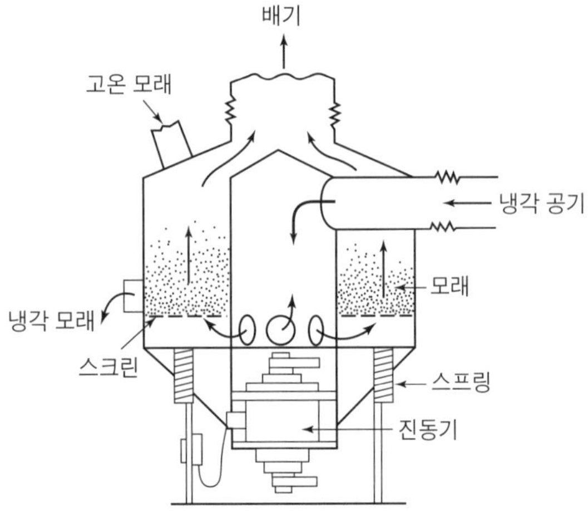

그림 5-27 ‖ 진동식 샌드 쿨러

주물사 건조기

2) 조형 및 코어 제작의 기계화

(1) 조형용 기계

① 스퀴즈 조형기

주형틀 속에 넣은 주물사를 평판으로 압축하여 다지는 조형기(molding machine)를 스퀴즈 조형기(squeeze molding machine)라 한다. 이 조형기는 주형이 커서 모래의 층이 두꺼울 때에는 위아래 주형의 경도가 달라지며, 특히 주형 표면의 경도가 낮아지는 결점이 있다. 그림 5-28 (a)는 스퀴즈식 조형기의 작동 원리를, 그림 5-28 (b)는 조형 기계의 보기를 나타낸 것이다.

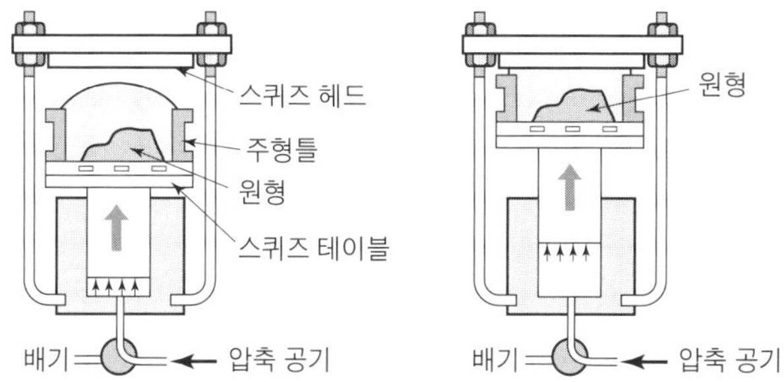

(a) 원리

(b) 조형 기계

그림 5-28 ▮ 스퀴즈식 조형기와 그 원리

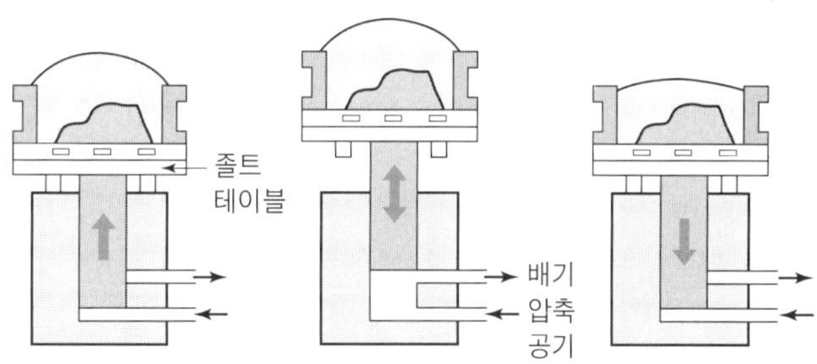

(a) 원리

(b) 조형 기계

그림 5-29 ▮ 졸트식 조형기와 그 원리

② 졸트 조형기

주물사를 넣은 주형틀을 위아래로 진동시켜 다지는 조형기를 졸트 조형기(jolt molding machine)라 한다. 이 방법은 모래층이 두껍거나 모양이 복잡한 주물이라도 잘 다질 수 있다. 그러나 스퀴즈식과는 달리 주형 표면(원형의 면)의 경도는 높일 수 있지만, 주형 상면의 경도가 낮은 것이 결점이다. 그림 5-29 (a)는 졸트식 조형기의 작동 원리를, 그림 5-29 (b)는 조형 기계의 보기다.

③ 졸트-스퀴즈 조형기

압축형과 진동형의 장점을 같이 살리기 위해 두 가지를 병용한 방식의 조형기를 졸트-스퀴즈 조형기(jolt-squeeze molding machine)라 하며, 주형틀의 주물사를 진동시킨 다음 평판으로 주형을 압축하여 조형하는 방법이다.

그림 5-30 ▮ 기계 조형 라인

④ 기계 조형 라인

그림 5-30은 기계 부품을 대량 생산하고 있는 주조 공장에 적용하고 있는 졸트-스퀴즈 방식의 기계 조형 라인의 보기다.

⑤ 주형틀 합상기

조형기에서 조형된 상형과 하형을 합상하는 기계 설비로, 그림 5-31은 기계 조형 라인의 일부인 주형틀 합상기의 보기다.

⑥ 샌드 슬링거

투사용 날개를 고속으로 회전시켜 주물사를 원형 표면에 투사하여 조형하는 기계를 샌드 슬링거(sand slinger)라 한다. 이 조형기는 모래의 충전과 다지기를 동시에 연속적으로 할 수 있어 능률이 높다.

샌드 슬링거는 주형틀의 크기에 관계없이 능률적인 조형 작업을 할 수 있으며, 이동식으로 설계 제작된 것은 대상 작업 면적을 크게 할 수 있다. 그림 5-32는 고정 설치된 샌드 슬링거의 보기와 헤드의 구조를 보여주고 있다.

그림 5-31 ▮ 주형틀 합상기

(a) 작업의 보기

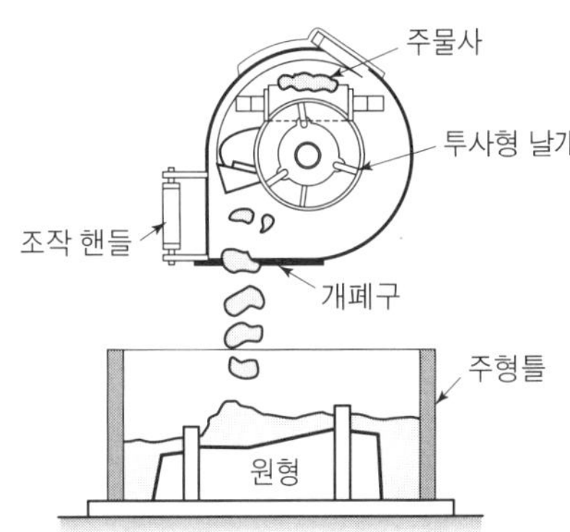

(b) 헤드의 구조와 기능

그림 5-32 ▮ 샌드 슬링거

⑦ 샌드 블로어

그림 5-33과 같이 압축 공기를 사용하여 모래를 원형 위에 분사하는 조형기를 샌드 블로어(sand blower)라 한다.

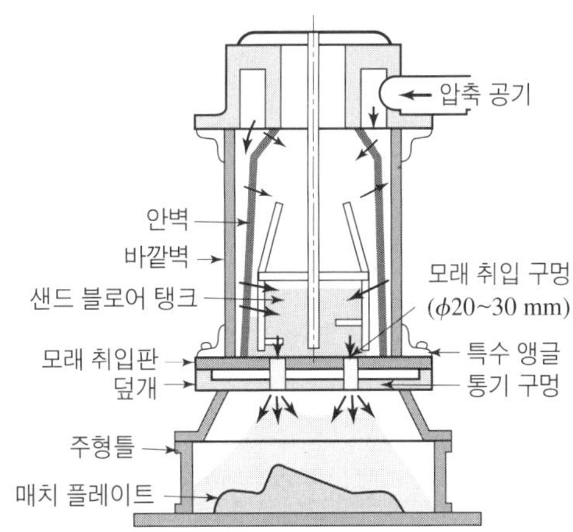

그림 5-33 ▮ 샌드 블로어로 모래 다짐

(2) 코어 조형기

코어의 제작에도 여러 가지의 기계가 사용된다. 코어를 만드는 형식으로 분류하면 기계식과 흡입식(吸入式)이 있다. 예를 들면, 코어형에 압축 공기를 이용하여 모래를 충전시키는 코어 블로잉 머신(core blowing machine), 코어 모래를 진동시켜 코어를 성형하는 코어 졸터(core jolter), 압축을 가하여 성형하는 스퀴즈 머신(squeeze machine) 등이 사용된다. 그림 5-34는 흡입 기구로, 상부에서 보낸 압축 공기의 압력으로 흡입구를 통하여 코어 모래는 코어 상자에 채워진다. 사용한 공기는 하부의 공기 배출기를 통해 빠져 나간다.

(3) 공기 압축기

주조 공장에서는 압축 공기(compressed air)를 사용하는 곳이 많이 있다. 예를 들면, 조형 기계의 작동, 주형의 청소, 도장, 주물 표면의 청정, 공기 해머, 공기 끌 등의 원동력으로 사용

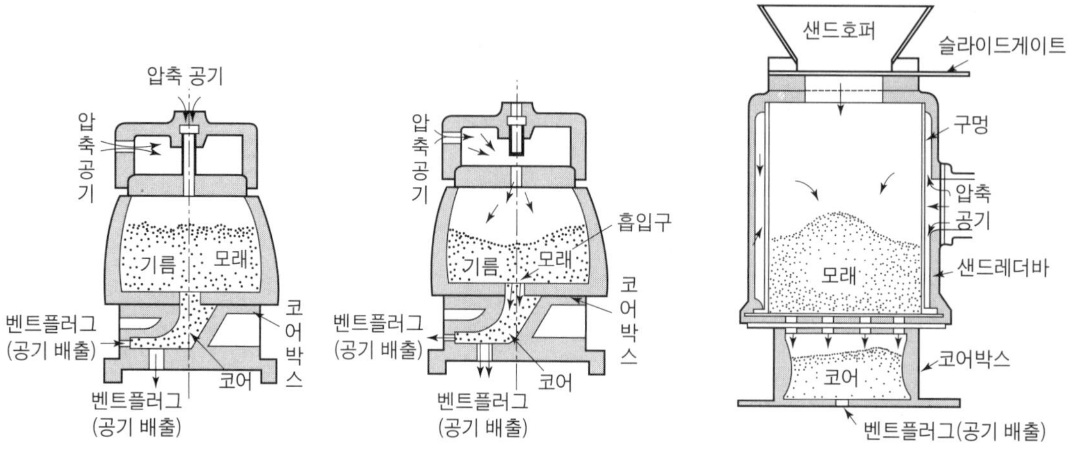

(a) 코어 블로잉 머신의 흡입 기구 (b) 코어 슈팅 머신의 흡입 기구

그림 5-34 ‖ 코어 조형기의 구조

그림 5-35 ‖ 공기 압축기

한다. 소규모의 공장에서는 그림 5-35와 같은 이동식 공기 압축기(air compressor)가 사용되기도 한다.

(4) 건조로(drying oven)

건조 장치는 용도에 따라 주형 건조로와 코어 건조로가 있다. 또 사용되는 열원에 따라 석탄, 코크스, 중유, 전열, 가스, 적외선식 등이 있다. 건조 장치는 온도 조절이 용이하고 노 내 온도가 일정하게 유지될 수 있어야 한다.

3. 용해, 장입 및 주입 설비의 기계화

1) 용해로의 기계화

큐폴라(cupola)에 있어서 송풍의 자동 제어에는 공기 조절식, 유압식, 전기-유압식 등이 있다. 쇳물이 온도와 화학 성분의 조절도 컴퓨터에 의한 완전 자동 제어 방식이 실현되고 있다.

(1) 계측 제어 장치

큐폴라 작업에 있어서 조업 조건이 달라지면 주물의 재질도 변동되기 쉬우므로, 조업을 자동화하고 용융 금속의 재질을 고르게 하기 위해 용해 관리에 필요한 여러 가지 계측 및 제어 장치가 필요하다.

큐폴라 조업에서 작업 중 송풍량이 일정하게 공급되도록 조정하는데, 풍량 자동 제어 장치가 사용되고 있다. 이것은 풍량의 검출부와 검출된 풍량에 따라 이를 정상적인 풍량이 되도록 조정하는 작동부로 구성되어 있으며, 일반적으로 많이 사용되는 것은 압축 공기식과 유압식이 있다. 그림 5-36 (a)는 유압식 풍량 자동 제어 장치의 구조를, 그림 5-36 (b)는 노황을 판단하기 위한 노정 가스 분석 장치의 보기다. 이 밖에도 기계 장입 운전의 자동화를 위한 장입물의 높이 계측 장치 등 용해 관리를 위한 여러 가지 계측 및 제어 장치가 사용되고 있다.

아크로는 자동 전극(自動電極) 승강 장치로 자동 조업을 할 수 있고 저주파 유도로에서도 자동 제어가 가능하다. 야간의 항온 유지까지 무인화(無人化)되고 있으며 냉각수가 떨어졌을 경우 경보가 울리고 자동으로 물이 공급된다. 라이닝(lining)의 수명이 다했을 때 매설된 센서

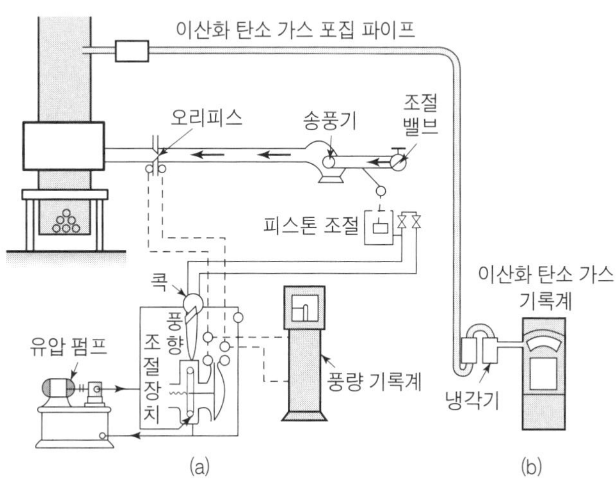

그림 5-36 ‖ 유압식 풍량 자동 제어 및 CO_2 가스 분석 장치

로 인해 자동으로 경보가 이루어지는 방식도 채택되고 있다.

(2) 장입 재료 계량의 기계화

용해로의 장입 재료 계량(裝入材料計量)은 점차 기계화되어 1인이 콘트롤(control)하여 계량에서 장입까지 할 수 있게 되었다. 큐폴라용 재료의 계량 방식은 2가지로 대별할 수 있다. 한 가지는 계량 전차가 회수설(回收屑), 강설(鋼屑), 고철 및 선철의 적치장에 이동하여 바이브레이션 피더(vibration feeder) 또는 경동식(傾動式)으로 재료를 계량하며 코크스 및 석회석이 저장 탱크에서 벨트 컨베이어에 의해 운반되어 계량차에 쏟아 장입하는 방식이다. 다른 한 가지는 크레인 또는 호이스트(hoist)와 마그네트반을 구비하여 재료 적치장으로부터 계량 호퍼까지 운반하는 것으로 마그네트 상부에 전자관식 계량기를 비치한 방식이다.

2) 장입의 기계화

큐폴라에서는 여러 가지 스킵(skip) 방식, 크레인 또는 모노레일 카 및 궤도차에 의해 장입되고 있다. 전기로에서는 버킷의 밑바닥을 열어서 장입하든가 버킷을 기울여 재료를 장입한다. 기계 장입을 할 경우에는 장입 시기를 알아내는 것이 중요하며, 노에서 장입물의 저하를 알아내는 방법에는 다음과 같은 방법이 있다.

① 광전관(光電管) 이용법
② 전기 저항 이용법
③ Co^{60} 등 동위 원소(isotope) 이용 방법
④ 노 내압의 변화에 의한 검지법
⑤ 장입구의 불꽃색에 의한 검지법
⑥ 폐기의 일부를 빼어 착화시켜 검지하는 방법
⑦ 밸런스(balance)된 현수판(懸垂板)을 이용하는 방법
⑧ 현수판과 피스톤을 조합시켜 검지하는 방법

큐폴라 조업에서 재료의 장입은 무거운 재료를 저울로 달아, 일정한 간격으로 큐폴라에 장입하기 위한 운반 작업이다. 큐폴라의 재료 장입구는 지상에서 4~8 m 가량의 높이에 있으므로, 이것을 사람의 힘으로 하려면 많은 노력과 인내가 필요하다. 특히 장입구에서는 먼지와 뜨거운 열이 심하므로, 정확한 장입을 기대하기 어렵다. 따라서 기계 장치 설비는 큐폴라의 작업 관리에 중요한 설비이다.

장입 설비는 그림 5-37과 같이 스킵식(skip type), 모노레일식(monorail type) 및 크레인식

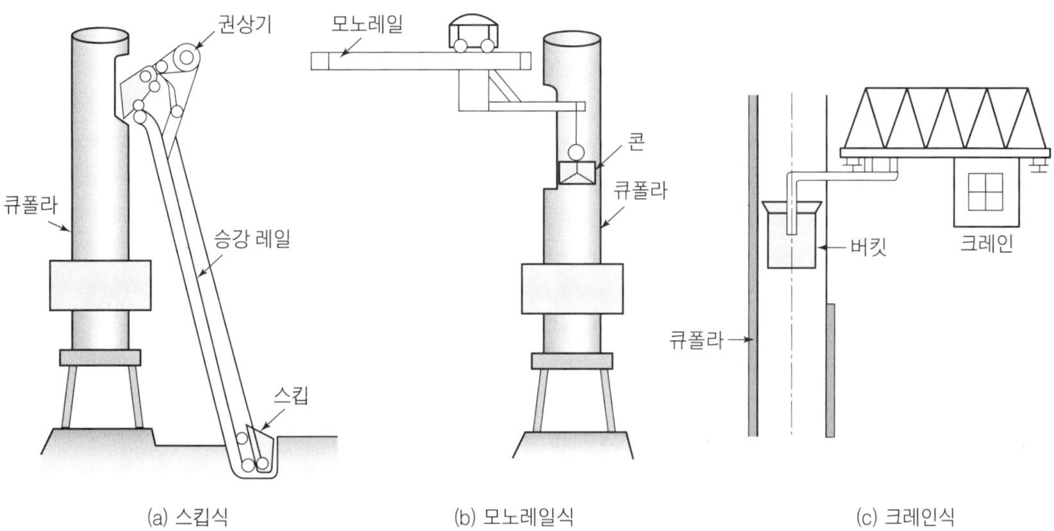

그림 5-37 ▌기계 장입 설비

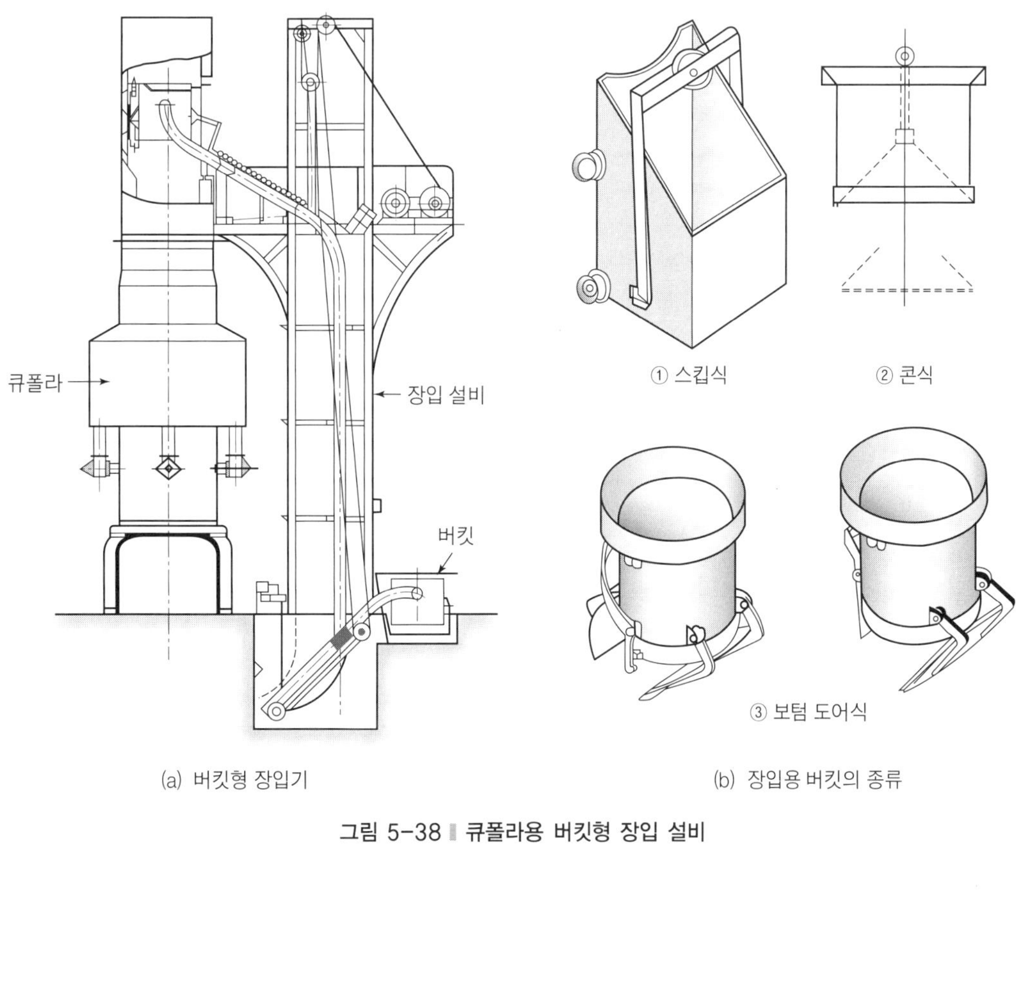

그림 5-38 ▌큐폴라용 버킷형 장입 설비

(crane type) 등이 있다.

그림 5-38은 큐폴라용 버킷형 장입 설비의 보기다.

3) 주입 설비의 기계화

주입 작업은 열, 먼지, 연기 등으로 작업 환경이 극히 나쁜 공정이다. 또한 조형 라인의 고속화에 따라 인력에 의한 주입이 어려운 것이 현실이다. 이에 따라 현대화된 대형 주조 공장에서는 다음과 같은 자동화 주입 장치가 채용되면서, 주입 조건의 안전화뿐 아니라, 품질의 향상도 기하고 있다. 그림 5-39는 자동 주입 장치의 보기다.

그림 5-39 ‖ 자동 주입 장치

(1) 기계식

① 스토퍼식

레이들에 상당하는 부분에 홈형 저주파로를 사용한 구조로, 노저부의 출탕구에 유압 실린더가 작동하는 스토퍼를 부설한 것이다. 형식은 노 전체가 조형 라인에 평행한 레일을 조형의 흐름과 같이 이동하는 것과 고정한 형식이 있다. 주입의 종료 시기는 타이머에 의한 방법 외에 그림 5-40과 같이 광전관(光電管)에 의해 플로오프에 달한 쇳물의 적외선을 감지하고, 이것을 증폭하여 스토퍼를 막아주는 2중 제어로 되어 있다.

② 레이들 경동식

인력에 의한 주입 방식을 자동화한 방식이다.

유지 레이들을 경동하여 직접 주형에 주입하는 형식으로 그림 5-41 (a)과 같이 유지로와 주입 레이들을 조합한 형식으로 "Bührer system"라고 하는 저울 검출식이 있다.

주입량은 주입 레이들에 속해 있는 저울에 의해 자동적으로 제어된다. 유지로의 용량은 2~3 t으로, 1~3대의 주입 레이들을 갖고, 고속 조형 라인에 대처하고 있다. 그림 5-41 (b)는 유지 레이들을 기울여서 직접 주형에 주입하는 방법으로 광전관(光電管)에 의해 주형의 주입 상태를 직접 검출하고 있다.

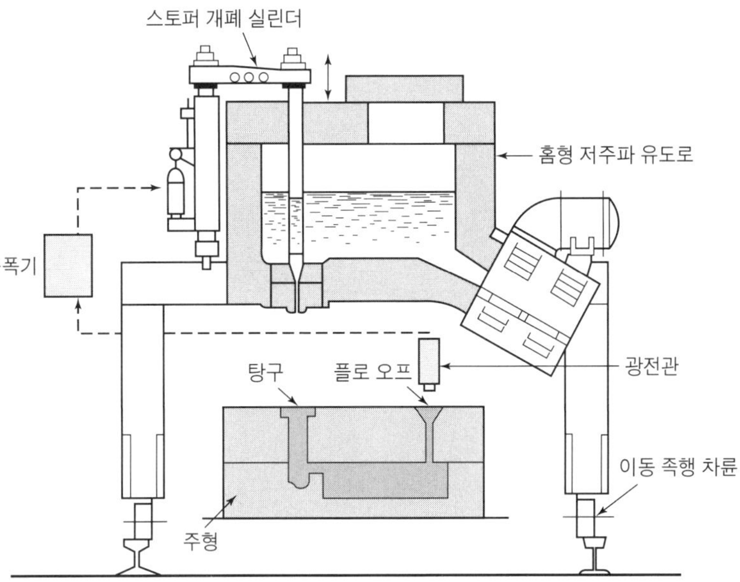

그림 5-40 ‖ 스토퍼식 유도 가열 자동 주입 장치

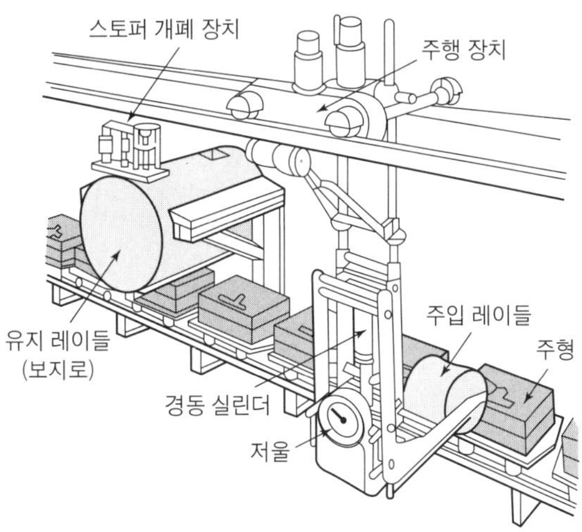

(a) 자동 저울 검출식

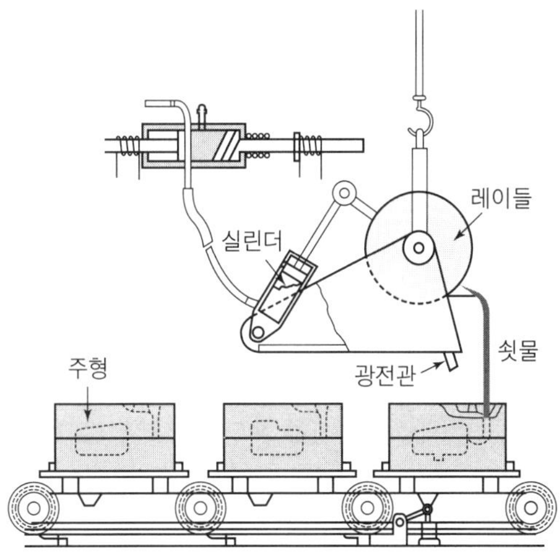

(b) 광전관 검출식

그림 5-41 ‖ 레이들 경동식 자동 주입 장치

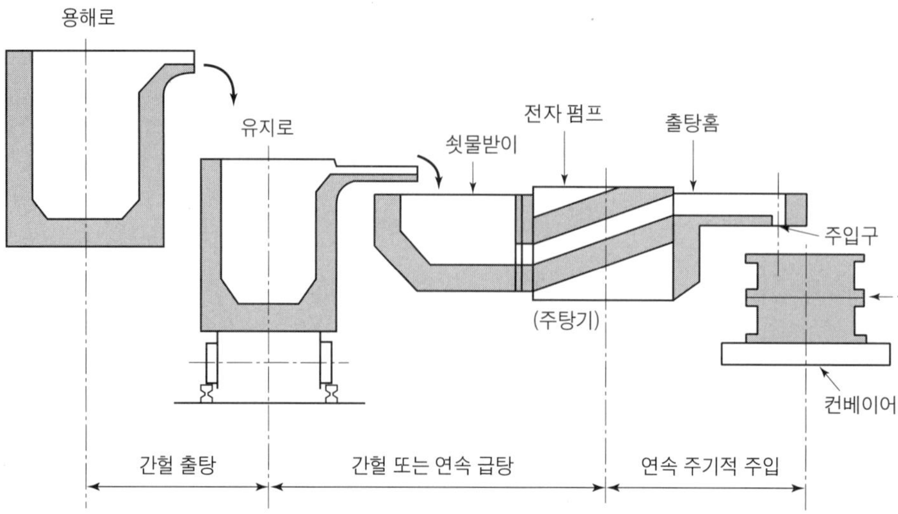

그림 5-42 ‖ 전자 펌프를 사용한 주입 장치의 기구

(2) 전자 펌프식

전자(電磁) 펌프식은 전자 유도에 의해 2차 도체인 쇳물에 이동 자계(移動磁界)를 주어, 추력(推力)을 발생시키는 방식으로, 출탕 기구는 쇳물받이, 전자 펌프, 출탕 홈으로 구성되어 있다.

주입시 쇳물의 이송과 정지 제어는 전기적으로 이루어지므로 응답이 빠르고, 원격 조작이 가능하여, 자동 운전에 적합하다. 그림 5-42는 전자 펌프를 사용한 주입 장치 구성의 보기다.

4. 주조 공장의 환경 위생 설비와 안전 대책

1) 주조 공장의 환경 위생 설비

주조 공장의 큐폴라나 전기로에서 나오는 매연, 주물사의 먼지, 중자나 레진의 악취, 조형기나 분쇄기의 소리와 진동, 기름이나 오물이 섞인 오수(汚水) 등은 공장에서 일하고 있는 근로자의 건강에 해를 끼친다. 또한 공장 근처의 주민에게도 폐가되므로 되도록 피하는 조치가 필요하다. 따라서는 적당한 장치를 사용하여 연기, 먼지, 소리, 더럽힘 등을 제거한다.

(1) 집진(集塵) 설비

① 큐폴라의 집진

◎ 샷갓에 의한 집진

큐폴라에서 배출되는 가스와 그중에 함유된 분진을 포집하기 위한 장치로는 샷갓(陣笠)을 그림 5-43과 같이 큐폴라의 연도 상부에 설치한다. 큐폴라 운전 중에 가스와 같이 배출되는 분진은 샷갓의 내면과 충돌하여 아래쪽으로 떨어지고 외통부의 하부 경사면을 따라 아래로 낙하한다. 샷갓은 보통 1개를 설치하나 필요에 따라서는 2~3개를 설치하는 경우도 있다. 방식으로는 그림 5-43 (a)과 같이 건식이 일반적이나 그림 5-43 (b)와 같이 물을 분사하는 습식이 있다.

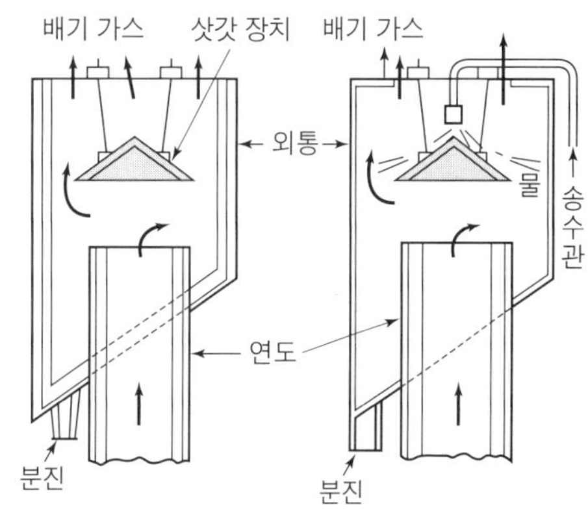

(a) 건식 (b) 습식

그림 5-43 ‖ 샷갓에 의한 큐폴라 배기 가스 포집 방법

◎ 사이클론에 의한 집진

사이클론(cyclone)은 원심력을 이용한 집진 장치로 구조는 그림 5-44 (a)와 같이 상부는 원통형, 하부는 원추형으로, 원통 상부에 동심

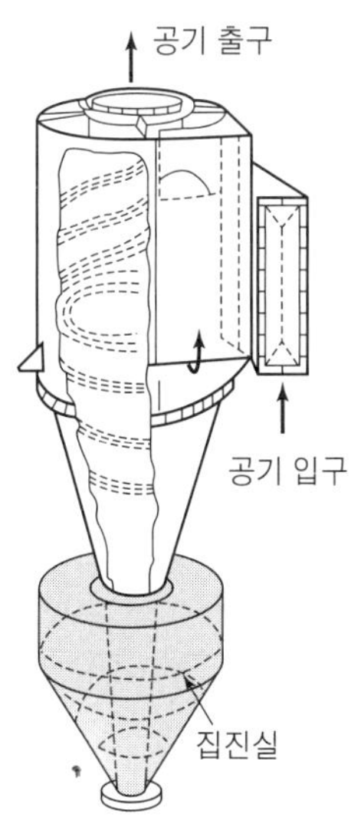

(a) 구조

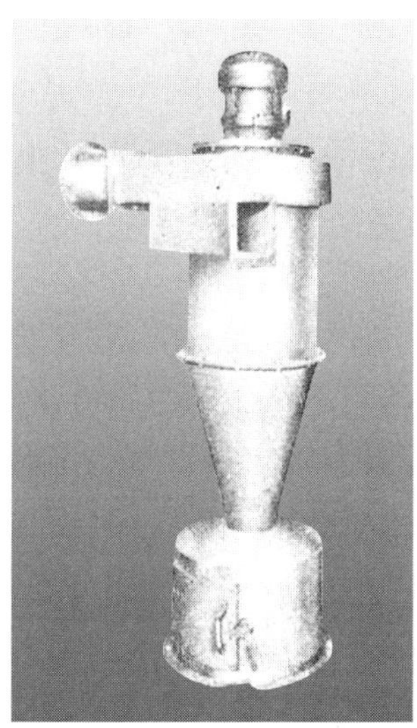
(b) 외형

그림 5-44 ‖ 사이클론

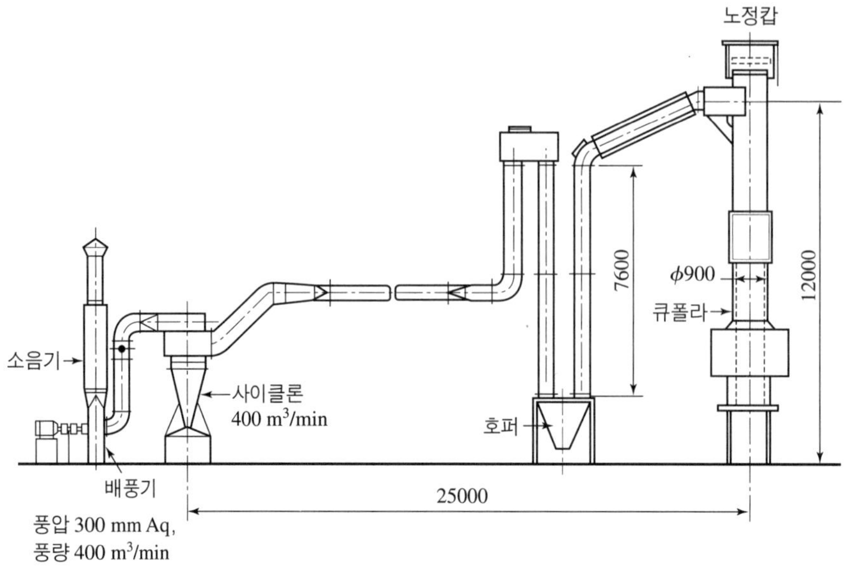

그림 5-45 ▮ 사이클론을 부설한 큐폴라의 보기

원의 공기 출구를, 원통 측부에 공기 입구가 있다. 이 장치를 사이클론 집진 장치(cyclone dust collector)라 한다.

그림 5-45는 사이클론을 5 t 큐폴라에 부설한 보기다.

◎ 습식 집진 장치에 의한 집진

큐폴라의 배기 가스를 벤투리관(venturi tube)과 같은 습식 집진 장치를 통하여 그 속에 함유된 분진을 포집하는 방법이다.

그림 5-46은 그 보기로, 습식 집진 장치에는 벤투리(venturi), 샤워헤드(shower head), 수폭(水瀑) 등을 이용한 방식이 있다.

a) 벤투리식 : 벤투리관의 스로트(throat) 부의 주위에 설치한 노즐 또는 관 내에 설치한 노즐로부터 물을 분사하여, 여기를 통과하는 분진을 응집시켜, 집전로에 보내는 방식이다.

b) 샤워식 : 충진탑의 상부에서 샤워를 살포하여, 분진 공기를 이 속으로 통과시켜 상부로 배출하는 방식이다.

c) 수포식 : 분진 공기를 물보라 속으로 통과시켜 분진을 채집하는 방식이다.

◎ 필터에 의한 집진

그림 5-47은 백필터(bag filter)[1)]를 사용한 집진 장치의 보기로 열풍 큐폴라에 장착한 것이다. 재료장 입구의 하방에서 배기 가스를 흡입하고, 이 속에 함유한 CO 가스를 연소실에서

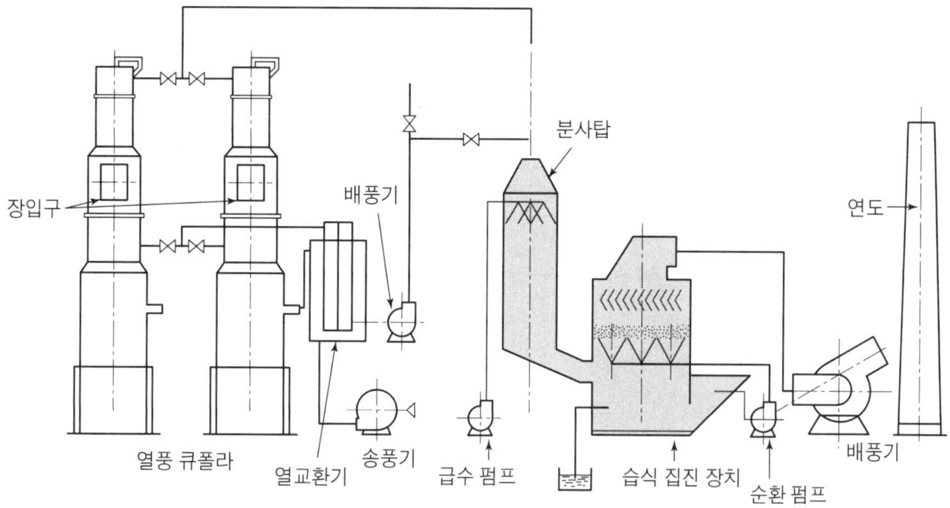

그림 5-46 ▮ 습식 집진 장치를 부설한 열풍 큐폴라

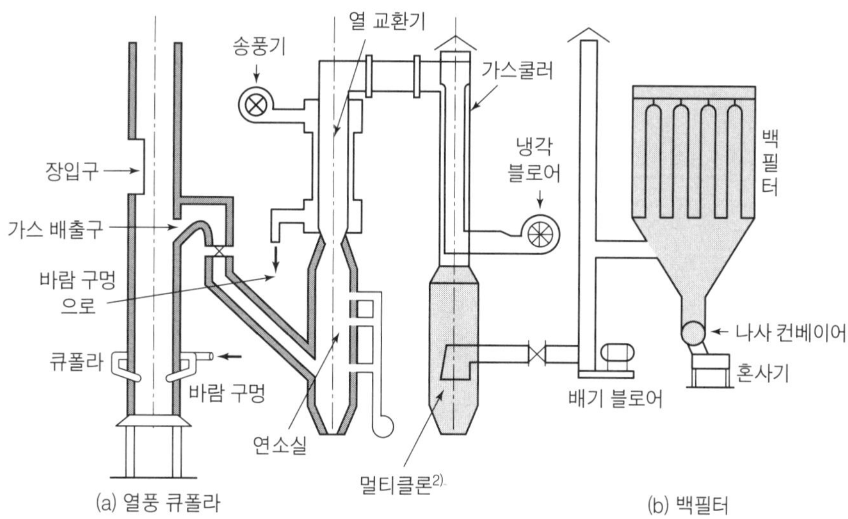

그림 5-47 ▮ 백필터 집진 장치를 설치한 열풍 큐폴라

연소시켜, 이 연소 가스를 열교환기를 통하여 가스쿨러(gas cooler)에 송풍 냉각한 가스를 백필터에 통과시켜 배기한다. 이 사이에 열교환기에서는 큐폴라에 송풍할 공기를 예열하게 된다.

1) 백필터(bag filter) : 포대(布袋) 거르개라고도 하며, 사이클론 집진기의 일종으로, 포집이 안되는 가스에 혼합된 작은 먼지 가스를 포대 등을 투과시켜 포집하는 장치

2) 멀티클론(multiclone) : 소형 사이클론만큼 미립자를 많이 포집할 수 있는 병열식 소형 사이클론

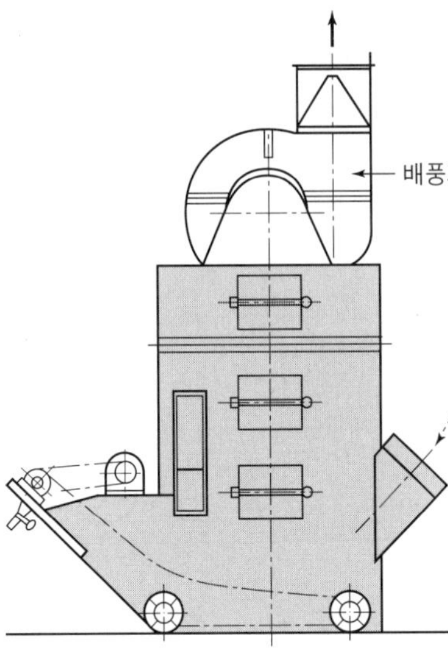

(a) 습식 집진 장치

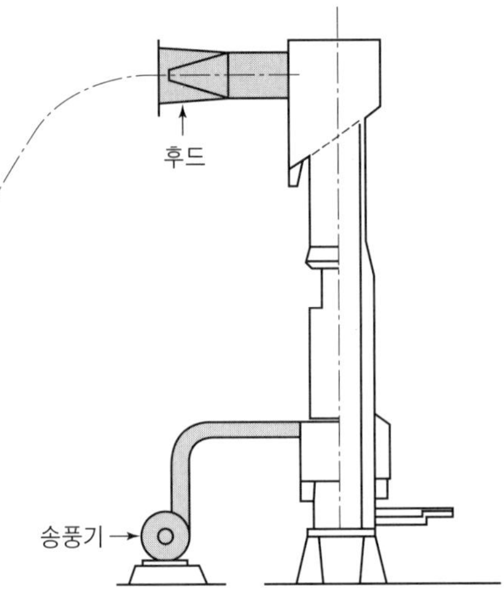
(b) 큐폴라

그림 5-48 ▮ 습식 집진 필터를 부설한 2 t 큐폴라

배기 가스는 열교환기에서 온도가 약간 저하되나, 600 ℃ 정도이므로 가스쿨러를 통하여 250 ℃ 이하로 냉각시켜 백필터로 보낸다. 이 방식은 분진 전량의 약 99.5 %를 제거할 수가 있다. 그림 5-48은 2 t 큐폴라에 부설한 습식 필터의 보기다.

② 전기로의 집진

제강용 전기로에서 발생하는 매연은 파쇄(scrap)를 사용하는 용해기의 용락시(溶落時) 가장 많다. 전기로에서 발생하는 분진은 비교적 미세하며 용해기에는 5 μm 이하가 많다. 따라서 이와 같이 미세한 매연의 집진 장치로는 백필터가 좋다. 그러나 보통 목면포(木綿布)는 고온에 견디지 못하므로 화학 섬유, 유리 섬유 등이 사용된다.

그림 5-49는 직접 흡인식(直接吸引式)을 채용한 제강용 전기로의 보기로, 노 내 가스의 온도가 높으므로, 도중에 냉각 장치를 투입, 온도를 250 ℃ 이하로 낮춘 다음 집진 장치를 통과하게 하고 있다. 배기의 분진 농도는 0.1 gr/Nm^3 이하로, 육안으로는 볼 수 없는 정도이다. 최근에는 노 안으로부터 직접 가스를 빨아내는 직접 흡인법이 사용되는데, 이 방식은 노벽의 부식을 촉진하거나 용탕 성분에 영향을 주게 되므로, 장입구, 출강구, 정극 주위를 커버로 막아 흡입하는 간접 흡인법이 채용되고 있다.

③ 각종 후드

셰이크 아웃 머신(shake out machine), 샌드 밀(sand mill), 모래떨이장, 모래채 등에서 나오는 분진을 채집하기 위해서는 이들의 상부나 측방에 후드를 설치하여 공기로 흡인하여, 집진 장

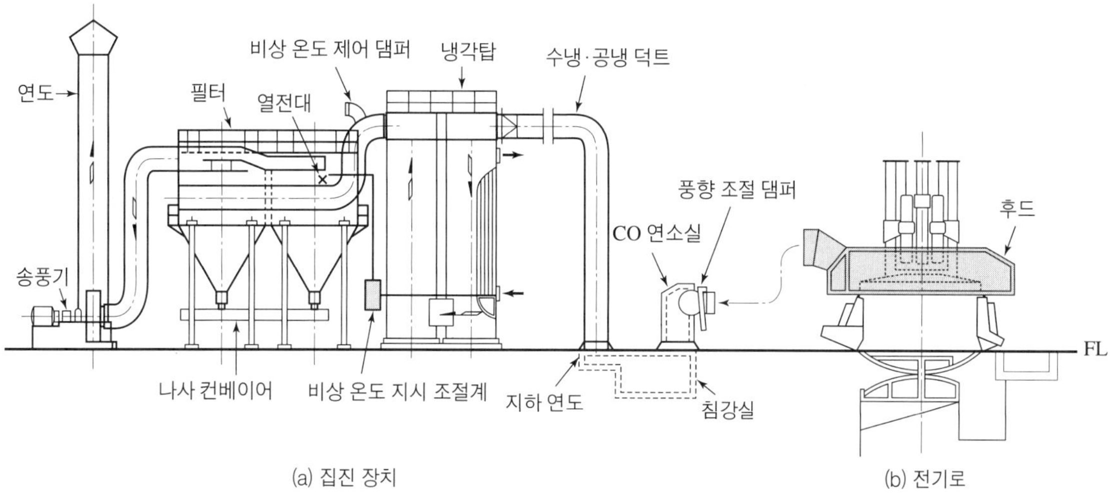

그림 5-49 ▮ 제강용 전기로의 집진 장치

치를 통해 외부로 배출한다. 후드는 모래 먼지를 발생하는 장소를 되도록 완전히 감싸게 설치하는 것이 배풍기의 용량을 줄이고 경제적이다. 덕트(duct)는 중간 굽힘부가 많으면 압력 손실이 커지며, 또 수평부가 있으면 분진이 침전되므로, 되도록 곡면을 피하고, 수직 방향으로 설계한다.

집진 장치로는 사이클론, 멀티클론(multclone)과 같은 간단한 건식 장치를 사용하기도 하지만, 미세한 분진은 집진이 안된다.

먼지가 포함된 공기를 수폭으로 생긴 물보라를 통과하든가 분무상의 물로 적시는 습식이 미세 분진을 채집할 수 있다. 그러나 분진과 물이 혼합된 진흙(泥土)의 처리가 문제가 된다. 그림 5-50은 셰이크 아웃 머신에 부설한 집진 장치의 보기다.

(2) 오수 처리

주조 공장의 습식 집진 장치에서 배출되는 배수 중에는 고운 모래, 석탄분, 벤토나이트 등이 함유되어 있어, 이들을 제거하는 일이 필요하다. 여기에는 침전조를 설치하여, 조용히 침강시켜, 상방의 물을 배출시킨다.

침전에 시간이 필요하므로, 보통은 응집 침전법이라고 하는 다음과 같은 조작에 의해 효율을 높이고 있다.

① 황산 알루미늄, 황산 철(I) 등의 전해 물질을 오수에 첨가하여 미세 입자를 응집시킨다.
② 고분자 응집제를 첨가하여 응집 입자끼리 응집시켜 분리한다. 이것을 침강 분리라한다.
③ 침강 분리된 오물에 소석회(消石灰) 등을 가한다.

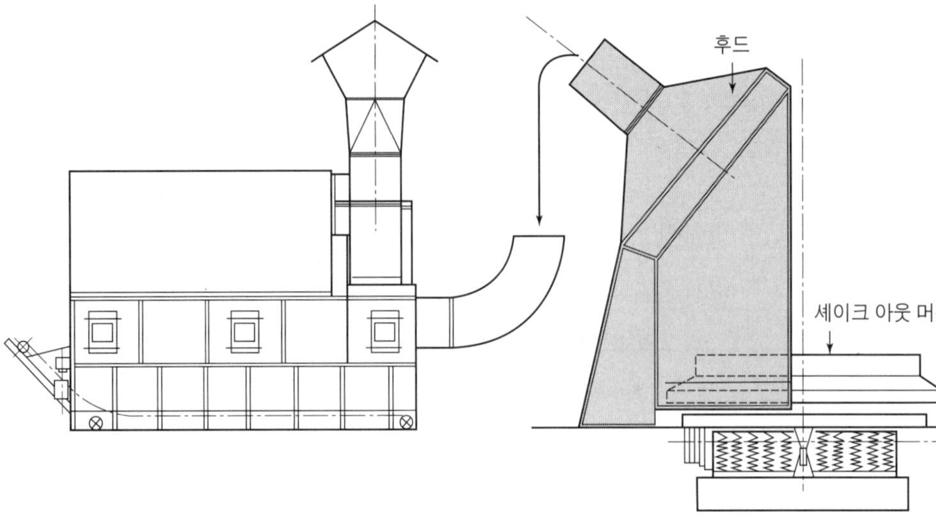

(a) 집진 장치 (b) 후드

그림 5-50 ▮ 세이크 아웃 머신에 부설한 집진 장치

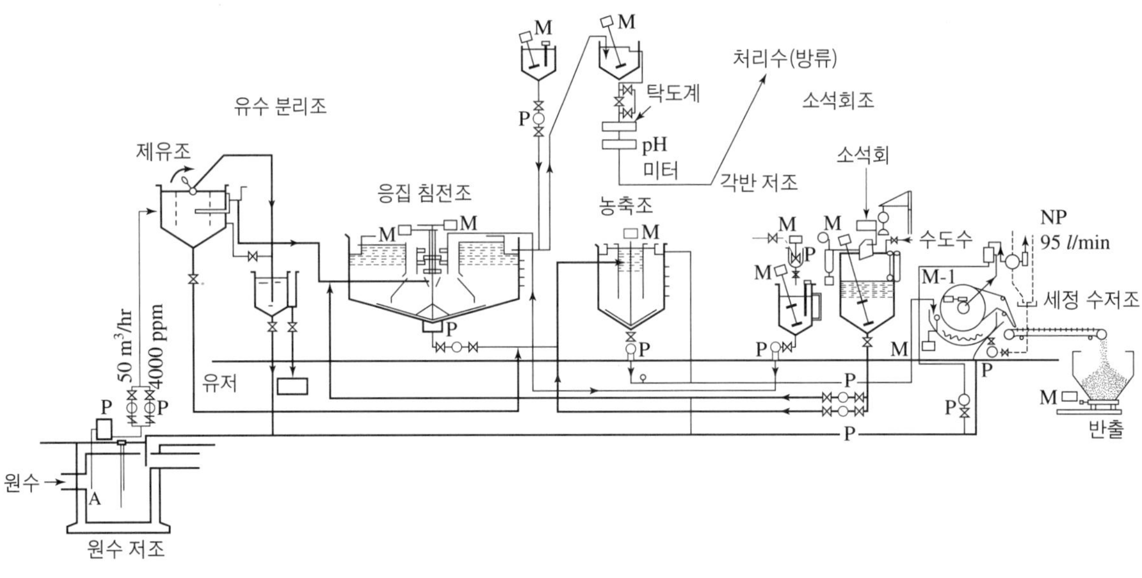

그림 5-51 ▮ 오수 처리 공정

④ 탈수기에 의해 오물을 탈수한다. 탈수한 오물은 제거한다.

응집 침전조에서 처리한 물은 방류관을 통해 pH 조정조에 넣고 탁도, pH 등을 조사하여 방류한다. 그림 5-51은 오수 처리 공정의 보기다.

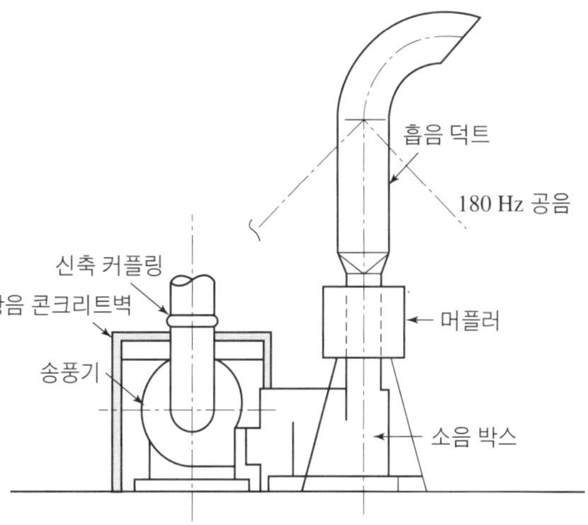

그림 5-52 ‖ 송풍기의 방음 대책

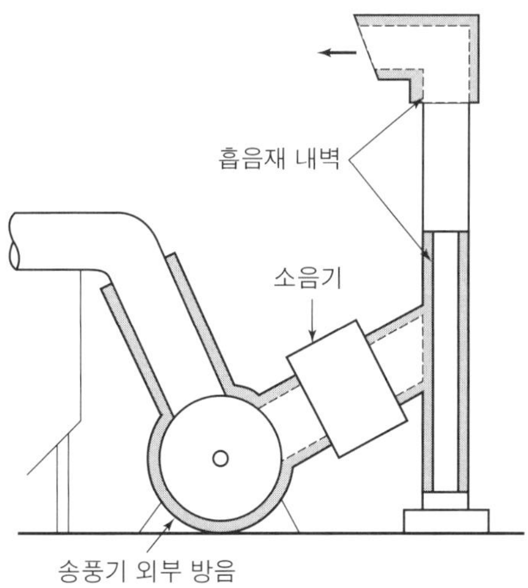

그림 5-53 ‖ 집진기의 배풍관 대책

(3) 소음 대책

주조 공장에서는 여러 가지 기계에서 소음이 발생한다. 예를 들면, 큐폴라 송풍기, 용해 재료의 장입, 크레인, 조형기, 셰이크 아웃 머신 등의 소음은 공장 내 작업자는 물론, 공장 외의 사람에게도 소음이 된다. 이에 대한 대책으로는, 기계의 주위를 방음 커버로 막아주든가, 방음실을 사용한다. 그림 5-52는 송풍기의 방음 대책의 보기로 송풍기의 주위를 흡음재로 내장한 보기다.

그림 5-53은 집진 장치의 배풍기에 의해 발생하는 배기관의 소음을 낮추기 위해 송풍기의 외부를 방음 커버로 씌우고, 배기관의 중간에 소음기를 설치하고 여기에 덕트에 흡음재를 내

분류	형상	분류	형상
리액티브형	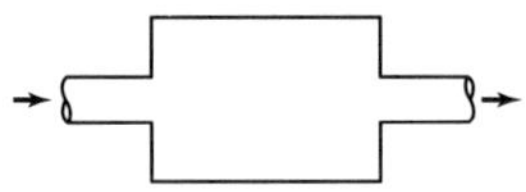	흡수형	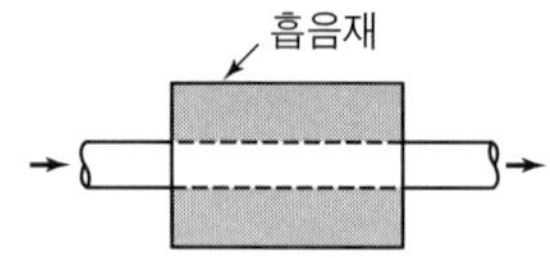
	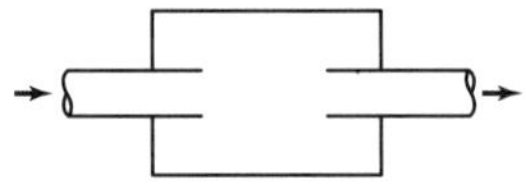		
	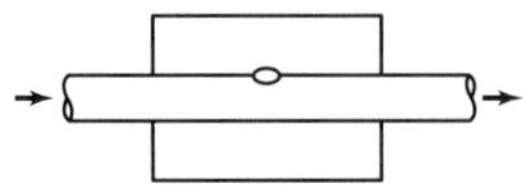		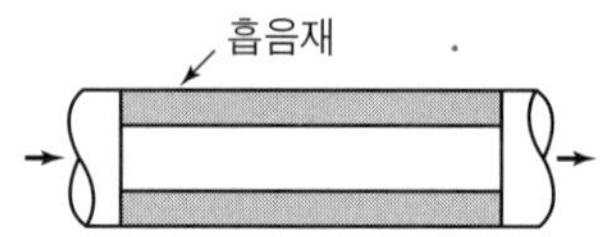

그림 5-54 ▮ 소음기의 구조

장한 보기다. 소음기의 구조에는 그림 5-54와 같은 형식이 있다.

2) 기계 설비의 관리와 안전 대책

(1) 기계 설비의 관리

주조 공장은 먼지, 고열, 진동 등 나쁜 환경에 있으므로, 기계 설비의 철저한 보안, 점검을 실시하도록 한다. 기계 고장의 조기 발견과 작업자의 안전을 확보하기 위해서는 우선 설비의 분류 번호, 도면, 대장, 이력부 등 기초 자료를 만들어, 항상 점검이 이루어지도록 한다.

점검 및 수리는 정기 점검, 국부 점검을 조합하여 실시한다. 정기 점검의 시기는 설비의 종류, 중요도, 위험성 등을 고려하여 정하고 보통 해체 점검, 수리를 실시한다. 일반적으로 2년을 기간으로 하는 사례가 많다.

국부 점검은 용해로용 송풍기, 재료 투입기, 믹서, 생형 조형기, 쇼트블라스트 등 중요 기기는 월 2회, 그 밖의 일반 시설은 월 1회 정도 실시한다. 기계 체결부의 풀림, 마멸, 급유 상태, 전기 절연 상태 등을 고장 발생 예상 개소에서 상시 점검 수리를 실시한다.

(2) 주조 공장의 안전 대책

안전관리상 중요한 점은 인간의 부주의에 의한 재해의 방지와 재해 발생의 가능성이 있는 상태를 어떻게 제거하느냐에 있다. 이를 위해서는 기계의 안전 장치, 안전 관리 체제의 확립, 안전 보호구의 준비, 안전 표식, 안전 작업의 표준화, 안전 교육, 훈련의 계획적 실시를 추진하는 동시에 작업자의 의식 향상이 필요하다.

5.2 주조 공장의 자동화와 레이아웃

1. 로봇과 컴퓨터의 이용

1) 로봇의 이용

(1) 로봇화의 이점

로봇은 몇 가지의 일반적 이점을 가지고 있다. 로봇은 휴식이나, 식사 등에 의한 중단이 없고 일정한 속도로 작업을 한다. 인간보다 느리지만 쉬지 않으며 속도가 변하지 않아 생산량을 높일 수 있다. 로봇을 사용하면 품질이 일정하고 동작의 실수가 없어서 불량을 감소시키는 이점이 있다. 로봇은 융통성이 있어 프로그램을 변경할 수 있다. 인력을 완전히 로봇으로 대치하면 방음, 환기, 조명 등 환경 위생 설비가 불필요하다. 보험 비용, 사무실 비용도 절감된다. 또한 주차장, 복리 시설, 인사 이동, 결근 문제 등도 염려할 필요가 없다. 로봇은 매우 융통성이 있어서 장래의 생산 변경에 대하여도 유연성이 뛰어나 비용이 절감된다. 주조 공장에서 최대의 관심사는 환경이 좋지 않은 후처리 공정의 일을 로봇이 하도록 시키는 것이다.

최근의 공업용 로봇에 관한 보고에 의하면 로봇을 사용하는 주된 이유로 ① 노력의 절감, ② 위험한 작업의 대치, ③ 융통성 있는 생산 시스템, ④ 품질의 안정화, ⑤ 생산량의 증가, ⑥ 숙련 노동자의 부족 등을 들고 있다.

(2) 주조 공장용 로봇

주조 공장에서 사용되고 있는 일부의 로봇은 단기능의 것이 좋으며 재료 운반용이 많다. 인베스트먼트(investment) 주조에는 왁스원형을 슬러리(slurry)에 넣고 계속하여 세라믹 셀을 만드는 것에 이용하고 있다.

다이 캐스팅에서는 금형에서 주물을 빼내고, 금형으로의 사출, 빼낸 주물을 트리밍(trimming)용 프레스에 공급하는 단독 작업에 사용된다.

로봇은 압탕의 제어에도 사용되지만 이와 같은 공정에서는 한계가 있다. 또한 주물 표면의 연마, 금형, 가스 토치(torch)를 사용하는 건조 등에도 사용되고 있으며 사람이 하는 작업보다 균일한 작업이 되어서 품질을 향상시키고 있다.

(3) 로봇의 미래

새로운 생산 시스템에는 로봇을 기계의 중심에 위치시키고 부품을 기계에서 다른 기계로 운반시키는 모양으로 발전되었다. 공정과 공구를 컴퓨터의 메모리로부터 검색하여 로봇이 제어하는 시스템은 탕구의 제거, 연마, 청정, 기계 가공, 검사 등을 하여 주물 제품을 컨테이너에 넣기까지의 작업을 한다.

시각을 갖고 있는 로봇은 크고 복잡한 주물에 코어를 설치하는 데 사용한다. 로봇 연구에 대한 급속한 발전으로 촉각과 시각을 갖는 로봇이 광범위하게 사용하게 될 것이다. 시각은 카메라를 통하여 상을 만들며 레이저와 적외선에 의한 탐사, 초음파, 광섬유 같은 것들도 다 이 영역에 속한다. 여러 종류의 작업을 행하여 각종의 센서가 컴퓨터에 연동되어 있는 센싱-시스템(sensing system)이 필요하다.

2) 컴퓨터의 이용

(1) CAD/CAE 시스템

① CAD 시스템

컴퓨터를 이용한 설계를 CAD(computer aided design)라고 하며 공작 기계를 비롯한 각종 제조, 건설, 섬유, 의장 등의 여러 산업 분야에서 이미 입력해 놓은 많은 자료를 통해 새로운 제품 구상과 설계를 더욱 빠르고 정교하게 설계할 수 있는 시스템의 하나다.

컴퓨터에 설계 자료를 입력하면 논리적 단계를 거쳐 도면이나 도형을 모든 방향으로 다양하게 이동시키면서 축소, 확대는 물론 치수선이나 기호, 문자의 입력 등을 자유 자재로 할 수 있다. 즉 컴퓨터를 이용한 설계는 사람의 창조성과 컴퓨터의 빠르고 정확한 계산 능력을 조화시킨 자동 설계법으로, 원하는 공작도와 현도를 자동으로 그려 낸다.

컴퓨터를 이용한 설계에서는 컴퓨터의 자판을 눌러서 설계에 필요한 여러 가지 자료를 입력하면 컴퓨터가 신속하게 자료를 처리하고, 도면 작성용 프로그램의 작용으로 화면에 공작도와 현도를 그리게 된다.

요즈음 사용되는 그래픽용 컴퓨터는 음극선관(陰極線管, CRT)을 디스플레이(display) 장치로 이용하고 있다.

음극선관은 텔레비전의 브라운관과 같이 음극에서 나온 전자의 작용으로 빛을 내는 것으로, 화면의 원하는 위치에 그림을 그린다. 컴퓨터가 그림을 그리는 원리는 마치 사람이 자를 대고 두 점을 잇는 직선을 연필로 그릴 때와 같이 음극선관 화면에 전자빔이 움직여 그림 5-55 (a)와 같이 화살표 방향으로 선을 긋게 된다. 평행선을 여러 개 그릴때는 그림 5-55 (b)와

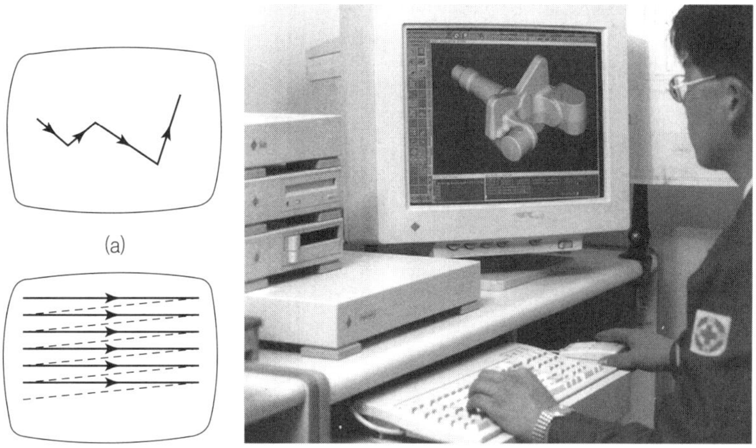

(a) (b) (c)

그림 5-55 ▮ CAD에 의한 설계

같이 전자빔 왼쪽에서 오른쪽으로 움직여 한 줄을 긋고 내려와 반복하여 줄을 긋는다. 원형을 제작하기 위한 현도를 그릴때도 컴퓨터가 이용되고 있다. 그림 5-55 (c)는 CAD로 설계한 기계 부품의 보기다.

2 CAE 시스템

설계의 초기 단계에서 설계 제도를 위한 설계 해석 및 시뮬레이션(simulation) 과정을 통합한 기술을 CAE(computer aided engineering)라 하며, 중요한 기술 요소로 등장하고 있다.

CAE는 기본 설계에 필요한 기능이 만족되도록 제품 전체의 형상과 구성을 검토하여 성능 예측, 강도 해석, 기구 해석 등의 해석 시뮬레이션을 하는 것이다. 이 과정에서 컴퓨터는 입력되어 있는 과거의 설계 사례와 문헌 등을 참조하게 되는데, 컴퓨터는 이들의 자료를 모은 데이터베이스(data base)로부터 필요한 자료를 검색하게 된다.

이와 같이 CAE를 도입함으로써 설계와 현도의 오류를 조기에 확인하여 시제품(始製品)의 제작 횟수를 감소시키고, 여러 가지 대안을 시뮬레이션을 통하여 현실감을 가지고 비교, 검토, 수정 보완 등을 가능하게 한다. 따라서 초기 단계 설계 해석과 현도 작성, 원형 제작 등 다음 공정 작업에 능률적으로 대응할 수 있게 된다. 즉 설계자의 새로운 아이디어를 현실감 있는 이론적 해석과 시뮬레이션을 통해 비교 · 검토함으로써 원형(prototype)의 제조 횟수를 감소시켜 개발 기간을 단축하고 비용도 절감할 수 있다. 따라서 설계를 위한 분석 과정을 가속화, 단순화하고 엔지니어링 능력을 배가시킴으로써 높은 생산성을 통한 경쟁력을 제고할 수 있다.

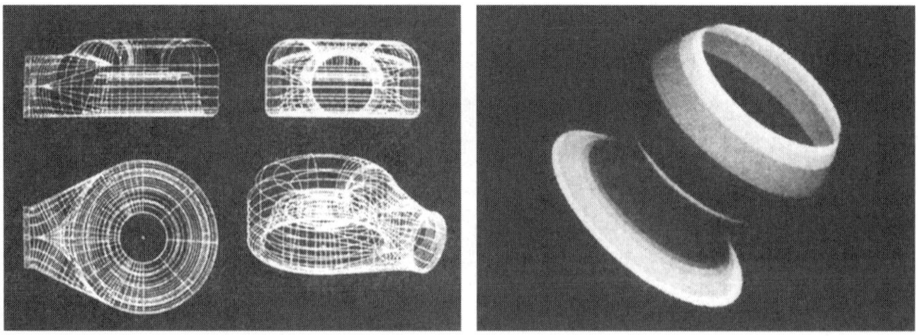

(a) 복잡한 면 형태의 다양한 위치와 형태 (b) 곡률 분석(curvature analysis)의 모델

그림 5-56 ▮ CAE에 의한 해석 · 시뮬레이션의 모델

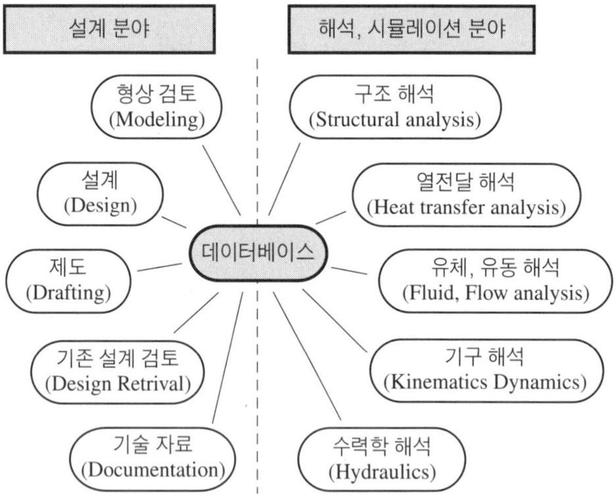

그림 5-57 ▮ CAE/CAD의 통합과 데이터베이스의 관계

그림 5-56은 CAE에 의한 시뮬레이션의 보기를, 그림 5-57은 CAE/CAD의 통합과 데이터베이스의 관계를 나타낸 것이다.

(2) 큐폴라의 컴퓨터 제어

주조 공정에서 컴퓨터를 도입한 제어에는 주물사 처리, 조형, 장입, 용해, 주입, 후처리 등의 공정이 포함된다. 컴퓨터가 적용 가능한 분야에서는 보다 진보되고 개선된 제어가 가능하며, 결과적으로 생산성과 작업 능률의 향상을 얻을 수 있다. 이외에도 컴퓨터는 위험한 상황을 경고하는 데에도 쓰일 수 있으며, 생산량과 품질, 원료 사용량 등을 기록하는 데에도 유용하다.

컴퓨터 제어의 주요 목적은 용해 공정에 대한 제어 능력을 향상시키는 데 있다. 그렇게함으로써 용해 과정의 작업 범위를 좁히고, 탄소와 규소 함유량을 최소화하여, 쇳물의 온도를 되도록 낮게 하려는 것이다. 또한 탄소와 규소의 원료와 열원을 가장 값싼 것으로 선택함으로써 용해 비용을 최소한으로 줄일 수 있다.

한편으로는 용해 속도를 안정화시키는 조작이 필요한데, 이것은 하루에 필요한 용선량(熔銑量)을 만족시키는 범위 내에서 용해 속도를 최소화하는 것이다. 컴퓨터는 용해 속도와 용선 재고량, 주입 속도 등을 추적하여, 이로부터 그 날에 필요한 용해량을 계산한다.

용해 속도를 안정화시키는 것은 공기를 가열하여 송풍하는 비용과 릴리프 시간(relief period) 동안에 필요한 코크스를 절감하는 동시에 용선 조업을 가능한 한 안정시키려는 데 목적이 있다.

(3) 압탕 크기와 모양의 시뮬레이션

주입된 쇳물이 주형 속에서 냉각될 때는 응고 수축에 따라 체적가 감소되므로, 쇳물을 계속 보급하기 위해 응고되기 전에 압력을 가하는 기능이 압탕이다. 압탕의 크기나 위치에 대해서는 경험적으로 처리되어 왔으나, 요즈음에는 신뢰성이 있는 이론적인 기준값을 얻을 수 있다. 컴퓨터에 의한 수축 모의 시험 소프트웨어(soldification imitation software)의 개발로 그림

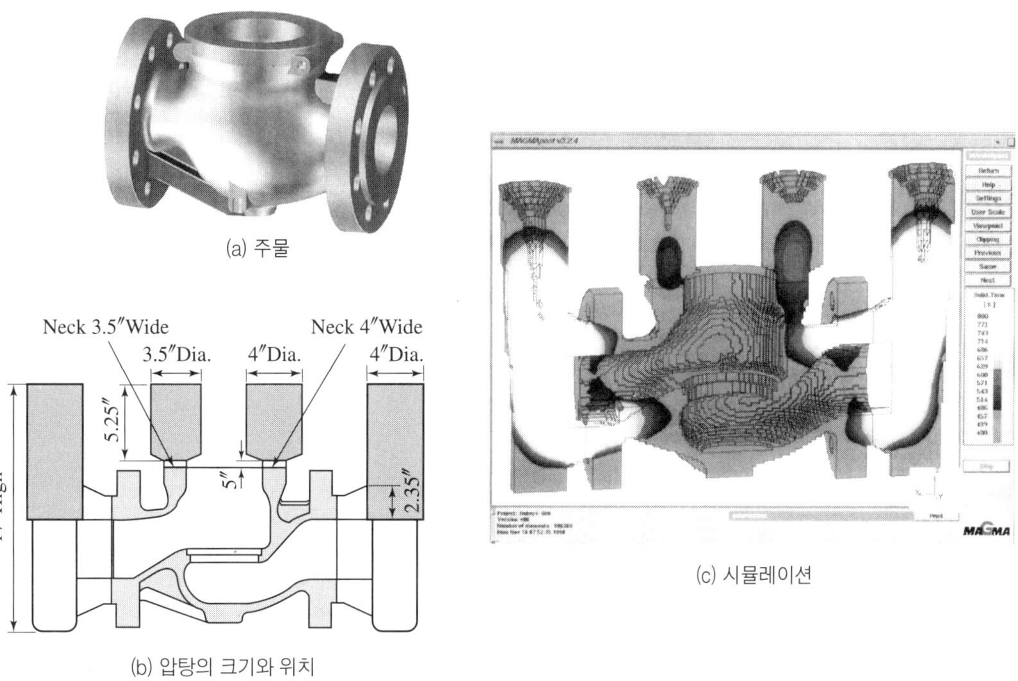

(a) 주물

(b) 압탕의 크기와 위치

(c) 시뮬레이션

그림 5-58 ‖ 수축 모의 시험에 의한 압탕의 결정

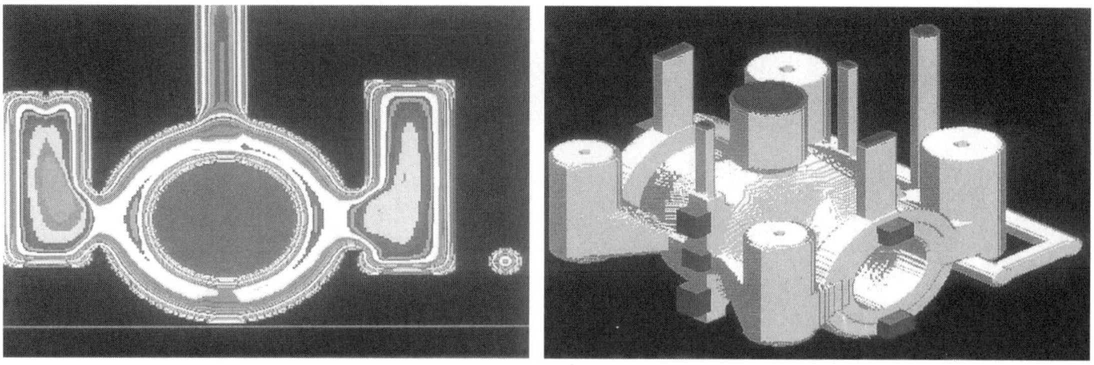

(a) 압탕의 수축 현상 (b) 압탕의 크기와 위치

그림 5-59 ▮ 압탕의 수축 현상과 보기

5-58 (b)와 같이 수축 부위와 압탕의 크기와 모양까지 제시하고 있으므로, 약간 수정만 하면 실제로 적용할 수 있어, 압탕의 크기를 계산하는 데 많은 시간을 단축되며, 그림 5-58 (c)와 같이 시뮬레이션을 통해 예견할 수 있게 되었다. 압탕에는 여러 가지가 있으나, 가장 일반적인 것은 위쪽을 개방한 원추형 압탕으로, 높이는 지름의 1.0~1.8배 가량으로 하는 것이 보통이다. 그림 5-59는 압탕의 수축 현상과 압탕의 보기를 시뮬레이션 한 보기다.

2. 주조 공장의 레이아웃

주조 공장은 생산품의 종류 · 크기 수량에 따라 생산 설비가 달라져야 하며 공정(工程)에서 공정으로의 운반 방식도 달라진다. 주물의 생산은 원료에서 제품이 생산되기까지의 전 공정에서 재료의 이동이 이루어지며 기계화의 목적을 달성하기 위해서는 이러한 흐름을 합리적으로 이루어지도록 모든 설비들이 잘 정돈되어야 한다. 즉 모든 관련 설비와 기계 장치들이 갖고 있는 능력을 충분히 발휘할 수 있도록 주조 공장의 레이아웃(layout)이 검토 · 개선되어야 한다.

1) 레이아웃의 목표와 조건

(1) 주조 공장 레이아웃의 목표

레이아웃의 목적 달성을 위해 다음 사항을 그 목표로 생각할 수 있다.

① 생산량이 증대되고, 증대된 생산량이 유지될 수 있어야 한다.
② 주조 공장에서는 원재료, 보조 재료를 대량으로 운반하는 것이 필수 요소이다. 이것을 최소한으로 유지할 수 있어야 한다.
③ 생산 흐름의 중단이나 중복없이 제조 시간을 단축시킬 수 있어야 한다.
④ 면적을 절약하고 공간을 입체적으로 이용할 수 있어야 한다.
⑤ 설비 기계의 선택이나 그 배치의 오류로, 특정 장소에 공정이 멈추어 작업의 흐름이 지연되거나 정지되지 않도록 해야 한다.
⑥ 작업자의 안전과 위생적 만족감을 갖고 작업에 임할 수 있어야 한다.
⑦ 관리 · 감독이 용이한 레이아웃이어야 한다.
⑧ 재료의 소모와 불량품이 최소가 되어야 한다.
⑨ 앞으로 있을 수 있는 변경과 조정에 대처한 레이아웃이어야 한다.
⑩ 보수 유지가 용이한 레이아웃으로 한다.

(2) 레이아웃 결정의 전제 조건

주조 공장의 레이아웃을 계획하기 위한 기본적인 사항으로

① 고온의 용탕을 취급하는 점
② 제품의 종류, 중량이 크고 작음, 재질, 생산량 등이 다양
③ 재료, 주형, 제품 등의 연속적 이동
④ 주입, 주형 해체 주물 제품의 후처리 등이 연이어 이루어진다는 점

따라서 이러한 점을 고려한 생산 방식 기계 설비의 기능과 배치가 이루어진 레이아웃이 기본 조건이 된다.

생산 방식은 다양한 공정에 따라 선택되며 이들을 작업자와 설비, 기계에 의해 수행된다. 여기서 설비 기계의 선정이 문제가 된다.

기계 설비의 선정은 직접 생산에 필요한 조형 설비의 설정이 우선되며 다음에 이들 조형 설비에 적합한 사처리 설비(砂處理設備), 용해 설비 등을 선정한다. 또한 운반, 저장, 동력, 급배수, 안전 그밖의 설비를 선정한다.

최종적으로 선정된 이들을 수용할 알맞은 건물(공장)을 선정하는 순서로 이루어진다.

설비 기계의 선정에서 유의 사항은

① 작업의 종류
② 설비 기계의 특수성, 성능
③ 제품의 품질과 정도(精度)의 안정성
④ 장래의 설계 변경에 대비한 고려
⑤ 취급, 조작의 용이
⑥ 정비 보수의 난이(難易)

주조 공장의 레이아웃에 포함되는 주요 설비로는

① 용해 설비
② 사처리 설비(砂處理設備), 조형 설비
③ 후처리 설비
④ 운반기
⑤ 압축기
⑥ 그 밖의 설비 등이 있다.

2) 레이아웃의 사례

주조 공장의 레이아웃은 평면도, 배치도, 공정도, 견향도 등으로 나타내는데, 주조 공장의 규모, 특성, 성격 등에 따라 가장 잘 나타낼 수 있는 방법을 채택한다.

사례 1 주조 공장의 작업 공정

그림 5-60은 레이아웃(layout)에 필요한 주조 공장의 전체 작업 공정을 도식화 한 것이다.

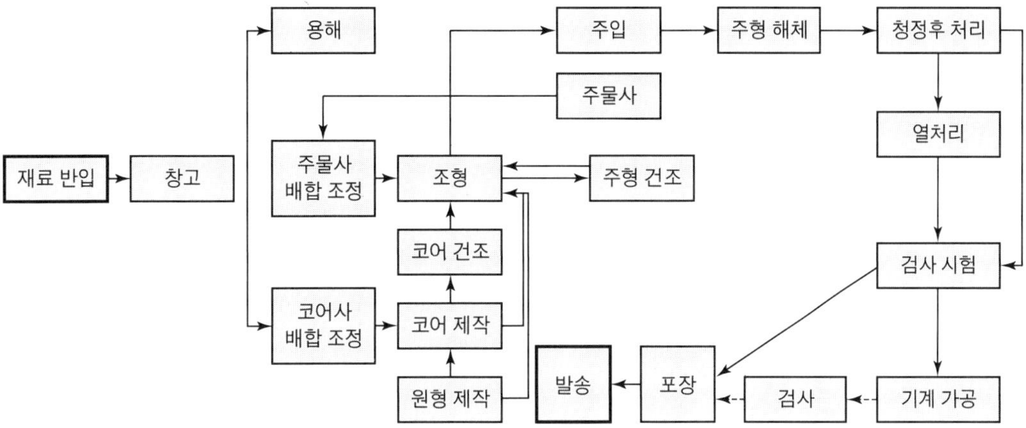

그림 5-60 ▮ 주조 공장의 작업 공정

사례 2 생형사 처리 장치

그림 5-61은 주물사의 배합, 조정에 사용되는 생형사 처리 장치의 구조도다.

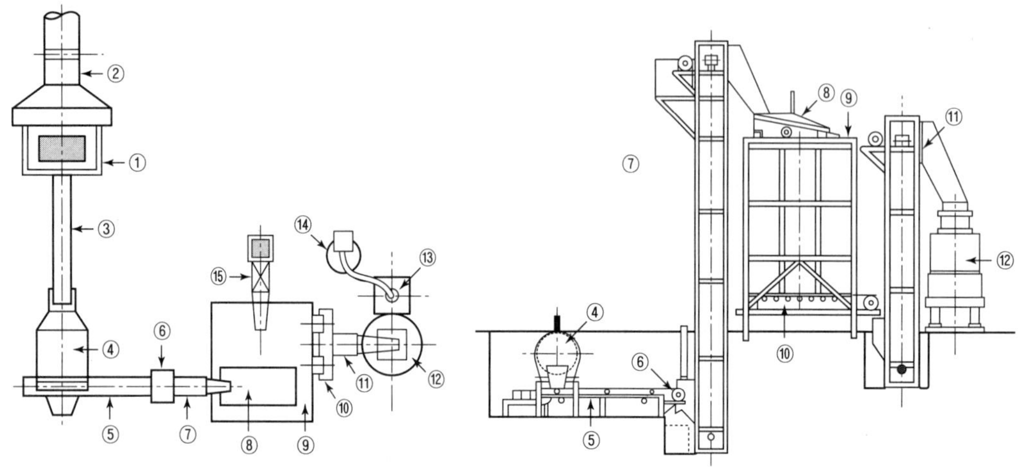

① 셰이크 아웃 머신　⑤ 벨트 컨베이어　⑨ 샌드 스토리지
② 더스트 후드　⑥ 마그네트 세퍼레이터　⑩ 벨트 피이더
③ 지하 벨트 컨베이어　⑦ 버킷 엘리베이터　⑪ 버킷 엘리베이터
④ 브레이커 스크린　⑧ 바이브레이팅 스크린　⑫ 샌드 밀

그림 5-61 ▮ 생형사 처리 장치

사례 3 기계 조형장

그림 5-62 (a)는 공기 압송식 주물사 수송 장치를 구비한 기계 조형 작업장을, 그림 5-62 (b)는 컨베이어식 주물사 수송 방식의 보기다.

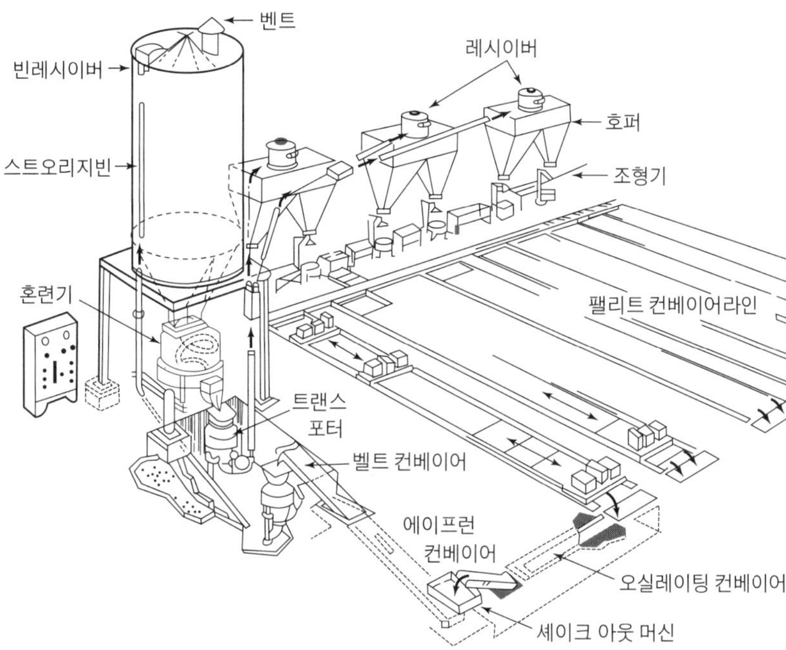

(a) 공기 압송식

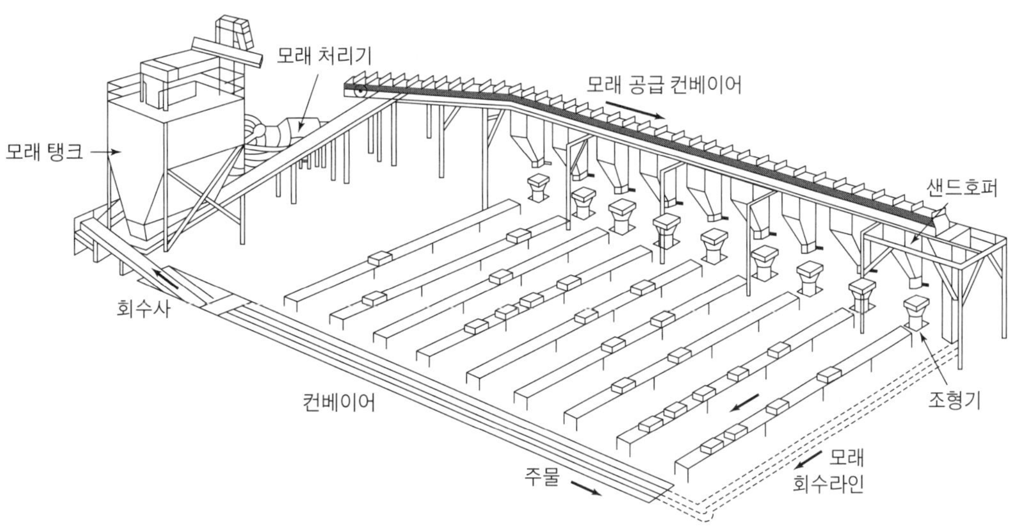

(b) 컨베이어식

그림 5-62 ▮ 기계 조형장

사례 4 대량 생산 주조 공장

그림 5-63은 브레이크 슈의 대량 생산 주조 공장의 보기다.

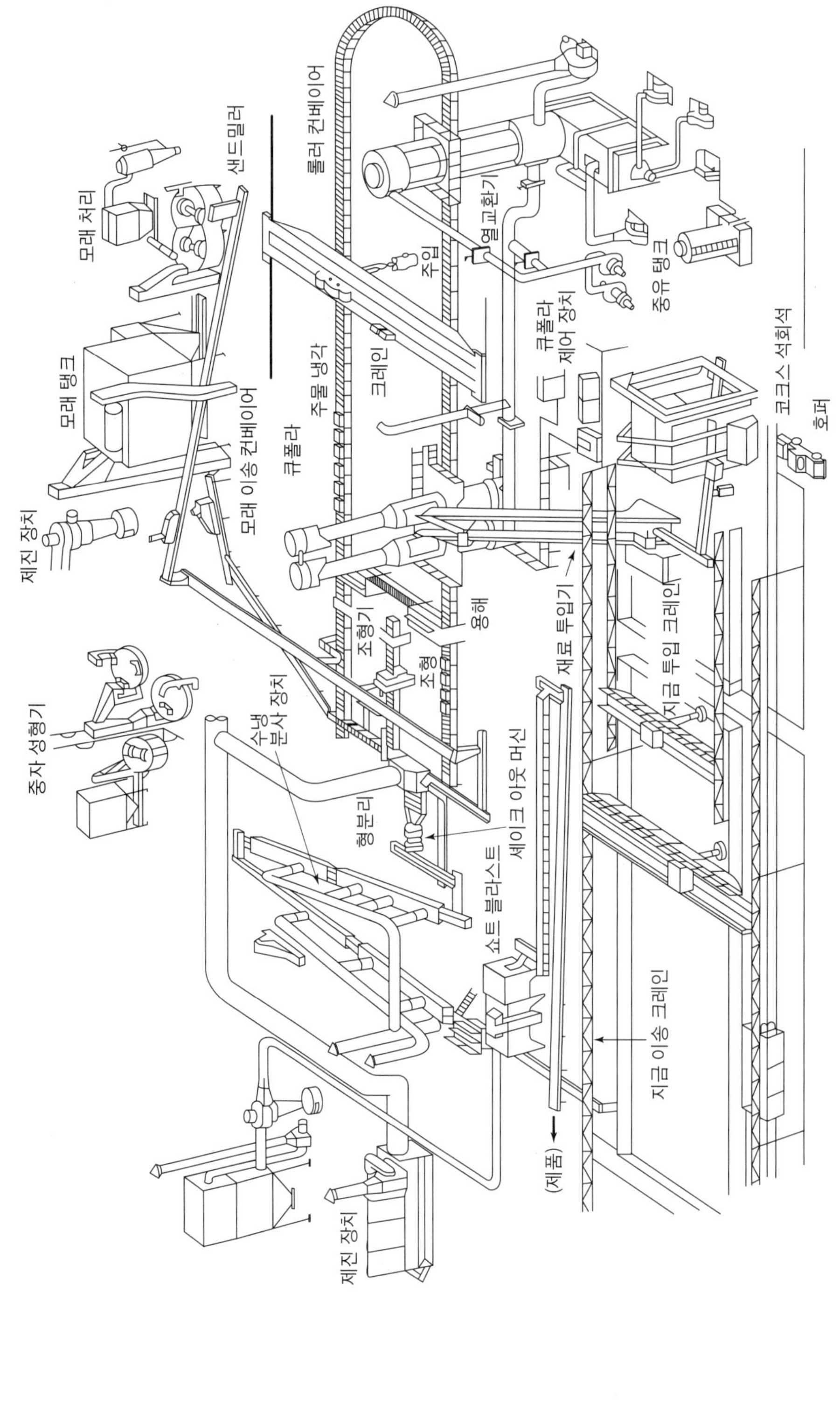

그림 5-63 ▪ 브레이크 슈의 대량 생산 주조 공장

사례 5 큐폴라 설비(1)

그림 5-64는 큐폴라와 재료 투입 설비의 보기다. 운반 대차에 재료 투입은 인력으로 하고 평량 후, 대차는 버킷 앞에 이송 후, 반전 장치에 의해 장입 투입 크레인으로 작업구까지 올려놓고 투입한다.

번호	명칭	재질	개수
①	5 t/h 큐폴라		1
②	재료 투입기		1
③	5 t/h 전로		1
④	덤프카		1
⑤	저울		1
⑥	바람 구멍, 투입구, 작업상		1

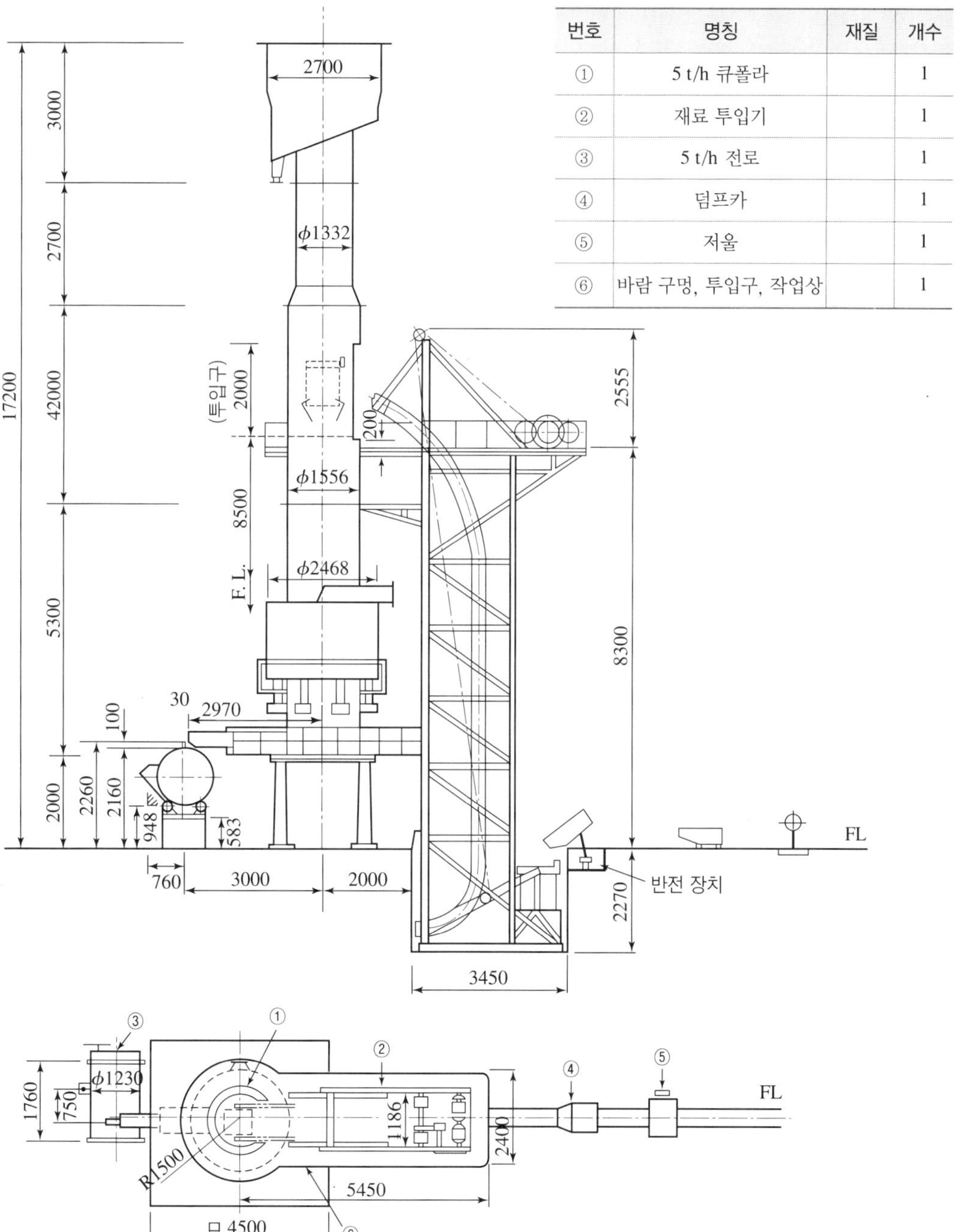

그림 5-64 ▌큐폴라 설비

사례 6 큐폴라 설비(2)

그림 5-65은 큐폴라와 재료 투입 설비인 스키프식 자동 장입 설비의 보기다.

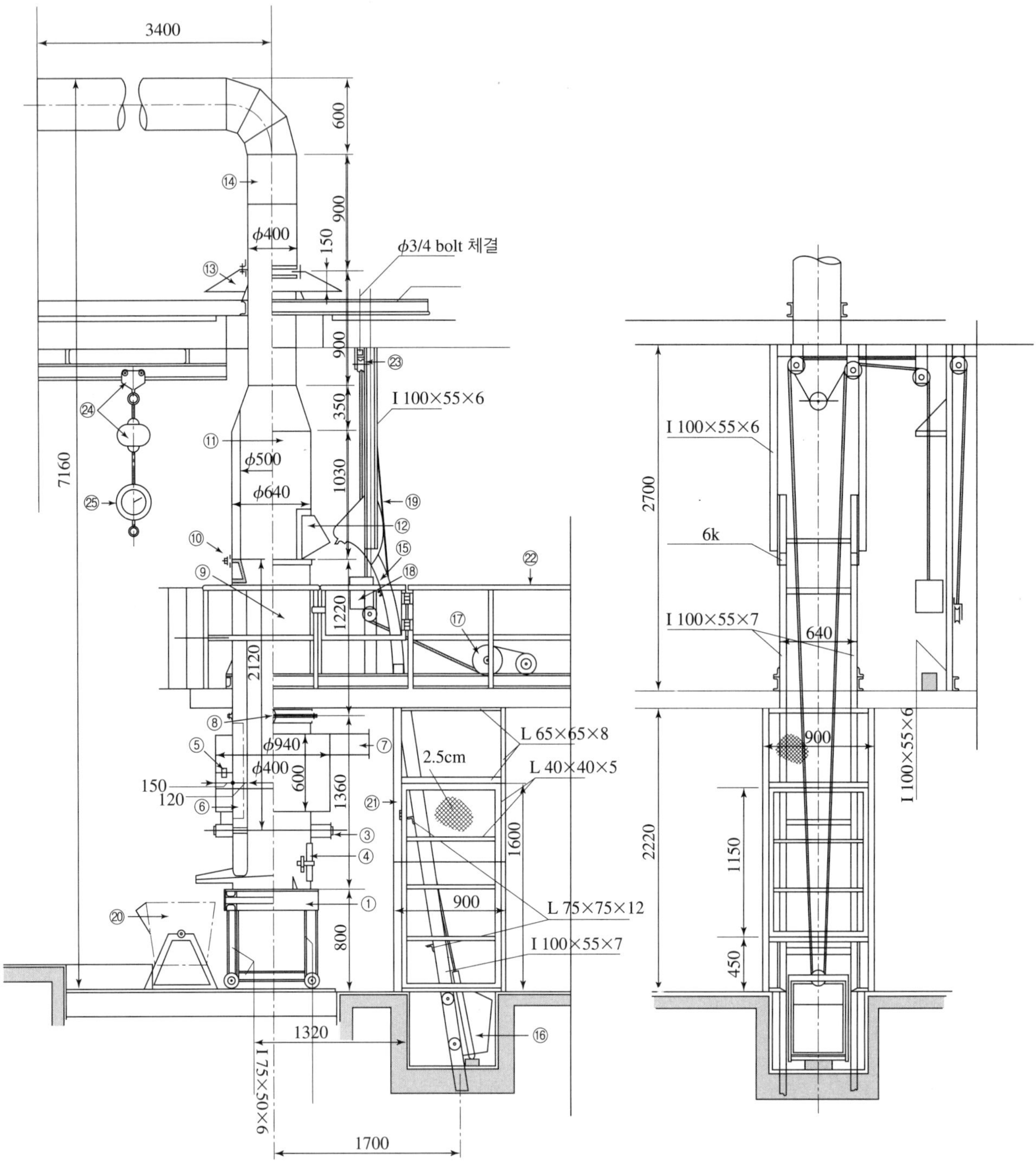

그림 5-65 ‖ 0.5 t/h 자동 장입 큐폴라[3)] 용산공업고등학교 금속과 용해 실습 설비

3) 강기주 설계 시공 · 감독

사례 7 자동차 주물 대량 생산 주조 공장

그림 5-66은 GM 사의 주철 주물 공장의 배치도로, 33 t 저주파로 4기, 55 t 열풍 수냉식 큐폴라 2기, 저주파 전로 2기를 설치하고 있는 보기다.

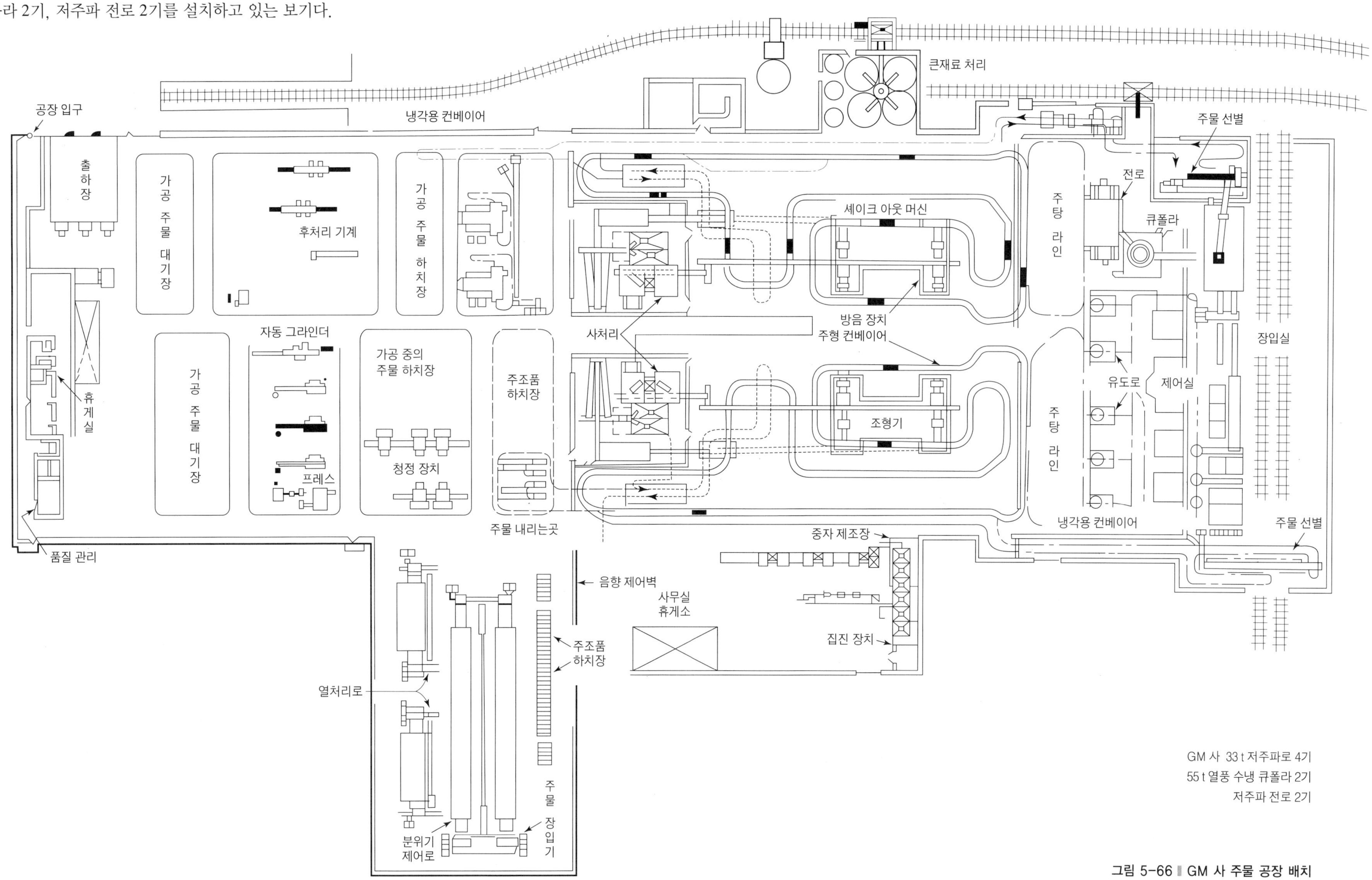

그림 5-66 ▮ GM 사 주물 공장 배치

평 가 문 제

5.1 주조 공장의 설비

1. 주조 공장 기계 설비의 기계화로 얻을 수 있는 이점을 설명하시오.

2. 벨트 컨베이어의 구조와 용도를 설명하시오.

3. 다음 설비의 구조와 용도를 설명하시오.

   ① 호이스트

   ② 지브 크레인

   ③ 버킷 엘리베이터

   ④ 나사 컨베이어

4. 로우터의 구조와 용도를 설명하시오.

5. 주물사 처리용 기계의 종류와 용도를 설명하시오.

6. 주조 공장에서 공기 압축기의 용도를 설명하시오.

7. 큐폴라 집진 설비의 종류와 특징에 대해 설명하시오.

8. 기계 설비의 관리와 안전 대책에 대해 설명하시오.

5.2 주조 공장의 자동화와 레이아웃

9. 주조 공장용 로봇 현황과 미래에 대해 설명하시오.

10. 주조 공장에서 CAD 시스템의 이용 사례를 열거하시오.

11. 압탕 크기와 모양의 시뮬레이션에 대해 설명하시오.

12. 주조 공장의 레이아웃 목표를 나열하시오.

13. 주조 공장의 작업 공정을 레이아웃하시오.

연 구 과 제

1. 원형 제작용 기계의 종류와 구조 및 용도를 설명하시오.

2. 주물사 종합 처리 장치의 기능과 규모 및 특징을 설명하시오.

3. 조형 기계의 형식과 특징을 설명하시오.

4. 주입 장치 기계화의 사례를 들어 설명하시오.

5. 전기로의 집진 장치에 대해 설명하시오.

6. 주조 공장 레이아웃 결정의 전제 조건을 설명하시오.

7. 기계 조형장을 레이아웃하시오.

8. 학교 실습용 큐폴라 설비를 레이아웃하시오.

부 록

I. 원소의 물리적 성질
II. 단위 환산 계수
III. 단위의 접두어
IV. SI 단위계
V. 단위 기호 및 환산
VI. 그리스 문자

I. 원소의 물리적 성질

원소명	국어명	원소 기호	원자 번호	원자량	밀도(20℃) [g/cc]	융점 [℃]	비등점 [℃]	비열(20℃) [cal/g/℃]	융해열 [cal/g]	결정 구조
Actinium	악티늄	Ac	89	227	–	1050	–	–	–	–
Aluminum	알루미늄	Al	13	26.98	2.699	660	2450	0.215	94.5	fcc
Americium	아메리슘	Am	95	243	11.7	–	–	–	–	–
Antimony	안티모니	Sb	51	121.76	6.62	630.5	1380	0.049	38.3	rhombohedral
Argon	아르곤	Ar	18	39.994	1.784×10^{-3}	−189.4	−185.8	0.125	6.7	fcc
Arsenic	비소	As	33	74.91	5.72	817	613	0.082	88.5	rhombohedral
Astatine	아스타틴	At	85	211	–	302	–	–	–	–
Barium	바륨	Ba	56	137.36	3.5	714	1640	0.063	–	fcc
Berkelium	버클륨	Bk	97	247	–	–	–	–	–	–
Beryllium	베릴륨	Be	4	9.013	1.848	1277	2770	0.45	260	hcp
Bismuth	비스무트	Bi	83	209	9.8	271.3	1560	0.029	12.5	rhombohedral
Boron	보론	B	5	10.82	2.34	2030	–	0.309	–	orthorhombic
Bromine	브로민	Br	35	79.916	3.12	−7.2	58	0.070	16.2	orthorhombic
Cadmium	카드뮴	Cd	48	112.41	8.65	320.9	765	0.055	13.2	hcp
Calcium	칼슘	Ca	20	40.08	1.55	838	1440	0.149	52	fcc
Californium	캘리포늄	Cf	98	251	–	–	–	–	–	–
Carbon	탄소	C	6	12.011	2.25	3727	4830	0.165	–	hexagonal
Cerium	세륨	Ce	58	140.13	6.77*	804	3470	0.045	8.5	fcc
Cesium	세슘	Cs	55	132.91	1.903	28.7	690	0.048	3.8	bcc
Chlorine	염소	Cl	17	35.457	3.214×10^{-3}	−100.99	−34.7	0.116	21.6	tetragonal
Chromium	크로뮴	Cr	24	52.01	7.19	1875	2665	0.11	96	bcc
Cobalt	코발트	Co	27	58.94	8.85	1495	2900	0.099	58.4	hcp
Copper	구리	Cu	29	63.54	8.96	1083	2595	0.092	50.6	fcc
Curium	큐륨	Cm	96	247	–	–	–	–	–	–
Dysprosium	디스프로슘	Dy	66	162.51	8.55	1407	2330	0.041	25.2	hcp
Einsteinium	아인슈타늄	Es	99	254	–	–	–	–	–	–
Erbium	에르븀	Er	68	167.27	9.15	1497	2630	0.043	24.5	hcp
Europium	유로피움	Eu	63	152	5.245	826	1490	0.039	16.5	bcc
Fermium	페르뮴	Fm	100	253	–	–	–	–	–	–
Fluorine	플루오린	F	9	19.00	1.696×10^{-3}	219.6	−188.2	0.18	10.1	–
Francium	프란슘	Fr	87	223	–	27	–	–	–	–
Gadolinium	가돌리늄	Gd	64	157.26	7.86	1312	2730	0.071	23.5	hcp

(* : 0°C에서 측정)

원소명	국어명	원소 기호	원자 번호	원자량	밀도(20°C) [g/cc]	융점 [°C]	비등점 [°C]	비열(20°C) [cal/g/°C]	융해열 [cal/g]	결정 구조
Gallium	갈륨	Ga	31	69.72	5.907	29.8	2237	0.079	19.2	orthorhombic
Germanium	저마늄	Ge	32	72.60	5.323	937.4	2830	0.073	−	diamondcubic
Gold	금	Au	79	197.0	19.32	1063	2970	0.031	16.1	fcc
Hafnium	하프늄	Hf	72	178.58	13.09	2222	5400	0.035	−	hcp
Helium	헬륨	He	2	4.003	0.1785×10^{-3}	−269.7	−268.9	1.25	−	hcp
Holmium	홀뮴	Ho	67	164.94	6.79	1461	2330	0.039	24.9	hcp
Hydrogen	수소	H	1	1.008	0.0899×10^{-3}	−259.19	−252.7	3.45	15.0	hexagonal
Indium	인듐	In	49	114.82	7.31	156.2	2000	0.057	6.8	f.c.tetragonal
Iodine	아이오딘	I	53	126.91	4.94	113.7	183	0.052	14.2	othorhombic
Iridium	이리듐	Ir	77	192.2	22.5	2454	5300	0.031	−	fcc
Iron	철	Fe	26	55.85	7.87	1536.5	3000	0.11	65.5	bcc
Krypton	크립톤	Kr	36	83.8	3.743×10^{-3}	−157.3	−152	−	−	fcc
Lanthannum	란타넘	La	57	138.92	6.19	920	3470	0.048	17.3	hexagonal
Lead	납	Pb	82	207.21	11.36	327.4	1725	0.0309	6.3	fcc
Lithium	리튬	Li	3	6.94	0.534	180.5	1330	0.79	104.2	bcc
Lutetium	루테튬	Lu	71	174.99	9.85	1652	1930	0.037	26.3	hcp
Magnesium	마그네슘	Mg	12	24.32	1.74	650	1107	0.245	88	hcp
Manganese	망가니즈	Mn	25	54.94	7.43	1245	2150	0.115	63.7	cubic
Mendelevium	멘델레븀	Mv	101	256	−	−	−	−	−	−
Mercury	수은	Hg	80	200.61	13.546	−38.36	357	0.033	2.8	rhombohedral
Molybdenum	몰리브데넘	Mo	42	95.95	10.22	2610	5560	0.066	69.8	bcc
Neodymiun	네오디뮴	Nd	60	144.27	7.00	1019	3180	0.045	11.8	hexagonal
Neon	네온	Ne	10	20.18	0.8999×10^{-3}	−248.6	−246	−	−	fcc
Neptunium	넵투늄	Np	93	237	−	637	−	−	−	−
Nickel	니켈	Ni	28	58.71	8.902	1453	2730	0.105	73.8	fcc
Niodium	니오븀	Nb	41	92.91	8.57	2468	4927	0.065*	69	bcc
Nitrogen	질소	N	7	14.01	1.25×10^{-3}	−209.97	−195.8	0.247	6.2	hexagonal
Nobelium	노벨륨	No	102	247	−	−	−	−	−	−
Osmium	오스뮴	Os	76	190.2	22.57	2700	5500	0.031	−	hcp
Oxygen	산소	O	8	16.0	1.429×10^{-3}	−218.83	−183	0.218	3.3	cubic
Palladium	팔라듐	Pd	46	106.7	12.02	1552	3980	0.058*	34.2	fcc
Phosphorus	인	P	15	30.98	1.83	44.3	280	0.177	5.0	cubic
Platinume	백금	Pt	78	195.09	21.45	1769	4530	0.031*	26.9	fcc
Plutonium	플루토늄	Pu	94	242	19.36	640	3235	0.033	−	monoclinic
Polonium	폴로늄	Po	84	210	−	254	−	−	−	monoclinic
Potassium	포타슘(칼륨)	K	19	39.1	0.86	63.7	760	0.177	14.6	bcc
Praseodymium	프라세오디뮴	Pr	59	140.92	6.77	919	3020	0.045	11.7	hexagonal
Promethium	프로메튬	Pm	61	145	−	1027	−	−	−	−
Protactinium	프로탁티늄	Pa	91	231.1	15.4	1230	−	−	−	−
Radium	라듐	Ra	88	226.05	5.0	700	−	−	−	−
Radon	라돈	Rn	86	222	9.96×10^{-3}	−71	−61.8	−	−	−
Rhenium	레늄	Re	75	186.22	21.04	3180	5900	0.033	−	hcp
Rhodium	로듐	Rh	45	102.91	12.44	1966	4500	0.059*	−	fcc
Rubidium	루비듐	Rb	37	85.48	1.53	38.9	688	0.080	6.5	bcc
Ruthenium	루테늄	Ru	44	101.1	12.2	2500	4900	0.057*	−	hcp

원소명	국어명	원소 기호	원자 번호	원자량	밀도(20℃) [g/cc]	융점 [℃]	비등점 [℃]	비열(20℃) [cal/g/℃]	융해열 [cal/g]	결정 구조
Samarium	사마륨	Sm	62	150.35	7.49	1072	1630	0.042	17.3	rhombohedral
Scandium	스칸듐	Sc	21	44.96	2.98	1539	2730	0.134	84.5	hcp
Selenium	셀레늄	Se	34	78.96	4.79	217	685	0.084	16.4	hexagonal
Silicon	규소	Si	14	28.09	2.33*	1410	2680	0.162*	432	diamondcubic
Silver	은	Ag	47	107.88	10.49	960.8	2210	0.056*	25	fcc
Sodium	소듐(나트륨)	Na	11	22.99	0.971	97.8	892	0.295	27.5	bcc
Stontium	스트론튬	Sr	38	87.63	2.60	768	1380	0.176	25	fcc
Sulfur	황	S	16	32.07	2.07	119	444.6	0.175	9.3	orthorhombic
Tantalum	탄탈럼	Ta	73	180.95	16.6	2996	5425	0.034	38	bcc
Technetium	테크네튬	Tc	43	98	–	2130	–	–	–	–
Tellurium	텔루륨	Te	52	127.61	6.24	449.5	989.8	0.047	32	hexagonal
Terbium	터븀	Tb	65	158.93	8.25	1356	2530	0.044	24.5	hcp
Thallium	탈륨	Tl	81	204.39	11.85	303	1457	0.031	5.0	hcp
Thorium	토륨	Th	90	232.05	11.66	1750	3850	0.034	19.8	fcc
Thulium	툴륨	Tm	69	168.94	9.31	1545	1720	0.038	26.0	hcp
Tin	주석	Sn	50	118.70	7.30	231.9	2270	0.054	14.5	tetragonal
Titanium	타이타늄	Ti	22	47.90	4.51	1668	3260	0.124	104	hcp
Tungsten	텅스텐	W	74	183.86	19.3	3410	5930	0.033	44	bcc
Uranium	우라늄	U	92	238.07	19.07	1132.3	3818	0.028	–	orthorhombic
Vanadium	바나듐	V	23	50.95	6.1	1900	3400	0.119	–	bcc
Xenon	제논	Xe	54	131.20	5.896×10^{-3}	−11.9	−108	–	–	fcc
Ytterbium	이터븀	Yb	70	173.04	6.96	824	1530	0.035	12.7	fcc
Yttrium	이트륨	Y	39	88.92	4.47	1509	3030	0.71	46	hcp
Zinc	아연	Zn	30	65.38	7.133	419.5	906	0.092	24.1	hcp
Zirconium	지르코늄	Zr	40	91.22	6.489	1852	3580	0.067	60	hcp

주 : fcc : 面心立方晶, bcc : 體心立方晶, hcp : 稠密六方晶
rhombohedral : 三方晶, orthorhombic : 斜方晶, hexagonal : 六方晶, tetragonal : 正方晶
diamondcubic : 다이아몬드 立方, f.c.tetragonal : 面心正方, monoclinic : 單斜晶

II. 단위 환산 계수

1) 힘(力)

단위		N	dyn	kgf
1 N	=	1	1×10^5	$1.019\,72 \times 10^{-1}$
1 dyn	=	1×10^{-5}	1	$1.019\,72 \times 10^{-6}$
1 kgf	=	9.806 65	$9.806\,65 \times 10^5$	1

2) 응력(應力)

단위	Pa 또는 N/m^2	MPa 또는 N/mm^2	kgf/mm^2	kgf/cm^2
1 Pa 또는 N/m^2 =	1	1×10^{-6}	$1.019\,72 \times 10^{-7}$	$1.019\,72 \times 10^{-5}$
1 MPa 또는 N/mm^2 =	1×10^{6}	1	$1.019\,72 \times 10^{-1}$	$1.019\,72 \times 10$
1 kgf/mm^2 =	$9.806\,65 \times 10^{6}$	9.806 65	1	1×10^{2}
1 kgf/cm^2 =	$9.806\,65 \times 10^{4}$	$9.806\,65 \times 10^{-2}$	1×10^{-2}	1

3) 압력(壓力)

단위	Pa	KPa	MPa	bar	kgf/cm^2	atm	mmH_2O	mmHg 또는 Torr
1 Pa =	1	1×10^{-1}	1×10^{-6}	1×10^{-5}	$1.019\,72\times10^{-5}$	$9.869\,23\times10^{-4}$	$1.019\,72\times10^{-1}$	$7.500\,62\times10^{-3}$
1 KPa =	1×10^{3}	1	1×10^{-3}	1×10^{-2}	$1.019\,72\times10^{-2}$	$9.869\,23\times10^{-3}$	$1.019\,72\times10^{2}$	7.500 62
1 MPa =	1×10^{4}	1×10^{3}	1	1×10	$1.019\,72\times10$	9.869 23	$1.019\,72\times10^{5}$	$7.500\,62\times10^{3}$
1 bar =	1×10^{5}	1×10^{2}	1×10^{-1}	1	1.019 72	$9.869\,23\times10^{-1}$	$1.019\,72\times10^{4}$	$7.500\,62\times10^{2}$
1 kgf/cm^2 =	$9.806\,65\times10^{4}$	$9.806\,65\times10$	$9.806\,65\times10^{-2}$	$9.806\,65\times10^{-1}$	1	$9.678\,41\times10^{-1}$	1×10^{4}	$7.355\,59\times10^{2}$
1 atm =	$1.013\,25\times10^{5}$	$1.013\,25\times10^{2}$	$1.013\,25\times10^{-1}$	1.013 25	1.033 23	1	$1.033\,23\times10^{4}$	$7.600\,00\times10^{2}$
1 mmH_2O =	9.806 65	$9.806\,65\times10^{-3}$	$9.806\,65\times10^{-6}$	$9.806\,65\times10^{-5}$	1×10^{-4}	$9.678\,41\times10^{-5}$	1	$7.355\,59\times10^{-2}$
1 mmHg 또는 Torr =	$1.333\,22\times10^{2}$	$1.333\,22\times10^{-1}$	$1.333\,22\times10^{-4}$	$1.333\,22\times10^{-3}$	$1.359\,51\times10^{-3}$	$1.359\,51\times10^{-3}$	$1.359\,51\times10$	1

주 : 1 Pa = 1 N/m^2

4) 일 · 에너지 · 열량(熱量)

단위	J	kW · h	kgf · m	kcal
1 J =	1	$2.777\,8 \times 10^{-7}$	$1.019\,72 \times 10^{-1}$	$2.388\,89 \times 10^{-4}$
1 kW · h =	3.600×10^{6}	1	$3.670\,98 \times 10^{6}$	$8.60\,00 \times 10^{2}$
1 kgf · m =	9.806 65	$2.724\,07 \times 10^{-6}$	1	$2.342\,70 \times 10^{-3}$
1 kcal =	$4.186\,05 \times 10^{3}$	$1.162\,79 \times 10^{-3}$	$4.268\,58 \times 10^{2}$	1

주 : 1 J = 1 W · s, 1 J = 1 N · m

1 cal = 4.186 05 J(계량법에 따름)

5) 공률

단위	W	kgf · m/s	PS	kcal/h
1 W =	1	$1.019\,72 \times 10^{-1}$	$1.359\,62 \times 10^{-3}$	$8.600\,00 \times 10^{-1}$
1 kgf · m/s =	9.806 65	1	$1.333\,33 \times 10^{-2}$	8.433 71
1 PS =	7.355×10^{2}	7.5×10	1	$6.325\,29 \times 10^{2}$
1 kcal/h =	1.162 79	$1.185\,72 \times 10^{-1}$	$1.580\,95 \times 10^{-3}$	1

주 : 1 W = 1 J/s, PS : 불(佛) 마력

1 PS = 0.735 5 Kw(계량법 시행법에 따름)

1 cal = 4.186 05 J(계량법에 따름)

1 PS = 0.9863 HP

1 HP = 1.013 PS

6) 열전도율(熱傳導率)

단위		W/(m·K)	kcal/(h·m·℃)
1 W(m·K)	=	1	8.6000×10^{-1}
1 kcal/(h·m·℃)	=	1.162 79	1

주 : 1 cal = 4.186 05 J (계량법에 따름)

7) 열전달 계수(熱傳達係數)

단위		W/(m²·K)	kcal/(h·m²·℃)
1 W(m²·K)	=	1	8.6000×10^{-1}
1 kcal/(h·m²·℃)	=	1.162 79	1

주 : 1 cal = 4.186 05 J (계량법에 따름)

8) 비열(比熱)

단위		J/(kg·K)	kcal/(kg·℃) cal/(g·℃)
1 J/(kg·K)	=	1	$2.388\,89 \times 10^{-4}$
1 kcal/(kg·℃)	=	$4.186\,05 \times 10^{3}$	1

주 : 1 cal = 4.186 05 J (계량법에 따름)

9) 점도(粘度)

단위		Pa·s	cP	P
1 Pa·s	=	1	1×10^{3}	1×10
1 cP	=	1×10^{-3}	1	1×10^{-2}
1 P	=	1×10^{-1}	1×10^{2}	1

주 : 1 P = 1 dyn·s/cm² = 1 g/cm·s

1 Pa·s = 1 N·s/m², 1 cP = 1 mPa·s

P = poise, cP : centipoise

10) 동점도(動粘度)

단위		m²/s	cSt	St
1 m²/s	=	1	1×10^{6}	1×10^{4}
1 cSt	=	1×10^{-6}	1	1×10^{-2}
1 St	=	1×10^{-4}	1×10^{2}	1

주 : 1 St = 1 cm²/s, 1 cSt = 1 mm²/S

Ⅲ. 단위의 접두어

접두어	기호	값	내용
tera	T	10^{12}	1 000 000 000 000
giga	C	10^{9}	1 000 000 000
mega	M	10^{6}	1 000 000
kilo	k	10^{3}	1 000
hecto	h	10^{2}	100
deca	da	10	10
deci	d	10^{-1}	0.1
centi	c	10^{-2}	0.01
milli	m	10^{-3}	0.001
micro	μ	10^{-6}	0.000 001
nano	n	10^{-9}	0.000 000 001
pico	p	10^{-12}	0.000 000 000 001

Ⅳ. SI 단위계

구분	물상 상태의 양	단위명	단위 기호	다른 단위에 의한 표시
기초 단위	길이	meter (미터)	m	
	질량	kilogram (킬로그램)	kg	
	시간	second (초)	s	
	전류	ampere (암페어)	A	
	열역학적 온도	kelvin (켈빈)	K	
	물질량	mole (몰)	mol	
	광도	candela (칸델라)	cd	
추가 단위	평면각	radian (라디안)	rad	
	입체각	steradian (스테라디안)	sr	
유도 단위	주파수	hertz (헤르츠)	Hz	
	힘(역량)	newton (뉴턴)	N	
	압력	pascal (파스칼)	Pa	N/m^2
	에너지, 일, 열량	joule (줄)	J	N · m
	동력	watt (와트)	W	J/s
	전기량	coulomb (쿨롬)	C	A · s
	전압, 기전력	volt (볼트)	V	W/A
	전기 용량	farad (패럿)	F	C/V
	전기 저항	ohm (옴)	Ω	V/A
	전기 컨덕턴스	simens (지멘스)	S	Ω^{-1}, A/V
	자력 선속	weber (웨버)	Wb	V · s
	자력 선속 밀도	tesla (테슬러)	T	Wb/m^2
	인덕턴스	henry (헨리)	H	Wb/A
	광선속	lumen (루멘)	lm	cd · sr
	광조도	lux (럭스)	lx	lm/m^2
	방사능	becquerel (베크렐)	Bq	—
	흡수 조사량	gray (그레이)	Gy	J/kg
	조사 상당량	sievert (시버트)	Sv	J/kg

주 : 시간의 min, h, d, 평면각의 도(°) 분(′) 초(″), 체적의 l, 질량의 t 등은 일반적으로 병용된다.

V. 단위 기호 및 환산

양의 종류	단위 기호	종래 단위와의 환산
길이	m	1 $\mu = 10^{-6}$ m, 1 mm= 10^{-3} m, 1 cm= 10^{-2} m
넓이	m^2	1 $mm^2 = 10^{-6}$ m^2, 1 $cm^2 = 10^{-4}$ m^2
체적	m^3	1 $mm^3 = 10^{-9}$ m^3, 1 $cm^3 = 10^{-6}$ m^3
질량	kg	1 g = 0.001 kg, 1 t = 10^3 kg
시간	s	1 min= 60 s, 1 h= 3.6 ks, 1 d= 86.4 ks
속도	m/s	1 cm/min= 0.16×10^{-3} m/s, 1 km/h = 0.27 m/s
동 점도	m^2/s	1 cm^2/s = 1 St = 10^{-4} m^2/s
역량(힘)	N(=kg · m/s^2)	1 kgf = 9.806 65 N, 1 dyn = 10^{-5} N = 1 g · cm/s^2
압력(응력)	Pa(=N/m^2)	1 bar = 10^5 Pa, 1 atm= 101.325 kPa
		1 torr = 133.3 Pa, 1 kgf/mm^2 = 9.806 65 MPa
점도	Pa · s	1 poise = 10^{-1} Pa · s
mol 농도	mol/m^3	1 mol/l = 10^3 mol/m^3
일, 에너지	J(=N · m)	1 cal_{th} = 4.184 0 J, 1 cal_{th} = 4.186 8 J
		1 kWh= 3.6 MJ, 1 erg = 10^{-7} J
몰 에너지	J/mol	1 cal/mol = 4.218 4 J/mol
		1 erg/atom = 6.022×10^{16} J/mol
표면 에너지	J/m^2	1 erg/cm^2 = 1×10^{-3} J/m^2
온도	K	K = −273.15 °C
엔트로피	J/K	1 cal/edg = 4.184 J/K
저항률	Ωm	1 Ωcm = 10^{-2} Ωcm
전도율	S/m	1 $\Omega^{-1}cm^{-1} = 10^2$ s/m
평면각	rad	1° = (π/180) rad ≒ 17.45×10^{-3} rad

VI. 그리스 문자

대문자	소문자	읽기		대문자	소문자	읽기	
A	α	알파	Alpha	N	ν	뉴	Nu
B	β	베타	Beta	Ξ	ξ	크사이	Xi
Γ	γ	감마	Gamma	O	o	오미크론	Omiron
Δ	δ	델타	Delta	Π	π	파이	Pi
E	ε	엡실론	Epsilon	P	ρ	로	Rho
Z	ζ	지타	Zeta	Σ	σ	시그마	Sigma
H	η	이타	Eta	T	τ	타우	Tau
Θ	θ, ϑ	시타	Theta	γ	υ	입실론	Upsilon
I	ι	요타	Iota	Φ	ϕ, φ	파이	Phi
K	κ	카파	Kappa	X	χ	카이	Chi
Λ	λ	람다	Lambda	Ψ	ψ	프사이	Psi
M	μ	뮤	Mu	Ω	ω	오메가	Omega

참 고 문 헌

1. Kalpakjian-Schmid ; "Manufacturing Processes for Engineering Materials"-4th ed., Peason Education, Inc., 2003
2. Mikell P. Groover ; "Fundamentals of Modern-Materials, Processes and Systems Manufacturing" 2nd, John Wiley & Sons, Inc., 2002
3. James F. Shackelford ; "Materials Science for Engineers"-5th ed., Prentice-Hall, Inc., 2000
4. R. Gregg Bruce ; "Modern Materials and Manufacturing Processes" 2nd ed., Prentice Hall International ,Inc., 1998
5. William F. Smith ; "Principal of Materials Science and Engineering"-3th ed., McGraw-Hill, Inc., 1996
6. R.A. Higgins, "Engineering Matallugy", Richard Clay, Inc., 1968
   John L. Feirev ; "General Metals" -3th ed., McGraw-Hill Book Co., 1967
7. J.S. Campbell, "Principles of Manufacturing Materials and Processes", McGraw-Hill Book Co Inc., 1961
8. The American Foundrymens' Society Transactions Vol 56, incorporated Inc., 1948

9. 嵯峨常生 外 ;	"機械工作(1)",	實敎出版,	2007
10. 嵯峨常生 外 ;	"機械工作(2)",	實敎出版,	2007
11. 實踐敎育訓練研究會 ;	"機械工學基礎實驗",	工業調査會	2006
12. 佐久間敬三 外 ;	"機械工作法",	朝倉書店,	2005
13. 機械製作研究會 ;	"最新 機械製作",	養賢堂,	1998
14. 葉山房夫 外 ;	"機械工作(1)",	コロナ社,	1994
15. 葉山房夫 外 ;	"機械工作(2)",	コロナ社,	1994
16. 嵯峨常生 外 ;	"機械工作(1)",	實敎出版,	1993
17. 嵯峨常生 外 ;	"機械工作(2)",	實敎出版,	1993
18. 加藤仁 ;	"機械工作法",	森北出版社,	1984
19. 關西經營システム協會 ;	"産業用ロボット",	オーム社,	1983
20. 千岩健兒 ;	"鑄物 の 現場技術"	日本工業新聞社	1983
21. 野原隆治 外 ;	"機械製作",	實敎出版,	1982
22. 勞動省職業訓練局 ;	"機械工作法",	職業訓鍊敎材研究會,	1976
23. 竹中規雄 ;	"機械製作法",	コロナ社,	1967
24. 牧口利貞 ;	"鑄造機械設備カイトブッグ"	日本鑄造機械工業會	1963

25. 康基柱 ;	개정판 "最新機械工作法"	북스힐,	2009
26. 康基柱 ;	"機械工學槪論"	북스힐,	2006
27. 康基柱 ;	"機械材料學",	북스힐,	2006
28. 김낙수외 공역 ;	"공업재료가공학",	피어슨에듀케이션코리아	2001
28. 金東恒 ;	"機械工作法",	清文閣,	1997
29. 康明順 역 ;	"機械製作法,	清文閣,	1997
30. 機械用語辭典編纂會 ;	"機械用語大辭典",	성안당,	1990
31. 姜春植 ;	"鑄造工學"	開文社,	1985
32. 康明順 ;	"最新工作機械",	清文閣,	1985
33. 日本鑄物協會 ;	"鑄物便覽"	大光書林,	1979
34. 康明順 ;	"最新機械工作法",	文運堂,	1976
35. 강기주 ;	"표준주조"	실학사,	1973
36. 문교부 ;	"편수자료",	대한교과서	

찾 아 보 기

저자약력

■ 학 · 경력 : 한양대학교 공과대학 기계공학과 졸업
홍익대학교 공과대학 대학원 졸업(제조야금 전공)
Australia Sydney 공과대학 주조기술 전공
Australia NSW TAFE 주조기술자격 획득
Singapore CPSCTE 기술자 교육과정 설계 및 운영과정
문교부 교육연구관, 자연과학 편수관(장학관)
문교부 중앙교육심의회 과학기술교육분과 위원(장)
국제기능올림픽 한국위원회 금속분과장
직업훈련 교재 편찬 · 심의 위원
청운중학교, 용산공업고등학교장
대한 공업교육학회 이사 · 부회장 · 회장
국가기술자격제도 전문위원
국가기술 자격검정문제 심사 및 출제위원
금속가공 기술사 심사의원(출제 및 면접)
주조, 제선, 압연 명장 심사위원(서류 및 면접)
England ICME(영국 주조기술학회)회원
한국교육개발원, 한국직업능력개발원 객원교수
대한공업교육학회 고문(현)

■ 서　　훈 : 제 5회 과학기술우수논문상, 과학전람회 우수상, 특상
국민훈장 동백장

■ 관련저서 : 교육인적 자원부 국정교과서 – 『연삭』 『기계기초실습』 『기계선택실습』
『공업입문』 『금속재료』 『기계재료』 『주조』
『금속가공실습』 『기계기초』 『소성가공』
『기계일반』 『기계기술』 『금속처리(上)』
검인정 교과서 – 『표준 주조』 실학사, 『기술』 『공업』 『공업기술』 교학사,
『공업입문』 법문사
대학교재 – 『신편 기계재료학』 배명사, 『기계재료학』 포인트,
『최신기계재료학』 진영사,
『자동차 · 공업재료』 개정 4판 『기계재료학』 『기계공학개론』
개정 2판 『기계공작법』 『공작기계』 북스힐

신편 주조 기술

2011년 1월 5일 1판 1쇄 인쇄
2011년 1월 10일 1판 1쇄 발행

저 자 • 강 기 주
발행자 • 조 승 식
발행처 • (주) 도서출판 **북 스 힐**
서울시 강북구 수유2동 258-20
등 록 • 제 22-457호
(02) 994-0071~2
(02) 994-0073
bookswin@unitel.co.kr
www.bookshill.com

값 **24,000**원

ISBN 978-89-5526-710-5